普通高等教育“十二五”规划教材

塑性成形设备

主　编　李永堂
副主编　付建华　黎俊初
参　编　齐会萍　曹建新
主　审　郝滨海

机 械 工 业 出 版 社

本书在分析研究塑性成形设备共性和普遍规律的基础上，系统地介绍了锻锤、液压机、曲柄压力机、旋转成形机械以及塑料成型机械的基本理论、结构、工作原理、设计计算方法等内容。

本书可作为材料成形及控制工程专业及相关专业的本科生和研究生教材，同时也可供广大工程技术人员参考。

图书在版编目（CIP）数据

塑性成形设备/李永堂主编．—北京：机械工业出版社，2011.8（2024.8重印）
普通高等教育“十二五”规划教材
ISBN 978-7-111-34231-1

Ⅰ.①塑…　Ⅱ.①李…　Ⅲ.①金属压力加工设备-高等学校-教材　Ⅳ.①TG305

中国版本图书馆CIP数据核字（2011）第151755号

机械工业出版社（北京市百万庄大街22号　邮政编码100037）
策划编辑：冯春生　责任编辑：冯春生　丁昕祯
版式设计：霍永明　责任校对：李秋荣
封面设计：张　静　责任印制：常天培
北京机工印刷厂有限公司印刷
2024年8月第1版第7次印刷
184mm×260mm · 19.25印张 · 476千字
标准书号：ISBN 978-7-111-34231-1
定价：49.80元

电话服务
客服电话：010-88361066
010-88379833
010-68326294

网络服务
机　工　官　网：www.cmpbook.com
机　工　官　博：weibo.com/cmp1952
金　　书　　网：www.golden-book.com
机工教育服务网：www.cmpedu.com

普通高等教育"十二五"规划教材
编审委员会

塑性成形及模具教材编委会

前言

装备制造业在我国国民经济发展中占有非常重要的地位，而装备制造业的发展和技术进步要靠强大的人才支撑。随着我国装备制造业的发展，对高校人才培养模式和教学内容提出了新的要求和挑战。为适应这一变化和要求，目前许多面向装备制造业的高等院校在人才培养模式的改革中按专业方向进行培养。

根据中国机械工业教育协会材料成形及控制学科教学委员会塑性成形分委员会在沈阳、洛阳和南昌会议的安排和部署，组织有关高校教师编写材料成形及控制工程专业中塑性成形方向的教材，并委托太原科技大学李永堂教授等编写《塑性成形设备》一书。

本书在分析研究塑性成形设备共性和普遍规律的基础上，系统地介绍了锻锤、液压机、曲柄压力机、旋转成形机械和塑料成型机械的基本理论、结构、工作原理、设计计算方法等。本书可作为材料成形及控制工程专业及相关专业本科生和研究生教材，同时也可供广大工程技术人员参考。

本书由李永堂担任主编，具体编写分工为：李永堂编写第1章和第2章的2.1~2.6节，齐会萍编写第3章，黎俊初编写第4章，付建华编写第5章，曹建新编写第2章的2.7节和第6章。本书由山东大学郝滨海担任主审，为本书的编写提出了许多宝贵的意见和建议，在此表示衷心的感谢。

由于编者水平有限，书中难免会有不妥与不足之处，敬请读者和同行批评指正。

编　者

目 录

第1章 绪 论

1.1 塑性成形设备的地位和作用

装备制造业的整体能力和水平决定着国家的经济实力、国防实力、综合国力和在全球经济形势下的竞争与合作能力，决定着国家实现现代化和民族复兴的进程。装备制造业承担着为国民经济各行业提供装备的重任，带动性强，涉及面广。装备制造业的技术水平不仅决定了相关产业的质量、效益和竞争力的高低，而且是传统产业借以实现产业升级的基础和根本手段。没有强大的装备制造业，就不可能实现生产力的跨越发展；就不会有现代化和国家的富强，经济的繁荣；国防和军事装备现代化，国家军事和政治的安全也就无从谈起。

知识经济的出现和信息技术的发展，无不以制造业作为物质载体。目前发达国家的装备制造业仍占重要地位，如美国、德国和日本的装备制造业是世界上最发达和最先进的，在国际市场上的竞争力也是最强的，这三个国家始终把装备制造业作为支撑产业和立国强国之本，从未受到削弱。由此看来，高度发达的装备制造业和先进制造技术已成为衡量一个国家国际竞争力的重要标志，是在竞争激烈的国际市场上获胜的关键因素。

塑性成形加工在装备制造业中占有举足轻重的地位。由于成形生产具有生产率高，材料利用率高和改善了制件的内部组织及力学性能等显著特点，因此，成形加工的零件数量在各行各业中所占的比例很大，如：在航空工业中占85%；汽车工业中占80%；电器、仪表工业中占90%；农机、拖拉机工业中占70%。随着精密成形、少无切削技术的发展，降低生产成本、减少产品重量、提高产品性能和质量要求的不断提高，塑性成形加工在工业、国防、航空航天以及其他各种装备制造业中的作用会越来越大。

塑性成形设备是完成成形加工的装备，是装备制造业中的一大类工作母机，在各类机床中占有较大的比例，按20世纪90年代中期的统计数据，全世界主要机床生产国中，金属成形设备的产值占所有各类机床产值的30%左右。塑性成形设备不仅影响着成形加工的水平、数量和质量，而且关系到我国装备制造业的能力和水平。塑性成形设备的技术水平、生产能力和自动化程度直接影响着我国工业、农业、国防、航空航天等行业的发展和技术进步，影响着我国现代化进程。随着计算机技术、自动控制技术、网络通信技术和新材料技术的发展，研制开发新型材料成形设备，提高塑性成形设备技术性能、产品质量、生产能力和自动化程度，对于加快我国装备制造业的发展，促进工业、农业、国防和航空航天等行业的技术进步和现代化进程，具有重要意义。

1.2 塑性成形设备的分类和特点

塑性成形设备涉及面广，种类名目繁多，包括金属成形和非金属成形等各个领域。塑性成形设备不仅是材料加工生产的基础和手段，而且决定着生产零件的精度、质量和生产率。不同塑性成形设备的原理不同，结构特点和工艺特点不同，应用范围也不同。就金属成形领域而言，按照工艺用途不同，我国行业标准将塑性成形设备分为 8 大类。

（1）机械压力机　包括手动压力机、单柱压力机、开式压力机、闭式压力机、拉深压力机、压制压力机、板材自动压力机、精压挤压压力机和其他压力机。

（2）液压机　包括手动液压机、锻压液压机、冲压拉深液压机、一般用途液压机、校正压装液压机、层压液压机、挤压液压机、压制液压机、打包压块液压机和其他液压机。

（3）自动锻压机　包括自动镦锻机，自动搓丝、滚丝机，自动冷镦机，自动卷簧机，自动弯曲机和其他自动机。

（4）锻锤　包括蒸汽-空气自由锻锤、蒸汽-空气模锻锤、蒸汽-空气对击锤、空气锤、气动液压锤、高速锤和螺旋压力机等。

（5）锻机　包括平锻机、热模锻压力机、辊锻机、模横轧机、辗环机、摆动辗压机、径向锻机和其他锻机。

（6）剪切机　包括手动剪切机、板料剪切机、联合冲剪机、型材棒料剪断机、板材切割机和其他剪切机。

（7）弯曲校正机　包括手动弯曲校正机、板料弯曲机、型材弯曲机、板料校平机、型材校直机、板料折弯机、旋压机和其他弯曲校正机械。

（8）其他锻压机械　包括板料开卷校平机、锻造操作机、铆接机和其他专用设备。

近年来，随着塑料工业的迅速发展和其他非金属材料成型需求的增加，塑料成型设备和各种非金属成型设备也得到了快速发展和广泛应用，技术水平和自动化程度得到了不断提高。

塑性成形设备虽然种类名目繁多，工艺用途与结构特点各有不同，但许多设备具有相同的驱动原理、工艺特点和相近的结构，存在一些共性。因此若按照驱动原理、结构特点和工艺用途的不同，塑性成形设备主要分为以下几大类：

（1）机械压力机类　采用电动机驱动和机械传动，通过曲柄滑块机构或其他机构将旋转运动转变为滑块的往复直线运动，它是一种定行程设备，其工作行程主要取决于机械传动部分的结构和尺寸。这类设备包括通用机械压力机、热模锻压力机、挤压机、平锻机和机械传动的板材成形机等。

机械压力机的工艺特点主要有：由于采用机械传动，滑块运动有固定的下死点；滑块速度和滑块的有效载荷随滑块位置而变化；当压力过程所需载荷小于压力机的有效载荷，该工艺过程便能实现；当滑块载荷超过压力机有效载荷，就会出现闷车现象，需装有过载保护装置；压力机的加工精度与机械传动机构和机架的刚度有关。

（2）液压机类　利用帕斯卡原理，采用液压传动，泵站将电能转变为液体压力能，通过液压缸和滑块（活动横梁）完成锻压工艺。它是一种定力设备，其输出载荷的大小主要取决于液体的工作压力和工作缸面积。这类设备包括锻造液压机、冲压液压机、挤压液压机和板料成形液压机等。

液压机的工艺特点主要有：在滑块（活动横梁）工作行程的任一位置都可以获得最大载荷，因此更适用于需要长行程范围内载荷几乎不变的挤压类工艺；由于液压系统中溢流阀的作用，易于实现过载保护；液压机液压系统中压力、流量调节方便，可获得不同的载荷、行程、速度特性，既扩大了液压机的应用范围，又为优化锻造过程创造了条件；由于滑块（活动横梁）没有固定的下死点，因此液压机机身刚度对锻件尺寸精度的影响可在一定程度上得到补偿。近年来由于液压技术的进步、液压元件质量和精度的提高，液压机类设备得到了较快的发展。

（3）锻锤类　采用蒸汽-空气驱动、液气驱动或机械驱动，利用锤头（滑块）在下落过程中积蓄的能量完成锻件变形。它是一种定能量设备，其输出的能量主要来自于气缸中气体膨胀做功和锤头重力位能。这类设备包括空气锤、蒸汽-空气锤、蒸汽-空气对击锤、高速锤、液压模锻锤、电液锤和螺旋压力机等。

锻锤类设备的载荷与锻造能力的标志是锤头（滑块）输出的有效打击能量。在工作行程范围内，其载荷-行程特性曲线呈非线性变化，越接近行程终点，其打击能量越大。在完成锻造变形阶段后，能量突然释放，在千分之几秒内，锤头速度由最大速度变为零，因此具有冲击成形特征。锤头（滑块）没有固定的下死点，锻件精度靠导向装置和模具保证。

（4）旋转成形机械　采用电动机驱动和机械传动，在工作过程中，设备的工作部分和所加工的工件同时或其中之一作旋转运动。该类设备包括楔横轧机、辊锻机、辗环机、旋压机、摆动辗压机和径向锻机等。

旋转成形机械的工艺特点是工件局部连续变形，故加工时需要的力能较少，也可以加工尺寸较大的工件；由于加工过程中工件或设备工作部分作旋转运动，所以更适合加工轴类、盘类、环类等轴对称零件。

（5）塑料成型设备　主要分为挤出成型设备和注射成型设备两大类。前者通过螺旋装置的旋转，将加热熔融塑化后的塑料连续挤出，制成管材、线材、板材、棒材和薄膜等塑料制品。后者通过注射装置和模具，以一定的压力和速度，将熔融塑化的塑料注射进模具型腔，制成各种形状的塑料制品。

（6）金属半固态成形设备　该设备是一种在较高的压力和速度下使熔融状态的金属冷却凝固成形的设备。

1.3 塑性成形设备的发展概况

金属材料锻造成形的历史可追溯到2000多年以前，然而直到第一次工业革命，手工锻造才被机器锻造所取代。伴随着蒸汽机的发明和蒸汽作为动力的应用，19世纪出现了工业汽锤，有关热力学理论和蒸汽锤的设计理论也逐渐完善。1650年法国人帕斯卡（Blaise Pascal）提出了封闭静止流体中压力传递的帕斯卡原理，1795年英国人约瑟·步拉默（Joseph Bramah）根据帕斯卡原理发明了世界上第一台水压机。到1870年，应用液压传动技术的液压机、挤压机、剪切机和铆接机等锻压设备已得到了普遍应用。电气技术的发展和电动机驱动的应用，促进了机械压力机的发展；以矿物油作为工作介质的液压元件的出现和液压技术的发展，促进了液压机和液气驱动锻锤的发展。特别是20世纪50年代以后，随着计算机技术、控制技术、液压技术、加工制造技术和材料科学的发展，塑性成形设备得到了快速发展，设备能力进一步提高，产品种类和应用范围进一步扩大，设备性能进一步完善，控制手段更趋先进，在装备制造业中发挥了和正在发挥着越来越大的作用。

我国塑性成形设备的设计制造在1949年以前几乎是空白，新中国成立以后，通过引进技术、仿制和自行研制等方式，我国塑性成形设备的设计制造从无到有，从小到大，建立了较完整的设计、研制和生产体系。20世纪60年代初，以万吨水压机为代表的各种金属成形设备的研制成功，标志着我国装备制造业有了自己的脊梁，为我国工业、农业、国防等行业的发展提供了强有力的支撑。20世纪80年代，我国实行改革开放政策，塑性成形设备制造行业大力推进技术进步和科技创新，采取自主开发，引进国际先进技术和合作生产等多种方式，大大提高了设计开发能力和制造水平。目前我国制造的塑性成形设备，不仅保证了良好的性能、质量和可靠性，在装备的成套制造、生产线、数控化和自动化等方面也有了长足的发展，已经能开发、设计、制造大型精密高效的成套设备、自动化生产线、柔性制造单元（FMC）和柔性制造系统（FMS）等具有高新技术、高附加值的塑性成形装备，不仅为国民经济各部门提供了基础装备、关键设备和成套装置，还扩大了出口创汇。

改革开放以后，我国塑性成形设备的快速发展主要体现在以下几方面：

1）随着微电子技术、自动控制技术的发展和广泛应用，我国塑性成形设备自动化水平和数控技术有了大幅提高，开发出了不同规格的数控回转头压力机、数控弯管机、数控卷板机、数控折弯机、数控激光切割机、数控辗环机、板材柔性加工系统和板材柔性加工单元等各类数控金属成形设备，提高了设备的自动化程度、安全性和可靠性，提高了生产率和产品质量，改善了生产条件。

2）随着计算机设计技术的发展，塑性成形设备的设计方法和设计手段发生了根本的变化。几乎所有塑性成形设备的设计、制造单位都实施了甩图板工程，摆脱了长期以来手工绘图设计的局面，大大缩短了设计周期，提高了设计效率。与此同时，一批功能强大的商用软件和自主研制的专用软件广泛应用于塑性成形设备的产品设计及其零部件性能分析，使塑性成形设备的性能和质量得到了大幅度提高。

3）一大批科技攻关项目和科研成果得到了推广应用，推动了塑性成形设备设计、研究领域的技术进步和科技创新，开发了一批具有自主知识产权的塑性成形设备新产品。如华中科技大学与黄石锻压机床厂于1991年研制成功的国家“七五”重点攻关项目——RD-W67K-135/300型板材柔性加工单元，这是一种机电一体化的高科技产品，广泛用于机械、电子、轻纺、航空、交通、船舶等行业。济南铸锻机械研究所于1991年研制成功的我国第一条板材加工FMS，投入使用以后，效益显著。太原科技大学（原太原重型机械学院）承担了原机械工业部科技攻关项目——新型程控液压模锻锤的研制，与安阳锻压机械股份有限公司和长治锻压机床集团公司合作开发了新型程控液压模锻锤系列产品。华中科技大学、西安重型机械研究所等单位研制的快锻液压机及其控制系统，在生产中取得了良好的经济效益和社会效益。

4）产品种类不断完善。近三十年来我国塑性成形设备的产品种类不仅囊括了锻压机械的8大类，还开发了不少锻压设备辅机及配套装置。在制造生产通用设备的同时，注重各种专用设备的研制，如金刚石成形液压机，铜材、铝材挤压机等。在开发生产金属成形设备的同时，大力发展各种非金属材料的成形加工设备。

5）设备制造能力不断提高。如长治锻压机床集团公司引进日本和瑞典技术设计制造的140mm×4000mm等规格的大型卷板机，已应用于三峡水利工程和渤海造船厂等单位；中国第二重型机械集团公司引进消化德国Eumeco公司技术，形成和具备了国际先进水平的大吨位热模锻压力机的制造能力。近年来，西安重型机械研究所设计研制了100MN双动铝材挤压机及其生产线；长治锻压机床集团公司引进国外三维数控弯管技术，于1992年成功开发了国内立体冷弯最大规格的DB275型CNC（计算机数控技术）弯管机，该机可与管形测量机CAD联机联网。在大、重型压力机方面，20世纪90年代以来取得了显著成绩，达到了国际80年代的技术水平。济南第二机床厂于1991年研制成功的J47-1250/2000型闭式四点双动拉深压力机，工作台面尺寸为4600mm×2500mm，最大拉深度为300mm。该机在结构上采用了先进的多连杆传动系统，可使内滑块在工作循环中具有较高的空程和回程速度，但工作行程速度却低而均匀，能有效地提高制件精度和模具寿命，降低废品率。电气控制系统采用全功能可编程逻辑控制器（PLC）控制技术。此外，30000kN闭式双点汽车大梁压力机、成系列的多连杆传动单动压力机以及其他规格的大型双动拉深压力机的成功开发，都标志着我国大、重型板冲机械压力机的制造技术已经登上了一个新的台阶，基本上具备了装备汽车冲压生产线的能力。近年来，在大型锻造液压机、锻造操作机和装取料机等大型装备的自主研发方面都取得了突破。

但是，与工业发达国家相比，我国塑性成形设备的技术和水平还有一定的差距。如品种和规格不全，特别是大、高、精、尖的锻压设备有些还依赖进口；主机可靠性和自动化程度还有待于进一步提高，在国际市场上还缺乏竞争力；设备种类的比例不合理，如模锻设备比例偏低；先进的工艺和设备所占比例小，如加热设备、下料设备和成形设备在能耗、精度、材料利用率、生产率和环保方面有待提高和改进；技术创新能力有待进一步增强。

为了适应科学技术的发展和锻压生产的需要，满足国内装备制造业的需求，扩大出口创汇，促进经济发展，应该加快我国塑性成形装备制造业的发展，改造传统设备，加快科技进步和技术创新，提高我国塑性成形装备的技术水平和自动化程度。结合国内外锻压设备现状以及相关技术发展状况，我国塑性成形设备的研究和发展方向主要有：

（1）提高设备制造能力，发展专用设备　我国塑性成形设备的生产在加工制造能力等方面与工业发达国家相比，还有差距。尤其是大型模锻设备如大吨位热模锻压力机、高能螺旋压力机和轿车生产线的大型装备等方面，许多设备还依赖进口。另一方面，我国通过引进消化已经掌握了大、重型成形设备的制造技术，具备了生产能力，应大力提高大、重型成形设备的设计制造水平和产品性能，扶持和鼓励国产成形设备的发展。专用塑性成形设备具有生产率高、质量稳定等优点，随着经济的发展和各种特殊加工需要的增加，各种专用塑性成形设备的需求会进一步增加。

（2）提高设备加工制造精度，发展精密成形设备　塑性成形设备的加工精度直接影响产品质量和生产稳定性，因此对设备精度的要求会越来越高。提高设备精度的措施可以从提高设备刚度、设备制造精度、导向及活动部分的配合精度和控制精度等方面入手。研制和发展精密成形设备有助于促进精密成形工艺和少无切削工艺的发展，有利于节约材料，降低生产成本和提高产品的质量和性能。

（3）提高塑性成形设备数控程度和柔性化　提高设备的控制水平，普及和采用数控（NC）技术和CNC技术；发展各种柔性加工单元（FMC）和柔性加工系统（FMS）；提高各种工业机器人和锻造操作机等辅助设备的控制水平并与主机联网，形成自动化生产线；研制成套技术装备及其生产线，这是塑性成形设备的主要发展方向之一。

（4）完善设计手段，提高设计水平　在塑性成形设备设计过程中普遍采用计算机辅助设计（CAD）、可靠性设计和计算机辅助性能分析等方法和手段，在设计阶段便可预测设备的静态和动态性能，提高设备的工作稳定性、可靠性、动态特性、故障分析和诊断功能。

（5）推广新材料技术和信息技术　在塑性成形设备的主要零部件和辅助零件中，采用新型功能材料、先进的材料性能分析方法和先进的热处理工艺，提高零部件性能和整机性能。随着科技进步和信息技术的发展，数字化制造、网络技术和远程设计与制造技术会逐步应用到塑性成形设备设计制造领域。

（6）发展绿色设计与制造　塑性成形设备生产涉及环境、能源、材料等各个领域，因此在产品设计、外观造型、材料选用、加工制造工艺和包装设计等各个环节均要考虑节约能源、节约材料、环境保护、零部件回收利用和互换性。降低振动和噪声，提高设备宜人性，提高产品使用周期和寿命等，实现绿色设计与制造。

随着我国加入世界贸易组织（WTO）和制造业国际化进程的加快，世界装备制造业的中心正向中国转移。因此，发展我国塑性成形装备制造业，提高产品质量和水平，对于促进我国装备制造业和国民经济的发展，满足国家建设与发展的需要，替代进口和出口创汇，使我国向装备制造业强国迈进，具有重要的意义。

思考题

1. 学习本课程的重要性有哪些？
2. 说出身边或你知道的一些锻压设备。
3. 你知道的锻压设备所成形的零件有哪些，试说出它的名称。

第2章 锻 锤

2.1 锻锤概述

锻锤是一种利用工作部分（落下部分或活动部分）所积蓄的动能在下行程时对锻件进行打击使锻件获得塑性变形的设备，在机械制造领域应用非常广泛，在锻压生产中一直发挥着重要作用。随着液压机、机械压力机和其他类锻压设备的出现和发展，在一定程度上取代了一部分锻锤的工作。但是直到现在，锻锤仍是锻压生产的主要设备之一。

2.1.1 锻锤的分类

锻锤的形式和种类多种多样。若按驱动力，可分为单作用锤和双作用锤；若按工艺用途，可分为自由锻锤和模锻锤；若按打击特性，又可分为有砧座锤和对击式锤。为了研究方便，按驱动原理、结构特点和工艺用途不同，锻锤可分为以下几大类：

（1）机械锤　用电动机驱动，靠机械传动提升锤头的锻锤，统称为机械锤。它是一类主要依靠重力位能实现锻件变形的单作用落锤，根据连接机构不同，分为夹板锤（或夹杆锤）、弹簧锤和钢丝绳锤（或链条锤）等。该设备效率低，目前已较少使用。

（2）空气锤　由电动机驱动，通过减速机构和曲轴，带动压缩活塞上下往复运动，在压缩缸内产生压缩空气。压缩空气通过配气旋阀进入工作缸，驱动工作活塞和锤头上、下运动。通过操作配气机构，可实现空气锤各种动作循环。空气锤应用很普遍，主要用于自由锻件的锻造或胎模锻。

（3）蒸汽-空气锤　利用来自动力站的蒸汽或压缩空气作为工作介质，通过滑阀配气机构和气缸驱动落下部分作上、下往复运动的锻锤称为蒸汽-空气锤。工作介质通过滑阀配气机构在工作气缸内进行各种热力过程，将热力学能转换成锻锤落下部分的动能，从而完成锻件变形。根据工艺用途不同，蒸汽-空气锤主要分为蒸汽-空气自由锻锤和蒸汽-空气模锻锤两大类，由于热效率低，目前一些单位采用电液锤技术进行了技术改造。

（4）蒸汽-空气对击锤　与蒸汽-空气锤一样，使用蒸汽或压缩空气作为工作介质，用上跳的下锤头代替了固定的砧座的锻锤称为蒸汽-空气对击锤。工作过程中，工作介质驱动上锤头向下打击的同时，通过联动机构带动下锤头向上作加速运动，与上锤头等行程实现悬空对击。根据联动方式不同，主要有钢带联动式和液压联动式蒸汽-空气对击锤。

（5）高速锤　气缸中一次性充入高压氮气，回程时靠来自于液压系统的高压液体驱动锤头回程，使气缸中的气体得到进一步压缩；打击时，液体快速排出，气体膨胀做功，驱动锤头快速下落，与此同时，气缸中气体反作用力驱动锤身向上运动，与锤头实现对击。该锤的打击速度可达 15 ~ 25m/s，同样重量的设备，打击能量要大得多，所以又称为高能高速锤。

(6) 液压模锻锤　采用液气驱动，工作前气缸一次性充入压缩空气或氮气，来自于液压系统的压力液体推动上锤头回程，气缸中压缩气体推动上锤头向下作加速运动，与此同时，通过联动油路推动下锤头（或锤身）微动上跳，与上锤头实现对击。液压模锻锤的打击速度与蒸汽-空气锤相同，主要用于模锻，也可用于自由锻。

(7) 电液锤　采用液压或液气驱动的有砧座式的锻锤，称为电液锤。传统的蒸汽-空气锤多已改造成此类锻锤。

(8) 螺旋压力机　螺旋压力机是一种利用驱动装置使飞轮旋转储能，以螺杆滑块机构作为执行机构，依靠滑块动能完成锻件变形的成形设备。由于它的打击特性与锻锤类似，因此本书中作为一种锤类设备介绍。

2.1.2　锻锤的主要特点

与机械压力机类、液压机类和其他类锻压设备相比，锻锤在结构和工艺方面上具有如下特点：

1) 锻锤是一种冲击成形设备，打击速度高，一般为 7m/s 左右，因此金属流动性和成形工艺性好。

2) 锻锤行程次数高，空气锤打击次数在 100～250 次/min 之间，蒸汽-空气锤全行程平均打击次数一般也大于 70 次/min，因而有较高的生产率。

3) 锻锤操作灵活，功能性强，作为模锻设备时，在一台锤上可以完成拔长、滚挤、预锻、终锻等各种工序的操作，一般不需要配备制坯设备。

4) 锻锤是一种定能量设备，它不同于定行程设备的机械压力机和定力设备的液压机，锤头没有固定的下死点。其锻造能力不严格受吨位限制，当锻锤的有效打击能量小于锻件变形所需能量时，可以多打几锤。另外当锻件变形量较小时，可以产生很大的打击力。

5) 锤类设备结构简单，制造容易，安装方便。

然而，锻锤在使用中也存在一些问题，例如：

1) 有砧座锤工作时振动、噪声大，对于大吨位锻锤来说，不仅会恶化锻工车间的工作环境，而且还影响到厂内外的机加工设备、精密仪器的工作和附近居民的生活。

2) 蒸汽-空气锤需要配套蒸汽动力设备或大型空气压缩站，能量有效利用率低。

2.1.3　锻锤的发展概况

为了既能发挥锤类设备的优点，又能克服蒸汽-空气锤存在的浪费能源和振动公害等问题，国内外许多科技人员在现有锻锤革新、技术改进和研制发展新型锤类设备等方面进行了不懈的努力和卓有成效的工作，取得了一定的成就，归纳起来，主要有以下几点：

1) 研制、开发电液锤或液压动力头，用于对传统的蒸汽-空气锤进行换头改造，可实现节能 85% 以上。

2) 在有砧座式锻锤的下砧座与基础之间安装隔振装置，以消除振动，改善锻压车间及周围的工作和生活环境。目前较成熟的隔振装置有悬吊式板弹簧隔振基础和砧下橡胶支撑式隔振基础等。

3) 20 世纪 30 年代出现的蒸汽-空气对击锤（也称无砧座锤），采用上、下两锤头对击的结构形式，用活动的下锤头代替了庞大的砧座，减少了锤本身的重量和基础体积，大大减轻了对地基的振动。对于大吨位锻锤来说，是一种理想的结构。

4）液气驱动原理的应用是锻锤的发展方向之一。早期的封闭气体打击、液压回程的液压单动锤和20世纪50年代出现的高速锤均采用液气驱动原理。随着生产的发展和科学技术的进步，液压模锻锤作为一种新型锻压设备得到了迅速发展和应用。液压模锻锤采用液气驱动原理和下锤头（或锤身）微动上跳对击的结构形式，保留了锤类设备的特点，同时克服了蒸汽-空气锤能耗大、热效率低、振动大、蒸气-空气对击锤操作不方便和高速锤力重比过高等缺点，是高效、节能、环保型机电一体化新产品。

2.2 锻锤的打击特性

锻锤是靠落下部分在下落过程中积蓄的动能完成工件变形的。不同于其他成形设备，它的打击过程是一种冲击成形过程。分析锻锤打击过程和打击特性，有利于改进锻锤结构设计，提高性能，减少振动，改进工艺和模具设计，提高设备工作可靠性。

锻锤是一种冲击成形设备，工作过程中各主要零、部件承受冲击载荷，并有振动传向基础和周围环境，因此研究锻锤打击特性，分析锻锤打击力、打击过程和打击效率，是锻锤整机设计及性能分析、零部件强度校核和锻锤振动分析的基础。

2.2.1 锻锤的打击能量

锻锤的打击能量表现为锤头下落行程终了（工件变形前）所具有的动能，对于有砧座式锤

$$E_h = \frac{1}{2}mv^2 \tag{2-1}$$

式中，E_h 为锻锤打击能量，表示锻锤的有效工作能力，是锻锤的主参数（J或kJ）；m 为落下部分质量（kg）；v 为下落行程终了（工件变形前）锤头速度（m/s）。

对于对击式锤，有

$$E_h = \frac{1}{2}m_1v_1^2 + \frac{1}{2}m_2v_2^2 \tag{2-1a}$$

式中，m_1、m_2 分别为上、下锤头质量（kg）；v_1、v_2 分别为上、下锤头速度（m/s）。

锻锤的打击能量来源于落下部分的重力位能与气缸中气体膨胀功。对于单作用落锤，有

$$E_h = \eta_M E_p = \eta_M mgh \tag{2-2}$$

式中，η_M 为机械效率；E_p 为锤头重力位能（J）；h 为锤头落下高度（m）。

对于双作用锤，有

$$E_h = \eta_M(E_p + W_e) = \eta_M(mgh + \int p\mathrm{d}V) \tag{2-2a}$$

式中，W_e 为工作缸中气体膨胀功（J）。

2.2.2 打击过程和打击效率

锻锤的打击过程是在千分之几秒内完成的。对于有砧座锤来说，锤头将打击能量传递给工件和固定的砧座。对于对击式锤，上、下两锤头完成等行程撞击或等能量撞击。打击过程

中，锻件在锤头与砧座或上、下两锤头间完成塑性变形。锻锤的打击过程如同两个物体的碰撞过程，因此可以根据理论力学关于两个物体碰撞理论来分析和研究锻锤的打击过程。

锻锤的打击过程可以分为两个阶段。第一阶段是加载阶段，在这一阶段里，锤头与砧座（或上、下两锤头）彼此接近，使锻件产生塑性变形，同时锻件、模具、锤头或机架伴随有弹性变形。这一阶段结束时，锻件获得最大变形。第二阶段是卸载阶段，由于锻件、模具、锤头或机架弹性变形的恢复，锤头（或对击式锤的上、下锤头）产生反向运动速度。

（1）有砧座锤的碰撞过程　对于有砧座锤，碰撞前，砧座速度为 $v_2=0$，若锤头速度为 v_1，碰撞第一阶段结束时，锤头与砧座共同的下降速度为 v_0，根据对心碰撞理论，有

$$m_1\boldsymbol{v}_1=(m_1+m_2)\boldsymbol{v}_0=m_1\boldsymbol{v}'_1+m_2\boldsymbol{v}'_2 \tag{2-3}$$

式中，$\boldsymbol{v}'_1$、$\boldsymbol{v}'_2$ 为锤头和砧座回弹速度或最后速度（m/s）。

如果用恢复系数 K 来表示打击速度和回弹速度之间的关系，则有

$$v'_1-v'_2=K(v_2-v_1) \tag{2-4}$$

由于锻锤打击为非完全弹性碰撞，故 K 值在 1~0 之间，由上述二式可得锤头和砧座的回弹速度为

$$\begin{aligned}v'_1&=v_1-\frac{m_2}{m_1+m_2}(1+K)v_1\\ v'_2&=\frac{m_1}{m_1+m_2}(1+K)v_1\end{aligned} \tag{2-5}$$

于是系统在打击后所具有的动能为

$$E_e=\frac{1}{2}m_1(v'_1)^2+\frac{1}{2}m_2(v'_2)^2 \tag{2-6}$$

将式（2-5）代入上式，有

$$E_e=\frac{m_1^2v_1^2+K^2m_1m_2v_1^2}{2(m_1+m_2)} \tag{2-7}$$

锻件在塑性变形中吸收的能量为

$$E_p=E_h-E_e \tag{2-8}$$

将式（2-1）、式（2-7）代入上式，有

$$E_p=\frac{m_2}{m_1+m_2}(1-K^2)E_h$$

锻锤的打击效率为锻件吸收的塑性变形能与锻锤打击能量的比值，即

$$\eta=\frac{E_p}{E_h} \tag{2-9}$$

因此，可得到有砧座锤的打击效率为

$$\eta=\frac{m_2}{m_1+m_2}(1-K^2) \tag{2-10}$$

可见，有砧座锤的打击效率与恢复系数 K、砧座质量 m_2 和锤头质量 m_1 有关。而恢复系数 K 又因锻件的锻造温度而异。温度越高，K 值越小，打击效率也越高。例如当锻件在锻造温度下变形时，恢复系数 K 可取为 0.3，而在接近终锻温度时，塑性较低，一般取 $K=0.5$。锻造工艺中，希望打击效率尽可能大，使锻锤有效打击能量最大限度地用于锻件的塑性变形，因此锻造温度不能过低。

当恢复系数 K 为定值时，打击效率和砧座与锤头的质量比 m_2/m_1 有关。例如当有砧座锤打击速度为9m/s，$K=0.3$ 时，打击效率 η 随 m_2/m_1 的变化曲线如图2-1所示。图中还标出了打击后砧座与锤头的共同速度 v_0 和砧座最后速度 v_2' 随 m_2/m_1 的变化曲线，这两个参数表示了打击刚性。可见随着 m_2/m_1 的增加，打击效率增加；v_0 与 v_2' 降低，打击刚性增大。但当 m_2/m_1 超过10以后，打击效率的变化就不明显了。所以对于自由锻锤来说，为了减小砧座质量和成本，一般取 $m_2/m_1=15\sim20$；但对于模锻锤来说，为了保证打击刚性和锻件精度，一般可取 $m_2/m_1=20\sim25$，对于精度要求更高者，可取 $m_2/m_1=30$。

（2）对击式锤的打击过程　对击式锤打击过程中，在上锤头下落的同时，下锤头（或锤身）向上运动与上锤头实现悬空对击，上、下锤头的运动行程或速度可能不相等，但一般对击式锤都是按打击瞬间上、下运动体动量相等的原理来设计的，即

$$m_1 \boldsymbol{v}_1 = m_2 \boldsymbol{v}_2 \tag{2-11}$$

式中　m_1、$\boldsymbol{v}_1$ 为上锤头的质量和速度；m_2、$\boldsymbol{v}_2$ 为下锤头（或锤身）的质量和上跳速度。

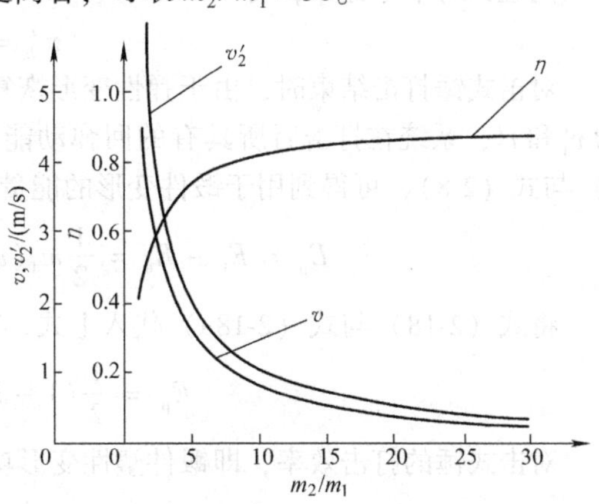

图2-1　砧座与锤头质量比对打击效率和打击刚性的影响

根据碰撞理论，上、下运动体动量相等的对击式锤打击后系统的动量之和为零，但由于打击过程并非完全塑性碰撞，故打击后由于锻件、模具、锤头或机架弹性变形的恢复，上、下锤头有产生反向运动的趋势。

在分析对击式锤打击过程时，也不妨作如下假设：

1）由于打击中心基本上不偏离结构中心，故可近似认为打击过程为对心碰撞。

2）不考虑非碰撞力（如重力等）的影响。

3）把上、下锤头系统简化为两个理想碰撞体。

4）为简化起见，不考虑弹性波的传递。

打击过程同样可分为变形和恢复两个阶段。在变形阶段，上、下两锤头相互接近，初始变形速度 v_1、v_2 变为零，其碰撞冲量为

$$\begin{aligned} \boldsymbol{I}_1 &= 0 - m_1 \boldsymbol{v}_1 \\ \boldsymbol{I}_2 &= 0 - m_2 \boldsymbol{v}_2 \end{aligned} \tag{2-12}$$

在恢复阶段，上、下锤头产生反向回弹速度 v_1' 和 v_2'，其碰撞冲量为

$$\begin{aligned} \boldsymbol{I}_1' &= m_1 \boldsymbol{v}'_1 - 0 \\ \boldsymbol{I}_2' &= m_2 \boldsymbol{v}'_2 - 0 \end{aligned} \tag{2-13}$$

碰撞体的恢复系统 K 应等于恢复阶段与变形阶段的冲量之比，即

$$K_1 = \left|\frac{\boldsymbol{I}_1'}{\boldsymbol{I}_1}\right|,\ K_2 = \left|\frac{\boldsymbol{I}_2'}{\boldsymbol{I}_2}\right| \tag{2-14}$$

不难证明：$K_1=K_2=K$。

在碰撞的全过程中，上锤头所受的冲量为

$$\boldsymbol{I} = \boldsymbol{I}_1 + \boldsymbol{I}_1' \tag{2-15}$$

由式（2-12）、式（2-13）、式（2-14）可得

$$\boldsymbol{I} = -(1+K)m_1 \boldsymbol{v}_1 \quad (2\text{-}16)$$

在整个碰撞过程中，上锤头速度由$\boldsymbol{v}_1$变到$\boldsymbol{v}_1'$，其动量变化为

$$m_1 \boldsymbol{v}_1' - m_1 \boldsymbol{v}_1 = \boldsymbol{I} \quad (2\text{-}17)$$

由式（2-16）、式（2-17）可得

$$\boldsymbol{v}_1' = -K\boldsymbol{v}_1 \quad (2\text{-}18)$$

同理，对于下锤头，有

$$\boldsymbol{v}_2' = -K\boldsymbol{v}_2 \quad (2\text{-}18a)$$

对击式锤打击结束时，由于弹性变形恢复，上、下锤头有反向运动的趋势，其回弹速度为v_1'和v_2'，系统在打击后所具有的回弹动能见式（2-6）。由对击式锤打击能量计算式（2-1）与式（2-8），可得到用于锻件变形的能量为

$$E_p = E_h - E_e = \frac{1}{2}m_1(v_1^2 - v_1'^2) + \frac{1}{2}m_2(v_2^2 - v_2'^2)$$

将式（2-18）与式（2-18a）代入上式，有

$$E_p = \frac{1}{2}(1-K^2)(m_1v_1^2 + m_2^2) \quad (2\text{-}19)$$

对击式锤的打击效率，即锻件塑性变形功与锤的打击能量之比，为

$$\eta = \frac{E_p}{E_h} = 1 - K^2 \quad (2\text{-}20)$$

由式（2-20）可见，打击时上、下运动体动量相等的对击式锤的打击效率高于有砧座锤。

2.2.3 锻锤的打击力

在工件变形瞬间，工件、设备承受着巨大的冲击载荷。变形时工件反作用于锤头的力，称为金属变形抗力，而锤头作用于工件的力，称为打击力。打击力以及由此引起的运动部件的惯性力是进行锻锤受力分析和主要零部件强度校核的依据。

同一能量锻锤的打击力，与锻件大小、形状和变形温度有关，即使是每一次打击变形过程，打击力也是变化的，要精确计算打击力十分困难，往往采用简化方法计算平均打击力。这里给出两种简化的计算方法。

1）将锻造过程中的载荷-行程曲线简化成线性，如图2-2所示。

将锻造过程中载荷的变化近似看成由$F_p/3$增加到F_p（图中用虚线表示），工件塑性变形功E_d为图中曲线下的面积，若用Δ表示塑性变形量，则有

$$E_d = \frac{F_p/3 + F_p}{2}\Delta = \frac{4}{6}F_p\Delta$$

即

$$F_p = \frac{6E_d}{4\Delta} = \eta\frac{6E_h}{4\Delta} \quad (2\text{-}21)$$

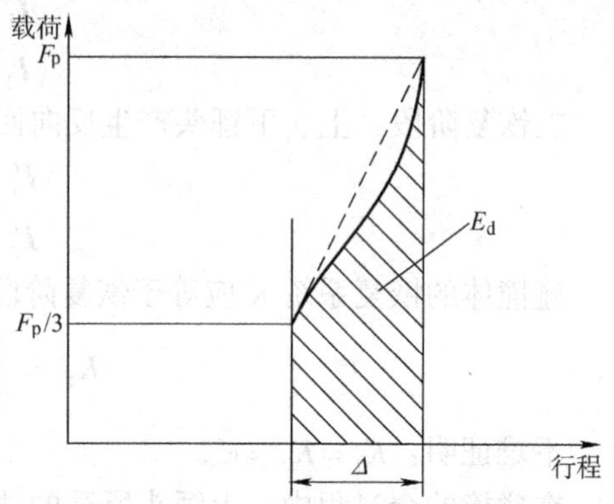

图2-2 锻造过程中的载荷-行程曲线

2）引入平均打击力的概念，而近似地认为在打击过程中打击力为定值。

锻锤的打击能量 E_h 转变为锻件塑性变形功 E_d 和工件、模具、锤头和机架的弹性变形功 E_e，各部分能量以及打击力与变形量的关系如图 2-3 所示。

由图可得锻造过程中弹、塑性变形功为

$$E_e = \frac{1}{2}F_p\Delta_2 \tag{2-22}$$

$$E_d = F_p\Delta_1 \tag{2-23}$$

式中 F_p 为平均打击力（N）；Δ_1 为锻件塑性变形量（m）；Δ_2 为锻件、模具、锤头和机架的弹性变形量（m）。

因此，根据式（2-9）、式（2-23）可得到锻锤的平均打击力为

$$F_p = \eta\frac{E_h}{\Delta_1} \tag{2-24}$$

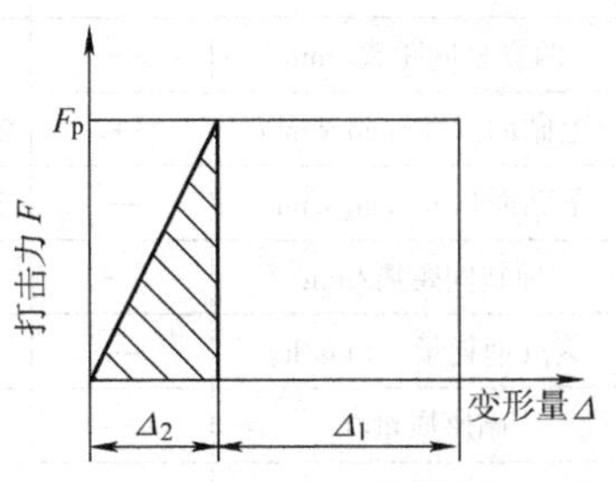

图 2-3 弹、塑性变形功以及打击力与变形量关系曲线

2.3 蒸汽-空气锤的结构和工作原理

根据用途和打击原理不同，蒸汽-空气锤主要分为蒸汽-空气自由锻锤、蒸汽-空气模锻锤和蒸汽-空气对击锤，它们采用蒸汽或压缩空气驱动，是锻压车间最常见的锻造设备之一。

蒸汽-空气锤使用蒸汽压力为 0.7～0.9MPa，若用压缩空气驱动时，压缩空气压力为 0.6～0.8MPa，它们分别由单独设置的蒸汽锅炉或空气压缩站提供。蒸汽-空气锤主要由动力传动部分和主机两部分组成。动力传动部分包括蒸汽锅炉或空气压缩站和输气管路；主机部分包括工作机构（气缸、锤杆和锤头）、机架、底座和配气操作系统。但不同种类的蒸汽-空气锤在结构、原理、参数设计计算和操作系统方面也不同。

2.3.1 蒸汽-空气自由锻锤

蒸汽-空气自由锻锤主要用于自由锻造工艺，也可用于胎模锻。我国目前沿用落下部分的质量来表示蒸汽-空气自由锻锤的规格。常见的蒸汽-空气自由锻锤的落下部分质量一般在 500～500kg（0.5～5t）[㊀]之间，其主要技术参数见表 2-1。

表 2-1 蒸汽-空气自由锻锤主要技术参数

落下部分质量/t	0.63	1	2	2	3	3	5	5
结构形式	单柱式	双柱式	单柱式	双柱式	单柱式	双柱式	双柱式	桥式
最大打击能量/kJ	—	353	—	70	120	152		180
每分钟打击次数/(次/min)	110	100	90	85	90	85	90	90
锤头最大行程/mm	—	1000	1100	1260	1200	1450	1500	1728
气缸直径/mm	—	330	480	430	550	550	660	685
锤杆直径/mm	—	110	280	140	300	180	205	203

㊀ 按标准，质量单位为千克，本章为了兼顾行业习惯，多处使用吨。

（续）

下砧面至立柱开口距离/mm	—	500	1934	630	2310	720	780	—
下砧面至地面距离/mm	—	750	650	750	650	740	745	737
两立柱间距离/mm	—	1800	—	2300	—	2700	3130	4850
上砧面尺寸/mm × mm	—	230 × 410	360 × 490	520 × 290	380 × 686	590 × 330	400 × 710	380 × 686
下砧面尺寸/mm × mm	—	230 × 410	360 × 490	520 × 290	380 × 686	590 × 330	400 × 710	380 × 686
导轨间距离/mm	—	430	—	550	—	630	850	737
蒸汽消耗量/（kg/h）	—	—	2500	—	3500	—	—	—
砧座质量/t	—	12.7	19.2	28.39	30	45.8	68.7	75
机器质量/t	14.0	27.6	44.8	57.94	61.1	77.38	120	138.52
外形尺寸/mm × mm × mm（长 × 宽 × 地面上高）	2250 × 1300 × 3955	3780 × 1500 × 4880	3750 × 2100 × 4361	4600 × 1700 × 5640	4900 × 2000 × 5810	5100 × 2630 × 5380	6030 × 3940 × 7400	6260 × 2600 × 7510

蒸汽-空气自由锻锤的主要结构和操作系统特点有：

1）自由锻锤所加工锻件的尺寸和质量较大，最大可加工 1500kg 的光轴类锻件，一般应设置司锤工，所以自由锻锤的主要操作方式为手柄操作。

2）自由锻锤的砧座系统独立于本体，通过枕木安装在基础上，长期锻打后会出现下沉现象。

3）自由锻锤，尤其是 1t 以上的自由锻锤，只要能实现单打就可满足锻造工艺要求，所以蒸汽-空气自由锻锤的操作配气机构一般设置单打的工作方式。

1. 蒸汽-空气自由锻锤的主要结构

根据锻造工艺的需要，蒸汽-空气自由锻锤具有不同的锤身结构形式，主要有单柱式、双柱拱式和双柱桥式三大类。

单柱式蒸汽-空气自由锻锤的锤身只有一个立柱，工人可以从锤身正面、左面和右面等三面进行操作，因此操作和测量都很方便。但其锤身刚性较差，不适宜于大吨位，该类锻锤落下部分质量一般在 1t 以下。

双柱拱式蒸汽-空气自由锻锤的锤身由两个立柱组成拱门形状，上端通过螺柱、气缸垫板与气缸连在一起，下端固定在基础底板上，形成框架。为保证刚度，有的锤导轨处还有拉紧螺栓，锤身刚度好，工人可从前后两个方向进行锻造操作。该类锻锤落下部分的质量一般在 1 ~ 5t 之间，是应用最为广泛的一种锻锤，其结构如图 2-4 所示。

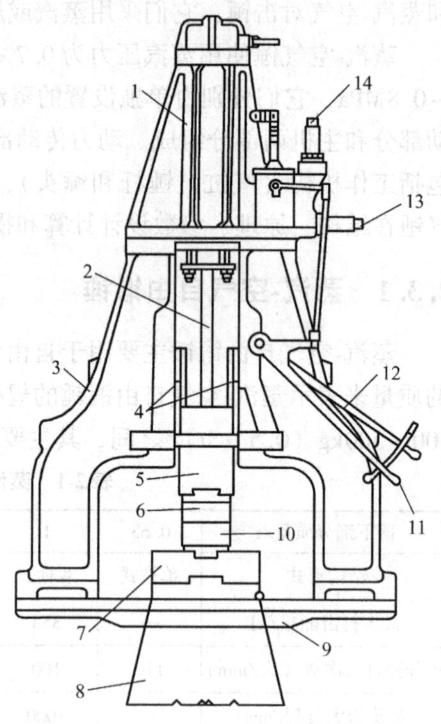

图 2-4　双柱拱式蒸汽-空气自由锻锤

1—气缸　2—锤杆　3—立柱　4—导轨　5—锤头　6—上砧块　7—砧垫　8—砧座　9—底板　10—下砧块　11—旋阀手柄　12—滑阀手柄　13—排气口　14—进气口

双柱桥式蒸汽-空气自由锻锤的锤身由两个立柱和横梁（钢板焊接件或铆接件）连接成桥形框架，锤身下面的操作空间较大，适合于锻造轮廓尺寸较大的大型锻件。但因锤身结构尺寸大，刚度较差，吨位不易过大，落下部分质量在 3 ~ 5t 之间。

各种结构形式的蒸汽-空气自由锻锤在结构上虽有差异，但它们都是由落下部分、气缸部分、锤身（机架）部分、砧座基础部分和滑阀配气机构等组成。

落下部分包括锤头、锤杆、活塞和上砧块。锤杆和活塞之间采用锥体刚性连接，装配时可采用热装。锤杆和锤头之间也采用锥体刚性连接，中间加装黄铜衬套。锤头与上砧块常采用楔块、楔铁连接。由于锤头与锤杆是承受冲击载荷的零件，因此对材料性能有一定的要求。

气缸部分由缓冲缸、气体缸、阀体和蒸汽通道等组成。缓冲缸中装有缓冲活塞，其上腔与新气连通，当回程至最高位置后，若还有剩余动能，则推动缓冲活塞并使之上移，堵住进气口，使缓冲腔封闭，缓冲腔内气体工质压力迅速升高而实现缓冲功能。气缸体是承受内压的部件，其强度计算可按材料力学中的厚壁圆筒的计算方法进行。为了使气缸内壁磨损后便于修复，气缸内壁镶有铸铁缸套。为了增加刚度，铸造缸体设置一些加强筋。

机架部分是锻锤的承载机构，要求具有一定的刚度、强度。对于小吨位自由锻锤，为了锻造操作方便，一般采用悬臂（单柱式）结构；对于较大吨位的锻锤采用双柱拱式结构，对于需求较大操作空间和锻件尺寸较大时，采用双柱桥式结构。在这三种常见的结构中，双柱拱式蒸汽-空气自由锻锤的机架由气缸垫板、两侧立柱和底板组成的闭式框架结构组成，具有较好的刚度。为了提高锻造精度，立柱内侧装有锤头运动导向装置并装有拉紧螺柱。

砧座基础部分是承受打击的部件，包括下砧块、砧垫和砧座。下砧块与砧垫之间，砧垫与砧座之间采用键和楔块联接。砧座通过枕木安装在基础上。为了减少打击时砧座的退让和减少振动的影响，基础部分一般较大。近年来，由于环境保护的要求，已有一些锻锤采用了隔振基础。

2. 配气操纵机构与工作循环

为满足工艺要求，蒸汽-空气自由锻锤应能实现提锤、悬锤、打击、压紧等工作循环。打击又可分为单次打击和连续打击。

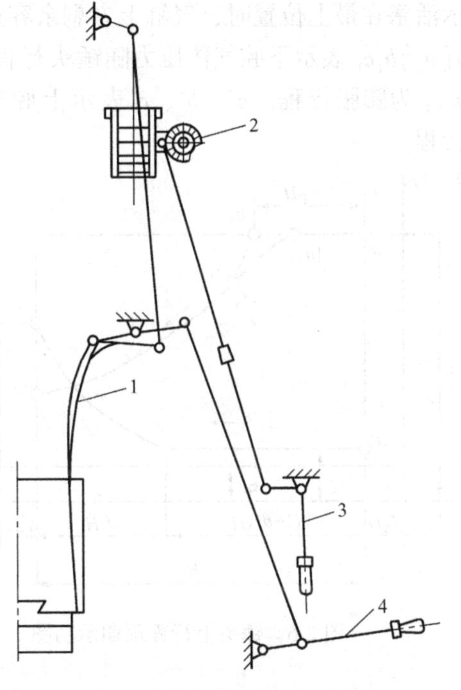

图 2-5 蒸汽-空气自由锻锤配气操纵机构
1—刀形杆 2—节气阀 3—节气阀手柄 4—操作手柄

蒸汽-空气自由锻锤有两套独立的操纵机构：一是节气阀操纵机构，由节气阀体、旋转阀芯、拉杆和操作手柄组成，主要用于控制蒸汽进气的通、断和通过调节开口面积调节进气量；另一个是滑阀操纵机构，由滑阀体、阀芯、拉杆、杠杆、刀形杆和操作手柄组成，用于控制锻锤动作循环和调节打击能量。蒸汽-空气自由锻锤配气操纵机构如图 2-5 所示。

如图 2-5 所示，操纵手柄 4 和刀形杆 1 共同作用控制锤头各种动作。若锤头不动时，压下手柄，通过拉杆和杠杆的作用使刀形杆的转动点和右端整体上升，滑阀拉杆上升，进而提升滑阀，手柄从最高位至最低位置时，滑阀向上移动的最大行程为 h_s；反之若向上抬起手柄，则滑阀下降。另一方面，刀形杆的曲线部分靠紧锤头的斜面，当锤头向上运动时，斜面迫使刀形杆逆时针转动，右端上升，随之提升滑阀；反之，若锤头下降，则滑阀下降。刀形杆使锤头行程 H 与滑阀行程 h 之间保持一定的比例关系，即 $h/H=m$，一般取 $m=0.04\sim0.06$。

若想在工作时调节锤的打击轻重，可采用两种方法。一种是控制提锤高度，提锤高度越小时锤的打击能量越小；另一种是控制手柄的压下行程，若手柄向下搬动较小行程时，滑阀上升的距离就小，在锤头下降和刀形杆作用下，滑阀下降，使上腔进气和下腔排气产生节流，因而锤的打击能量就越小。

3. 预期示功图与参数计算步骤

蒸汽-空气自由锻锤工作过程中，蒸汽在气缸中的变化可以用 p-v 图加以描述，用纵坐标代表气缸中压力 p 的变化，横坐标代表活塞和锤头的行程的变化，p-v 图中曲线下的面积代表气体功，所以又称为预期示功图。

锤头上行程的预期示功图如图 2-6 所示，其中 H 代表锤头和活塞全行程，$\varphi_x H$ 代表活塞在最低位置时，活塞下方剩余容积和进气孔道容积等折合高度（一般取 $\varphi_x=0.09$），$\varphi_s H$ 表示活塞在最上位置时，气缸上方剩余容积与上气道等的折合高度（一般取 $\varphi_s=0.12$）。图中 $a[a_1]b_1c_1$ 表示下腔气体压力随锤头行程的变化规律。为分析方便，认为 $\gamma_{xp}H$ 为进气行程，a_1c_1 为膨胀行程。a'、b'、c' 表示上腔气体压力变化，其中 $a'b'$ 为排气行程，$b'c'$ 为压缩行程。

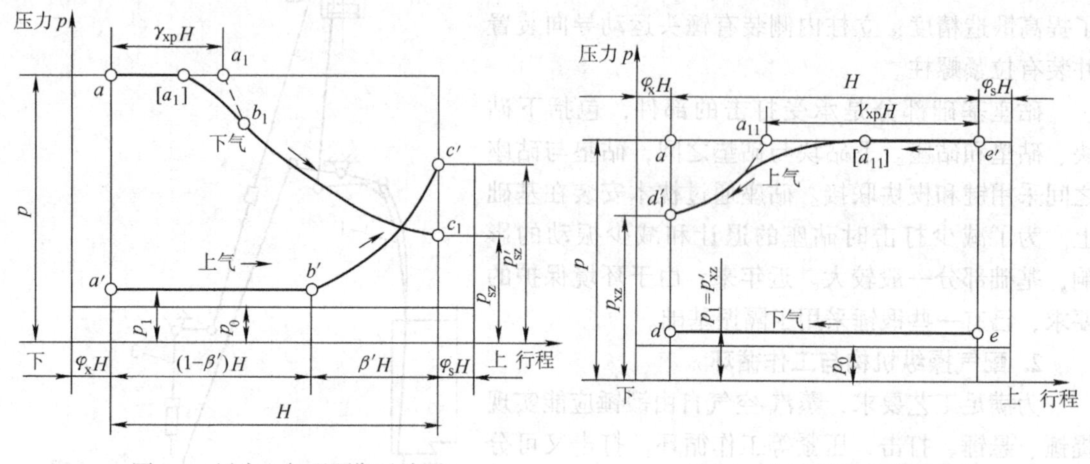

图 2-6　锤头上行程预期示功图　　　　图 2-7　打击行程预期示功图

打击过程预期示功图如图 2-7 所示。其中，$e'[a_{11}]d'_1$ 为上腔气体压力变化曲线，由于锤头打击过程是一个加速过程，致使上腔气体流速不断增加，在某一点 $[a_{11}]$ 处使蒸汽流速达到阻气速度，压力下降，取 a 点与 $[a_{11}]$ 点的中点 a_{11} 作为理论上气绝热膨胀起始点，即 $e'a_{11}$ 为进气段，$a_{11}d'_1$ 为膨胀段。在打击行程中，上腔气体一直处于排气状态，排气压力为 p_1。

通过对锻锤上行程和打击行程的配气关系分析不难看出，上行程中下腔气体是进气-膨胀过程，上腔气体是排气-压缩过程；打击行程中上腔气体是进气-节流过程，下腔气体是排气过程，这样就实现了操纵单打循环。若将上述配气关系加以改变，使上行程时下腔气体为进气-膨胀-排气，上腔气体为排气-压缩-提前进气；打击行程时上腔气体为进气-膨胀-排气，下腔气体为排气-压缩-提前进气。这样就实现了锤头上行至最高点时，由于上腔提前进气和下腔排气而促使锤头迅速改变方向下行；当锤头下行至最低点时，又因下腔的提前进气和上腔的排气而迅速改成向上运动，即只要将手柄压下，锤头便可进行自动连打。

蒸汽-空气自由锻锤参数计算就是要根据给定的锻锤落下部分质量 m、工作行程 H、新气压力 p、打击能量 E 等参数计算出工作缸活塞面积、气体压力变化、锻锤每分钟打击次数和工质耗量等参数，进而确定滑阀的尺寸。

蒸汽-空气自由锻锤参数的计算依据是预期示功图和锤头的受力分析。

锤头系统运动时受力分析如图2-8所示。

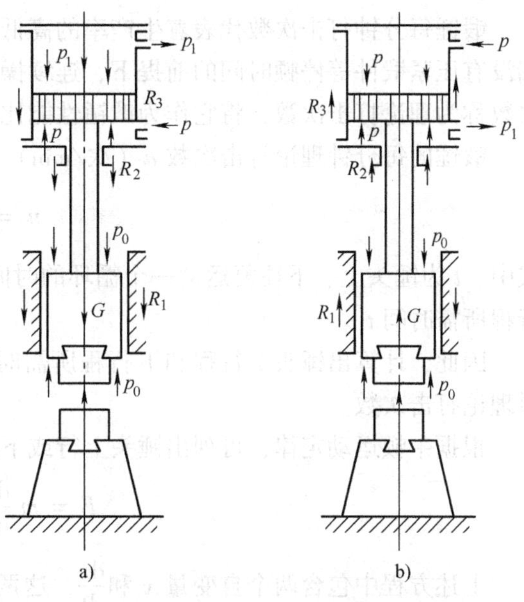

图2-8 锤头系统运动时受力分析

a) 上行程时受力简图 b) 打击行程时受力简图

打击行程中，作用于锤头系统的正向力有上腔气体压力和锤头重力，反向阻力有下腔气体压力、各种摩擦阻力和作用于相当于锤杆面积的大气压力。上述各种作用力在打击行程中所做功的总和应等于锤头系统的最大打击能量 E_{max}，于是可得如下方程式，即

$$(p-p_{H}H)AH+mgH-p_{1}\alpha AH-p_{0}(1-\alpha)AH-RH=E_{max} \quad (2\text{-}25)$$

式中，A 为气缸活塞面积（m^2）；αA 为气缸中活塞下环行面积，对于标准结构的自由锻锤，取 $\alpha=0.75\sim0.92$；p_H 为行程为 H 时的蒸汽压；R 为各种摩擦阻力之和（N），通常取 $R=0.001$N。

因此由式（2-25）可求出气缸活塞面积为

$$A=\frac{E_{max}/H-0.9mg}{(p-p_{H}H)-p_{1}\alpha-p_{0}(1-\alpha)} \quad (2\text{-}26)$$

上行程时，作用于锤头活塞上的正向力有：气缸下腔气体压力 p，锤头上、下表面面积差（相当于锤杆面积）上的作用力 p_0。反向阻力有：气缸上腔气体压力 p_1、锤头系统重力 mg、锤头与导轨之间和锤杆、活塞密封处摩擦阻力之和。锤头上行至最高点，运动速度应为零，即上行程中各作用力在整个锤头行程中做功之和应等于零，因此可列出如下方程式

$$p\alpha A\gamma_{xp}H+p\alpha A(\varphi_{x}+\gamma_{xp})H\ln\frac{\varphi_{x}+1}{\varphi_{x}+\gamma_{xp}}+p_{0}(1-\alpha)AH-p_{1}A(1-\beta')H-p_{1}A(\varphi_{s}+\beta')H\ln\frac{\varphi_{s}+\beta'}{\varphi_{s}}-mgH-RH=0 \quad (2\text{-}27)$$

根据上行程锤头运动分析，借助于预期示功图，可求出气缸中气体压力变化和活塞运动各阶段距离等参数。由图2-6可知，上行程中气缸下腔气体分为进气-绝热膨胀两阶段，上

腔气体分为排气和绝热压缩两阶段，根据水蒸气可逆绝热过程方程式 pV = 常数，可得下气在绝热膨胀的过程方程式为

$$p(\varphi_x + \gamma_{xp})H = p_{xz}(\varphi_x + 1)H \tag{2-28}$$

同理由上气压缩阶段可得

$$p'_{sz} = p_1\left(\frac{\varphi_s + \beta'}{\varphi_s}\right) \tag{2-29}$$

综合分析上行程预期示功图参数与锤头运动的关系，可以得出以下优选条件方程，即

$$\gamma_{xp} + \beta' = 1 \tag{2-30}$$

因此，由式（2-27）~式（2-30）联立求解，可求出 γ_{xp}、β'、p_{xz}、p'_{sz} 等 4 个未知参数。

锻锤每分钟打击次数代表着生产率的高低，一般将锤头在行程上端没有悬空，在行程下端没有压紧锻件等停顿时间的前提下，连续操纵手柄进行连续单打的每分钟最大可能的打击次数称为理论打击次数，将它作为锻锤性能比较的指标。

锻锤的每分钟理论打击次数 n（次/min）为:

$$n = \frac{60}{t} \tag{2-31}$$

式中，t 为锤头上、下往复运动一个循环的时间（s），包括锤头上行程所需时间 t_s 和锤头下行程所需时间 t_x。

因此，计算出锤头上行程和下行程所需时间，便可由式（2-31）求出蒸汽-空气自由锻锤理论打击次数。

根据牛顿运动定律，可列出锤头上行或下行过程中的运动方程为

$$\sum F = m\frac{\mathrm{d}v}{\mathrm{d}t} = m\frac{\mathrm{d}^2x}{\mathrm{d}t^2} \tag{2-32}$$

上述方程中包含两个自变量 x 和 $\frac{\mathrm{d}x}{\mathrm{d}t}$，这两个自变量可用自变量向量 $\boldsymbol{Y} = [y^{(1)}, y^{(2)}]$ 表示。方程左端有下气压力 p 和上气压力 p_1 两个变量，它们可根据 pV = 常数的规律表示为行程的函数。因此锤头运动微分方程可转换成如下式的仿真数学模型，即

$$\begin{cases} d(1) = Y(2) \\ d(2) = f(Y(1)) \end{cases} \tag{2-33}$$

利用数值积分法编制的仿真程序或用现有仿真软件如 SIMULINK 对式（2-33）的数学模型在计算机上进行数字仿真运行，当位移等于锤头位移 H 时，所得到的时间即为上行程时间 t_s 或下行程时间 t_x。

根据预期示功图、运动分析和打击次数，可以计算出锻锤工作中蒸汽的体积消耗和质量消耗。

2.3.2 蒸汽-空气模锻锤

用于模锻件生产的蒸汽-空气锤称为蒸汽-空气模锻锤。标准系列中规定蒸汽-空气模锻锤有 1、2、3、5、10、16 等规格，其技术参数见表 2-2。蒸汽-空气模锻锤也是以蒸汽或压缩空气（来自空气压缩站）为工质，不论是在工作原理上还是结构上与蒸汽-空气自由锻锤都

有许多相同之处。但由于模锻工艺的要求，因此在结构上、操作上和工作原理上有着一系列的特点。

表 2-2 蒸汽-空气模锻锤技术参数

落下部分质量/t		1	2	3	5	10	16
最大打击能量/kJ		25	50	75	125	250	400
锤头最大行程/mm		1200	1200	1250	1300	1400	1500
锻模最小闭合高度(不算燕尾)/mm		220	260	350	400	450	500
导轨间距离/mm		500	600	700	750	1000	1200
锤头前后方向长度/mm		450	700	800	1000	1200	2000
模座前后方向长度/mm		700	900	1000	1200	1400	2110
每分钟打击次数/次/min		80	70	—	60	50	40
蒸汽	绝对压力/MPa	0.6~0.8	0.6~0.8	0.7~0.9	0.7~0.9	0.7~0.9	0.7~0.9
	允许温度/℃	—	200	200	200	200	200
砧座质量/t		20.25	40	51.4	112.547	235.533	325.852
总质量(不带砧座)/t		11.6	17.9	26.34	43.793	75.737	96.235
外形尺寸/mm×mm×mm（前后×左右×地面上高）		2380×1330×5051	2960×1670×5418	3260×1800×6035	2090×3700×6560	4400×2700×7460	4500×2500×7894

1. 蒸汽-空气模锻锤的特点

为了满足模锻生产的工艺要求，与蒸汽-空气自由锻锤相比，蒸汽-空气模锻锤具有以下特点：

（1）结构上的特点　蒸汽-空气模锻锤的结构如图 2-9 所示。为了保证模锻件的形状和尺寸精度，模锻锤在结构上主要采取了以下措施：

1）模锻锤的立柱直接安装在砧座上，用 8 根带弹簧的强力拉紧螺栓联接在一起，并与气缸垫板组成一个刚性较大的闭式框架，保证了砧座发生位移或倾斜时，上、下模具仍能对中，且提高了打击刚性。

2）立柱与砧座之间采用凸台与楔铁定位。8 个螺栓分别向左右倾斜 10°~20°，工作时产生侧向拉力，以保证锤头与导轨之间的间隙不变。

3）为了保证打击刚性，提高打击效率，模锻锤砧座质量比自由锻锤大，一般为落下部分质量的 20~30 倍。

4）为了提高锤头的导向精度，提高锻锤锻造精度和抗偏载能力，模锻锤采用较长而坚固的导轨，且导轨与锤头之间的间隙可通过调节楔来调节。

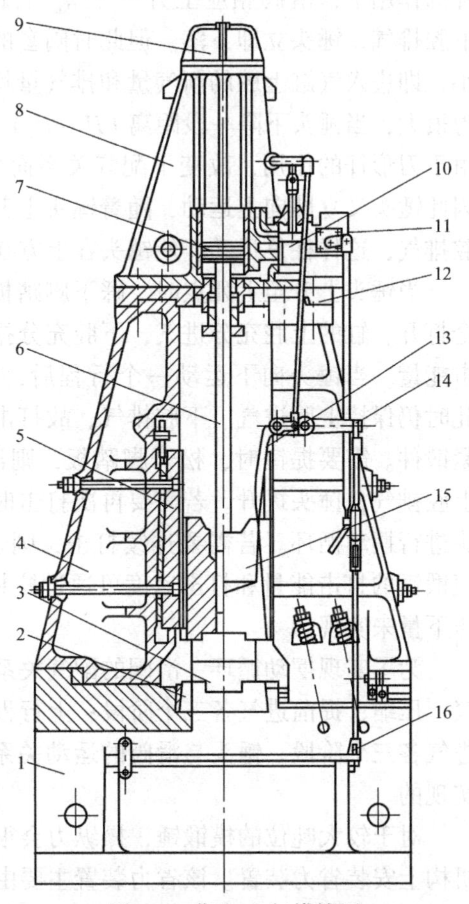

图 2-9　蒸汽-空气模锻锤

1—砧座　2—模座　3—下模　4—立柱　5—导轨　6—锤杆　7—活塞　8—气缸　9—保险缸　10—滑阀　11—节流阀　12—气缸垫板　13—刀形杆　14—杠杆　15—锤头　16—踏板

（2）操作上的特点　为了满足模锻工艺的要求，模锻锤在操作上采取了如下措施：

1）为了使锻锤快速打击与工艺操作准确地配合，模锻锤的司锤与工艺操作通常由一个人完成，而不像自由锻锤另配司锤工。因此，除10t以上的模锻锤外均采用脚踏板操纵，即操作工人双手进行工艺操作的同时，用脚踏板控制锻锤动作。

2）脚踏板同时带动滑阀和节气阀（见图2-10），即可同时实现进气压力和进气量的调节，以保证不同模锻工艺所需要的不同打击能量。

3）在工作循环中以摆动循环代替悬锤。当松开脚踏板时锤头就在行程的上方往复摆动。当锤头摆动到不同高度时踩下脚踏板，可获得不同的打击能量，并可保证打击的快速性。

2. 蒸汽-空气模锻锤的配气操纵机构和工作循环

从模锻工艺上讲，模锻锤应能够进行提锤、打击、轻打、重打、单次打击和连续打击。

蒸汽-空气模锻锤的配气操作机构如图2-10所示。由图中可以看出，踩下脚踏板时，刀形杆2上升，带动滑阀阀芯上提。

模锻锤不工作时，进气管的闸阀关闭，脚踏板处于自由状态，这时节气阀开口最小，锤头处于行程的下死点。

锻锤工作时，将进气管闸阀打开，蒸汽便通过节气阀和滑阀进入气缸的下腔，使锤头提升。当锤头提升一个全行程H时，在刀形杆的作用下，滑阀相应上升一个h_m的距离。这时缸的上腔进气，下腔排气，锤头立即下落。但此时阀套的进、排气口开启面积均很小，即进入气缸上腔的新气量和排气量均很少，使锤头向下行程阻力很大，当锤头下降一段距离（$H-H_1$）后（其中$H_1=0.3H$左右），由于刀形杆的作用，改变了配气关系而变成下腔进气和上腔排气，因此锤头又立即向上运动，随着锤头上升，滑阀改为上腔进气，下腔排气，这样往复运动，使锤头在上方$0.7H$范围内实现摆动循环。

当锤头上升至上死点时，踩下脚踏板，此时滑阀进、排气口完全打开，缸的上腔充分进气，下腔充分排气，使锤头获得最大的打击能量。当锤头向下运动一个行程后，滑阀也下降一个h_m行程，此时仍保持上腔进气、下腔排气，故打击后锤头处于最下位置而压紧锻件。需要提锤时，松开脚踏板，则滑阀下降，气缸下腔进气，上腔排气，锤头提升。若需要再次打击时，则踩下脚踏板，否则锤头进行摆动循环。若需要连续打击，则连续踩下脚踏板即可实现。模锻锤的打击能量和打击速度可通过控制锤头提升高度和脚踏板的压下量来实现。

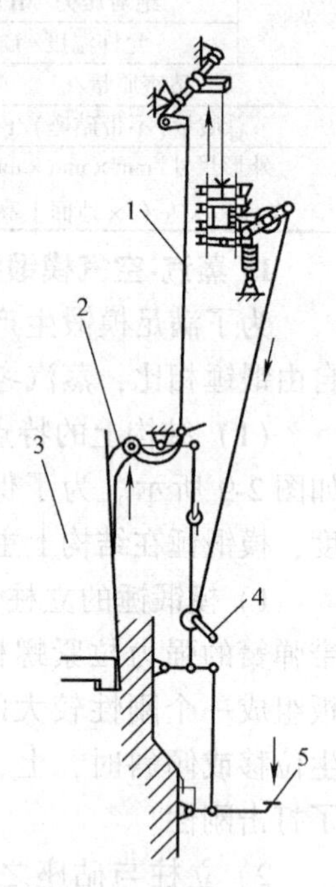

图2-10　模锻锤配气操纵机构

1—拉杆　2—刀形杆　3—锤头　4—调节手柄　5—脚踏板

为了实现摆动循环，滑阀的配气关系应该是：下行程时上腔进气、膨胀、排气和下腔排气、压缩、提前进气各三个阶段；上行程时下腔进气、膨胀、排气和上腔排气、压缩、提前进气各三个阶段。锤头与滑阀的运动关系应保持$h_m/H=m$，是通过操纵系统中的刀形杆来实现的。

对于较大吨位的模锻锤，操纵力会很大。为了改善工人的劳动强度，可在模锻锤的操纵机构上安装省力装置。该省力装置主要由随动阀构成，以压缩空气为动力，通过脚踏板操纵随动阀运动，压缩空气进入增力缸，通过顶杆驱动锻锤操纵机构。随动滑阀的位移量与脚踏板的移动量成正比，因此，控制脚踏板的压下量就可控制模锻锤的打击能量。

3. 模锻锤预期示功图和参数计算

锤头打击后第一次上行程叫第一次空上行程，随后锤头第一次向下摆动叫空下行程，之后锤头又进行第二次空上行程和第二次空下行程，也就是摆动循环。设计和计算模锻锤时应主要考虑第一次空上行程、第一次空下行程、摆动循环和打击工作过程。

模锻锤第一次空上行程及摆动循环的预期示功图如图2-11所示。其中，H 为锤头行程。图中 $a[a_1]$ 段为下气进气阶段，进气压力可取为 $(p-p_0)$。上气的排气阶段为 $(1-\gamma'-\beta')H$，排气压力可取为 $1.5p_0$，并保持不变。为实现摆动循环，当锤头下降时，必须加大下气阻力，以便使锤头下行至规定的操作空间高度 H_c 时，运动速度为零，自动转为向上行程。为此应加长下行程中下气的提前进气阶段 γH，当然也同时加长了上行程中下气进气阶段。在一般的标准锻锤中，下气进气阶段 γH 可取为 $0.7H$ 左右，下气膨胀阶段可取为 $0.2H$ 左右，而排气阶段为 $0.1H$ 左右。在这一阶段中，下气压力变化规律可近似地按绝热膨胀曲线的延长线作出。对于上气，排气阶段后为压缩阶段 $\beta'H$ 和提前进气阶段 $\gamma'H$。上气提前进气阶段 $\gamma'H$ 中的压力变化规律可近似看做是 $\beta'H$ 阶段绝热压缩曲线的延长线，当锤头至最高点时，上气压力可能由于压缩而高于新气压力。

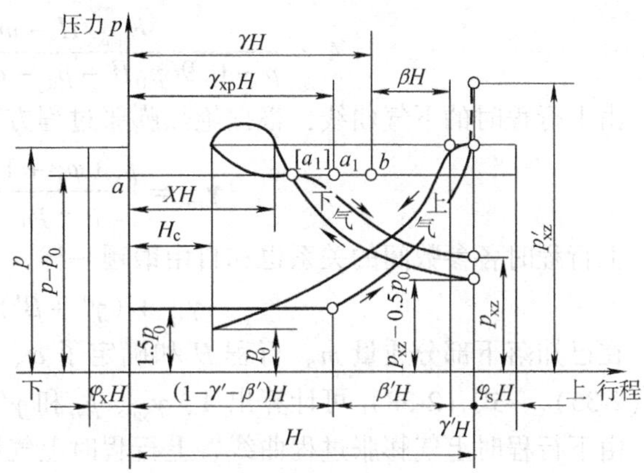

图2-11 模锻锤第一次空上行程及摆动循环预期示功图

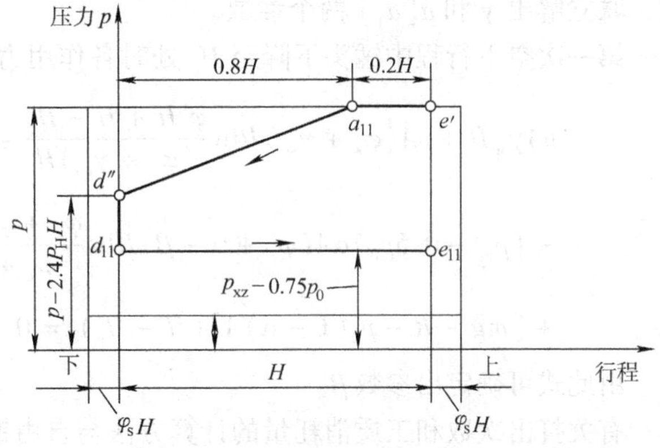

图2-12 模锻锤打击行程的简化预期示功图

模锻锤打击行程简化预期示功图如图2-12所示。其中下气排气压力为 $(p_{xz}-0.75p_0)$，上气在 $0.2H$ 段为进气段，$0.8H$ 段为膨胀段，其压力变化是锤头每下降1m，压力下降 $3p_H$（p_H 在数值上等于 p_0，单位为MPa/m）。

根据第一次空上行程至最高点时各作用力做功之和等于零的关系可以得出

$$
\begin{aligned}
&(p-p_0)\alpha A\gamma_{xp}H+(p-p_0)\alpha A(\varphi_x+\gamma_{xp})H\ln\frac{\varphi_x+1}{\varphi_x+\gamma_{xp}}-p_1A(1-\gamma'-\beta')H \\
&-p_1A(\varphi_s+\gamma'+\beta')H\ln\frac{\varphi_s+\gamma'+\beta'}{\varphi_s}-mgH-RH+p_0(1-\alpha)AH=0
\end{aligned}
\tag{2-34}
$$

根据打击行程简化预期示功图可写出各作用力做功之和等于最大打击能量的关系式。图中斜线 $a_{11}d''$ 部分的上气压力取平均值计算，可取为 $p-1.5p_H\times0.8H$，整理后有

$$
\begin{aligned}
&AH[1.0p-0.96p_HH-p_0(1-\alpha)-(p_{xz}-0.75p_0)\alpha] \\
&+mgH-RH=E_{max}
\end{aligned}
\tag{2-35}
$$

设计任务书中一般给出落下部分质量 m，行程 H，新气压力 p 等参数。

对于一般标准结构的模锻锤，下腔余隙高度系数和上腔余隙高度系数与自由锻锤相同，即 $\varphi_x = 0.09$，$\varphi_s = 0.12$。活塞上、下面积比一般取为 $\alpha = 0.8 \sim 0.88$，于是由式（2-35）可得

$$A = \frac{E_{max}/H - mg + R}{p - 0.96p_H H - p_0 - \alpha(p_{xz} - 1.75p_0)} \tag{2-36}$$

由上行程时的下气曲线，根据绝热膨胀过程方程式 $pV=$ 常数，可得

$$\gamma_{xp} = \frac{p_{xz}(\varphi_x + 1)}{p - p_0} - \varphi_x \tag{2-37}$$

上行程时各参数间的关系也和自由锻锤一样，可列出性能优选条件方程，即

$$\gamma_{xp} + (\gamma' + \beta') = 1 \tag{2-38}$$

在已知落下部分质量 m、行程 H 和确定了 α、φ_x、φ_s、p、p_0、p_1 等参数的情况下，用式（2-35）~式（2-38）可计算出 A、γ_{xp}、p_{xz} 和 $\gamma' + \beta'$。

由下行程时上气膨胀过程曲线、上行程时上气压缩过程曲线和锤头运动与滑阀运动的比例关系，并参照自由锻锤参数解法，可求出 γ'、β' 和下行程上气膨胀终了的压力 p'_{sz}。

根据第一次空下行程中下气压缩过程曲线和上行程中下气膨胀过程曲线，可列出方程式，联立解出 γ 和 $a[a_1]$ 两个参数。

第一次空下行程中锤头下降至 H_c 处时各作用力做功之和应为零，由此可以写出

$$pA\gamma_{sp}H + pA(\varphi_s + \gamma_{sp})H\ln\frac{\varphi_s H + H - H_c}{(\varphi_s + \gamma_{sp})H} - (p_{xz} - 0.5p_0)\alpha A(1 - \gamma - \beta)H$$

$$- (p_{xz} - 0.5p_0)\alpha A(\varphi_x + \gamma + \beta)H\ln\frac{\varphi_x + \gamma + \beta}{\varphi_x + X} - (p + p_0)\alpha A(XH - H_c)$$

$$+ [mg - R - p_0(1 - \alpha)A](H - H_c) = 0$$

由此式可确定出参数 β。

有关打击次数和工质消耗量的计算方法与自由锻锤类似。

2.3.3 蒸汽-空气对击锤

蒸汽-空气对击锤也称为无砧座模锻锤。它用活动的下锤头代替了有砧座锤固定的砧座。工作时，当气缸中的蒸汽（或压缩空气）驱动上锤头系统向下打击时，通过联动机构（或下气缸单独驱动）驱动下锤头向上作加速运动，以大致相等的速度和行程与上锤头实现对击。对击锤的吨位不是用落下部分的质量来表示，而是用打击能量（J 或 kJ）来表示。在标准系列中规定有 40kJ、63kJ、100kJ、160kJ、250kJ、400kJ、630kJ、1000kJ、1600kJ 等规格，各项技术参数见表 2-3。

表 2-3 蒸汽-空气对击锤技术参数

打击能量/kJ	160	250	400	630	1000	1600
每分钟打击次数/（次/min）	45	45	40	35	30	25
导轨间距 /mm	900	1000	1200	1500	1700	2000
锤头前后长度 /mm	1200	1800	2000	2500	3700	5000
锤头行程 /mm	2×650	2×650	2×700	2×800	2×900	2×1100

（续）

锻模公称闭合高度 /mm	2×355	2×400	2×450	2×500	2×600	2×750
锻模最小闭合高度 /mm	2×200	2×250	2×280	2×315	2×355	2×450
工作气体压力/MPa	0.7～0.9	0.7～0.9	0.7～0.9	0.7～0.9	0.7～0.9	0.7～0.9
打击一次蒸汽耗量/kg	1.8	2.74		4.65		
顶出行程/mm					100	150
外形尺寸/（mm×mm×mm）（长×宽×高）	3000×3300×8400	2900×4000×9100		3600×5600×11600	6100×2500×16140	
总质量/t	101	149		435	940	

1. 蒸汽-空气对击锤工作原理和特点

蒸汽-空气对击锤的工作原理如图2-13所示。上、下锤头是质量大致相等的两个独立的对击体，分别在外框架内导向。来自动力源的蒸汽或压缩空气进入工作缸上腔而下腔排气时，上锤头系统向下加速打击，并通过联动机构驱动下锤头系统向上加速，在打击面 a-a 处实现对击。打击后，若工作缸下腔进气，上腔排气，气体驱动活塞及上锤头回程，下锤头则靠自重落下复位。

由式（2-1a），对击锤的打击能量等于对击时上、下锤头的动能之和。若 $m_1=m_2=M$，$v_1=v_2=V$，则有

$$E = MV^2 \tag{2-39}$$

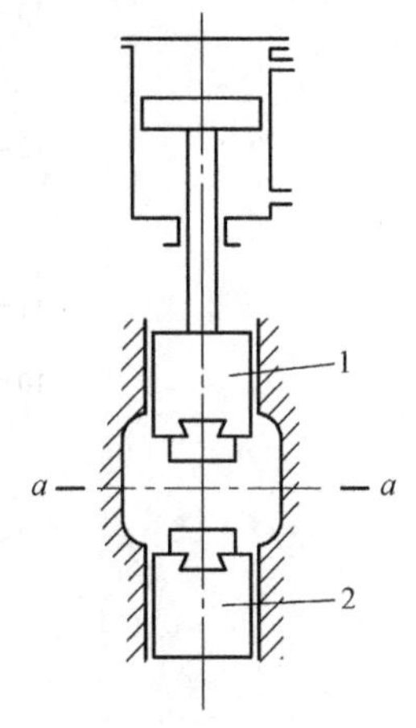

图2-13 蒸汽-空气对击锤的工作原理
1—上锤头 2—下锤头

由于无砧座锤用活动的下锤头代替了有砧座锤固定的砧座而采用对击的结构形式，因此在结构设计和使用上具有以下特点：

1）在设计蒸汽-空气对击锤时，一般应使下锤头的动量略大于上锤头的动量，即 $m_2v_2>m_1v_1$，这样一则可保证在锻锤不工作时，下锤头停在下方而上锤头悬在最高位置；二则可保证由于打击时存在动量差，使得两个锤头在对击瞬间同时向上移动一个很小的距离，以便减轻钢带负荷，延长其使用寿命。

2）对击锤由于采用了对击的打击形式，用活动的下锤头代替了质量是落下部分20～30倍的庞大砧座，因而大幅度地减小了机器质量，一般是相同吨位有砧座锤质量的1/2～1/3左右。

3）由于对击锤是悬空对击，因而大大减少了对地基的冲击和振动，并大大减少了基础的造价。同时对击锤的下锤头不像有砧座锤的砧座，在打击时会产生退让，因此打击效率比有砧座锤高5%～10%左右，对锻件成形更为有利。

4）由于对击锤上、下锤头打击行程相等，下锤头上跳量较大，会给操作带来不便，因此蒸汽-空气对击锤更适于发展大吨位，以适应大型模锻件的锻造。

2. 蒸汽-空气对击锤的结构形式

按上、下锤头联动的方式区分，蒸汽-空气对击锤可分为钢带联动式、液压联动式和杠杆联动式几种形式，吨位比较大的也有采用上、下气缸分别驱动的结构。但应用比较广泛的是钢带联动和液压联动两种结构形式。

（1）钢带联动式蒸汽-空气对击锤　钢带联动式蒸汽-空气对击锤的结构如图2-14所示。

机架由气缸 3、四个立柱 5 和底板 9 相连接组成。四个立柱彼此用螺栓 10 和套筒 11 联接起来。上锤头 4 和下锤头 6 的横断面呈“十”字形，可在机架四个立柱的导板之间移动。上、下锤头导向部分各装有 8 块导板，上、下锤头之间通过钢带 12 绕过滑轮 14 相连，钢带两端与上、下锤头连接处分别装有多层橡胶缓冲垫 13 和 7，1 为滑阀，控制气缸上、下腔进气或排气，进而控制对击锤打击和回程。为使锻锤工作时钢带保持良好的受力状态，设计时使下锤头一般比上锤头重 10% ~20%。当打击结束后，上锤头回程，下锤头靠自重下落在缓冲器上，其能量被缓冲器所吸收。钢带联动式对击锤结构简单，但由于钢带的使用寿命较低，所以常用于中小型规格的对击锤。

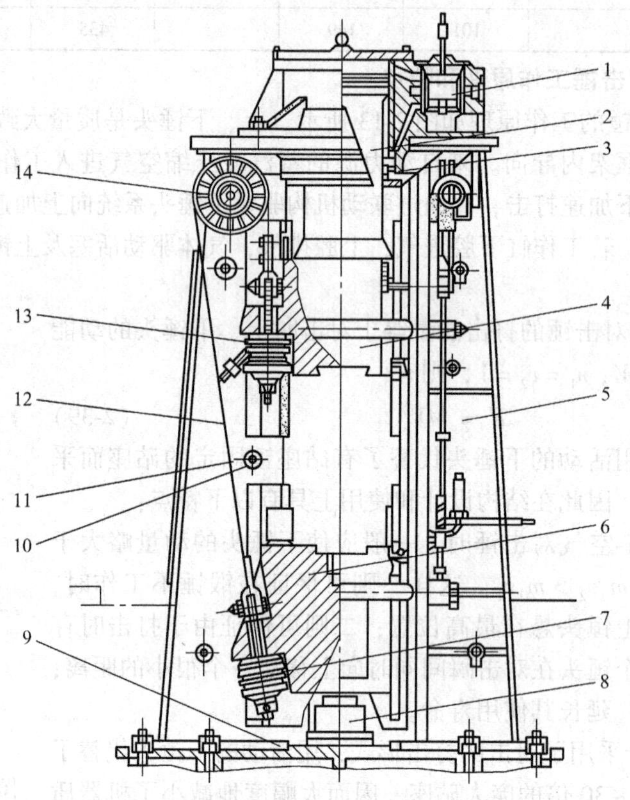

图 2-14　钢带联动式蒸汽-空气对击锤结构

1—滑阀　2—活塞　3—气缸　4—上锤头　5—立柱　6—下锤头　7、13—多层橡胶缓冲垫　8—缓冲器　9—底板　10—螺栓　11—套筒　12—钢带　14—滑轮

（2）液压联动式蒸汽-空气对击锤　液压联动式蒸汽-空气对击锤的结构如图 2-15 所示。其机架结构类似于钢带联动式蒸汽-空气对击锤。液压联动部分安装在锻锤下部，三个液压缸呈“山”字形分布，中间液压缸的柱塞 9 通过柱塞杆 6、缓冲垫 12 与下锤头 5 连接，两边侧缸中的小直径柱塞 10 通过柱塞杆 11、缓冲垫 13 与上锤头 3 相连，中间柱塞杆通过球面 7 支承在柱塞上，连接处留有侧向间隙，借以消除两锤头偏斜时对侧柱塞的侧向作用力。2 为滑阀，控制工作缸的进气或排气。当上锤头活塞 1 在蒸汽作用下向下运动时，侧柱塞 10 将液体自两侧液压缸压向中间液压缸，中间柱塞便在液体的推动下上移，并驱动下锤头向上运动，直至上、下锤头实现相互对击。如果两侧液压缸中柱塞作用面积之和等于中间柱塞面积，则上、下锤头的行程和速度均相等。

液压联动式蒸汽-空气对击锤比钢带式可靠，但结构复杂，主要用于大、中型对击锤。

3. 蒸汽-空气对击锤的配气操纵机构和预期示功图

蒸汽-空气对击锤的操纵机构一般采用杠杆系统。当压下手柄时，通过杠杆的作用，使滑阀处于最低位置，此时蒸汽通过滑阀套的中间孔和下孔进入气缸下腔，驱动活塞与上锤头上升；气缸上腔与排气管路相通，上气排气。与此同时，下锤头靠自重下落。当上锤头上升至某一高度时，靠上锤头的侧滑面碰动操纵机构中的刀形杆，使之绕支点转动，并迫使杠杆系统下降，使滑阀自动向上移动一个行程，关闭滑阀套下孔，于是下气停止进气，开始膨胀过程；随后关闭滑阀套上孔，使上气停止排气并开始压缩过程。当上锤头回程到最高点时，下锤头则下降到最低点，并落在缓冲器上。

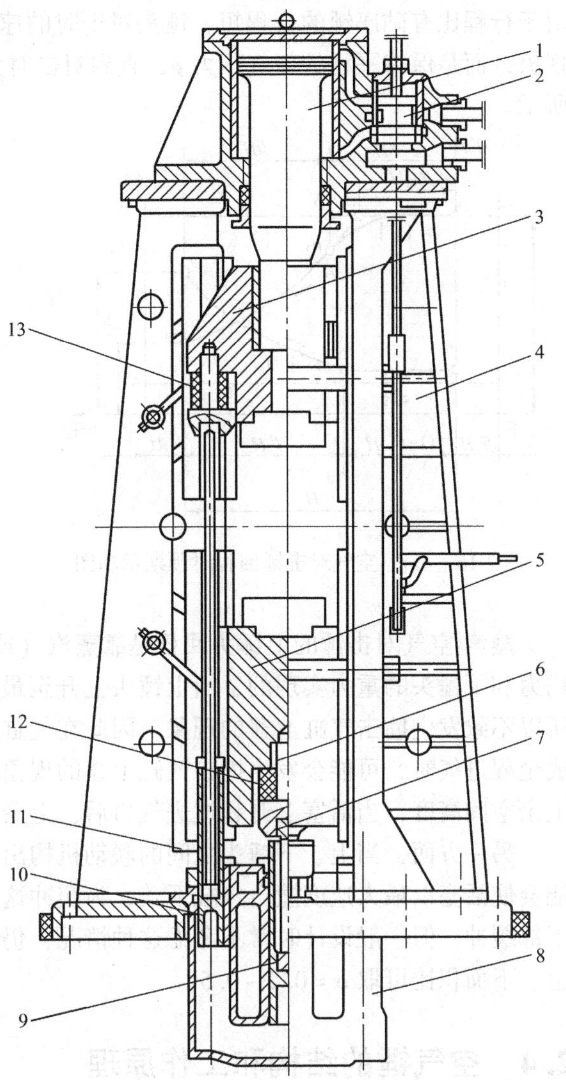

图 2-15 液压联动式蒸汽-空气对击锤结构

1—上锤头活塞 2—滑阀 3—上锤头 4—立柱 5—下锤头 6、11—柱塞杆 7—球面 8—液压缸 9—柱塞 10—侧柱塞 12、13—缓冲垫

当向上抬起手柄时，通过杠杆系统又使滑阀上升一个高度，使新气通过中间孔与滑阀套上孔相连，进入气缸上腔，推动活塞及上锤头向下加速运动，同时通过联动机构带动下锤头向上作加速运动；而气缸下腔则与排气管路相通，这样的配气关系在整个行程中不变，即上气始终进气，下气始终排气，可以得到全能量打击。

大型蒸汽-空气对击锤的配气操纵机构常增设气动或液压助力随动装置，以减轻司锤工的体力劳动。为了节省蒸汽或压缩空气，大型对击锤在打击行程也可采用上气有进气、膨胀两个工作阶段，下气全程排气，这样在设计操纵配气机构时应有所变化。

根据蒸汽-空气对击锤的配气操纵原理画出其回程预期示功图，下气分进气、膨胀两个阶段，上气分排气、压缩两个阶段，如图 2-16 所示。其中各性能参数之间的关系式与自由锻锤相同。

对击锤由于上、下锤头等行程对击，所以对于上锤头来说，其工作行程只是半个行程，因此在功能计算时所使用的是上锤头的行程值；又因上、下锤头的对击速度大小相等、方向相反，因此对于上锤头来说，其对击速度要比有砧座锤低一半左右，正因为如此，蒸汽-空气对击锤工作行程预期示功图有其自己的特点，即上气在整个工作行程中进气，下气排气。

由于行程比有砧座锤的行程短，锤头对击时的速度比有砧座锤打击速度低，所以不产生阻气现象，而是保持平稳的新气压力 p，直到对击时为止。下气则一直为排气压力 p_1，如图 2-17 所示。

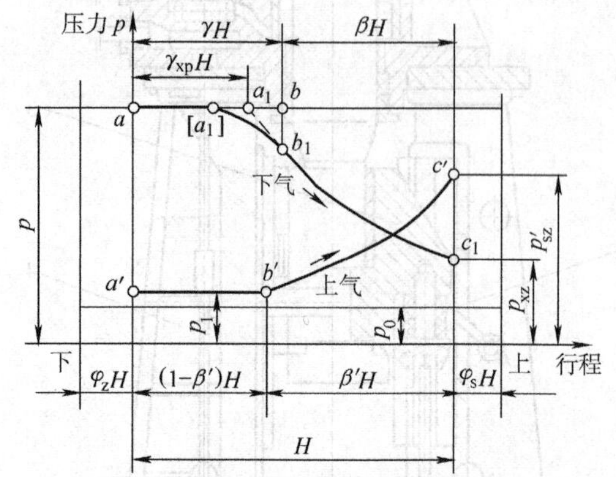

图 2-16　蒸汽-空气对击锤回程时预期示功图

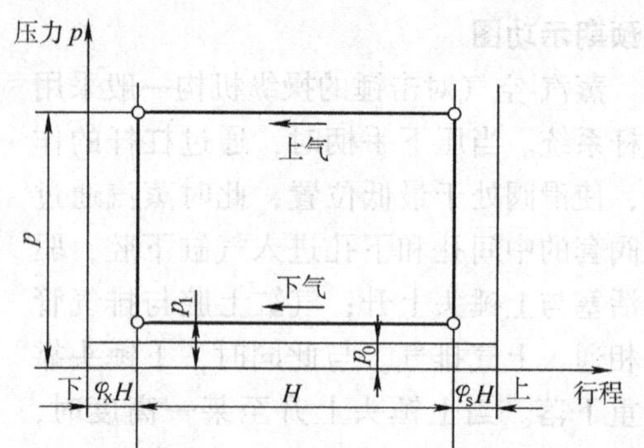

图 2-17　蒸汽-空气对击锤工作行程预期示功图

蒸汽-空气对击锤的上锤头回程是靠蒸汽（或压缩空气）作用在活塞下环形面积上的作用力和下锤头的重力实现的，当上锤头上升至最高位置时，下锤头也落在下面的缓冲垫上，所以不致发生撞击气缸上盖的现象，因此在气缸上端不加设缓冲缸。但在滑阀一旦失灵而形成全程进气时，可能会发生撞击气缸上盖的现象。为使这时的上升力得到缓冲，可适当加大上余空间高度，当活塞上升超过进气口后，上余空间被封闭，形成缓冲空间。

另一方面，当上、下锤头之间的联动机构出现事故而使上、下锤头之间联系断开时，可能会使活塞以最大速度撞击气缸下盖，为缓冲这一冲击力，可适当加大下余空间高度以形成下部缓冲。但一般设计时常不考虑这种情况，仍采用与自由锻锤一样的 φ_s 和 φ_x 数值。活塞上、下面积比可取 $\alpha=0.2\sim0.5$。

2.4　空气锤的结构和工作原理

空气锤使用空气作为工作介质，但它不是用空气压缩站供应的压缩空气，而是由电动机直接驱动空气锤本身的压缩活塞作上、下运动，在压缩缸内制造压缩空气，再推动工作活塞上、下运动，驱动锤头进行打击。因此空气锤没有辅助设备，安装费用低，使用维护方便，操作灵活可靠，特别适用于中小型锻工车间。空气锤主要用于自由锻造，也可用于胎模锻造，是目前中、小型锻工车间数量最多和使用最广的成形设备之一。

2.4.1　空气锤的规格和参数

空气锤落下部分的质量一般在 1t 以下。由于空气锤每一个工作循环中都要由外界补气和向外排气，噪声较大；空气在气缸内反复压缩，缸壁和机身发热，使工作环境恶化，吨位越大这种现象越严重。所以空气锤不宜于大吨位，一般在 1t 以下。在标准系列中规定的吨位有 40kg、75kg、150kg、250kg、400kg、560kg、750kg、1000kg 等规格，基本参数见表 2-4。

表2-4 空气锤基本参数（JB/T 1827—1999）

落下部分质量/kg	40	75	150	250	400	560	750	1000
打击能量/J	≥530	≥1000	≥2500	≥5600	≥9500	≥13600	≥19000	≥26500
锤头每分钟打击次数/（次/min）	245	210	180	140	120	115	105	95
工作区间高度/mm	245	300	380	450	530	600	670	800
锤杆中心线至锤身距离/mm	235	280	350	420	520	550	750	800
上、下砧块平面尺寸/mm	120×50	145×65	200×85	220×100	250×120	300×140	330×160	365×180
砧座质量/kg	≥480	≥900	≥1800	≥3000	≥6000	≥8250	≥11200	≥15000

2.4.2 空气锤的工作原理

空气锤的结构形式很多，但它们的工作原理大致相似，我国生产的标准结构的空气锤是三个水平旋阀的空气锤，本书仅介绍这种结构的空气锤的结构和工作原理。

图2-18是标准结构的空气锤，它由四部分组成。

（1）工作部分 包括落下部分（工作活塞、锤杆、上砧块）和砧座部分（下砧块、砧垫、砧座）。一般工作活塞与锤杆做成整体结构。

（2）动力传动部分 由电动机、带轮、减速机构、曲柄连杆机构和压缩活塞等组成，小型空气锤为一级传动，大型空气锤为二级传动。

（3）配气操纵部分 由空气分配阀（上、下旋阀和中间旋阀）、操纵手柄和杠杆系统组成。

（4）机身部分 由立柱（工作缸、压缩缸与机身立柱铸成一体）和底座组成，立柱和底座用套环热装连成一体。

电动机1通过减速机构带动曲轴5作等速传动，再通过连杆6带动压缩活塞8作上、下往复运动，在压缩缸7中制造压缩空气。压缩缸的下腔通过下旋阀与工作缸的下腔连通；压缩缸上腔经上旋阀与工作缸的上腔连通。当压缩活塞向下运动时，压缩缸下腔的压缩空气进入工作缸下腔，压缩缸上腔气体膨胀，压力降低。工作缸上、下腔空气形成压力差在工作活塞的上、下面积上产生一个向上的作用力，克服落下部分的重力和摩擦阻力，使锤头向上加速运动。当压缩活塞运动到下死点后改为向上运动时，上腔的空气被压缩，压力增高，下腔的空气膨胀。作用在工作活塞上的力逐渐由向上变为向下，于是锤头减速到零，然后向下加速直至完成打击。可见在曲柄连杆机构的带动下，压缩活塞作连续往复运动时，锤头将实现连续打击。

由图2-18可以看出，工作缸上腔的进、排气口距工作缸上缸盖有一定的距离。当工作活塞向上运动挡住进、排气口时，在缸的上部形成封闭腔。如果工作活塞继续上升，则封闭腔中的空气压力急剧升高，迫使运动部分迅速停止，以避免撞击工作缸上缸盖。由于封闭腔起缓冲作用，所以把封闭腔这一区域称为缓冲区。

工作活塞与锤杆（锤头）一般做成一个整体，其质量又要严格符合落下部分质量要求，所以一般锤杆部分都做成空心体。空心体锤杆的上端用盖板封死以保证工作缸上腔容积的

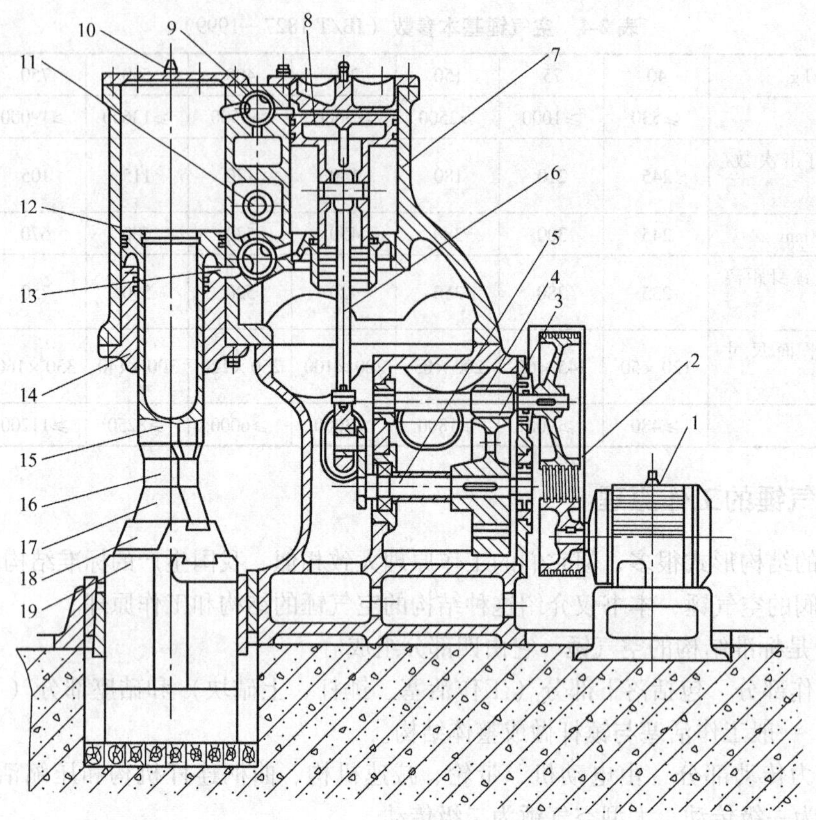

图 2-18　标准结构空气锤

1—电动机　2—带轮　3—大齿轮　4—小齿轮　5—曲柄轴　6—连杆　7—压缩缸　8—活塞　9—上旋阀　10—顶盖　11—中间旋阀　12—工作缸　13—下旋阀　14—导套　15—锤杆　16—锤头　17—下砧　18—砧垫　19—砧座

要求。

压缩活塞 8 是空心铸铁件，活塞杆下部有一排小孔，当压缩活塞在上死点位置时，这排小孔正在压缩缸下缸盖上，使气缸下腔与缸外部大气相通，气缸中的空气得以补充。压缩活塞的上部在两涨圈之间，做出一个穿通的槽，它与气缸壁上部的两排小孔配合，使气缸上腔与外部大气相通，构成上腔空气补气通道。同样，在气缸壁下部也有两排小孔，当压缩活塞在下死点与压缩活塞上的槽对准时，可以使气缸上腔再一次得到空气的补充。

为了完成各种锻造工序，空气锤应当具有空行程、悬空、压紧和打击等四种工作循环，其中打击又包括单次打击和连续打击，单次打击又分轻打和重打。这些工作循环是通过气阀和操纵系统来实现的。空气锤气阀的形式和种类很多，我国目前标准型号的空气锤均采用三个水平旋阀的结构。三个水平旋阀包括上旋阀、下旋阀和中间旋阀，其中含有一个单向阀。上、下旋阀由拉杆组成联动，用一个长手柄操作。中间旋阀单独由一个短手柄操作，它仅有左右两个水平操作位置。

空气锤各种不同工作循环的配气关系如图 2-19 所示。

（1）空行程　中间旋阀的短手柄处于右边水平位置，操作长手柄从垂直位置顺时针旋转一定角度（大约 25°），如图 2-19a 所示。此时压缩缸上、下腔的气体经上、下旋阀相应断面的通路和中间旋阀以及机身上的通路与大气相通。工作缸上、下腔与压缩缸上、下腔的

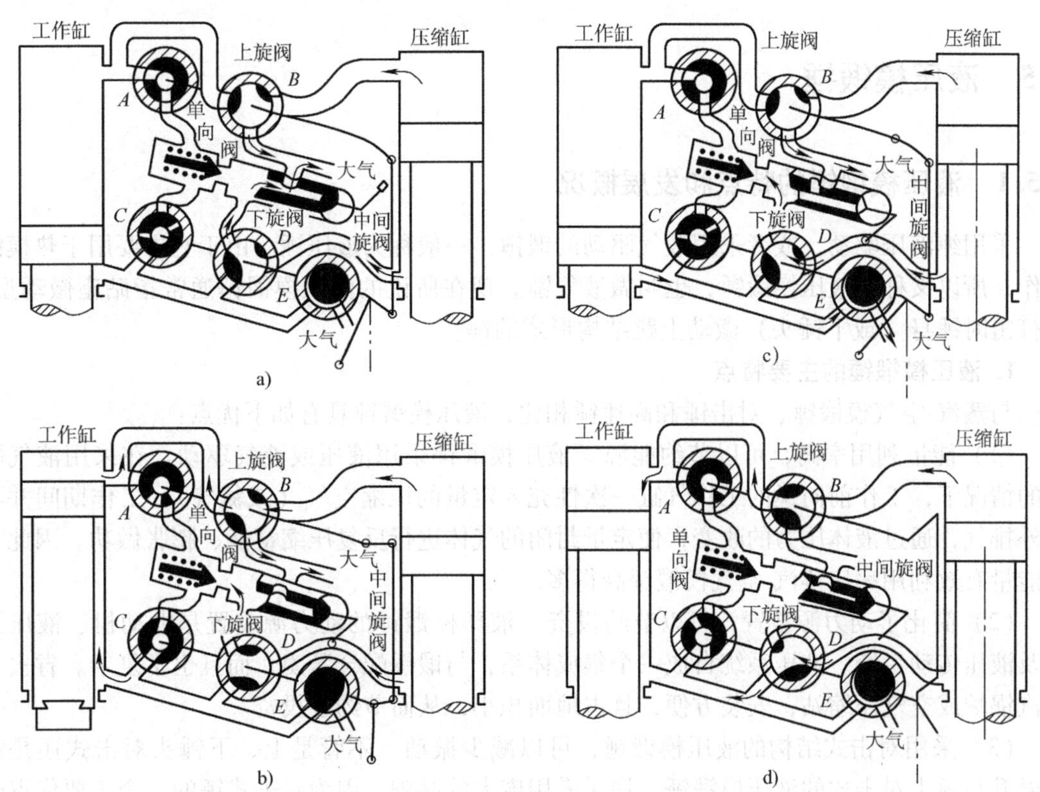

图 2-19 空气锤工作循环配气操作示意图

a）空行程 b）悬空 c）压紧 d）打击

通路断开，工作缸下腔通过下旋阀的 A 截面通路与大气相通，锤头在自重作用下落在砧座上不动。

（2）悬空 中间旋阀的短手柄处于左边水平位置，长手柄处于垂直位置，如图 2-19b 所示。此时压缩缸与工作缸的上腔均与大气相通。压缩下腔的气体经下旋阀断面通路顶开单向阀进入工作缸下腔，将锤头托起并悬在行程顶端。

（3）压紧 短手柄处于左边水平位置，操作长手柄从垂直位置顺时针旋转约 35°，如图 2-19c 所示。此时压缩缸下腔气体经下旋阀 D 截面顶开单向阀，再经上旋阀 A 截面进入工作缸上腔。压缩缸上腔与大气相通。工作缸下腔经下旋阀 E 截面与大气相通。锤头在落下部分自重和工作缸上腔气体压力的作用下将锻件压紧。

（4）打击 短手柄处于左边水平位置，操作长手柄从垂直位置逆时针旋转一定角度（约 40°），如图 2-19d 所示。压缩缸上腔与工作缸上腔相通，压缩缸下腔与工作缸下腔相通，并断开与大气的通路。当压缩活塞往复运动时，驱动工作活塞带动落下部分作往复运动，进行打击。如手柄保持在上述位置不动，则实现自动连续打击，若手柄在悬空位置与打击位置交替转换，则可实现单次打击。操纵长手柄逆时针方向旋转角度大时，可实现重打；反之，如旋转角度小时，则可实现轻打。

通过对空气锤传动系统的曲柄连杆机构运动进行分析，可以找出空气锤工作过程中压缩缸活塞与工作缸活塞的运动规律，由此求出工作缸容积、压力变化规律和锤头运动变化规律，并可以进行运动和参数计算。

2.5 液压模锻锤

2.5.1 液压模锻锤的特点和发展概况

采用纯液压驱动，或者采用液气驱动的锻锤，一般称为液压锤。由于它主要用于热模锻工作，所以又称为液压模锻锤，也叫做液气锤。现在所说的液压模锻锤通常指砧座微动型，即打击时锤身（或下锤头）微动上跳结构形式的锤。

1. 液压模锻锤的主要特点

与蒸汽-空气模锻锤、对击锤和高速锤相比，液压模锻锤具有如下优点：

（1）能量利用率高，可以节约能源　液压模锻锤采用液压或液气驱动。在采用液气驱动的情况下，工作前向锤的工作气缸一次性充入定量的压缩空气（或氮气），工作期间并不向外排气，通过液体压力的改变，使定量封闭的气体进行反复压缩蓄能、膨胀做功。因此它的能量有效利用率比蒸汽-空气模锻锤高得多。

（2）简化了动力源装置，可以节约投资　液压模锻锤的动力源装置是电动机、液压泵以及液压传动系统。液压系统自成一个集成体系，与锻锤配合紧凑，而且也不复杂。省去了蒸汽锅炉或空气压缩站，安装方便，且占地面积小，从而节约了投资。

（3）采用对击式结构的液压模锻锤，可以减少振动　不管是上、下锤头对击式还是锤身微升与锤头对击式的液压模锻锤，均无需用庞大的基础，因为对击式锤的一个主要优点就是在很大程度上消除了锻锤的强烈振动，既可以改善劳动条件，又节约了基础费用。砧座微动式液压锤的基础仅为普通蒸汽-空气模锻锤基础重量的1/4左右。由于对击，液压模锻锤还提高了打击效率。

2. 国外液压模锻锤的发展概况

液压模锻锤采用液压或液气联合驱动，打击行程中，在上锤头下落的同时，下锤头（或锤身）微动上跳与上锤头实现悬空对击。不仅吸取了蒸汽-空气模锻锤、对击锤和高速锤的优点，又在一定程度上克服了它们的缺点。国外在液压模锻锤的研究和开发方面起步较早。在国外液压模锻锤产品中，德国Lasco公司的GH型电液无砧座锤和捷克SMERAL工厂的KJH系列、KHZ系列锤身微升式液压模锻锤，具有一定的先进性和代表性。

自20世纪60年代中期，Lasco公司就致力于无砧座液压模锻锤的研究，GH系列电液无砧座锤就是该公司比较典型的产品。GH型电液无砧座锤的主机结构可分为机架部分、工作部分、驱动装置和操纵控制系统四大部分。机架部分主要包括底座、侧架和上梁，全部采用铸钢件或焊接件装配而成。工作部分又称为运动部分，主要包括上锤头、锤杆、下锤头和上、下模块，锤杆导向长且安全。为了防止锤杆断裂、液体外流这一意外情况，锤杆导向处装有自动闭锁装置。驱动装置——液压动力头，通过隔振装置安装在机架上。动力头中装有油箱和全部液压系统，电动机通过挠性联轴器驱动轴向柱塞泵，液压泵泵出的压力油驱动锻锤工作。动力头内装有油温自动检测和控制装置，油液循环系统中装有过滤装置。操纵控制系统是采用控制面板和脚踏板联合操作，可以实现电动机空转、单打、连打以及程控连打等动作，并可实现打击能量的程序控制。除此之外，还有锤头锁紧装置、导向装置、润滑系统和安全的顶出装置等。

GH型电液无砧座锤的规格可做到500kJ，再加上能实现打击能量的程序控制，因此可作为大批量锻造生产线上的主要设备，并与热模锻压力机的锻造生产线竞争市场。

国外另一种比较有代表性的液压模锻锤是SMERAL工厂生产的KJH和KHZ系列液压模锻锤，它利用高速锤的封闭气缸中气体膨胀做功的优点，甩掉动力站，结构上锤身向上微动与锤头实现对击。打击速度与普通蒸汽-空气模锻锤一致，已形成了系列产品。

该锤在锤身顶部的气缸中充有0.6MPa的压缩空气。打击时锤头在压缩空气的作用下加速，锤头向下加速的同时，通过机器两侧杠杆机构、液压联动器和气缸内气体压力的反作用，使锤身向上运动，在动量相等的条件下实施对击。打击完成后，锤身内左右两回程缸进入高压液体，在液体压力作用下，通过顶杆推动锤头回程，重新将气缸中的空气压缩蓄能。同时锤身也在部分自重的作用下复位，它大部分重量由平衡器平衡。

KJH系列锤身微升式液压模锻锤克服了有砧座锤的固有缺点，振动小，对环境影响小，对地基无特殊要求。该系列锻锤的重量仅为同等工作能力蒸汽-空气模锻锤重量的40%～50%，锤头导向好，可用于偏心锻造，不仅可用于普通锻造和校正，而且可用于精密模锻，既可作为单机使用，又适合在模锻生产线上作为主机使用。

在KJH系列液压模锻锤长期使用的基础上，经过一系列改进，SMERAL工厂又发展了新KHZ型锤身微升式液压模锻锤，已系列生产，并成功地用于锻造生产线。为增加使用安全性，满足精密模锻工艺和生产自动化的要求，KHZ系列液压模锻锤在锤身立柱内安装了一套锤头的机械锁紧装置，增加了特殊的顶料装置。该系列液压模锻锤装有可靠的程控能量预选装置，实现了锻造过程的程序控制。

3. 国内液压模锻锤的发展概况

我国液压模锻锤的研究始于20世纪70年代，吸收了国外液压模锻锤设计、制造的成功经验，且具有自己的特色，先后制成16kJ、25kJ、50kJ 、63kJ等不同规格、不同结构形式的液压模锻锤。

20世纪70年代末期，我国太原科技大学（原太原重型机械学院）、济南铸锻研究所和吉林大学（原吉林工业大学）等单位的研究人员吸收了国外先进技术，成功地研制了63kJ、100kJ和25kJ等规格的液压模锻锤，为我国液压模锻锤的研究和发展做了很多开拓性工作。为了促进这种节能、环保新设备的发展和推广应用，国家颁布了砧座微动型液压模锻锤基本参数标准（JB/T 3582—1999）见表2-5。

表2-5 砧座微动型液压模锻锤基本参数（JB/T 3582—1999）

打击能量/kJ		2.5	3.15	4	5	6.3	8	10	16	25	40
打击行程 S/mm		450	475	500	530	560	595	630	710	800	900
导轨间距 l/mm		520	550	580	610	650	700	730	810	1000	1200
锤头下平面长度 L/mm		450	500	600	700	750	800	900	1200	1600	2000
最小模具高度 H/mm		250	265	280	300	320	350	370	410	460	520
砧座上跳量 s/mm		40～150									
打击次数	直接传动 / (次/min)	70	70	60	60	50	50	45	40	35	30
	组合传动 (S/次)							30/1.2	25/1.3	20/1.5	15/2.0

注：1. 推荐所用氮气或压缩空气压力（p_2）为0.6～1MPa。

2. 推荐膨胀比 $\Delta V/V$=0.25～0.35。

3. 推荐打击速度 v 为6～8m/s。

在总结我国第一代液压模锻锤设计、研制和使用的基础上，太原科技大学与安阳锻压设备厂、长治锻压机床厂联合开发了6.3kJ、10kJ、25kJ等规格的液压模锻锤新产品。

新开发的液压模锻锤，采用液气驱动、液压联动、下锤头（或锤身）微动上跳与上锤头对击的结构形式。采用液气驱动，简化了动力源，提高了能量利用率，与蒸汽驱动锻锤相比，节能85%以上；采用对击的结构形式，省去了庞大的砧座，减轻了机器总重，并可节约大量原材料；由于对击，减少了对地基的振动，可降低基础和厂房的投资，再加上工作期间不排气、噪声低，因此有利于改善锻工车间的工作环境。该系列液压模锻锤的液压驱动系统采用插装阀集成开式液压回路，系统工作可靠，动态响应灵敏；采用按钮控制、脚踏板控制和PLC控制器相结合的控制形式，可供操作者选择。由于能够实现锻锤打击能量的程序控制，因此有利于实现锻造生产机械化和自动化。

2.5.2 液压模锻锤的工作原理和参数计算

我国目前发展的液压模锻锤，主要有两种结构形式：一种是锤身微动型液压模锻锤；另一种是下锤头微动型液压模锻锤。它们工作原理的共同特点就是利用液压回程蓄能，气体膨胀做功，在上锤头向下打击的同时，通过联通油路驱动下锤头或锤身向上运动与其上锤头实现对击。

1. 液压模锻锤的工作原理

图2-20所示是25kJ锤身微动型液压模锻锤原理图。工作缸部分与运动的锤身连成一体，打击时，随锤身一起上跳。工作缸上腔为气缸，内部充有压缩空气或氮气，当高压液体进入回程缸（即工作缸的下腔）时，驱动活塞、锤杆和锤头向上运动，并使气缸中的气体压缩蓄能，当回程缸液体排出时，气缸中的气体膨胀做功，推动锤头系统向下打击，回程缸的液体通过联通油路排至下方联通液压缸，锤身系统（包括工作缸部分）在联通缸液体和下方气垫的联合作用下微动上跳，与锤头系统实现对击。打击时锤头与锤身系统形成封闭力系，减少了对地基的冲击和振动，减轻外框架受力状态，同时提高了锻造精度。

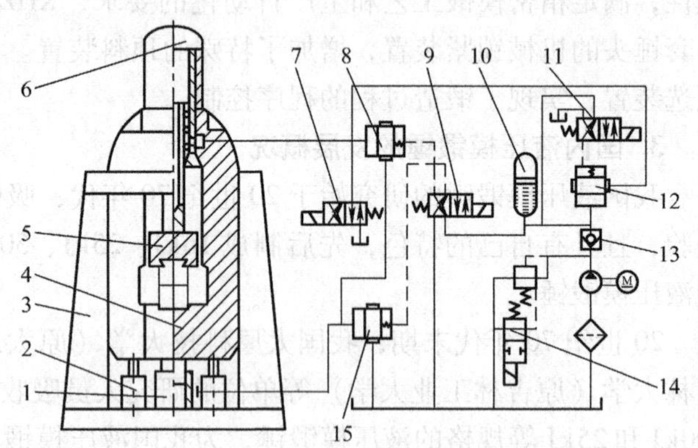

图2-20 25kJ锤身微动型液压模锻锤原理图

1—联通缸 2—缓冲缸 3—机架 4—锤身 5—上锤头 6—气缸 7、9、11—电磁换向阀 8、12、15—插装阀 10—蓄能器 13—单向阀 14—电磁溢流阀

该系列液压模锻锤在锤身下方安装了两个气垫，消除了回程时锤身对底座的冲击和振动，同时减少了打击时的联通油压，能量利用率提高了11%。

锤身微动型液压模锻锤的结构形式具有结构紧凑等优点，但是由于运动系统质量比大，对于较大吨位的液压模锻锤来说，给锤身的加工、安装、运输都带来些困难。由于工作时工作缸与联通缸之间有相对运动，因此还要解决上、下联通油路连接的问题。为此，太原科技大学研制开发了上、下两锤头对击结构的6.3kJ、25kJ液压模锻锤。

图2-21所示是上、下锤头对击式液压模锻锤结构示意图。工作缸固定装在外框架上。

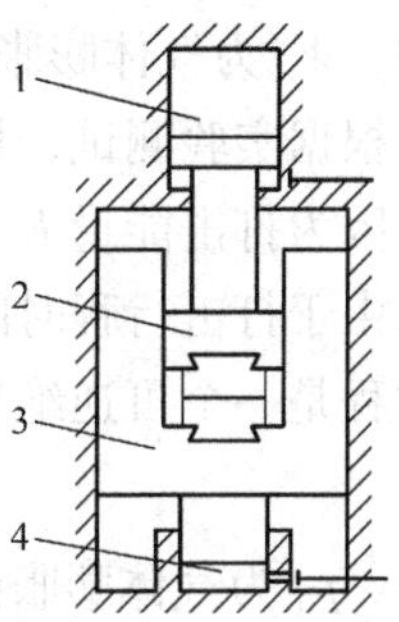

上腔是气室，工作前一次性充入压缩空气或氮气，当下腔通入高压液体时，高压液体推动活塞、上锤头向上运动，同时压缩气体蓄能；当下腔既不进液也不排液时，上锤头在上腔气体压力、下腔液体压力、自身重力和摩擦力等综合作用下悬在上方，当操纵控制机构使回程缸的液体排出时，上锤头便在气体压力的作用下向下打击，与此同时，工作缸下腔的液体通过联通管路排至下方联通液压缸。下锤头便在联通缸内液体压力和缓冲器的缓冲力联合作用下上跳与上锤头实现对击，由于下锤头与上锤头的质量比为（4～6）:1，所以下锤头上跳行程只是上锤头行程的1/4～1/6。

图2-21 上、下锤头对击式液压模锻锤结构示意图

1—工作缸 2—上锤头 3—下锤头 4—联通缸

上、下锤头对击式液压模锻锤具有如下一些特点：

1）由于这种结构液压模锻锤的下锤头与上锤头的质量比 γ（即 $m_2: m_1$）较小，因此相对减轻了下锤头的重量，给加工、安装运输带来了方便。

2）由于回程缸和联通缸均固定在不动的机架上，工作期间无相对运动，因此无须在联通油路上设活动的连接装置或高压软管，既减少了漏油的可能性，又节省了加工维修的工作量。

3）锻锤工作时，上锤头在U形的下锤头中导向，下锤头在机架内导向，因此可以保证与锤身微动型液压模锻锤具有相同的导向精度和锻造精度。但是从整体刚性出发，上、下锤头对击式液压模锻锤要求有一个刚性较大的机架。

2. 液压模锻锤参数计算

设计液压模锻锤，大体上可分三步进行：第一步是方案的确定，根据工艺要求、加工制造能力等实际情况，参考国内外有关技术资料，确定锤的工作原理、结构形式、液压传动方式及液压系统的工作原理；第二步是参数的设计计算，按选定的方案、给定的参数或一些参数选择范围，去计算其他一些主要性能及结构参数，根据设计的液压系统原理进行液压系统计算，选择液压元件；第三步是机器总体和零部件设计，并对主要零部件进行必要的刚度、强度和稳定性的校核计算。

液压模锻锤的结构形式不同，则其参数计算方法也不相同，现以液气驱动锤身微动型液压模锻锤为例，阐明参数计算的一般方法。

液压模锻锤参数标准中给出了下列基本参数：打击能量 E（J）；工作行程 S（mm）；导轨间距 b（mm）；锤头下平面长度 L（mm）；最小模具高度 h（mm）；砧座上跳量 S_2（给定范围）；每分钟打击次数 n。还有推荐参数：所用氮气或压缩空气压力 p_1（范围）；气体膨胀比 ε（范围）；打击速度 v（范围）。根据这些给定参数和参数选择范围，可以计算出其他功能参数和结构参数。

（1）热力参数计算

1）气体功与气体膨胀比。液气驱动、液压联动对击式液压模锻锤的打击能量，来源于气缸中气体膨胀功。在打击过程中，气体膨胀做功推动上锤头向下运动，并通过联通油路推动锤身（或下锤头）上跳，实现悬空对击。在气体膨胀功转变为打击能量的过程中，伴随有能量损失。若用 η_M 表示打击行程的机械效率，则打击能量 E 的表达式为

$$E = \eta_M W_e \tag{2-40}$$

式中，W_e 为气体膨胀功（J）。

根据实验测试，机械效率 η_M 可取0.9。

因为打击能量 E 是给定参数，所以根据式（2-40）可计算所需气体膨胀功值 W_e。

由于打击行程时间很短（一般为0.1～0.2s），过程进行很快，所以可近似认为气体变化过程是一个可逆绝热过程。使用氮气或压缩空气为工质时，过程的气体膨胀功 W_e 为

$$W_e = 2.5p_0V_0\left[1-(1+\varepsilon)^{-0.4}\right] \tag{2-41}$$

式中，p_0 为气体膨胀前压力（N/m^2）；V_0 为膨胀前气体容积（m^3）；ε 为气体膨胀时容积变化量 ΔV 与膨胀前气体初始容积 V_0 的比值，即

$$\varepsilon = \frac{\Delta V}{V_0} \tag{2-42}$$

设计时，ε 可取0.25～0.4。

2）气体工质的参数压力、温度及气室容积、工作缸直径。对液压模锻锤气缸充气，常常是锤头在最低位置时进行，然后使气体封闭在工作缸内。当锤头回程时，气体被压缩蓄能，实际上这一提锤过程的气体是介于等温和绝热之间的多变过程，为简化计算，也可近似地按绝热过程计算。在这一过程中，气体的温度将会升高。设充气时气体压力为 p_1，温度为室温（热力学温度）T_1，可按绝热压缩过程求出压缩后气体的压力 p_0 和温度 T_0'，此时的温度将高于室温。

回程后如锤头立即打击，则工作缸内气体初始压力为 p_0，打击后工作缸中的气体恢复到原来的充气状态。如果回程后，锤头悬空停顿一段时间，工作缸内气体会与外界发生热交换，直到气体温度降至室温 T_1。如此时液压锤进行打击，气缸中气体又作绝热膨胀，打击结束后气体压力及温度将低于充气压力及室温。

用热力学方法可求出工作缸内气体的最高及最低压力和温度。这些参数都与膨胀比 ε 有关。若气体的最高温度或最低温度超过密封材料工作温度范围，就会影响密封的使用寿命，因此设计液压模锻锤时，应进行热力学校核计算。

确定膨胀比 ε 之后，可由式（2-41）计算出初始容积 V_0。对于活塞式工作缸，若用 D 表示活塞直径，A 表示活塞面积，S 为行程（对于锤身微动型液压模锻锤，S 为总行程，即锤头与锤身行程之和；对于上、下锤头对击式锤，S 为上锤头行程），则打击后工作缸气体容积的增量为 $\Delta V = AS$。

由式（2-42）可知 $\Delta V = V_0\varepsilon$，所以 $A = V_0\varepsilon/S$，由此可得活塞直径为

$$D = \sqrt{\frac{4A}{\pi}} = \sqrt{\frac{4\varepsilon V_0}{\pi S}} \tag{2-43}$$

（2）结构参数计算

1）锤身与锤头（或下锤身与上锤头）质量分配。为了操作方便，要求锤身（或下锤头）在对击时的上跳量小。既要求打击效率高，又要求在对击时上下运动体动量相等。为此提出两对击体的质量分配及合理质量比选取问题。

用 m_1、S_1、v_1、a_1 分别表示上锤头系统的质量、行程、速度和加速度；用 m_2、S_2、v_2、a_2 分别表示下锤头（或锤身）系统的质量、行程、速度和加速度。根据打击时动量相等的条件，有 $m_1v_1 = m_2v_2$，即

$$\frac{m_2}{m_1}=\frac{v_1}{v_2}=\gamma \tag{2-44}$$

在设计时，有关液压模锻锤的原始数据中，给定的速度是锤身（或下锤头）与上锤头系统的相对速度 v，即 $v=v_1+v_2$，其中 v_1 和 v_2 可用质量比 γ 求得

$$\left.\begin{aligned}v_1&=\frac{\gamma}{1+\gamma}v\\v_2&=\frac{1}{1+\gamma}v\end{aligned}\right\}$$

当打击能量 E、工作行程 S、打击速度 v 确定之后，质量比值 γ 就影响了砧座微动量、锤头和砧座的质量分配、总机质量和锤的结构形式。

由打击能量表达式（2-1a）及相对速度表达式 $v=v_1+v_2$ 及式（2-44），可以得出

$$\left.\begin{aligned}m_1&=\frac{2\ (\gamma+1)}{\gamma v^2}E\\m_2&=\gamma m_1\end{aligned}\right\} \tag{2-45}$$

于是锤体运动部分总质量 $M_{总}$ 为

$$M_{总}=m_1+m_2=\frac{2\ (\gamma+1)^2}{\gamma v^2}E \tag{2-46}$$

由式（2-45）和式（2-46）可以画出上锤头质量 m_1、锤身（或下锤头）质量 m_2、运动部分总质量 $M_{总}$ 随 γ 变化的曲线。可以看出随着 γ 的增加，虽然 m_1 有所降低，但 m_2、$M_{总}$ 都在增加，所以单从锤重指标来说，γ 越小越好。但另一方面，γ 太小，锤身（或下锤头）上跳量增加，致使操作不便。另外还要考虑结构形式和锤身（或下锤头）的质量分配问题。综合考虑这几种因素，对于上、下两锤头对击式液压锤，宜取 $\gamma=4\sim6$；对于锤身微动型结构，γ 可取大些。国内现有锤身微动型液压模锻锤的 γ 取值在 6.8~12.5 之间。

2）液压缸尺寸。图 2-22 是锤身微动型液压模锻锤液压缸示意图，图中 1 为工作缸，它的上腔为气缸，下腔 2 为回程缸，下缸 3 为联通缸。打击时由回程缸排出的压力油进入联通缸并推动锤身（或下锤头）系统向上运动，进行对击，所以联通缸起到了使上下运动体联动的作用。

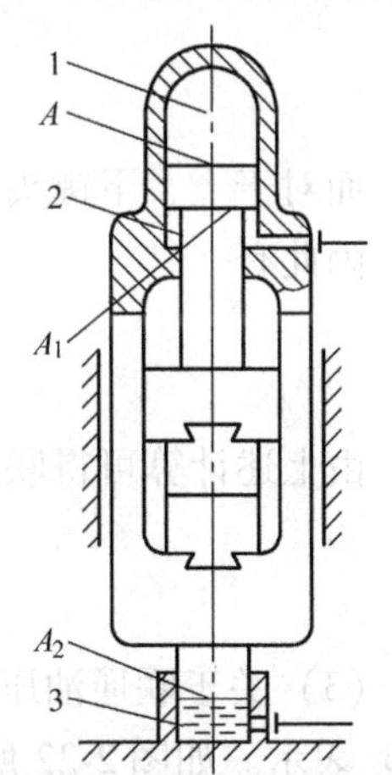

图 2-22 液压缸示意图

1—工作缸 2—回程缸 3—联通缸

回程缸直径按式（2-43）计算。在计算、确定锤杆直径 d 时，要考虑到回程液体压力与回程液体流量。回程缸环状面积 A_1 为

$$A_1=\frac{\pi}{4}\ (D^2-d^2) \tag{2-47}$$

回程时锤头向上运动可近似看做匀速运动，通过受力分析可得回程期间锤头系统的运动方程为

$$p_y A_1-m_1 g-p_{气} A-R_1-R_3=0 \tag{2-48}$$

式中，p_y 为回程缸内的液体压力（N/m^2）；$p_{气}$ 为气缸中的气体压力（N/m^2）；R_1 为锤头导轨处的摩擦阻力（N）；R_3 为活塞、锤杆密封处的摩擦阻力（N）；g 为重力加速度。

当锤头回程至上死点时，气缸内的气体压力最高。由式（2-48）可得此时液体最高压力为

$$p_{ymax}=\frac{1}{A_1}\left(p_0A+m_1g+R_1+R_3\right) \tag{2-49}$$

式中，p_0 为回程至上死点的最高气压。

回程期间液体平均流量

$$q_{回}=\frac{A_1S}{t_2} \tag{2-50}$$

式中，t_2 为回程时间（s）；S 为回程行程，对于锤身微动型液压模锻锤，S 应为总行程（S_1+S_2）；对于上、下锤头对击式锤，S 为上锤头行程 S_1。

由式（2-47）、式（2-49）、式（2-50）可知，若锤杆直径小，则回程液体压力低、流量大；若锤杆直径大，则回程液体压力高、流量小。设计时，选择锤杆直径要综合考虑液体压力、泵的流量和泵的驱动功率等因素，有时可采用试算法。必要时还要对锤杆进行强度和稳定性校核。

联通缸的作用因其结构不同而有所不同，如采用对称设置的两个联通缸，除推动锤身（或下锤头）系统上跳的作用之外，同时起导向作用。如果只设置一个联通缸，则主要起推动锤身（或下锤头）系统向上运动的作用。

联通缸的设计原则是在工作行程中保证锤身（或下锤头）系统与上锤头系统的动量相等。

设 A_1、S_1 为活塞下环形面积及上锤头的行程，A_2、S_2 为联通缸面积及锤身（或下锤头）的上跳量。因为要求上锤头和锤身（或下锤头）的任何瞬时动量均相等，所以可得上锤头和锤身（或下锤头）的行程比为

$$\frac{S_1}{S_2}=\frac{v_1}{v_2}=\frac{m_2}{m_1}=\gamma \tag{2-51}$$

液压模锻锤在打击行程中，回程缸所排出的油进入联通缸。联通缸在打击过程中增加的容积是其面积乘以锤身（或下锤头）的上跳量。对于锤身微动型液压模锻锤，回程缸所排出油液的容积是活塞下环形面积乘以锤头与锤身的相对行程，因此有

$$A_2=\frac{S}{S_2}A_1=\frac{S_1+S_2}{S_2}A_1=\left(\gamma+1\right)A_1 \tag{2-52}$$

而对于上、下锤头对击式锤，回程缸所排出油的容积是活塞下环形面积乘以上锤头行程，因此有

$$A_2=\frac{S_1}{S_2}A_1=\gamma A_1 \tag{2-52a}$$

由上述计算可得联通缸直径为

$$D_2=\sqrt{\frac{4A_2}{\pi}} \tag{2-53}$$

（3）关于联通油压　在打击行程中，回程缸与联通缸联通时，油液的压力称联通油压，用 p_c 表示。如图 2-22 所示，打击行程的任一瞬间，上锤头系统的运动方程为

$$m_1a_1=p_{气}A+m_1g-p_cA_1-R_1-R_3 \tag{2-54}$$

锤身微动型液压模锻锤，锤身系统的运动方程为

$$m_2a_2=p_{气}A-m_2g+p_c\left(A_2-A_1\right)-R_1-R_2-R_3+F_h \tag{2-55}$$

式中，R_2 为锤身与外框架之间的摩擦力；F_h 为缓冲器作用力或锤身下气垫作用力。

由于 $m_1a_1 = m_2a_2$，所以由式（2-54）、式（2-55）整理后可得联通油压为

$$p_c = \frac{1}{A_2}（m_1g + m_2g + R_2 - F_h） \tag{2-56}$$

对于上、下锤头对击式液压锤，下锤头系统的运动方程式为

$$m_2a_2 = p_cA_2 - m_2g - R_1 - R_2 + F_h \tag{2-57}$$

由式（2-54）、式（2-57）和 $A_2 = \gamma A_1$，可得联通油压为

$$p_c = \frac{1}{(1+\gamma)\ A_1}（m_1g + m_2g + p_{气} A + R_2 - R_3 - F_h） \tag{2-58}$$

比较式（2-56）和式（2-58）可知，对于锤身微动型液压模锻锤，在忽略联通管路中液体压力损失的情况下，联通油压近似是一个常数，而对于上、下锤头对击式锤，由于气缸中的气压是变化的，所以联通油压也是变化的。

（4）打击次数与泵的容量　打击次数是锤类设备的一个重要性能指标。如果不考虑锤的上、下停顿时间，则一个工作周期包括打击行程时间 t_1 和回程时间 t_2。在一般情况下，当打击行程确定后，且充气压力变化不太大的情况下，打击时间没有多大变化。因此若要提高打击次数，就要缩短回程所需时间，但对于常见的泵直接传动的液压模锻锤，就意味着要加大泵的流量和驱动功率，而回程速度过高，上锤头回程至上死点时会出现振动现象。因此，打击次数也不能过高。对于液压模锻锤来说，其打击次数可稍低于相同能量的蒸汽-空气模锻锤。液压模锻锤参数标准中给定了不同能量下的打击次数。

1）打击行程时间 t_1。液压模锻锤打击行程时间 t_1 的计算方法有两种。一种是把上锤头行程分成若干段，然后根据 pV^k = 常数，求出各段终了的气体压力，再按各段中所有力做功之和等于锤头动能的增量求出每一段的末速度。把每一段中锤头的运动看成是匀加速运动，则由各段的初始、终了速度求每小段所需时间，最后把这若干段所需时间叠加起来就是打击行程总时间 t_1。显然，这种方法较复杂。第二种方法就是通过解锤头运动方程，求出打击时间。

式（2-54）是上锤头系统的运动方程，可改写成如下形式

$$m_1\frac{d^2S_1}{dt^2} = p_{气} A + m_1g - p_cA_1 - R_1 - R_3 \tag{2-58a}$$

解上述方程，可用数值方法，也可用解析方法。数值方法在蒸汽-空气自由锻锤打击次数的计算时已作介绍，此处不赘述。通过解上锤头运动方程（2-58a），即可求出打击行程时间 t_1。

2）回程时间。如果锤的打击次数为 n，则可得液压模锻锤的回程时间为

$$t_2 = \frac{60}{n} - t_1 \tag{2-59}$$

3）泵流量。设 V_y 为锤头回程所需压力油的体积耗量，则对于锤身微动型液压模锻锤，有

$$V_y = \frac{\pi}{4}（D^2 - d^2）S \tag{2-60}$$

而对于上、下锤头对击式锤，则有

$$V_y = \frac{\pi}{4} \left(D^2 - d^2 \right) S_1 \tag{2-60a}$$

对于泵直接传动的液压模锻锤来说，流量应由液压泵在 t_2 时间内供给，所以液压泵流量为

$$q = \frac{V_y}{t_2} \frac{1}{\eta} \tag{2-61}$$

式中，η 为系统容积效率。

3. 液压系统计算要点

液压系统设计计算是液压模锻锤设计的一个重要组成部分，它关系到所设计的液压系统能否满足锻锤工艺需要，能否完成各种动作以及工作的可靠性和动作灵敏性。

液压系统设计除回路设计之外，还包括液压泵、电动机的选择，压力、流量、管路的计算，各种控制阀的选择和计算，液压系统阻力的计算，油箱的设计和发热计算以及液压系统元件集成化等。本节简要介绍液压系统设计计算的步骤和要点。

(1) 液体的压力、流量计算　液压系统中最高工作油压是上锤头回程至上死点的液体压力，按气缸中气体压力、各种阻力，由式（2-49）可求出最高工作油压 p_{ymax}。

打击时，系统的油压即为联通油压，按式（2-56）或式（2-58）可计算出打击时的联通油压。

流量的计算包括回程时高压液体的流量和打击时联通液体的流量。在求出回程时间后由式（2-50）可计算出回程液体流量。打击时联通液体平均流量为联通液体总量除以打击时间，而联通液体总量是打击时由回程缸排入联通缸的全部液体 A_1S（对于上、下锤头对击式锤为 A_1S_1），因此联通油流量为

$$q_{联} = \frac{A_1 S}{t_1} \tag{2-62}$$

(2) 确定管道直径　选择管道直径包括吸油管路、高压管路、联通管路和回油管路，它们的计算方法是一样的，根据通过的油量和允许流速来计算管的截面积和内径。

管子内截面积为

$$A_g = \frac{q}{v} \tag{2-63}$$

式中，q 为流过管子的流量；v 为管内推荐允许流速，参阅有关资料。

因此可以求出管子内径

$$d = \sqrt{\frac{4}{\pi} A_g} \tag{2-64}$$

必要时要圆整。

计算出管子内径后，可根据需要确定管子类型（钢管、铜管或软管等），再根据管内液体最高压力计算出管子壁厚，确定管子外径。

(3) 阀的选择　选择各种阀时主要考虑三个因素，即：工艺需要、流量和最高压力。首先根据操作和工艺需要确定阀的类型，然后根据通过阀的液体流量和压力确定阀的型号。

阀的通径为

$$d = \sqrt{\frac{4}{\pi} A_f} \tag{2-65}$$

式中，A_f 为阀口截面积，即

$$A_f = \frac{q}{v_f}$$

式中，q 为流过阀口的液体流量，对于控制阀，即为流过阀口的控制油流量；v_f 为阀口的允许流速，可参阅有关资料确定。

如果需要自行设计液压阀，包括打击阀等，要考虑阀的原理、功能，计算通流面积和流速。此外，还要进行驱动力的计算和阀体强度校核。

（4）液压系统压力损失计算　精确的液压系统压力损失计算要等施工设计完成后才能进行，在此之前，可粗略地计算系统中各种压力损失。

压力损失计算分两类：①直管内的沿程压力损失；②局部压力损失。可按流体力学和液压传动的有关计算公式求出系统中各种沿程压力损失 Δp 和各种局部压力损失 Δp_r，进而可以求出液压系统中总压力损失，即

$$\Delta p_{\sum} = \sum \Delta p + \sum \Delta p_r \tag{2-66}$$

用上述方法和公式可分别计算出压力油管路、联通油路和回油路的压力损失。

（5）液压泵、电动机的选择　液压泵的选择要考虑最大压力和流量两个因素，液压泵的最大压力 p_p 为

$$p_p = p_{ymax} + \Delta p_{\sum} \tag{2-67}$$

而液压泵的流量 q 由式（2-61）求出。

但是，上面计算的 p_p 是系统静态压力，系统工作过程中存在着许多过渡过程中的动态压力，而动态压力往往比静态压力高得多，所以泵的额定压力 p_n 应选得比系统最高压力大 20%～60%。泵的额定流量 q_n 则可按所需最大流量取值。

在功率变化不太大的情况下，液压泵的功率为

$$P_p = p_p \frac{q_n}{\eta_p} \tag{2-68}$$

式中，η_p 为泵的总效率。

根据液压泵的驱动功率可以选择电动机。

对于闭式液压回路，吸油口具有一定的压力，这一油压可由联通油压减去压力损失求得，所以在计算驱动功率时，实际的压力应是泵出口与吸口的压力之差。

2.5.3　液压模锻锤的液压系统与程控系统

液压模锻锤采用液压驱动或液气驱动。在采用液气驱动的情况下，工作缸上腔通有一定压力的气体，回程时，来自液压驱动系统的高压液体提升上锤头并压缩气缸中的气体蓄能，打击时靠气体膨胀做功，同时借助于联通油路驱动锤身（或下锤头）上跳，与上锤头实现对击。

液压模锻锤采用液压驱动，除了具有节能的优点外，简化了动力源，省去了锅炉房设备、输气管道或空气压缩站，而且有利于实现操作和锻造工艺的机械化与自动化。

液压模锻锤主要由锤本体和液压驱动系统两大部分组成，而液压驱动系统又是实现锻锤工作循环和决定其工作性能优劣的核心环节。因此，对液压驱动系统进行分析研究以及合理设计液压系统，对于提高锻锤的工作性能具有重要意义。液压模锻锤由于采用液压驱动或液

气驱动，因而更易于实现机电一体化或自动程序控制。

液压模锻锤的液压系统有各种各样的形式。就液压系统的结构来说，或采用泵直接传动，或采用泵-蓄能器组合传动；就液压系统的回路形式而言，或采用闭式回路，或采用开式回路；就控制油路而言，或采用液压系统内控，即控制油路依附于主油路，或采用独立控制系统。各有特点，不一而足。

1. 闭式液压系统及其分析

为了保证液压模锻锤工作循环的圆满实现，液压系统一般来说应满足提锤、悬锤、单次轻重打击、连续打击、寸动对模和锻件顶出等动作。除此之外，为能趁热锻造，还要求系统能做到每分钟打击次数适当和动作灵活迅速，并能调节打击能量，以适应和保证多槽模锻时不同锻件和不同工序所需变形功的要求。

液压模锻锤虽然能达到节能和减震的主要目的，但在灵活性和可靠性方面仍需大力提高，以满足用户的要求。因此，液压系统设计，不仅要考虑到锻锤效率的经济指标和系统静态性能，还要致力于系统动态特性的研究，以提高机器的快速响应，因为这一性能在一定程度上影响着锻锤的生产率和用户的选用。

国内 20 世纪 70 年代研制的液压模锻锤，大部分采用闭式液压回路，其目的是为了实现液压模锻锤连续地工作循环，并使液压系统的动力元件——液压泵连续运转，且无高压溢流，以达到锤工作的快速性和保证上、下对击系统的行程比。实践证明，闭式液压回路的应用是成功的。

液压模锻锤采用闭式液压回路的基本原理是：工作行程时，液压模锻锤回程缸的油向联通缸以定容积进行系统内部交换，液压泵仍以定流量无溢流形式进行空载闭式循环，这既不产生高压溢流的发热损失，又可减少动力消耗；回程实际上是联通缸内具有一定压力的油再进入泵的回程缸，即形成了回油可以回收的闭式液压循环。63kJ 液压模锻锤即采用了此种闭式回路。图 2-23 为 63kJ 液压模锻锤的液压系统原理图。

工作前以小型气泵或车间压缩空气向锤的气缸进行一次性充气进而封闭。

起动电动机 6，液压泵 5 由闭式油箱 1 经单向阀 2 吸油。由于电磁阀 9 为常开式，此时溢流阀 8 处于低压卸荷状态，因而液压泵空运转。

阀 9 给电换向，阀 8 停止卸荷而升压，压力油经单向阀 11 和打击阀 13，进入锤工作缸下腔（即回程缸），锤头提升触及限位开关使阀 9 断电，而泵又作空载运转，由于单向阀 11 的作用而使锤头悬挂于上方，此时气体已被压缩蓄能。

操作控制油路的换向阀 12，打击阀 13 的阀芯提起，回程缸中的液体受气体膨胀力推动，经打击阀进入联通缸，锤头在气体的推动下向下打击，同时锤身在联通缸中液体的推动下上跳与锤头实现对击。由于锤头离开上方，限位开关复位，使阀 9 又得电，系统又作有压运行。液压泵的出、吸油口也经打击阀而联通，整个系统处于同一油压，亦即所谓对击时回程缸与联通缸的联通油压，此时泵出、吸油口的油压基本接近，泵 5 几乎处于无载运行。

打击完毕，立即操作换向阀 12 使打击阀 13 的阀芯下落，截断上、下液压缸通路，主油路压力油又进行提锤回程动作，而锤身以自重下落，将联通缸的油压入泵吸口，并吸收部分锤身重力势能。

该系统具有以下特点：

1）采用泵直接传动的形式，锤的打击次数主要取决于泵的流量。简化了液压系统，但

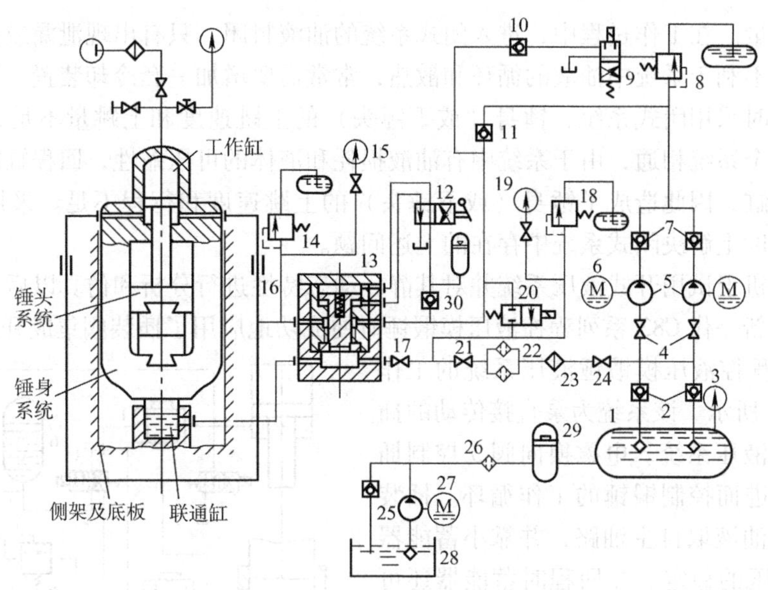

图 2-23 63kJ 液压模锻锤液气原理图

1、28—油箱 2、7、10、11、30—单向阀 3、15、19—压力表 4、17、21、24—截止阀 5、25—液压泵 6、27—电动机 8、14、18—溢流阀 9、20—电磁换向阀 12—手动换向阀 13—打击阀 16—伸缩管接头 22、26—过滤器 23—冷却器 29—蓄能器

要求液压泵的排量能满足回程流量的需要。

2）在油箱与液压泵吸口之间装有单向阀，因而采用了闭式压力油箱，以提高液压泵的自吸能力，防止液压泵出现吸真空现象。

3）锤的打击行程上、下液压缸联通油路上的瞬时流量很大，因此采用了伸缩式管接头，以解决上、下液压缸之间的相对运动问题。

4）在系统中增加了冷却装置和过滤装置，以解决闭式回路中油液的过滤和散热问题。

5）控制主阀运动的控制油取自主油路并有保压回路，以保持油压的稳定。省去了一套控制油驱动系统，并保证了控制灵活、可靠。

采用闭式液压系统，可以满足液压模锻锤各种动作循环的需要，且具有灵活、可靠的特点。在回程期间，联通缸中油液排至泵吸口，可以充分利用锤身位能；打击行程时，系统中液体进行定容积循环，无高压溢流环节，减少了发热损失；控制油路采用取于主油路的内控系统，可以省去一套控制系统的驱动装置。

2. 开式液压系统及其应用

通过对闭式液压系统的应用实践和分析研究，发现闭式液压系统也存在一些问题，如：通过对闭式液压系统进行动态分析，可知在打击后转回程这一过程中系统响应时间较长，这主要因为闭式液压系统在打击瞬间，整个系统处于同一油压，即等于联通油压，这个油压很低，只用来推动锤身上跳，打击后转回程时，系统要由联通油压升高至回程油压，由于采用带蓄能器的内控系统，这个过程中还要为蓄能器补液，这又加长了升压时间，即增长了系统响应时间。闭式液压系统为了提高泵的吸油能力，一般采用闭式压力油箱。对于较大吨位的液压模锻锤，为了使油箱保持规定的压力，需要有一套稳压和补油装置，它包括辅助液压泵、电动机、辅助油箱和小蓄能器，而闭式油箱压力不高，却给系统带来了一定的复杂性，

同时又消耗能量。在工作过程中，进入闭式系统的油液封闭，只有出现泄漏或溢流时才能得到补充，因此不利于系统中油液的循环和散热，常常需要增加一套冷却装置。另外在实验中还发现在打击时采用闭式系统，锤身（或下锤头）的上跳速度和上跳量不足，这是因为在打击过程中整个系统相通，由于系统中有油液损耗和液体的可压缩性，回程缸的油并不能等容积排至联通缸，因此造成了锤身（或下锤头）的上跳速度和行程不足。采用开式液压系统可在一定程度上解决闭式系统中存在的上述问题。

通过在样机上试用开式液压系统并对其静、动态特性进行分析和仿真以后，太原科技大学在开发研制新一代 C83 系列程控液压模锻锤时便成功地应用了插装阀集成开式液压系统。

C83 系列程控液压模锻锤液压系统的工作原理如图 2-24 所示。该系统为泵直接传动的插装阀集成开式液压系统。电磁换向阀 3 控制插装阀 1 和 2，进而控制锻锤的工作循环。插装阀控制油腔的油液取自主油路，并靠小蓄能器 6 保持控制油压的稳定。在回程时蓄能器还可为系统提供部分油源，既节约了能源，又提高了行程次数。主要控制阀均采用插装阀，不但有利于系统集成，而且切换灵活，动作可靠，通油流量大，系统能量损失小，传动效率高。

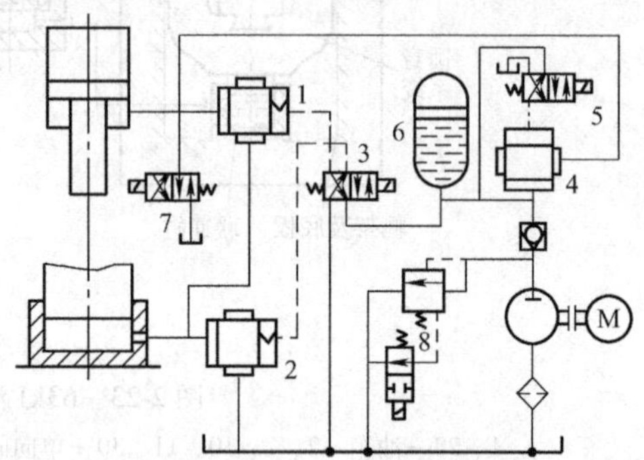

图 2-24　C83 系列程控液压模锻锤液压系统图
1、2、4—插装阀　3、5、7—电磁换向阀
6—小蓄能器　8—电磁溢流阀

C83 系列液压模锻锤采用的开式液压系统，与第一代液压模锻锤所使用的闭式液压系统相比，系统结构简单，有利于系统中油液的循环和散热。由于在打击时联通油路与主油路断开，回程缸的油可以全部进入联通缸，保证了下锤头的上跳速度和上跳量。此外，开式液压系统还具有良好的动态性能，通过对 63kJ 液压模锻锤液压系统进行数字仿真表明：液压锤打击后转回程这一过程中，开式系统的响应时间只是闭式系统的 1/4。

开式回路有利于系统中油液的循环和散热，使用开式油箱，节省了一套辅助装置，简化了系统。另外打击时联通油路与主油路断开，回程缸的油以等容积排至联通缸，保证了打击时上、下运动体的动量相等，提高了打击效率。

液压锤的液压系统是一个很重要的部分，设计时既要考虑能实现各种动作循环，又具有快速和灵活性。此外还要考虑系统简单、节约能源，即减少驱动功率问题。闭式液压回路与开式液压回路在液压锤上的应用都是成功的，能实现各种预定的工作循环。与闭式回路相比，开式回路具有系统简单，油液的循环和散热好等优点，并且有较好的动态特性。

3. 液压模锻锤程序控制系统

随着电子技术的不断发展，各种新的先进的控制手段已广泛地应用于锻压设备的控制中，然而对锻锤实行自动的程序控制，一直被认为是件难度较大的工作。

提起锻锤，人们自然会想到手动的操作方式，振动噪声大，工作环境差。实际上就目前广泛使用的空气锤或蒸汽-空气锤而言，若要实现电气控制或程序控制，确实是难以做到的。

液压模锻锤的发展和应用，使锻锤实现电气控制或程序控制成为可能。由于液压模锻锤采用液气驱动和电液控制系统，因此不仅便于控制，而且改善了工作条件，捷克 KHZ 系列液压模锻锤和德国 GH 系列电液无砧座锤均实现了打击能量和打击次数的程序控制，并已用于自动化锻造生产线上。

我国研制的第一代液压锤，均采用传统的继电器控制系统，这种控制系统虽然能实现锻锤的工作循环，但动作灵敏性和工作可靠性差，与国外产品相比还存在一定的距离。为了提高我国液压模锻锤的控制水平，太原科技大学与合作单位一起开发了我国新一代 C83 系列程控液压模锻锤，研制了以 PLC 程序控制器为主机的液压模锻锤开环程序控制系统，实现了液压模锻锤打击能量和打击次数的程序控制，为构成以液压模锻锤为主机的全自动锻造生产线创造了条件。

与其他锻压设备不同，液压模锻锤是一种冲击成形设备，速度快，打击频率高，一般检测与反馈元件的响应频率很难满足控制要求，所以在控制方式的选择上，采用和设计了开环控制系统。另外液压模锻锤在工作过程中会产生振动，这在一定程度上也增加了控制难度。

由液压模锻锤及其液压系统的工作原理可知，液压模锻锤的基本动作包括回程、打击行程、悬锤和寸动对模等，这些动作靠控制电磁阀不同的动作组合来实现，液压模锻锤的动作循环如轻打、重打及连续打击靠上述基本动作的变化或组合来实现。正是液压模锻锤这些工作循环特点、操作特点和工作环境决定了其控制系统应满足如下要求：

1）锤上锻件品种多，而每一种锻件均有自己的锻造特点和工艺规程，所以要求控制系统要具有良好的适应性和扩展性。

2）由于锻压车间具有强烈的振动和高温、粉尘及油雾等较差的工作环境，因此要求控制系统应能在上述条件下可靠工作并且有良好的抗干扰性能。

3）控制系统应能实现锻造生产中不同的操作和控制方式。例如在小批量模锻件生产或单台设备生产的情况下，传统的脚踏板操作就有方便之处，而如果液压模锻锤是用于生产线上或是生产的模锻件批量较大时，就适于采用自动控制。

根据上述要求可以看出，选择一种适当的控制系统是很重要的。传统的继电器控制显然是落后的，而且性能比较差，至于单板机，则抗干扰能力和工作可靠性均较差。采用微机控制系统，则成本高且要求有较好的工作环境。综合分析考虑，用 PLC 程序控制器控制液压模锻锤是非常合适的。PLC 程序控制系统有两个显著的特点：一是用于控制锻锤操作的程序预先输入到 PLC 程控系统的存储器中，根据锻造工艺不同可以方便地修改和扩展程序；二是 PLC 控制系统适用于电源波动大、温度变化大和强烈振动等工业环境中并且有良好的工作可靠性。

在研制开发新型的 C83 系列程控液压模锻锤时，研制了以 PLC 程序控制器为主机的程序控制系统。根据锤的工艺要求、操作特点等因素确定控制方案、选择配置硬件和编写软件。根据液压锤的用途和操作特点确定了三种操作方式，即手动操作、脚踏板操作和自动操作，供操作者选择。由于液压模锻锤是冲击成形设备且工作环境差，用一般的检测反馈元件很难满足要求且可靠性差，因此控制系统的自动操作部分采用开环的顺序控制。由于液压模锻锤采用液气驱动，当气缸中一次性充入的压缩气体的压力确定后，锻锤所获得的打击能量只与上、下锤头的行程有关，由于采用了定量液压泵，故锻锤的行程取决于回程时间，因此每一锤打击能量通过控制回程时间进而控制锻锤行程来实现。为了增加液压模锻锤的工作可靠性，控制系统中增加了监测、保护功能。

C83 系列程控液压模锻锤 PLC 程序控制系统的硬件配置由 CPU 单元、存储器、输入模块和输出模块等组成，控制系统软件设计包括五个部分：①电动机的Y-△起动程序；②各种监测与保护程序；③手动控制程序；④脚踏板操作程序；⑤自动操作程序。其中手动操作程序主要用于工作前调整模具和设备；脚踏板操作和程控操作可根据生产条件和操作需要选择使用。该程序结构框图如图 2-25 所示，整个程序执行过程需 20ms。

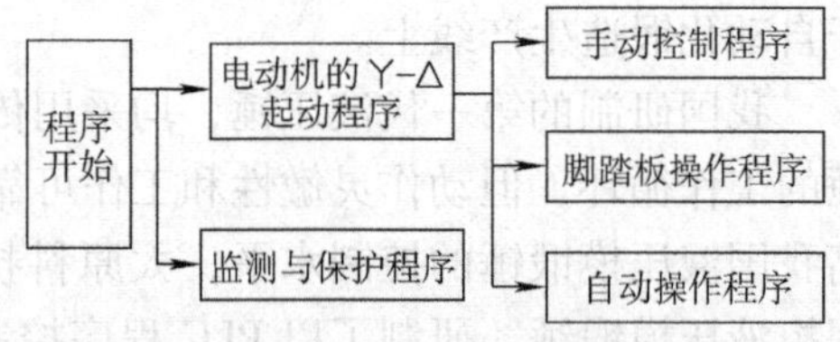

图 2-25　C83 系列程控液压模锻锤控制程序结构框图

C83 系列程控液压模锻锤 PLC 程序控制系统按轻打和重打结合设计了自动程序，轻打与重打次数（即打击次数和打击能量）可以根据锻件生产工艺随时调整，并能很方便地修改程序。液压模锻锤开环程序控制系统可以实现液压锤的手动操作、脚踏板操作和自动的程序操作，而且该控制系统动作灵活、工作可靠，表明这种控制系统的硬件设计和软件设计是成功的，适用于液压锤这种高频率、快速成形设备的自动控制。

应用实践证明，用 PLC 程序控制器所组成的程控系统控制液压模锻锤具有工作可靠性好、控制灵敏度高、抗干扰能力强、性价比高等优点，改善了锻锤操作和工作条件，可以实现手动操作、脚踏板操作和自动操作。在自动操作的情况下，可以实现打击次数和打击能量的程序控制。该控制系统结构简单，由于采用模块化结构，因此可根据控制对象的变化方便地调整硬件配置。在软件设计方面，可以根据锻件操作工艺不同方便地修改或调整控制程序。在此基础上，可以进一步研究液压锤闭环程序控制系统，并将脚踏板操作的开关量控制向模拟量控制过渡。以液压模锻锤为主机，与机械手或操作机配合，可以组成自动锻造生产线，进而实现整个锻造过程，从加热、模锻，到切边、校正全线自动化。

2.6 电液锤

2.6.1 电液锤概述

锻造行业的技术进步主要表现在新材料、新工艺、新设备的应用，随着新材料、新工艺的推广应用，与之相适应的成形设备同样获得了广阔的发展空间，锻造设备正逐步向高精度、可靠、低能耗方向发展。尽管各种锻造成形新工艺、新设备不断涌现，但锻锤由于结构简单、操作方便、成形速度快、适应性强、投资少等优点，至今仍然起着非常重要的作用，特别是电液锤的出现，使锻锤在现代锻造工业技术发展中又一次得到了复兴。近年来，通过太原科技大学、北京理工大学等单位研究开发，安阳锻压机械股份有限公司等企业生产制造，形成了不同型号、不同样式的电液锤系列产品。电液锤是蒸汽-空气锤的换代产品，以高效节能的主要优点得到了国内外用户的认可和青睐。电液锤在能源利用率方面远远优于蒸汽-空气锤，在维修量上目前也不高于蒸汽-空气锤。蒸汽-空气锤上能生产的各种锻件，电液锤都能生产。电液锤技术可用于对现有能耗大的蒸汽-空气锤进行改造，淘汰其原有的蒸汽或压缩空气动力站。电液锤以电为能源，以液压油为驱动介质，是机电液一体化设备，使用灵活方便，其能耗仅为同吨位蒸汽锤的 1/40，空气锤的 1/4。

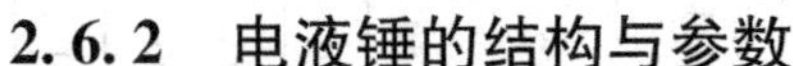

2.6.2 电液锤的结构与参数

目前，国内普遍使用的电液锤为上气下油式。上气下油式电液锤其锤杆活塞上腔为封闭的高压氮气，通过活塞下腔进油或排油，实现锤头的提升及打击动作。锤头的做功靠锤杆活塞上腔的气体推动和落下部分的重力来完成。

电液锤由锤本体、液压系统和电控系统组成。锤本体包括机身部分、砧座部分和动力头单元等。电液锤用于对现有的蒸汽锤进行改造，可以使用原锤的机身结构和砧座结构。

（1）机身部分　主要由机身、导轨（非“X”形导轨机构）和底板组成（单臂锤由机身、支架体和盖板紧固到一起），用来支承连缸梁，模锻锤机身固定在砧座上面。机身等铸件符合 JB/T 5000.6—2007 标准。

对于桥式结构电液锤的底板与立柱、立柱与横梁、横梁与机身之间连接螺栓采用40Cr锻件，并采用铰制孔连接配合。

可方便拆换的宽导轨结构保证了锤头良好的导向性，传统蒸汽-空气锤的换头改造，仅仅解决节能问题，但打击系统刚性并没有改变，工作精度问题没有解决，动力头的工作状态极为恶劣，特别是锤杆，不仅要传递动力，还要承受由于打击偏载带来的弯曲力矩。现代电液锤整机“X”形导轨，间隙可达0.2mm，工作精度、打击刚性、打击效率及精度保持性能将大大优于蒸汽-空气锤，其动力头的工作状态，特别是锤杆的受力状况将大为改善。

（2）砧座部分　砧座承受打击负荷，安装固定在设备的基础上。大型砧座为上、下两体结构，二者之间由两个定位销定位紧固到一起。砧座、砧垫和砧块等符合 JB/T 5000.6—2007 的有关规定。

（3）动力头单元　动力头主要包括：锤头、下砧块、锤杆、连缸梁、主缸、蓄能器、下封口组合件、连接板等。连缸梁内部缸体为锻钢件，四周为钢板焊接，用于组装动力头的各个部件。

电液动力头的结构为气、液缸一体式，其工作原理为放油式打击，设备基本动作原理是气压驱动、液压蓄能。

电液动力头的主体是一个箱体，作为工作时短期容油的油箱（不工作时，油箱内的油液经过回油管进入置于地面的液压站的油箱内），由八个螺栓通过缓冲垫、预压弹簧固定在机身上，该油箱又称连缸梁，中间连有主缸。主缸上部是缓冲气缸，气缸内部装有缓冲活塞，活塞上部充有一定压力的氮气，其压力与蓄能器上部的气压相同。主缸下部有两个孔分别与快速放液阀和保险阀连通。液压站来油通过管路进入箱体右上侧安装的主操纵阀和蓄能器中，蓄能器下部的油腔直接和主操纵阀相通，上部气腔通过管路接气瓶组。

主缸中间装有锤杆活塞，活塞外径装有密封圈将下部的油液和上部的氮气分开。活塞上部充有一定压力的氮气。主缸下部安有下封口组件，作为锤杆密封和导向。锤杆下部和锤头刚性连接，靠楔铁压紧。电液锤的基本动作是打击和回程两种。打击时，操纵主阀使活塞下腔和油箱相通，快放阀打开，活塞下部的油通过大孔径通道流回液压站油箱，同时活塞上部在气体压力和锤头系统重力的作用下，锤头加速向下运动，直到形成打击为止。

锤头上升（回程）时，只需操纵主阀使液压泵进油管路同时与蓄能器的高压油和主缸活塞下腔相通即可。锤杆活塞在高压油的作用下，迅速完成锤头的提升（回程）。

根据锻造工艺的不同，电液锤分为自由锻电液锤和模锻电液锤。电液锤的结构有拱式结构、桥式结构和悬臂式结构，主要技术参数见表2-6～表2-9。

表 2-6 拱式自由锻电液锤主要技术参数

项目	单位	C66-35	C66-35	C66-70	C66-120	C66-140	C66-175	C66-210	C66-245	C66-280	C66-350	C66-420	C66-490
打击能量	kJ	35	35	70	120	140	175	210	245	280	350	420	490
落下部分质量	kg	1300	1300	2600	4200	4800	6000	6800	7600	8500	10500	12500	14500
最大行程	mm	1000	1000	1260	1450	1500	1730	1850	2000	2200	2400	2500	2600
打击频次	次/min	50 ~ 58	65 ~ 75	65 ~ 75	50 ~ 55	50 ~ 60	45 ~ 50	45 ~ 50	46 ~ 50	45 ~ 50	44 ~ 46	42 ~ 45	42 ~ 45
主液压泵型号		A2F160R2P3	A2F125R2P3	A2F160R2P3	A2F160R2P3	A2F160R2P3	A2F160R2P3	A2F160R2P3	A2F160R2P3	A2F160R2P3	A2F160R2P3	A2F160R2P3	A2F160R2P3
主电动机型号		Y250M-4-B35	Y225M 4-B35	Y250M-4-B35	Y250M-4-B35	Y250M-4-B35	Y280S-4-B35	Y280S-4-B35	Y280S-4-B35	Y280S-4-B35	Y280S-4-B35	Y280S-4-B35	Y280S-4-B35
主电动机功率	kW	55	45	55	55	55	75	75	75	75	75	75	75
电动机/液压泵	台	1	2	3	4	5	5	6	7	7	10	12	16
冷却液压泵型号		KCB-125	KCB-125	KCB-200	KCB-300	KCB-300	KCB-483.3	KCB-633	KCB-960	KCB-960	2 × KCB-633	2 × KCB-633	2 × KCB-960
冷却电动机型号		Y132S-6	Y132S-6	Y112M-4	Y132M-6	Y132M-6	Y132M-4	Y160L-6	Y180L-4	Y180L-4	Y160L-6	Y160L-6	Y180L-4
冷却电动机功率	kW	3	3	4	5.5	5.5	7.5	11	22	22	11 × 2	11 × 2	22 × 2
换热器面积	m^2	15	20	20	30	30	40	40	50	60	40 + 40	40 + 40	50 + 50
导轨间距	mm	460	460	550	630	630	760	890	890	980	980	1050	1050
操作空间（宽 × 高）	mm × mm	1800 × 1250	1800 × 1250	2300 × 1380	2700 × 1470	2700 × 1470	3700 × 2000	3700 × 2000	4200 × 2200	4700 × 2250	4800 × 2350	5000 × 2500	5000 × 2500
下砧镜面高	mm	750	750	750	760	760	880	880	900	900	900	900	900

（续）

项目	单位	C66-35	C66-35	C66-70	C66-120	C66-140	C66-175	C66-210	C66-245	C66-280	C66-350	C66-420	C66-490
外形（长×宽×高）	mm× mm× mm	3600× 1500× 6000	3600× 1500× 6000	4500× 1700× 6500	5100× 2300× 7500	5100× 2300× 7800	6300× 2700× 8500	6300× 2700× 8800	7000× 2700× 9100	7500× 2800× 9500	7500× 2800× 10000	7600× 3000× 12000	7600× 3000× 13000
油箱外形尺寸	mm× mm× mm	2000× 1500× 1300	2000× 1500× 1300	2700× 2000× 1600	3600× 2000× 1600	4500× 2000× 1600	4500× 2000× 1600	5400× 2000× 1600	6300× 2000× 1600	6300× 2000× 1600	9000× 2000× 1600	10800× 2000× 1600	2×7200 ×2000 ×1600

表 2-7　桥式自由锻电液锤主要技术参数

项目	单位	C66-175	C66-210	C66-245	C66-280	C66-350	C66-420	C66-490
打击能量	kJ	175	210	245	280	350	420	490
落下部分质量	kg	6000	6800	7600	8500	10500	12500	14500
最大行程	mm	1730	1850	2000	2200	2400	2500	2600
打击频次	次/min	45～50	45～50	46～50	45～50	44～46	42～45	42～45
主液压泵型号		A2F160R2P3	A2F160R2P3	A2F160R2P3	A2F160R2P3	A2F160R2P3	A2F160R2P3	A2F160R2P3
主电动机型号		Y280S-4-B35	Y280S-4-B35	Y280S-4-B35	Y280S-4-B35	Y280S-4-B35	Y280S-4-B35	Y280S-4-B35
主电动机功率	kW	75	75	75	75	75	75	75
电动机/液压泵	台	5	6	7	7	10	12	16
冷却液压泵型号		KCB-483.3	KCB-633	KCB-960	KCB-960	2×KCB-633	2×KCB-633	2×KCB-960
冷却电动机型号		Y132M-4	Y160L-6	Y180L-4	Y180L-4	Y160L-6	Y160L-6	Y180L-4
冷却电动机功率	kW	7.5	11	22	22	11×2	11×2	22×2
换热器面积	m^2	40	40	50	60	40+40	40+40	50+50
导轨间距	mm	830	930	930	1030	1030	1050	1050
操作空间（宽×高）	mm×mm	3700×2000	3700×2150	4000×2300	4200×2460	4400×2650	4500×2800	4500×2900
下砧镜面高	mm	880	880	900	900	900	900	900

（续）

项目	单位	C66-175	C66-210	C66-245	C66-280	C66-350	C66-420	C66-490
外形（长×宽×高）	mm×mm×mm	6300×2700×8500	6300×2700×8800	7000×2700×9100	7500×2800×9500	7500×2800×10000	7600×3000×12000	7600×3000×13000
油箱外形尺寸	mm×mm×mm	4500×2000×1600	5400×2000×1600	6300×2000×1600	6300×2000×1600	9000×2000×1600	10800×2000×1600	2×7200×2000×1600

表 2-8　模锻电液锤主要技术参数

项目	单位	C86-25	C86-25	C86-50	C86-75	C86-125	C86-200	C86-250	C86-400
打击能量	kJ	25	25	50	75	125	200	250	400
落下部分质量	kg	1500	1500	2500	3500	6000	8600	10500	16300
最大行程	mm	1000	1000	1200	1250	1300	1350	1400	1500
打击频次		5s>5 锤	5s≥5 锤	5s≥5 锤	5s≥5 锤	6s≥5 锤	7s≥5 锤	8s≥5 锤	8s≥5 锤
主液压泵型号		A2F160R2P3	A2F125R2P3	A2F125R2P3	A2F160R2P3	A2F160R2P3	A2F160R2P3	A2F160R2P3	A2F160R2P3
主电动机型号		Y250M-4-B35	Y225M-4-B35	Y225M-4-B35	Y250M-4-B35	Y250M-4-B35	Y250M-4-B35	Y250M-4-B35	Y280S-4-B35
主电动机功率	kW	55	45	45	55	55	55	55	75
主液压泵/电动机数量	台	1	2	3	3	4	5	6	8
冷却液压泵型号		KCB-125	KCB-200	KCB-200	KCB-300	KCB-483.3	KCB-633	KCB-960	2×KCB-633
冷却电动机型号		Y132S-6	Y112M-4	Y112M-4	Y132M-6	Y132M-4	Y160L-6	Y180L-4	Y160L-6
冷却电动机功率	kW	3	4	4	5.5	7.5	11	22	2×11
换热器面积	m^2	10	15	20	25	30	40	50	40+40
最小闭模高度（不含燕尾）	mm	220	220	260	350	400	430	450	500
锤头/模座前后方向长度	mm/mm	550/700	550/700	630/900	800/1000	950/1100	1100/1260	1200/1400	1500/1600
导轨间距	mm	540	540	600	700	740	900	1000	1200
外形（长×宽×高）	mm×mm×mm	2400×1400×6000	2400×1400×6000	3000×1700×6500	3200×1800×7100	3700×2100×8600	4300×2700×11200	4400×2700×12000	4500×2600×13100

（续）

项目	单位	C86-25	C86-25	C86-50	C86-75	C86-125	C86-200	C86-250	C86-400
油箱外形尺寸	mm × mm × mm	2000 × 1500 × 1300	2000 × 1500 × 1300	2700 × 2000 × 1600	2700 × 2000 × 1600	3600 × 2000 × 1600	4500 × 2000 × 1600	5400 × 2000 × 1600	7200 × 2000 × 1600

表 2-9 单臂自由锻电液锤主要技术参数

项目	单位	C61-30	C61-70	C61-105	C61-140	C61-175	C61-210	C61-280	C61-350	C61-420
打击能量	kJ	30	70	105	140	175	210	280	350	420
落下部分质量	kg	1300	2600	4000	4800	5500	6300	8000	10500	12500
最大行程	mm	1000	1260	1450	1700	1800	1900	2000	2100	2200
打击频次	次/min	50 ~ 58	65 ~ 75	50 ~ 58	50 ~ 60	48 ~ 55	50 ~ 55	46 ~ 50	46	46
主液压泵型号		A2F160R2P3	A2F160R2P3	A2F160R2P3	A2F160R2P3	A2F160R2P3	A2F160R2P3	A2F160R2P3	A2F160R2P3	A2F160R2P3
主电动机型号		Y250M-4-B35	Y250M-4-B35	Y250M-4-B35	Y250M-4-B35	Y280S-4-B35	Y280S-4-B35	Y280S-4-B35	Y280S-4-B35	Y280S-4-B35
主电动机功率	kW	55	55	55	55	75	75	75	75	75
电动机/液压泵数量	台	1	3	4	5	5	6	7	10	12
冷却液压泵型号		KCB-125	KCB-200	KCB-300	KCB-300	KCB-483.3	KCB-633	KCB-960	2 × KCB-633	2 × KCB-960
冷却电动机	kW	Y132S-6	Y112M-4	Y132M-6	Y132M-6	Y132M-4	Y160L-6	Y180L-4	Y160L-6	Y160L-6
冷却电动机功率	kW	3	4	5.5	5.5	7.5	11	22	2 × 11	2 × 11
换热器面积	m^2	15	20	30	30	40	40	50	40 + 40	40 + 40
导轨间距	mm	480	560	600	600	700	800	1000	1100	1100
喉深 × 喉高	mm × mm	730 × 1750	840 × 2150	960 × 2340	960 × 2500	1250 × 2200	1300 × 2300	1400 × 2400	1450 × 2500	1450 × 2500
下砧镜面高	mm	750	750	750	750	760	760	780	850	900
外形（长 × 宽 × 高）	mm × mm × mm	3800 × 1680 × 7000	4260 × 1800 × 7200	4700 × 1900 × 7600	5440 × 1900 × 8000	5700 × 2300 × 8500	5850 × 2400 × 8700	6400 × 2600 × 9200	6400 × 2600 × 9300	6400 × 2600 × 9400
油箱外形尺寸	mm × mm × mm	2000 × 1500 × 1300	2700 × 2000 × 1600	3600 × 2000 × 1600	4500 × 2000 × 1600	4500 × 2000 × 1600	5400 × 2000 × 1600	6300 × 2000 × 1600	9000 × 2000 × 1600	10800 × 2000 × 1600

2.6.3 电液锤的传动与控制系统

电液锤的液压传动系统由液压站和液压控制阀等组成。

液压站的功能主要是向动力头提供压力油，同时具有储油、过滤、控制油压等辅助功能。符合 GB/T 3766—2001《液压系统通用技术条件》的要求，液压站主要包括：油箱、液压泵-电动机组成的动力源、卸荷阀、过滤器、液位控制继电器、油标尺等。动力源采用定量泵、蓄能器和卸荷阀组成的恒压液压源，将油压注入操纵阀和蓄能器，来实现电液锤的各种动作。

液压控制阀包括主控阀、快放阀（二级阀）和安全阀等，主控阀是一种特殊设计的三位三通手动伺服阀，它的通径有 ϕ50mm、ϕ70mm、ϕ80mm 等不同的规格，大吨位锤用大规格阀，小吨位用小规格阀。它们的特点是灵敏度高、随动性好、发热少，使用很小的操纵力，将滑阀推到准确的位置，来完成打击、回程、悬锤各个动作。主阀有三个位置，即中位、打击位、回程位。滑阀由中位推到打击位，锤头下行实现打击。在锤头下行过程中，将滑阀推到中位，使阀关闭，停止供油，锤头可停在任意位置，再向外拉到回程位，可使锤头快速回程。

快放阀，具有单向控制、流量调节、快速放油和慢速放油四个功能，是一个高度集中的随动阀，它完全按照主控阀的操纵程序完成各种动作。快放阀的通径有 ϕ50mm、ϕ70mm、ϕ80mm 三种，大锤用大阀，小锤用小阀，这样达到了打击频次高、排油液阻力小、发热低、灵敏度高的目的，延长了快放阀的寿命。

安全阀，装在连缸梁下部，用以吸收并释放在急停锤或收锤时的液压冲击。在正常工作时安全阀不会打开。如果出现异常高压，安全阀会立即打开释压，保证系统不受过载的破坏。安全阀装有调节螺栓，通过放松或压紧来调整压力，确保系统在安全压力范围内不受液压冲击的破坏。

电液锤的控制系统包括主机运动的电控部分和液压油的冷却和散热系统。

电控部分由电控柜、按钮站、电动机、霍尔系统等部分组成，由 PLC 控制，通过该系统可实现起动卸荷、手动卸荷、超压卸荷、停机卸荷、霍尔系统报警、油温报警、过滤器堵塞报警、液位报警、超压保护、失压保护、自动冷却、电动机综合保护等控制功能。

冷却部分的主要功能是调节油温，冷却方式有两种：板式换热器（标准配置）和电制冷冷却。

板式换热器主要包括换热泵组、板式换热器、水泵（用户自备）、冷却塔（用户自备）、储水池（用户自建）。把油箱回油区的热油吸出送入热交换器，与循环水进行热交换，再回到油箱吸油区。循环水是由水泵从储水池的下部抽出的凉水（水温≤30℃）进入热交换器，吸收了热油的热量流入冷却塔冷却后，流回水池。

保证系统正常工作的一个基本条件是油温不宜超过 55℃。为此在电液锤上专设油液冷却系统。油经换热液压泵到板式换热器，完成热交换，当系统长时间工作，超过双金属温度计设定的温度后发出信号，UC4—75 电铃报警。

板式换热器的特点是换热损失小，热效率高，结构紧凑。但需有充足的水源和冷却系统。

电制冷冷却时，液压泵运行将油液从油箱抽出，经过油路系统，温度探头对流进的油液进行温度监测；当检测温度高于温控器设定温度+制冷温差时，电制冷开始工作，流经板式换热器的低温液态氟利昂与同样流经板式换热器的高温油进行热交换，使油温下降，达到油冷却目的，冷却后的油液通过液压泵被送回油箱，与油箱里温度较高的油液混合，以保证油箱内的油液温度控制在规定范围内。

电液锤的操作按照蒸汽锤的操作习惯，通过操作操纵手柄来实现电液锤的轻打、重打、连续打击和悬锤动作。

2.7 螺旋压力机

螺旋压力机是指将传动机构的能量通过螺旋工作机构转变为塑性变形能的锻压设备。这种锻压设备是一种符合我国国情，并被广泛使用的设备。从20世纪70年代起我国的螺旋压力机从无到有，从小到大，现已形成完整的系列。根据其传动方式的不同，可分为摩擦螺旋压力机、液压螺旋压力机、电动螺旋压力机和离合器式高能螺旋压力机。

2.7.1 螺旋压力机的工作原理

螺旋压力机的工作原理是：当工作开始时，传动机构将螺旋工作机构加速到一定的速度，并积蓄大量动能，然后工作开始，将这部分动能作用到锻件上，转变为锻件的变形能。

图2-26所示为螺旋压力机的结构简图。螺旋压力机的工作部分由飞轮、螺杆、螺母、滑块组成。当摩擦、液压、电动等传动机构使飞轮1转动并加速时，能量得到了积蓄。这时与飞轮连接的螺杆2带动滑块4经过螺母3作螺旋向下的运动。模具装在滑块底面和工作台上。锻件放在模具上，吸收通过滑块传递下来的能量，完成各种成形工艺。

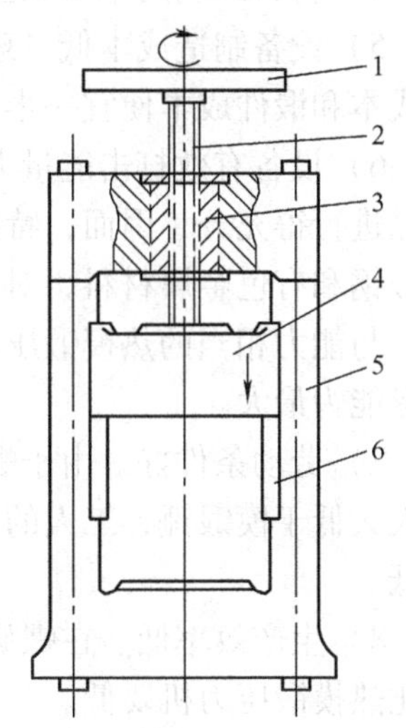

图2-26 螺旋压力机的结构简图

1—飞轮 2—螺杆 3—螺母 4—滑块 5—机身 6—导轨

2.7.2 螺旋压力机的工作特性

1）螺旋压力机是依靠预先积蓄于飞轮等运动部件的能量进行工作的，因此它具有锻锤的工作特性，是一种锤类设备。

2）螺旋压力机还兼有热模锻压力机的工作特性。飞轮的动能在转变为锻件塑性变形能的过程中，对工件的打击力始终等于作用于闭式机身上的垂直作用力，即闭式机架将两个作用力形成一个封闭力系。而这种传力特性与热模锻压力机的传力特性一样，在工作过程中不会对基础和地基造成很大的冲击和振动。

3）螺旋压力机没有固定的下死点，因此，无论是工作载荷使机架弹性变形还是热膨胀使机架变形，它均能锻出合乎要求的锻件。另外，它还可以像锻锤那样，当打第一锤时，锻件在锻模上没有完全成形时，可对锻件进行第二或第三锤打击，即可通过多次锤击来完成锻件的变形，也就是小设备干大活。再者，由于螺旋压力机没有固定的下死点，模具安装、更换、调整也方便得多，有利于小批量生产。

4）螺旋压力机的打击力不固定。螺旋压力机的打击力取决于锻件的变形程度。锻件的变形程度大（如镦粗、挤压等变形工序），提供大的变形能量，其打击力就小；而锻件变形程度小（如终锻合模阶段、精压、压印等变形工序），提供较大的打击力和一定的变形能，则打击力就大。因而能满足各种主要锻压工序的力能要求，对现有模锻锤上难以进行的精密模锻特别适宜。

2.7.3 螺旋压力机的特点

1）应用范围广。螺旋压力机除主要应用于热模锻，特别是精密模锻工艺外，还大量应用于有色合金的锻造，以及五金工具、医疗器械、陶瓷、建材、耐火材料等行业的生产中。

2）工艺适应性强。螺旋压力机除可以模锻在热模锻压力机上模锻的所有锻件外，还可以做切边、弯曲、校正、精压、挤压和板料冲压等工艺。

3）锻件精度高。由于螺旋压力机的特殊运动形式，使得模具不会因机架或螺杆的弹性变形而不能闭合，保证了锻件的垂直尺寸精度。另外，由于螺旋压力机滑块的导向精度较高，锻件的拔模斜度小，保证了锻件的外形尺寸精度，因而锻件的整体精度得到提高，使得螺旋压力机在精密锻造中得到广泛应用，特别是叶片的精密锻造。

4）材料的利用率得到提高，而生产成本降低。

5）设备制造成本低。理论和实践都证实与热模锻压力机和模锻锤相比，设备投资、模具成本和锻件成本便宜一半。

6）设备有效打击能量大。由于滑块速度约为0.6～1.5m/s，所以金属变形过程中的再结晶进行得充分，因而，特别适合在航空航天等国防工业中模锻一些再结晶速度较低的塑性合金钢和有色金属材料，对于一些在航空工业中用到的对速度非常敏感的合金锻件也特别适用。与能力相当的热模锻压力机、模锻锤相比，螺旋压力机的每一次打击所给予锻件的有效变形能为最大。

7）劳动条件好。由于螺旋压力机的机身通常采用封闭结构，所以工作时振动小，噪声也大大低于模锻锤，工人的劳动环境得到改善。由于操作方便、省力，所以工人的劳动强度降低。

8）生产效率低。在螺旋压力机上只适于单模槽模锻，故需另配制胚设备，这样生产率就比热模锻压力机要低。

2.7.4 螺旋压力机的主要技术参数

螺旋压力机的主要技术参数是反映该设备的工艺能力、所加工坯料的尺寸范围和生产效率等指标。

1. 公称压力 F_g（kN）

这是螺旋压力机的主要技术参数，表示其规格。在此压力下螺旋压力机能够提供给锻件较多的有效成形能，但不是压力机的最大压力，是一个设计参考值。

2. 最大打击能量 E（J）

最大打击能量是螺旋压力机主要的技术参数之一，它表明该设备的最大做功能力。最大打击能量与公称压力间有以下的经验关系

$$E = KF_g^{3/2} \tag{2-69}$$

式中，E 为最大打击能量（J）；F_g 为公称压力（kN）；K 为能量系数，一般取0.2～0.5，

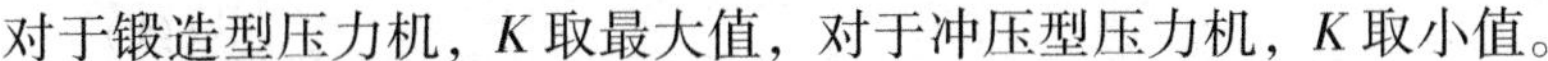

对于锻造型压力机，K 取最大值，对于冲压型压力机，K 取小值。

3. 滑块的最大行程 S（mm）

滑块的最大行程是指滑块从上死点到下极限位置的距离，它的大小反映了螺旋压力机的工作范围。行程大，则装模空间大，可加工变形程度较大，高度较高的锻件，通用性较强。

4. 滑块行程次数 n（次/min）

滑块行程次数是指螺旋压力机的滑块在单位时间内全行程循环的次数。它对螺旋压力机的生产效率、模具寿命以及传动效率都有很大影响。目前国内现有的螺旋压力机滑块行程次数偏低，一些新设计的压力机有所提高。滑块行程次数可表示为

$$n = 60/t \tag{2-70}$$

式中，t 为滑块单次行程的时间（s）。

5. 封闭高度 H（mm）

螺旋压力机的封闭高度指滑块处于下极限位置时，滑块底面到工作台表面的距离。上下模的闭合高度应大于螺旋压力机的封闭高度。

6. 工作台尺寸

工作台尺寸是指工作台上可以利用的有效平面尺寸，它的大小决定了所安装模具的最大平面尺寸。

国产摩擦压力机的技术参数见表2-10，液压螺旋压力机的主要技术参数见表2-11，国产J58系列电动螺旋压力机的技术参数见表2-12。

表2-10 国产摩擦压力机技术参数

型号	公称压力/kN	能量/kJ	滑块行程/mm	行程次数/(次/min)	封闭高度/mm	垫板厚度/mm	工作台尺寸/mm × mm	导轨间距/mm	电动机型号、功率	外形尺寸/mm × mm × mm	总质量/t
JK53-40	400	1	180	40	280	80	300×600	300	Y10012-4 3kW	1056×960 ×2313	1.86
J53-63A	630	2.5	270	22	270	80	450×400	350	Y132M1-6 4kW	1538×1105 ×2840	3.2
J53-100A	1000	5	310	19	320	100	500×450	400	Y160M-6 7.5kW	1884×1393 ×3375	5.6
J53-160A	1600	10	360	17	380	120	560×510	460	Y160L-6 11kW	2043×1425 ×3695	8.5
J53-160B	1600	10	360	17	260	—	560×510	—	10kW	1465×2240 ×3730	8.8
J53-300 GJ53-300	3000	20	400	15/22	300	—	660×570	560	Y200L2-6 Y200L-4 22/30kW	2581×1603 ×4345	13.5
J53-400	4000	40	500	14	520	—	820×730	—	30kW	1890×2812 ×5115	16.6

（续）

型号	公称压力/kN	能量/kJ	滑块行程/mm	行程次数/(次/min)	封闭高度/mm	垫板厚度/mm	工作台尺寸/mm×mm	导轨间距/mm	电动机型号、功率	外形尺寸/mm×mm×mm	总质量/t
JB53-400	4000	36	400	20	530	150	750×630	650	Y160L-4 Y180L-6 15/15kW	3020×2750×4612	17.5
J53-630	6300	80	600	11	650	—	920×820	—	55kW	5000×1320×6060	39.3
JB53-630	6300	72	400	20	630	180	900×750	766	JH02-81-6 JH02-71-4 30/22kW	4840×3300×5447	50
J53-1000	10000	160	700	10	700	—	1200×1000	—	75kW	6000×5670×7250	67
JB53-1000	10000	140	500	17	710	200	1120×900	915	JH02-82-6 JH02-72-4 40/30kW	5050×4300×7250	70
J53-1600	16000	280	700	10	750	—	1250×1100	—	130kW	5850×5750×8260	85
JB53-1600	16000	280	600	15	800	200	1280×1000	1030	JS-116-8 JQ02-91-6 70/55kW	4950×3850×7700	94
J53-2500	25000	500	800	9	980	—	1600×1200	—	230kW	4847×6797×9580	155

注：J53-160B、J53-300、J53-400、J53-630、J53-1000、J53-1600、J53-2500 七种规格为青岛锻压机床厂生产，其余为辽阳锻压机床厂生产。

表 2-11　液压螺旋压力机的主要技术参数

公称压力/kN		400	6300	10000	16000	25000	40000	63000	30000	100000
运动部分能量/kJ		36	72	140	280	500	1000	2000	2840	4000
滑块行程/mm		315	355	400	450	500	630	800	900	1000
理论行程次数/（次/min）		35	30	25	20	16	12	8	7	6
封闭高度/mm		530	630	710	800	1000	1250	1600	1800	2000
工作台尺寸/mm	左右	630	750	900	1120	1250	1400	1700	1800	2000
	前后	750	900	1120	1250	1500	1900	2360	2650	3000

表 2-12 J58 系列电动螺旋压力机技术参数

公称压力/kN	630	1600	2500	4000
运动部分能量/kN·m	1.6	8	16	32
滑块行程/mm	270	300	350	400
滑块行程次数/（次/min）	56	35	30	25
最小封闭高度/mm	270	320	450	530
垫板厚度/mm	80	100	120	150
工作台尺寸/（mm×mm）	450×400	520×450	630×500	750×630
导轨间距/mm	350	400	530	650
电动机功率/kW	2	8	11	15
质量/t	2.5	6.5	13	15
外型尺寸（长×宽×高）/（mm×mm×mm）	1200×750×2672	1350×800×3350	1400×900×3500	1500×1050×4300

2.7.5 螺旋压力机的力能关系

螺旋压力机打击力和能量关系的规律是设计和使用螺旋压力机的理论基础。

1. 螺旋压力机工作时飞轮能量的转化

螺旋压力机的运动部分（飞轮、螺杆、滑块）在传动机构的作用下，经过规定的向下驱动行程所储存的能量由两部分组成，即直线运动的动能和旋转运动的动能。

$$E = \frac{1}{2}mv^2 + \frac{1}{2}I\omega^2 \tag{2-71}$$

式中，m 为飞轮、螺杆和滑块的质量（kg）；I 为飞轮、螺杆的转动惯量（kg·m^2）；v 为打击时滑块最大线速度（m/s）；ω 为打击时飞轮最大角速度（rad/s）。

一般情况下，直线运动部分的动能仅为旋转运动部分的2%～3%，因此常将 E 称为飞轮能量。

飞轮所具有的能量在打击过程中要全部消耗完毕。根据能量平衡原理，认为飞轮能量转化为：一次打击后锻件成形所需的变形能 E_d，螺旋压力机机身及模具等受力件的弹性变形能 E_t，克服机械摩擦所消耗的摩擦能 E_m，即

$$E = E_d + E_t + E_m \tag{2-72}$$

（1）锻件成形所需的变形能 E_d　锻件成形所需变形能随加工工艺的不同而异。若为精锻或精压工艺，可近似用下式求解

$$E_d = \int_0^{\lambda} F_d \mathrm{d}\lambda \tag{2-73}$$

式中，F_d 为锻件成形所需变形力（kN）；λ 为锻件最大线变形量（mm）。

（2）压力机受力件的弹性变形能 E_t　打击时，螺旋压力机的螺杆、螺母、机身及模具等零件因受力而发生弹性变形，各自吸收相应的弹性变形能，这些弹性变形能就是 E_t，那么在弹性极限内的弹性变形能为

$$E_t = \frac{1}{2}F\delta \tag{2-74}$$

式中，F 为打击力（kN）；δ 为螺杆、机身等受力件的弹性变形量之和（mm）。

在弹性极限范围内，各受力件的变形量之和导致螺旋压力机的封闭高度增加。打击力 F 和封闭高度增量之比，就是压力机的总刚度，即

$$C=\frac{F}{\delta}$$

那么有

$$E_t=\frac{F^2}{2C} \tag{2-75}$$

式（2-75）表明，当压力机的总刚度 C 确定后，E_t 值的大小取决于打击力的大小，如图 2-27 所示。

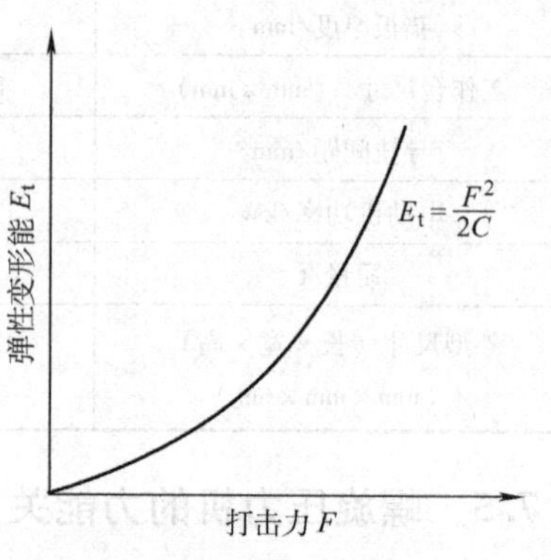

图 2-27　螺旋压力机的打击力与弹性变形能之间的关系

（3）摩擦消耗的能量 E_m　螺旋压力机在打击时，螺旋副之间、螺杆下端与推力轴承之间、滑块与导轨之间等处克服摩擦力而消耗的能量可用下式近似计算，即

$$E_m=(1-\eta)E \tag{2-76}$$

式中，η 为机械效率，$\eta=0.8\sim0.85$，所以

$$E_m=(0.2\sim0.15)E \tag{2-77}$$

2. 整体飞轮的力能关系

现在知道在滑块的一次行程中，螺旋压力机储存于飞轮的能量只有部分用于锻件的变形，那么由式（2-72）可得

$$E_d=E-(E_t+E_m) \tag{2-78}$$

以此式作图，可建立螺旋压力机的力能关系曲线，如图 2-28 所示。从图中可知压力机飞轮所存储的能量 E 转化为锻件的变形能 E_d、弹性变形能 E_t 及摩擦能 E_m 及其分配情况。

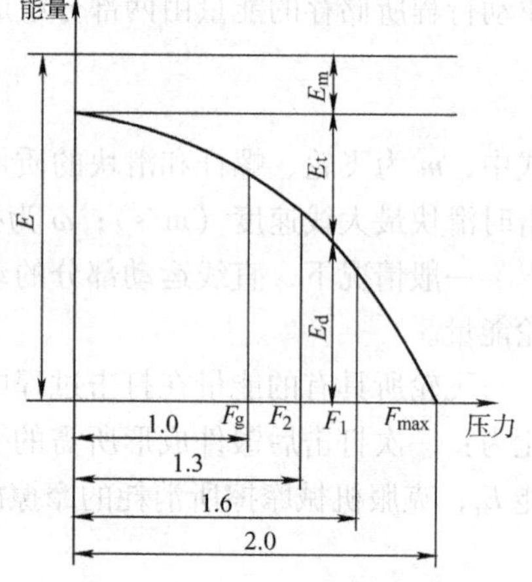

图 2-28　整体飞轮螺旋压力机的力能关系曲线

因弹性变形能与打击力有关，则螺旋压力机给予锻件的变形能也与打击力有关。当打击力大时，压力机受力件吸收的弹性变形能较多，则给予锻件的变形能就少。不过，通常能量的分配取决于锻件的工艺情况，对于变形量大，需要压力较小的锻件，压力机能给出较大的塑性变形能，产生较小的打击力；而对于变形量小，壁薄的锻件（如叶片），压力机则给出较小的变形能，但能给出较大的打击力。由此可见，螺旋压力机是能量限定设备，而能量的分配关系与不同的打击力相对应。如果模具内没有锻件就进行全能量的刚性打击（即冷击），滑块的压力将达到最大值 F_{max}，此时，除消耗一小部分摩擦能外，飞轮的能量几乎全被压力机的弹性变形吸收，因而压力机的负荷最重，受力件有可能被破坏。所以螺旋压力机绝对禁止在飞轮全能量下进行冷击。

为了充分利用螺旋压力机的能力，而又能满足工艺特点的需求，大多数的压力机允许在工件变形力为（1.0～2.0）倍公称压力的范围工作，即 $F=(1.0\sim2.0)F_g$。对于变形量较小的精压和精整工序，通常需要以大压力、小能量来工作。所以螺旋压力机可在 $1.6F_g$ 段

工作。换一种说法，即根据所需工艺力选择螺旋压力机时，可选公称压力为 $F/1.6$ 的压力机；对于变形量稍大的模锻工序，螺旋压力机可在 $1.3F_g$ 段工作。同样，在已知工艺力的情况下，选公称压力 $F/1.3$ 的压力机；对于变形量和变形能都需要较大的模锻，螺旋压力机可在（0.9～1.1）F_g 段工作，那么已知工艺力时选公称压力为 $F/(0.9 \sim 1.1)$ 的螺旋压力机。

3. 螺旋压力机的能量调节

螺旋压力机是一种万能型的设备，它可以完成各种不同的锻压工艺，当工件不同时，所要求的变形能量和最大压力也多不相同。为了节省能量和保护设备，希望锻打时螺旋压力机提供的有效能量刚好满足工艺要求，即为图2-29a所示的理想状态。但是在实际锻件的螺旋压力机成形时，经常会有另两种非理想状态出现。其一是锻件所需的能量大于压力机飞轮提供的最大有效变性能，压力机的最大压力小于锻件的终锻力（即螺旋压力机的规格选得太小），于是锻件出现“欠锻”，如图2-29b所示的情况。这时可以采取再次打击的方法，使锻件成形。对压力机不会造成损坏，只会影响生产率。其二是压力机能够提供的有效变性能大于锻件所需的变形能，如图2-29c所示，因为螺旋压力机每次打击时，只有当飞轮所储存的能量全部释放后，才能回程。飞轮能量过大（即螺旋压力机的规格选得过大）时，在 K 点锻件变形已经完成，飞轮的能量还没有完全消耗，这些多余的能量在变形过程结束后，被压力机受力件所吸收而转化为弹性变形能，压力机的压力也大于锻件的终锻力。显然有一部分能量被浪费掉了，压力机承受的负荷加大了。虽然设备不至于损坏，但加剧了一些零件的磨损。因此，对螺旋压力机设置能量调节装置是必要的。

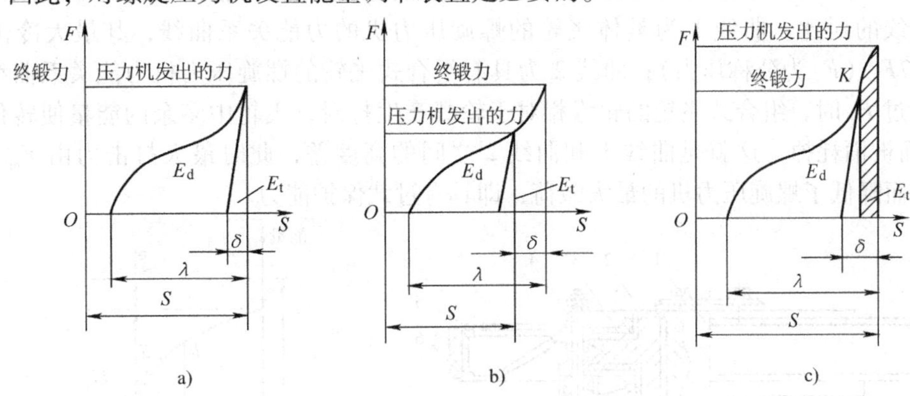

图2-29　螺旋压力机模锻时负荷图

中小型螺旋压力机（在3000kN以下），通常采用在工作台上加垫板，以减小滑块行程（即较小飞轮的转速）的方法来达到减小压力机打击能量的目的。

对于现代大型螺旋压力机（在3000kN以上），都设置能量调节装置，如控制滑块位移式、控制滑块速度式及控制时间式能量调节装置。

图2-30为能量调节曲线。设某锻件的力能参数分别为 F 和 E，当飞轮能量选得过大时，如图中能量为 E_1 时，就会出现图2-29c所示的情况，此时设备承受的打击力为 F_{m1}。若将能量降到 E_2，设备承受的打击力就会由 F_{m1} 降至 F_{m2}，与锻件变形力 F 接近。画出能量调节曲线 F 处的垂线，$cd=ab$，即可以从 d 点得到 E_2 的值，压力机就会得到趋近图2-29a所示的最佳状态。

一般锻件的力能参数事先难以确定，常常是通过试验来寻找最佳的打击能量，也就是先用不同的滑块行程高度进行打击试验，当锻出满意的锻件后，即可确定出合适的滑块行程高度和相应的飞轮能量值。

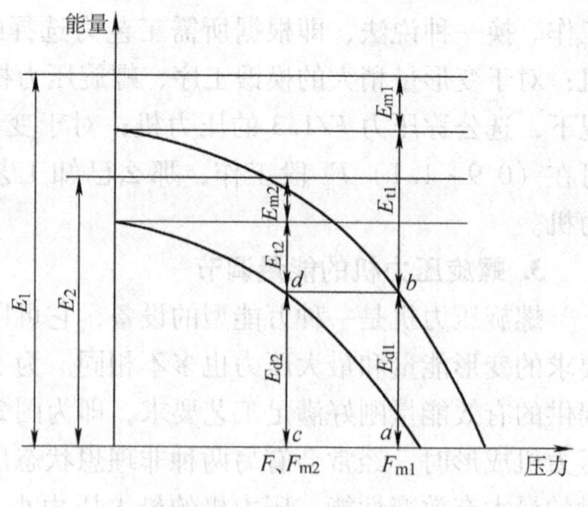

图 2-30　能量调节曲线

4. 组合式飞轮的力能关系

锻造生产中希望螺旋压力机的能量大，以满足工艺要求，又要使压力机受力件在冷击时安全可靠，则导致压力机非常笨重而价高。为此，在保证螺旋压力机具有大能量的条件下，为了降低其最大冷击力、减轻压力机的质量和降低造价，现代大中型螺旋压力机一般都采用带有摩擦保险装置的组合式飞轮，其结构如图 2-31 所示。

飞轮由轮毂、摩擦片、轮缘、摩擦带、压圈等组成。利用碟形弹簧和螺栓将其以一定的压力压紧并结合在一起。当打击力达到某一限定值时，组合飞轮中的轮缘部分就会相对于轮毂发生打滑，使飞轮的大部分剩余能量消耗于摩擦发热而不会传给锻件，使打击力降至最低，从而把压力机受力件的弹性变形能转化为组合飞轮中的摩擦能，减轻了压力机的负荷，降低了压力机的整机质量和造价。

图 2-32 所示为具有组合式飞轮的螺旋压力机力能关系曲线与整体飞轮的螺旋压力机力能关系曲线的对比。曲线 1 为整体飞轮的螺旋压力机的力能关系曲线，其最大冷击力为 $F_{max1}=2.7F_g$（F_g 为公称压力）；曲线 2 为具有组合式飞轮的螺旋压力机力能关系曲线，当打击力超过 F_g 时，组合式飞轮的轮缘相对于轮毂产生打滑，飞轮中多余的能量便转化为摩擦能 E'_m 而被消耗掉，这就是曲线 1 和曲线 2 之间的高度差，此时最大打击力由 F_{max1} 降至 F_{max2}，因而降低了螺旋压力机的最大载荷，即具有过载保护能力。

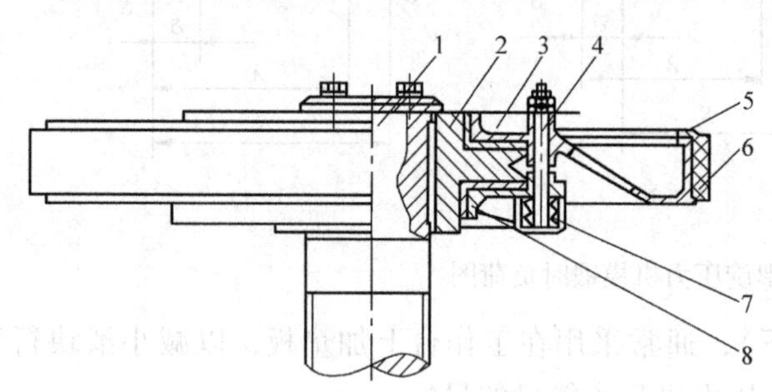

图 2-31　摩擦保险装置的组合式飞轮

1—螺杆　2—轮毂　3—摩擦片
4—拉紧螺栓　5—轮缘　6—摩擦带
7—碟形弹簧　8—压圈

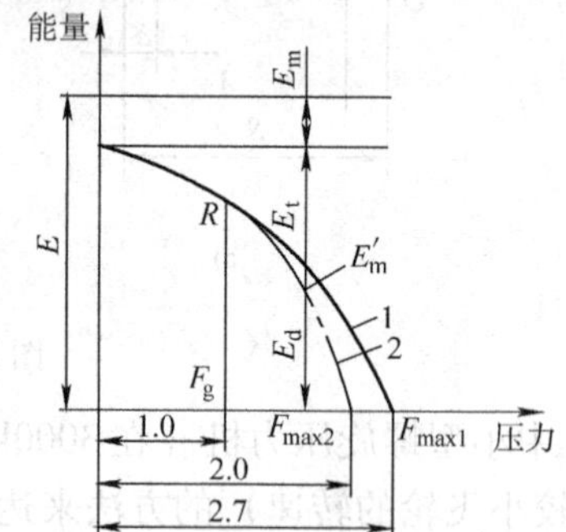

图 2-32　整体飞轮和具有组合式飞轮的螺旋压力机力能关系曲线

1—整体飞轮的螺旋压力机
2—具有组合式飞轮的螺旋压力机

2.7.6　摩擦压力机

摩擦压力机有单盘式、双盘式、三盘式和无盘式等多种结构形式，经过长期实践的考验

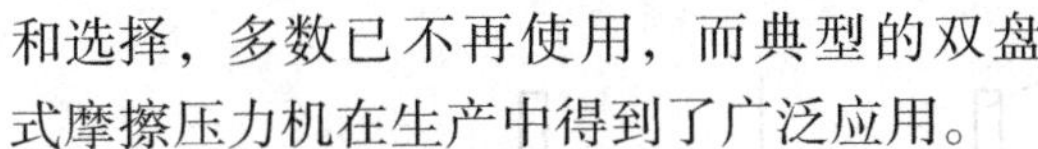

和选择，多数已不再使用，而典型的双盘式摩擦压力机在生产中得到了广泛应用。

1. 双盘式摩擦压力机的结构

双盘式摩擦压力机简图如图2-33所示，主要由五部分组成，下面作简要介绍。

（1）传动部分　传动部分包括电动机、带轮、传动轴、左右摩擦盘及轴承等部件。其中轴承为特殊的圆柱滚子轴承，外圈装在轴承座上，内圈装在传动轴上，可随传动轴一起相对外圈作左右水平移动，便于摩擦盘交替压紧飞轮轮缘，使飞轮实现正反转动。

（2）工作部分　工作部分包括飞轮、螺杆及滑块等零部件。飞轮与螺杆的上端通常采用切向键连接，滑块与螺杆的下端采用活动联接，螺母固定在上横梁上，螺杆、螺母组成螺旋副。当飞轮正反向转动时，螺旋副将飞轮的旋转运动变成滑块沿导轨的上下往复直线运动。在滑块底面和工作台上表面均开有两条“T”型槽，以便压板和螺栓固定模具。在滑块底部中央开有一个安装模柄用的模柄孔，用紧定螺钉紧固模柄。

（3）机架部分　通常机架由“U”形机身与上横梁通过拉紧螺栓加热预紧，形成组合闭式框架。在上横梁的左右两侧用螺栓固定左右支臂，用以支撑传动轴。

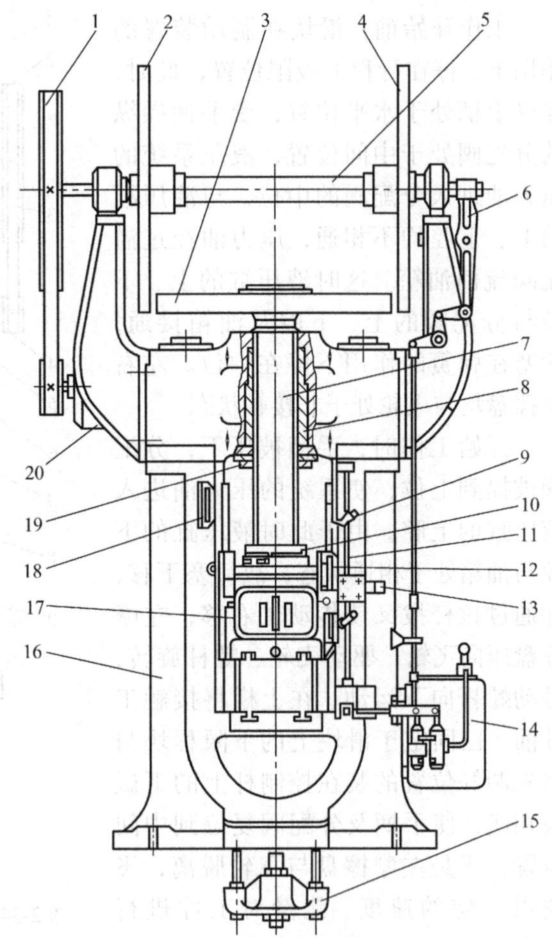

图2-33　双盘式摩擦压力机简图

1—带轮　2—左摩擦盘　3—飞轮　4—右摩擦盘　5—传动轴　6—拨叉　7—螺杆　8—螺母　9—碰块　10—制动轮　11—控制杆　12—限程块　13—卡板　14—油箱　15—顶件器　16—机身　17—滑块　18—制动斜板　19—缓冲垫　20—电动机

（4）附属装置　附属装置主要包括滑块制动装置、缓冲装置、顶料装置、安全装置以及摩擦超负荷保险装置。

（5）操纵系统　是指推动摩擦盘左右移动的操纵系统。一般1000kN以下的压力机采用手动-杠杆操纵系统，即在横轴右端安装有拨叉套，套内有两个平面推力轴承，由手柄通过杠杆机构，推动横轴移动。1000～3000kN之间的压力机采用液压-杠杆操纵系统，其结构与手动-杠杆操纵系统相同，只是将手动操纵改为液压操纵。调整油液压力可控制飞轮压紧力大小，通过滑块带动上、下撞块，还可实现自动连续操作。4000kN以上的大型摩擦压力机采用气压或液压直接操纵系统，缸体安装在横轴支座上，对气缸（液压缸）分别进气（进液）和排气（排液）来操纵活塞，推动横轴左右移动，并由装在缸体端部的弹簧复位，使横轴在停气或停液时保持中位位置。

2. 双盘式摩擦压力机的工作原理

以液压-杠杆操纵式双盘摩擦压力机为例，其工作原理图如图2-34所示。

工作开始前，滑块在制动装置的作用下，停在行程上极限位置，此时，操纵手柄处于水平位置，受手柄操纵的分配阀处于中间位置，液压系统的压力油进入分配阀的中位，与液压缸的上、下腔均不相通，压力油经过溢流阀流回油箱。这时液压缸的上、下腔与分配阀的上、下腔及油箱接通，活塞在弹簧的作用下停在中位。左右摩擦盘均与飞轮处于非接触状态。

开始工作时，手柄被压下，分配阀被提到上位，使系统的压力油进入液压缸的上腔。由于此时液压缸的下腔与油箱处于相通状态，故活塞下移，并通过拉杆拨叉使传动轴右移，左摩擦盘压向飞轮，驱动飞轮、螺杆旋转，带动螺杆向下运动。在上模将接触工件前，已固定于滑块上的下限程块与事先调好位置的装在控制杆上的下碰块相碰，使手柄及分配阀复位到中间位置，于是左摩擦盘与飞轮脱离，飞轮以一定的速度、能量对工件进行打击。

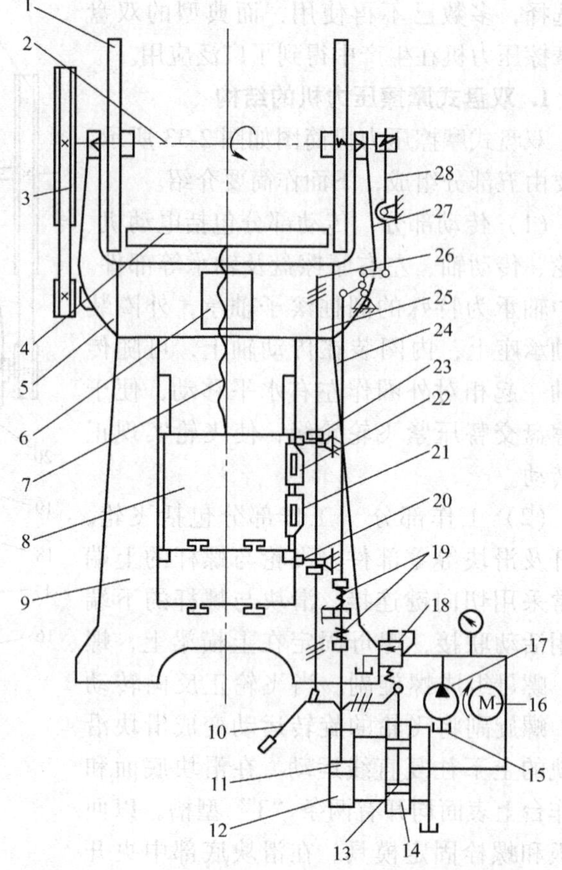

图 2-34　液压-杠杆操纵式双盘摩擦压力机的工作原理

1—摩擦盘　2—传动轴　3—传动带　4—飞轮　5—左支臂　6—螺母　7—螺杆　8—滑块　9—机身　10—手柄　11—活塞　12、14—液压缸　13—分配阀　15—油箱　16—电动机　17—液压泵　18—溢流阀　19—弹簧　20—下碰块　21—下限程块　22—上限程块　23—上碰块　24—拉杆　25—控制杆　26—上横梁　27—右支臂　28—拨叉

工作结束是在打击后，及时提起手柄，使分配阀下滑，让系统的压力油进入液压缸的下腔，液压缸的上腔与分配阀的上腔和油箱接通，活塞上行，带动拉杆和拨叉使传动轴左移，右摩擦盘压向飞轮。此时，滑块上行。当滑块接近上行程极限位置时，固定在滑块上的上限程块与事先已调好位置的装在控制杆上的上碰块相碰，使手柄及分配阀回到中位。此时，摩擦盘与飞轮脱离，在惯性作用下，飞轮还将继续上升，在制动器作用下，滑块最终停在上极限位置，一个工作循环结束。

2.7.7　液压螺旋压力机

液压螺旋压力机的工作原理与摩擦压力机的工作原理基本相同，只是传动装置是由液压传动代替了机械摩擦传动，因此液压螺旋压力机具有传动效率高的特点。又因液压部件多是由标准液压元件构成，所以螺旋压力机工作能力易于实现大型化。液压螺旋压力机的结构形式有多种，但按传动形式归纳起来主要有液压缸推动式和液压马达式。

1. 液压缸推动式液压螺旋压力机

这种形式的螺旋压力机的执行元件是液压缸、活塞和活塞杆，液压推力推动运动部分产生上下运动，在向下加速行程中积蓄能量，使锻件得到变形能而成形。图 2-35 所示为单螺杆液压缸推动式液压螺旋压力机的结构形式。其动作原理是：当高压液体进入固定于上横梁上的液压缸上腔时，推动活塞并带着与其刚性连接的滑块下行，滑块上固定有螺杆，螺母则固定在上横梁上，通过螺旋副滑块带动螺杆及飞轮加速转动并积蓄能量。在打击锻件之前，液压缸提前卸荷排液，依靠积蓄在飞轮中的能量来打击锻件。打击动作结束后，高压液体进入液压缸下腔，推动滑块回程。

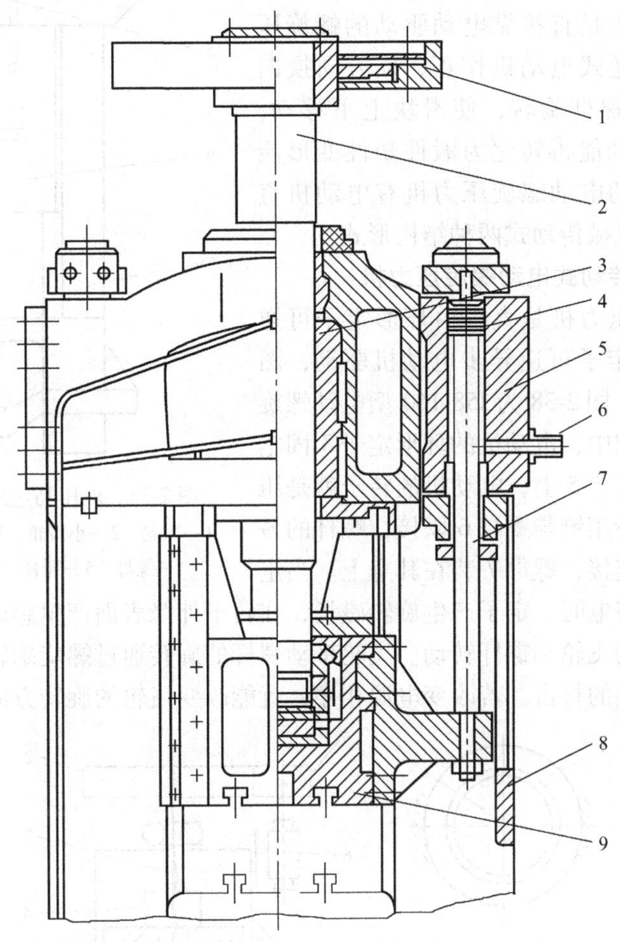

图 2-35　单螺杆液压缸推动式液压螺旋压力机

1—飞轮　2—螺杆　3—螺母　4—活塞　5—液压缸　6—管道　7—活塞杆　8—机身　9—滑块

2. 液压马达式液压螺旋压力机

图 2-36 所示液压马达式液压螺旋压力机的结构形式图。工作开始时，装在上横梁上的轴向柱塞液压马达工作，通过齿轮传动带动与之啮合的大齿轮及飞轮旋转，并积蓄所需要的能量。飞轮与螺杆的上端刚性连接，滑块与螺杆的下端活动连接，螺母固定在上横梁上，通过螺旋副将飞轮的旋转运动转化为滑块的上下直线运动，并将积蓄在飞轮上的能量作用到锻件上。通常液压马达绕飞轮均布 2 ~6 个，其传动效率较高。

由 Moreover 公司设计，德国 Hasenclever 公司制造，安装在瑞典的世界上最大的螺旋压力机就是这种结构的液压马达式液压螺旋压力机。该机公称压力为140000kN，冷击力为315000kN，打击能量为5700kJ，主要用来精锻32～34in（1in＝0.0254m）长的波音喷气发动机叶片，还能铸造各种曲轴、圆盘件、齿轮坯及航天器的大型锻件。

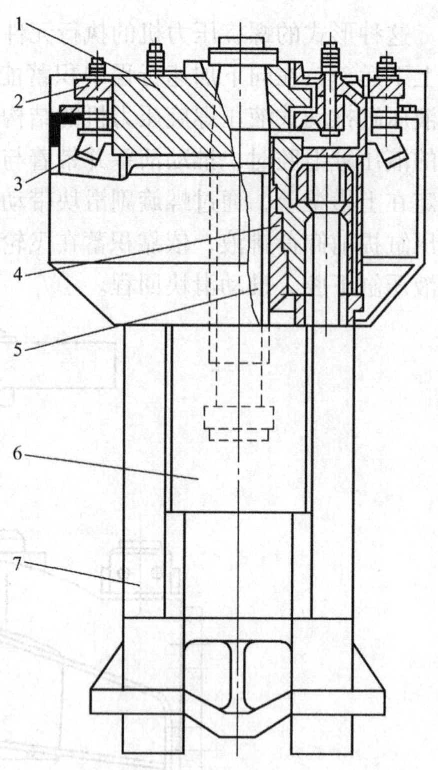

图2-36　液压马达式液压螺旋压力机

1—飞轮　2—小齿轮　3—轴向柱塞液压马达　4—螺母　5—螺杆　6—滑板　7—机身

2.7.8　电动螺旋压力机

电动螺旋压力机是直接靠电动驱动的螺旋压力机。它是利用可逆式电动机作正、反方向换向转动来带动飞轮和螺杆旋转，使滑块上下移动，并完成电能转化为动能再转化为锻件塑性变形能的工作。目前常见的电动螺旋压力机有电动机直接传动式和电动机机械传动式两种结构形式。

1. 电动机直接传动式电动螺旋压力机

这种电动螺旋压力机是直接由环形定子可逆异步电动机或弧形定子可逆异步电动机驱动，图2-37为其结构简图。图2-38为J58-160型电动螺旋压力机结构图。在图中，电动机的环形定子3固定在压力机机架的上横梁5上，电动机的转子就是压力机的飞轮2。飞轮用键与螺杆6联接，螺杆的另一端与滑块8活动连接，螺母7装在其身上。当定子绕组通过三相交流电时，定子产生旋转磁场，在转子外缘表面产生感应电动势和电流，由此产生电磁力矩驱动飞轮和螺杆转动。飞轮带动螺杆的旋转通过螺旋副转变为滑块的往复直线运动，实现对锻件的打击。若改变电源相序，就能改变飞轮的旋转方向。

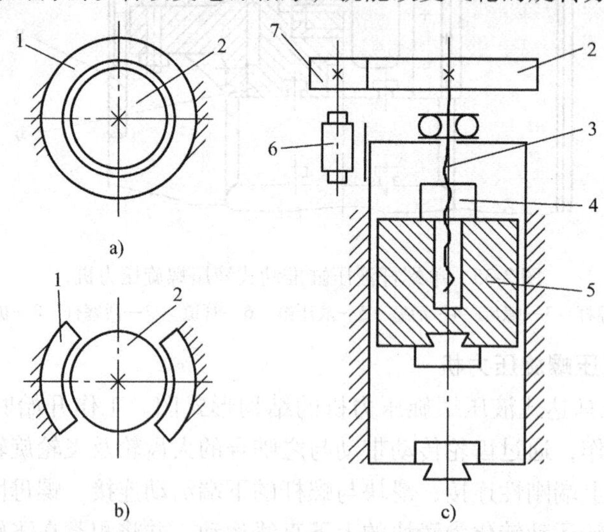

图2-37　电动螺旋压力机结构简图

1—定子　2—飞轮　3—螺杆　4—螺母　5—滑块　6—电动机　7—传动齿轮

这种电动螺旋压力机的优点是采用了实心铁磁体转子，结构简单，紧凑，维修方便，传动效率高，是具有我国特色的电动螺旋压力机。

2. 电动机机械传动式电动螺旋压力机

当电动机功率大于500kW时，就会结构庞大，造价高，在设计压力机时，采用电动机直接传动的固定定子式就有很大困难。所以，通常当电动螺旋压力机的公称压力等于或大于40kN后，多采用电动机机械传动式电动螺旋压力机的结构形式。图2-39所示为电动机-齿轮传动式电动螺旋压力机结构图。由一台或几台可逆异步电动机，通过小齿轮驱动带有大齿圈的飞轮和螺杆旋转，此时飞轮起传动和蓄能的作用。螺母装在滑块上，螺杆通过轴承挂在上横梁上，当螺杆旋转时，螺母带动滑块作上下直线运动。为保证大能量和大刚度，又不致有过大的冷击力，飞轮上一般设置摩擦过载安全装置。

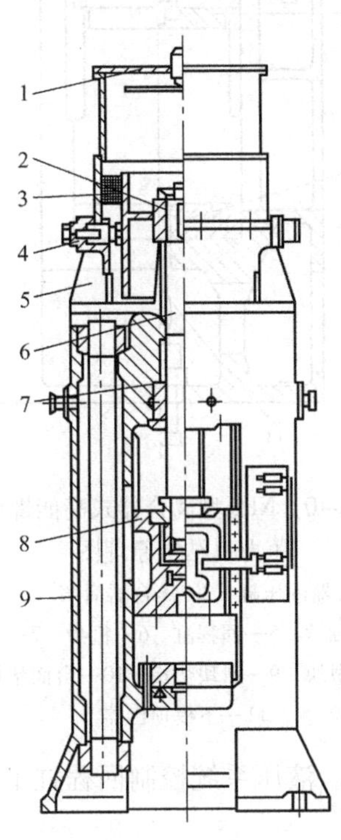

图2-38 J58-160型电动螺旋压力机结构图

1—动机风扇 2—飞轮（转子） 3—环形定子 4—制动器 5—上横梁 6—螺杆 7—螺母 8—滑块 9—立柱

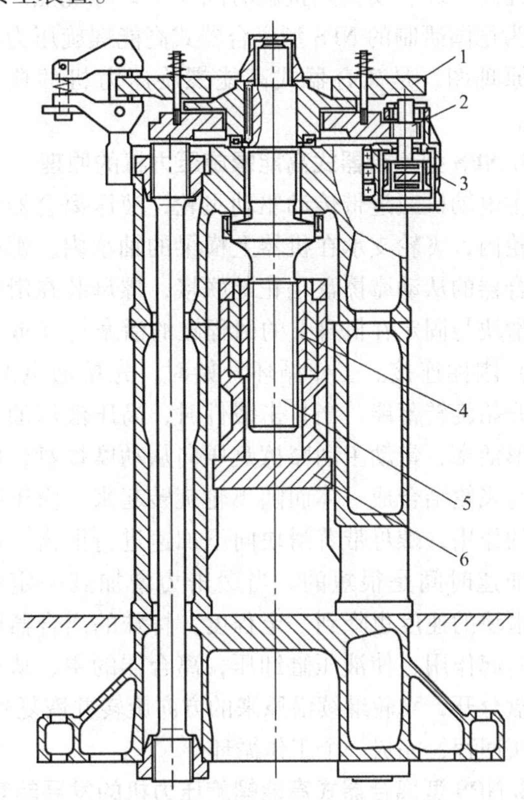

图2-39 电动机-齿轮传动式电动螺旋压力机结构图

1—飞轮 2—小齿轮 3—电动机 4—螺母 5—螺杆 6—滑块

2.7.9 离合器式高能螺旋压力机

由于上述三类螺旋压力机都采用螺杆与飞轮固定连接的结构，所以必定带来一些问题：①当滑块需要空程上下时，螺杆和飞轮一起由静止状态开始加速，加速质量大，时间长，加速行程占滑块总行程的比例大，使得滑块行程次数受到限制；②对于摩擦盘式和电动式螺旋压力机螺杆与飞轮整体的每一个工作循环运动都将频繁受到电流冲击，起动电流峰值过大。因此人们开始致力于研究新型螺旋压力机。

离合器式高能螺旋压力机就是综合了前三类螺旋压力机的优缺点，在20世纪70年代的德国首先发展了新型螺旋压力机。

这种螺旋压力机具有机械压力机的传动方式，有些像曲柄压力机，其根本区别在于飞轮的工作方式。这种螺旋压力机与传统螺旋压力机相比，总的机械效率提高1/3，生产率提高一倍以上，具有多工位锻造能力。与热模锻压力机相比，具有打击力易于控制、设备不超载、有效打击行程长、锻造精度可提高一级、模具热接触时间少1/2等优点。图2-40为德国研制的NPS型离合器式高能螺旋压力机结构原理图，是离合器式高能螺旋压力机的典型形式。

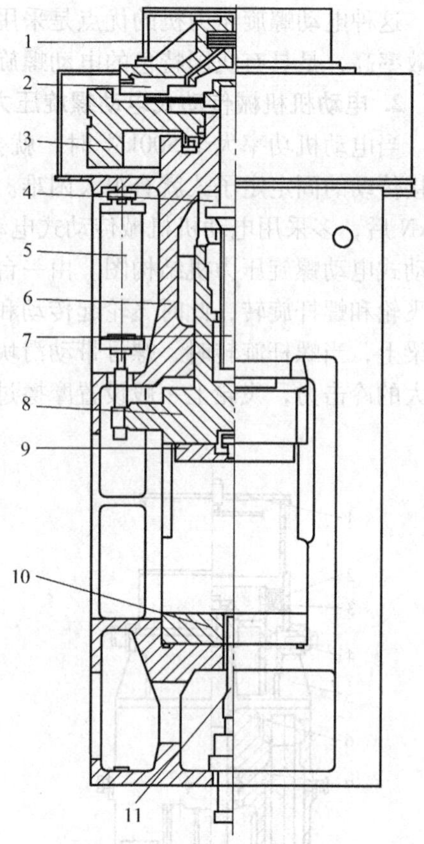

图2-40　NPS型离合器式高能螺旋压力机结构原理图

1—离合器液压缸　2—离合器活塞　3—飞轮　4—推力轴承　5—回程缸　6—机身　7—主螺杆　8—滑块　9—滑块垫板　10—台面垫板　11—下模顶出器

1. NPS型离合器式高能螺旋压力机的原理

主电动机通过带传动驱动飞轮，液压离合器装在飞轮内，飞轮支承在机器上横梁的轴承内，螺杆与离合器的从动摩擦盘用花键联接，螺母装在滑块内，滑块与固定在机身上的回程缸的活塞杆（或柱塞杆）刚性连接。工作循环开始时，先接通电源，飞轮开始旋转蓄能。当打击锻件时，高压液压油推动环形活塞，带动主动摩擦盘压向从动摩擦盘，使螺杆与飞轮结合成一体而随飞轮旋转起来，由于螺旋副的作用，螺母带着滑块向下加速进行锻击，此时的加速时间是很短的。当锻击力增加到一定程度，滑块的速度也降到一定程度，特殊的离合器脱开机构起作用，使液压缸卸压，离合器的主、从动摩擦盘分开，飞轮继续沿原来的方向旋转并恢复到初始速度。液压系统控制回程缸工作，驱动滑块回程，完成一个工作循环。

2. NPS型离合器式高能螺旋压力机的发展趋势

这种离合器式高能螺旋压力机在原理上兼备锻锤、热模锻和曲柄压力及上述三种螺旋压力机的优点；在结构上与电动螺旋压力机、液压螺旋压力机相似。通过采用计算机与比例液压阀控制的离合器，控制飞轮与螺杆的结合与脱开，具有控制灵活、工作安全、性能优越等特点，故被称为高能螺旋压力机，并被认为较有发展前途。

目前，德国的Eumuco-Hasen-Clever、Siempelkamp、Beche等公司可向用户提供4～112MN的全系列离合器式高能螺旋压力机。其中Eumuco-Hasen-Clever公司于1995年向我国提供了一台112MN的此型压力机，1998年向美国提供了一台90MN的此型压力机。2010年7月，无锡透平叶片厂安装了一台由德国SMS MEER公司生产的350MN的离合器式螺旋压力机，这是当今世界上最大的离合器式螺旋压力机。由于性能突出，离合器式高能螺旋压力机已被欧美国家普遍认可。我国在20世纪80年代开始开发这种设备，现在已能够自行设计

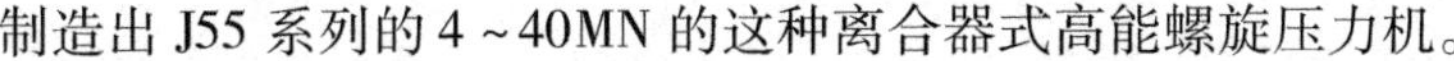

制造出 J55 系列的 4～40MN 的这种离合器式高能螺旋压力机。

从生产能力上讲，25～40MN 的离合器式高能螺旋压力机相当于 50～63MN 的热模锻压力机，或 3～5t 以上的模铸锤。而 25MN 的离合器式高能螺旋压力机的国产价格约为 700 万元人民币，远低于 50MN 的热模锻压力机的价格。同相应的锻锤相比，它又节能、节材、无污染，基础简单，锻件质量高，模具寿命高。所以，从综合性能比较可以看出，随着我国加入 WTO、综合国力的增强以及对模锻件需求的日益增加，给离合器式高能螺旋压力机的发展带来更大的机会，有可能给我国淘汰耗能大、污染大、振动大、噪声大、劳动条件恶劣、基础笨重的锻锤带来希望。

思 考 题

1. 对比蒸汽-空气模锻锤与液压模锻锤的优缺点。
2. 锻锤的打击特性有哪些？
3. 为什么要进行蒸汽-空气锤动力头改造？
4. 螺旋压力机打击能量由哪两部分组成，打击后又转换为哪几部分能量？
5. 组合飞轮与整体飞轮相比有什么优点？

第3章 液压机

3.1 液压机概述

液压机是一种利用液体压力能来工作的机器，自19世纪问世以来，各种类型的液压机迅速发展，成为塑性成形生产中应用最广的设备之一。其产品广泛地应用于航空航天、汽车、造船、能源、轻工、电子、国防、原材料、化工等行业，有力地促进了各行各业的发展和进步。

3.1.1 液压机的工作原理

液压机是根据静态下液体压力等值传递的帕斯卡原理制成的。如图3-1所示，在一个充满液体的连通器里，一端装有面积为A_1的小柱塞，另一端装有面积为A_2的大柱塞。柱塞和连通器之间设有密封装置，使得连通器内部形成一个完全密封的空间，液体不会外泄。当在小柱塞上施加一个外力F_1时，作用在液体上的单位压力为$p=F_1/A_1$。根据帕斯卡原理，这个单位压力p将以不变的数值传递到液体的每一个质点，并且其作用方向垂直于作用面。这样在连通器另一端的大柱塞上作用着垂直于其底面的单位压力p，使其产生向上的推力$F_2=pA_2$。

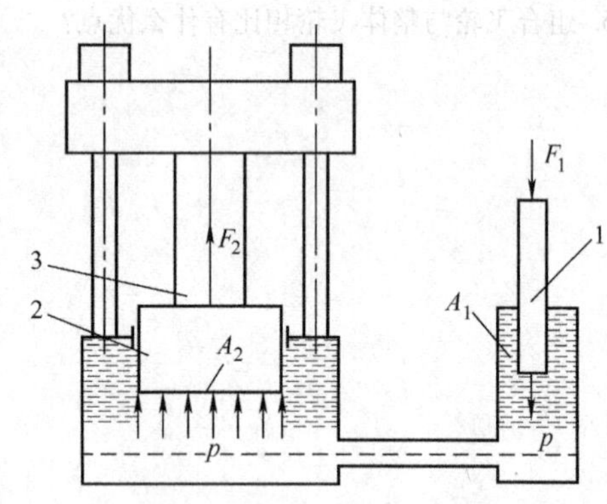

图3-1 液压机的工作原理

1—小柱塞 2—大柱塞 3—工件

因此，在小柱塞面积A_1和外力F_1不变的情况下，只要增加大柱塞的面积，就可以在大柱塞上获得一个很大的力F_2。在液压机里，小柱塞相当于液压泵中的柱塞，大柱塞就是液压机中工作缸的柱塞，所以液压机是一种利用液体压力能来工作的机器。

3.1.2 液压机的特点

液压机是静压作用的机器，靠液体静压力使工件变形，这是与其他锻压设备（如曲柄压力机、锻锤、螺旋压力机）的基本不同点，具有以下优点：

1）容易获得大的工作压力和较大的工作行程，便于压制大型工件或较长、较高的工件，这是其最突出的优点。由于采用了液压传动，可以适当加大柱塞的直径或采用多缸联合工作的方式来获得大的工作压力。液压机本体没有庞大的机械传动机构，其液压缸可根据操作要求来布置，容易获得较大的工作行程和工作空间。

2）可在全行程的任意位置产生液压机额定的最大工作压力，在工作行程的任意位置都

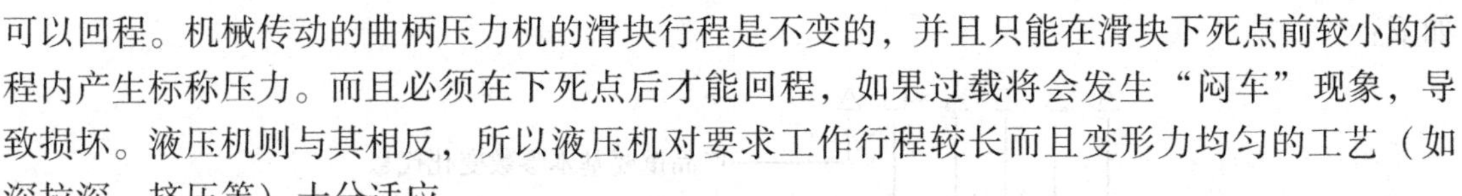

可以回程。机械传动的曲柄压力机的滑块行程是不变的，并且只能在滑块下死点前较小的行程内产生标称压力。而且必须在下死点后才能回程，如果过载将会发生“闷车”现象，导致损坏。液压机则与其相反，所以液压机对要求工作行程较长而且变形力均匀的工艺（如深拉深、挤压等）十分适应。

3）工作压力可以调整，可以实现保压，并可防止过载。例如，有三个工作缸的液压机可以很容易地获得三级不同的工作压力。将高压液体通入中间工作缸得到第一级压力；通入两侧工作缸得到第二级压力；三个工作缸同时通入高压液体就得到第三级压力。还可根据要求通过调压装置调整液体压力。

4）调速方便，通过调整通入工作缸液体的流量，可以实现各种行程速度。例如：实现空程下降和回程时高速，工作行程时慢速，而且这种调速是无级的。

5）可以用不同阀的组合来实现工艺过程的不同程序，方便地适应程序的变化，便于实现程序控制及计算机自动控制。

6）液压机工作平稳，撞击、振动和噪声都较小，有利于改善工人的劳动强度和工作条件。

由于上述优点，液压机得到了广泛应用。除了用于大型锻件的锻造、拉深、剪切、挤压等工序外，还应用于塑料压型、层压板、粉末冶金、废金属处理、棉花打包等工序。

液压机采用液体作为工作介质，也存在着以下缺点：

1）液压机采用液体作为工作介质（液压油、机械油或乳化液），因而对液压元件的精度和密封条件要求较高。另外，不可避免的泄漏会带来环境的污染。

2）液压机的工作速度较其他锻压设备低。由于液体流动时会产生较大的阻力损失，当液压机高速运动时，这种损失就更为明显，所以液压机的最高工作速度受到限制。但近年来随着大功率高速、高压液压泵的出现，液压机的快速性得到了提高。

3.1.3 液压机的分类与型号

作为锻压设备的一类，液压机采用国家行业标准规定的锻压机械型号，液压机的类型代号为大写字母Y。

按用途不同，液压机分为十个组别（根据国家行业标准JB/T 9965—1999）。

（1）手动液压机　用于一般压制、压装等工艺。

（2）锻造液压机　用于自由锻、钢锭开坯及金属模锻。

（3）冲压液压机　用于各种薄板、厚板的冲压。

（4）一般用途液压机　用于各种工艺，通常称为万能（通用）液压机。

（5）校正压装液压机　用于零件的校正及装配。

（6）层压液压机　用于胶合板、刨花板、纤维板及绝缘材料板的压制。

（7）挤压液压机　用于挤压各种有色及黑色金属材料。

（8）压制液压机　用于各种粉末制品的压制成形，如粉末冶金、人造金刚石、耐火材料的压制。

（9）打包、压块液压机　用于将金属碎屑及废料压成块。

（10）其他液压机　包括轮轴压装、冲孔等专门用途的液压机。

按标准的规定，液压机的型号用相应的大写拼音字母和阿拉伯数字来表示，表示方法如下：

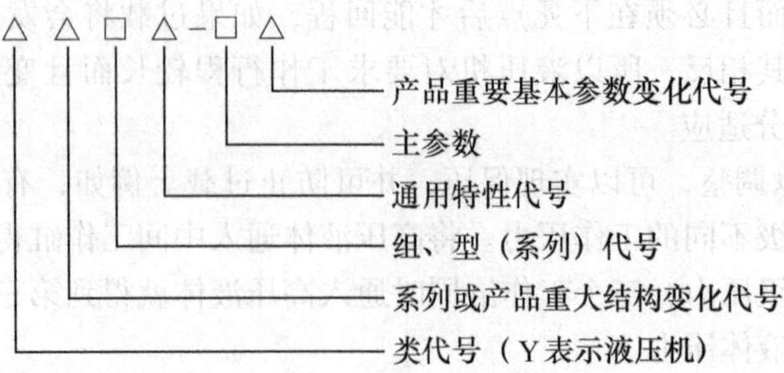

其中通用特性代号见表3-1。

表3-1 通用特性代号

通用特性	自动	数控	液压	气动	高速	精密
字母代号	Z	K	Y	Q	G	M

按工作介质可以将液压机分为两种：采用乳化水液作为工作介质的称为水压机，其标称压力一般在 10000kN 以上；用油作为工作介质的称为油压机，其标称压力一般小于10000kN，但近来制造的几台大吨位的自由锻液压机也采用油作为工作介质，如上海重型机器厂制造的16500 t 自由锻造油压机。

3.1.4 液压机的典型结构

从机架组成方式，可将液压机分为梁柱式、框架式、单臂式等几种典型结构。机架是液压机的一个重要基本部件，工作时要承受全部的工作载荷，液压机的其他零部件也都安装在机架上，形成一个整体。同时，活动横梁的运动以机架为导向。因此，机身必须有足够的刚度、强度和精度，应便于安装、调整、使用和维修。

1. 三梁四柱式结构

三梁四柱式是液压机中最常用的一种结构形式，广泛用于各种用途的液压机中。如图3-2所示，由上横梁3、下横梁8、四个立柱4组成框架式结构。工作缸1固定在上横梁3上，工作缸柱塞2与活动横梁5相连接。活动横梁以四根立柱4为导向，在上、下横梁之间往复运动。上活动横梁下面和下横梁8的工作台上面分别固定有上砧6和下砧7。当高压液体进入工作缸后，液体压力推动柱塞、活动横梁及上砧向下运动，使工件在上、下砧之间产生塑性变形。回程缸

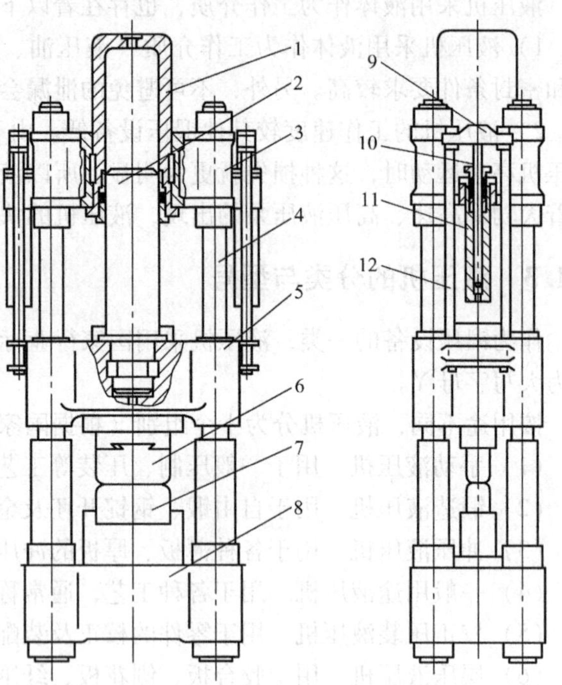

图3-2 三梁四柱式液压机本体图

1—工作缸 2—工作缸柱塞 3—上横梁 4—立柱
5—活动横梁 6—上砧 7—下砧 8—下横梁
9—小横梁 10—回程柱塞 11—回程缸 12—拉杆

11 固定于上横梁 3 的两侧，回程时，高压液体进入回程缸，推动回程柱塞 10 向上运动，通过顶部小横梁 9 及拉杆 12，带动活动横梁实现回程运动。

（1）立柱　立柱是机架的重要支承件和主要受力件，又是活动横梁的导向件，因此，对立柱有较高的强度、刚度和精度要求。立柱所用材料、结构尺寸、制造质量及其与横梁之间的连接方式、预紧程度等因素，都对液压机的工作性能甚至使用寿命有着很大的影响。

立柱常用 35 钢、45 钢、40Cr、20MnV、20MnSiMo 等材料制成。中小型液压机（2.5 万 kN 以下）的立柱多做成实心的，两端钻出预紧用的加热孔，大型液压机（3 万 kN 以上）的立柱可做成空心的。从立柱螺纹到导向部分应圆滑过渡，导向部分的表面粗糙度 Ra 应在 0.8μm 以下，并有足够的几何形状精度和表面硬度。

对三梁四柱式液压机，其机架的刚度主要取决于立柱与上、下横梁的连接刚度。立柱与上、下横梁的连接形式如图 3-3 所示。其中图 3-3a 为双螺母式（内外螺母式），图 3-3b、图 3-3c 为锥台式，图 3-3d、图 3-3e 为锥套式。双螺母式的每根立柱靠四个内外螺母与上、下横梁紧固连接在一起，该种结构形式的立柱加工、安装与维修都较为方便，因此采用得较普遍。但由于液压机经常处于反复加载的情况，因而螺母易松动，如不及时紧固，机架在加载及卸载时会剧烈晃动，易造成立柱折断。锥台式的立柱两个外螺母及立柱上的锥台和上、下横梁连接，刚性好，可防止横梁与立柱间发生相对水平位移，但锥台加工困难，两锥台间的距离难以保证，装配后机器不能调整，安装、预紧、维修也不方便。锥套式用分开的锥形套来代替内螺母或下锥台，可以消除或减轻立柱上的应力集中，并可消除立柱与横梁之间的间隙，便于调整对中，但反复加载时锥套也会松动，影响机架的刚度。

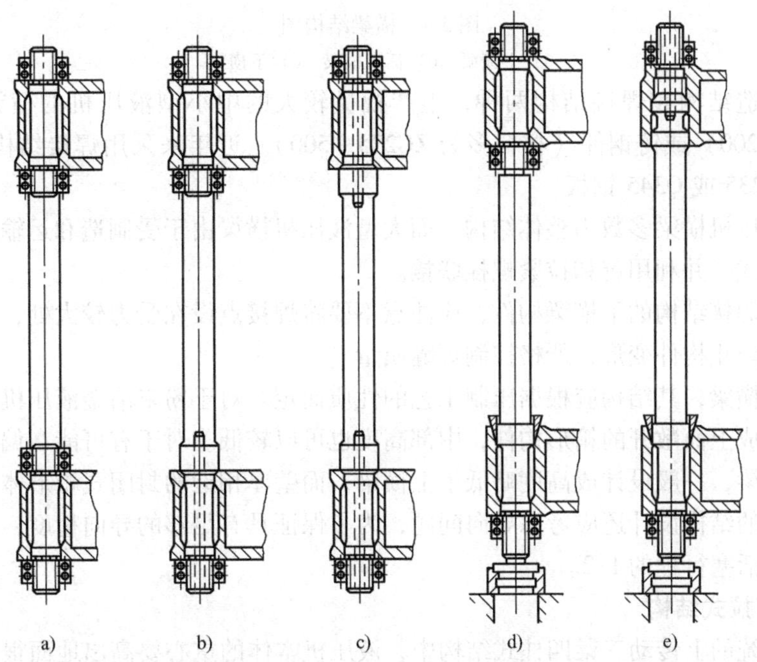

图 3-3　立柱连接形式

（2）横梁　横梁包括上横梁、活动横梁（或称滑块）和下横梁（或称底座），是液压机的重要部件。由于横梁的轮廓尺寸很大，为了节约金属和减轻重量，一般都做成空心箱形结构，中间加设肋板，承载大的地方肋板较密，以提高刚度，降低局部应力。肋板一般按方格形或辐射形分布，在安装各种缸、柱塞（或活塞）及立柱的地方做成圆筒形，以使其环形支承面的刚度尽可能一致，并用肋板与外壁之间相互连接起来。图 3-4 所示为液压机的横梁结构。

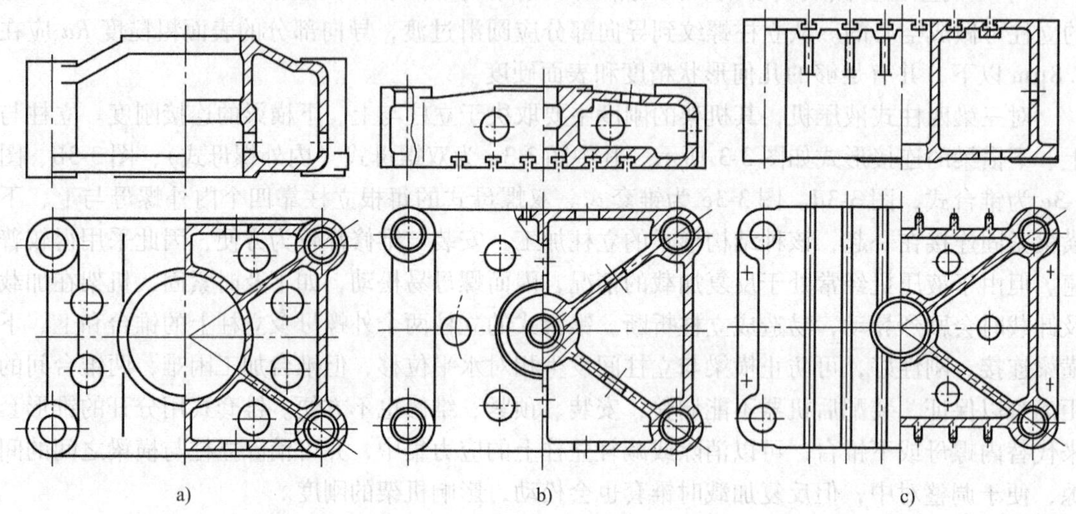

图 3-4　横梁结构图

a）上横梁　b）活动横梁　c）下横梁

横梁有铸造结构和焊接结构两种，生产批量较大的中小型液压机的横梁多为铸铁件（材料多为 HT200）或铸钢件（材料多为 ZG275—500）。近年来采用焊接结构的日渐增多，材料一般为 Q235 或 Q345 钢板。

中小型液压机横梁多数为整体结构，而大型液压机横梁由于受制造和运输能力的限制往往设计成组合式，并利用键和拉紧螺栓联接。

采用钢板焊接结构的下横梁构件，应注意不要将焊接点设在受力较大处，焊缝宜对称布置，焊接时应防止构件变形，严格控制焊缝质量。

对于活动横梁，其结构应根据压制工艺的性质而定。对于粉末冶金液压机，只承受压应力，故可设计成上面敞开的箱形构件，中部高度也可以较低。对于有可能在偏心载荷条件下工作的活动横梁，一般设计成高度略低于上横梁，而壁厚相近的封闭式箱形体。

活动横梁的结构设计还应考虑导向问题，为了保证具有足够的导向精度，一般导向部分高度不应小于活塞行程的 1/2。

2. 双柱下拉式结构

在上述传统的上传动三梁四柱式结构中，液压机本体的重心要高出地面很多，稳定性较差。近年来，中小型锻造液压机锻造速度已可达 80～100 次/min，如仍用上述结构，快速锻造时，本体晃动很大。

20 世纪 60 年代开始，出现下拉式（下传动）结构，如图 3-5 所示，它由两根立柱及上、下横梁组成一个可动的封闭式框架，工作缸安装在下横梁上，也随框架一起运动，而工作柱塞则固定在不动的固定梁上。固定梁上还装有立柱的导套和回程缸，立柱按对角线布置。下拉式结构的优点主要有以下几点。

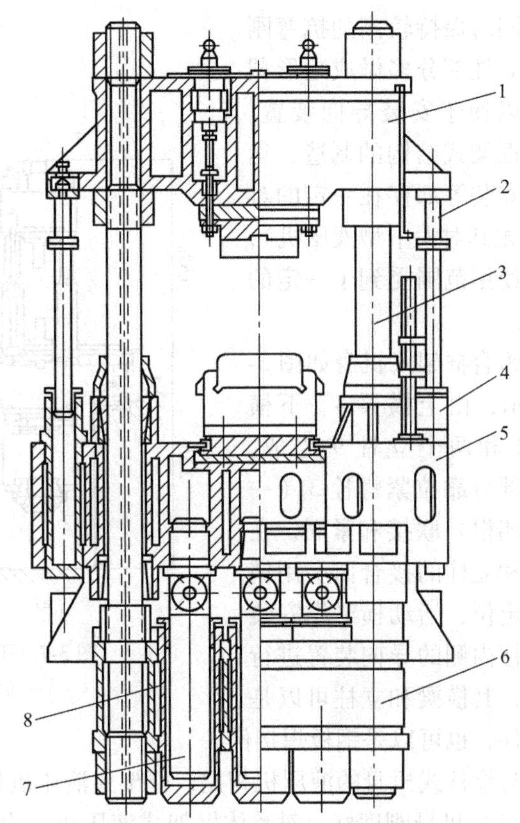

图3-5 双柱下拉式锻造液压机

1—上横梁 2—回程柱塞 3—立柱 4—回程缸 5—固定梁 6—下横梁 7—工作柱塞 8—工作缸

1）压机重心低，几乎与地面处于同一高度，因此稳定性好。从图3-6可以明显看出，在偏心载荷作用下，当下拉式结构机架变形很大时，重心S仍在原位（图3-6a），而在上传动结构中，在偏载作用下，重心S偏移很多，从而引起机架的严重晃动（图3-6b）。

2）工作缸在地面以下，地面上几乎没有什么管道，当用油作为工作介质时，不易着火，比较安全。管道连接处不受压机晃动或机架变形的影响，不易损坏。

3）上横梁宽度不决定于工作缸外径，因此上横梁可设计得较窄，便于操作。

4）立柱按对角线布置，在纵横两个方向上可布置活动工作台及横向移砧装置，操作工人有较宽广的工作视野，压机辅助工具也有较大的工作空间。

5）压机地面上高度小，可安装在高度较低的车间里（图3-7）。

由于下拉式结构具有较多的优点，因此在中小型液压机中得到迅速推广。下拉式结构也有地下工程量大、运动部分质量大，惯性大等缺点。

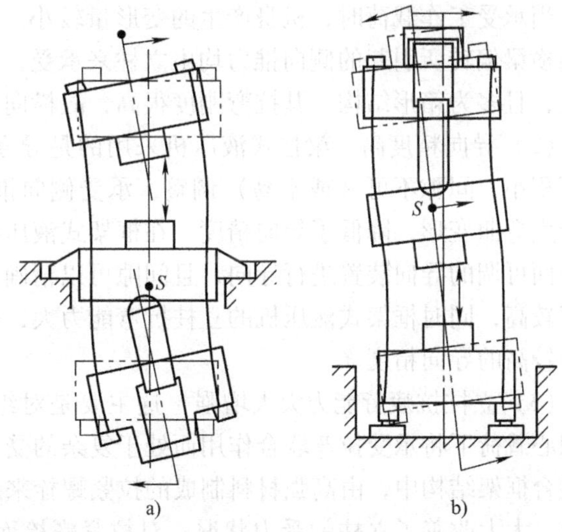

图3-6 下拉式与上传动结构在偏心载荷时的变形比较

a）下拉式结构 b）上传动结构

3. 框架式结构

框架式结构是液压机机身结构的另一种形式，广泛应用于薄板冲压、塑料制品、粉末冶金等液压机中。框架式结构可分为整体框架式和组合框架式两大类。

整体框架式机身将上、下横梁及两个立柱做成一个整体（铸造或焊接）。其截面一般做成空心箱形结构，这样可以在减轻重量的同时保持较高的抗弯刚度，立柱部分多做成矩形截面，以便于安装导向装置。整体框架式结构的制造、运输、安装等都存在一定的难度（尤其对大中型液压机），因此使用范围受到了一定的限制。

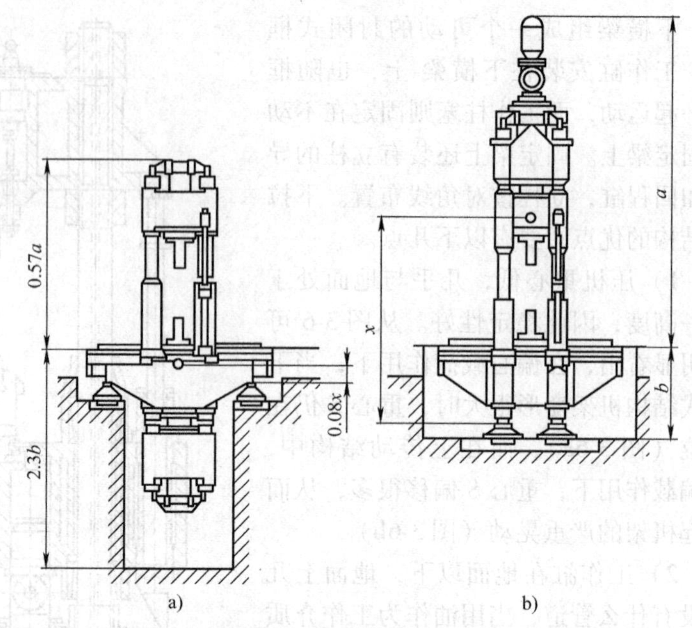

图 3-7　下拉式与上传动结构高度尺寸的比较
a）下拉式结构　b）上传动结构

组合框架式机身如图 3-8 所示，由上横梁 4、下横梁 12 和两个立柱 9 组成，这几部分靠拉紧螺栓 3（一般是四根）联接和紧固，在横梁和立柱的接合面上用销或键定位，活动横梁靠安装在立柱内侧的导向装置进行导向，其横梁和立柱可以是铸钢件，也可以是钢板焊接件。

与梁柱式机身的液压机相比，框架式液压机具有如下特点：

（1）机身刚度好　对整体框架式液压机，由于将上、下横梁与立柱直接铸或焊为一个整体，取消了螺纹联接，彻底避免了在长期载荷作用下螺母会松动的缺陷，同时在设计时一般均选用较小的许用应力以限制机身的变形，保证了机架具有较高的刚度。

对组合框架式液压机，由于机身采用了预应力结构，且拉杆与立柱的横截面积之和较大，当承受工作载荷时，机身产生的变形量较小。另一方面，当活动横梁受到偏心载荷时，活动横梁偏转所引起的侧向推力均由立柱来承受，拉杆不受弯矩作用，由于立柱的横向尺寸较大，且多为箱形结构，其抗弯刚度很高，故横向推力不会使立柱产生大的弯曲变形。

（2）导向精度高　梁柱式液压机采用的是导套导向，由于导套与立柱只是线接触，接触面积小，间隙不可（或不易）调整，承受侧向推力的能力差，而且当机器受偏载时立柱会产生弯曲变形，降低了导向精度。在框架式液压机中，活动横梁的运动是靠安装在机身上的平面可调的导向装置进行导向，且间隙可以精确调整，大大提高了抗侧推力的能力，导向精度较高，同时框架式液压机的立柱抗弯能力大，受侧推力作用时的弯曲变形小，也有利于保持较高的导向精度。

（3）立柱抗疲劳能力大大增强　这主要是对组合框架式而言，在梁柱式结构中，立柱在偏心载荷下将承受拉弯联合作用而处于复杂的受力状态，其应力循环为脉动循环方式。而在组合框架结构中，由高强材料制成的拉紧螺栓来承受拉力和由空心立柱来承受弯矩及轴向压力，大大改善了立柱的受力状况。对拉紧螺栓而言，虽然承受较高的应力，但应力波动小，且其截面形状无急剧变化，不会产生大的应力集中；对柱套而言，主要承受压力和弯矩，抗弯刚度较大，且二者均处于平均应力较高但应力波动小的非对称应力循环状态，因此大大提高了机身的抗疲劳性能。

框架式结构的缺点是制造成本较梁柱式高，使用操作不如梁柱式方便。

4. 单臂式结构

单臂式结构是液压机的又一结构形式，主要应用于小型锻造液压机、冲压液压机和校正压装液压机中。单臂式液压机的机架一般是整体铸钢或钢板焊接结构，类似于开式机械压力机的机身。单臂式液压机结构较简单，造价也较低，工作时可以从三个方向接近模具区，具有较大的自由工作空间，装模、调整、操作及送料都较为方便，适合于长度或宽度很大的中厚板矫直、弯曲、成形、弯边等工序，操作方便。

图 3-9 所示是 5000kN 单臂锻造液压机的本体结构简图，这是一种柱塞不动工作缸运动的结构，柱塞 1 固定在横梁 2 上，横梁 2 用四根拉杆 3 与机架 9 相连，而工作缸 6 可在机架 9 的导向装置 8 中作上、下往复运动，两个回程缸 7 固定在机架 9 的两侧，回程柱塞 5 通过活动横梁 4 与工作缸连接在一起，当液体沿柱塞上的孔进入工作缸而回程缸又排液时，工作缸则下行进行工作，当高压液体进入回程缸而工作缸又排液时，工作缸则向上运动，活动横梁实现回程。

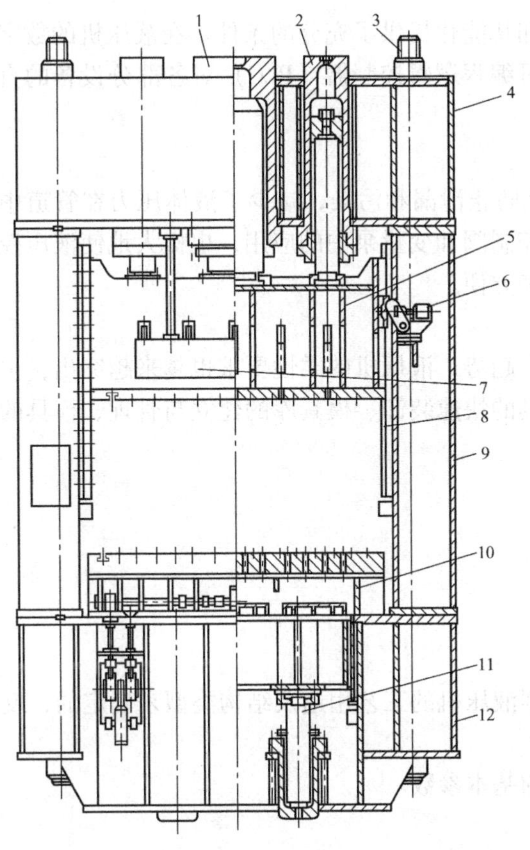

图 3-8 组合框架式机身

1—缸 2—侧缸 3—拉紧螺栓 4—上横梁 5—活动横梁 6—活动横梁保险装置 7—液压打料装置 8—导轨 9—立柱 10—活动工作台 11—顶出装置 12—下横梁

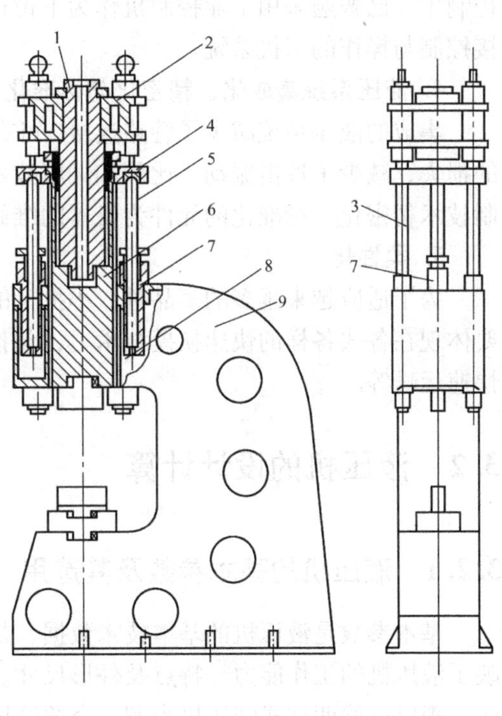

图 3-9 5000kN 单臂锻造液压机的本体结构简图

1—工作柱塞 2—横梁 3—拉杆 4—活动横梁 5—回程柱塞 6—工作缸 7—回程缸 8—导向装置 9—机架

在单臂冲压液压机上除了垂直方向上的工作缸外，往往在水平方向上还有辅助缸，下部则装有顶出器，这些缸由液压系统单独控制，以便工作时可以根据工艺要求进行工作，有时还在机架上装备有单梁悬臂电葫芦等起重设备以便于操作。

单臂式结构的缺点是整个机身的刚性较差，受力时会产生角变形，且机身上无导轨，活动横梁的运动只能靠工作缸的导套进行导向，运动精度较差，有时为了保证机身有足够的强度和刚度，结构上做得比较笨重。

3.1.5 液压机的发展趋势

1. 高速化、高效化、低能耗

高生产率不仅体现在设备本身的高速化，更主要体现在辅助工序的自动化与高效率，把辅助工序占用主机的机动时间减到最少。

2. 机电液一体化

充分合理利用机械和电子方面的先进技术促进整个液压系统的完善。

3. 自动化、智能化

微电子技术的高速发展为液压机的自动化和智能化提供了充分的条件。在液压机的数字控制中，已普遍采用工业控制机作为上位机，可编程逻辑控制器（PLC）对各部分设备的直接控制与操作的双机系统。

4. 液压系统集成化、精密化与标准化

集成的液压系统减少了管路连接，可有效地防止泄漏和污染，减少了液体压力在管道中的损失，减少了冲击振动。比例和伺服技术在控制阀和变量泵中的应用，也极大地使液压控制技术精密化。标准化的元件为机器的维修带来方便。

5. 柔性化

为了适应越来越多的多品种、小批量的生产趋势，液压机的柔性要求也越来越突出，主要体现在各式各样的快速换模技术上，包括模具的快速装卸、模具库的建立与管理、模具的快速运送等。

3.2 液压机的设计计算

3.2.1 液压机的基本参数及其选用

基本参数是液压机的基本技术数据，是根据液压机的工艺用途及结构类型来确定的，反映了液压机的工作能力、特点及外形尺寸。

现以三梁四柱式液压机为例，介绍液压机的基本参数。

1. 标称压力 F（kN）

标称压力是液压机的主参数，它反映了液压机的主要工作能力，是液压机名义上能产生的最大压力，数值上等于工作柱塞总工作面积与液体压力的乘积（取整数）。为了充分利用设备和节约能源，大中型液压机中常将标称压力分为二到三级，以扩大液压机的工艺范围。

我国液压机的标称压力标准采用公比为 $\sqrt[5]{10}$ 和 $\sqrt[10]{10}$ 的系列，如 3150kN、4000kN、5000kN、6300kN、8000kN、10000 kN 等。

2. 最大净空距（开口高度）***H***（mm）

最大净空距 H 是指活动横梁在上限位置时从工作台上表面到活动横梁下表面的距离（图 3-10）。反映了液压高度方向上工作空间的大小，应根据模具（工具）及垫板高度、工作行程大小以及放入取出工件所需空间的大小等工艺因素来确定。最大净空距对液压机的总高、立柱的长度、液压机的稳定性及安装都有很大的影响。

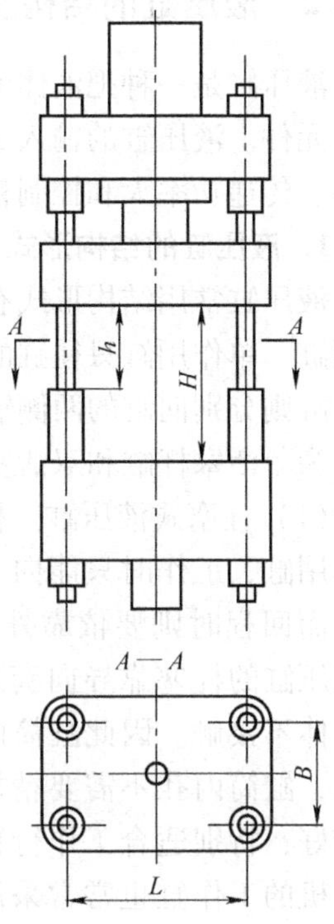

图 3-10　液压机基本参数

单臂式液压机的最大净空距为工作缸的下平面至工作台上表面的距离。

3. 最大行程 ***h***（mm）

最大行程 h 指活动横梁位于上限位置时活动横梁导套的下平面到立柱限程套上平面的距离，也就是活动横梁能移动的最大距离（图 3-10）。最大行程应根据工件成形所要求的最大工作高度来确定，它直接影响工作缸、回程缸及其柱塞的长度以及整个机身的高度。

4. 立柱中心距 ***L* × *B***（mm × mm）

立柱中心距反映了液压机平面尺寸上工作空间的大小，在四柱式液压机中，立柱宽边中心距为 L，窄边中心距为 B（图 3-10）。其中宽边中心距应根据工件及模具（工具）的宽度来确定，立柱窄边中心距应考虑更换或安装工具和模具、涂抹润滑剂等工艺操作的要求。

5. 回程力（kN）

计算回程力时，应考虑液压机活动部分的重量、回程时工艺上所需的力量（拔模力等）、工作缸排液阻力、各缸密封处的摩擦力和活动横梁导套之间的摩擦力等因素。

6. 允许最大偏心距 ***e***（mm）

允许最大偏心距反映了液压机的抗偏载能力，是指工艺力接近或等于标称压力时所允许的最大偏心值。

7. 活动横梁的运动速度（mm/s）

活动横梁的运动速度分为工作行程速度及空程速度两种。应根据不同的工艺要求来确定工作行程速度。锻造液压机要求的工作速度较高，可达 50 ~ 150mm/s，而在有些工艺中，液压机的工作速度甚至低于 1mm/s。空程速度一般较高，以节省辅助时间，提高生产率。但如果速度太快，会在停止或换向时引起冲击和振动。

8. 移动工作台的尺寸及行程（mm）

在锻造、模锻及冲压液压机中往往设置移动工作台。它的尺寸（长 l × 宽 b）取决于模具（工具）的平面尺寸，其移动的行程则与更换模具（工具）及工艺操作方式有关。

9. 顶出力

有些液压机（如模锻和冲压液压机）在下横梁底部装有顶出缸，以顶出工件或在拉深时产生压边力。顶出缸的顶出力及行程应由工艺要求来确定。

3.2.2 液压缸的结构及设计计算

液压缸是一种把液体的压力能转换成机械能，主要用来驱动工作机构作直线运动的液压执行元件。液压缸的输入量是油液的压力和流量，输出量是力和速度，具有结构简单、工作可靠、传递功率大和控制精度高等特点，在液压系统中得到了广泛应用。

1. 液压缸的结构形式

液压缸常用结构形式有柱塞式和活塞式两大类。液压缸按供油方式可分为单作用缸和双作用缸。单作用缸只往缸的一侧输入压力油，活塞仅作单向运动，靠外力使活塞杆返回；双作用缸则分别向缸的两侧输入压力油，活塞的正反向运动均靠液压力来完成。按活塞杆形式可分为单活塞杆缸和双活塞杆缸等。

（1）柱塞式液压缸　柱塞式液压缸是一种单作用缸，工作时只能向一个方向输出力和速度，而回程时则要依靠外力（图3-11）。柱塞式液压缸的柱塞靠导向套来导向，工作时柱塞与缸体不接触。因此缸筒内壁与柱塞没有配合要求，缸筒内孔不需要精加工。这种缸的工艺性较好，特别适合工作行程较长的场合，大型液压机的工作缸也常常采用柱塞缸，这时配有专门的回油缸。

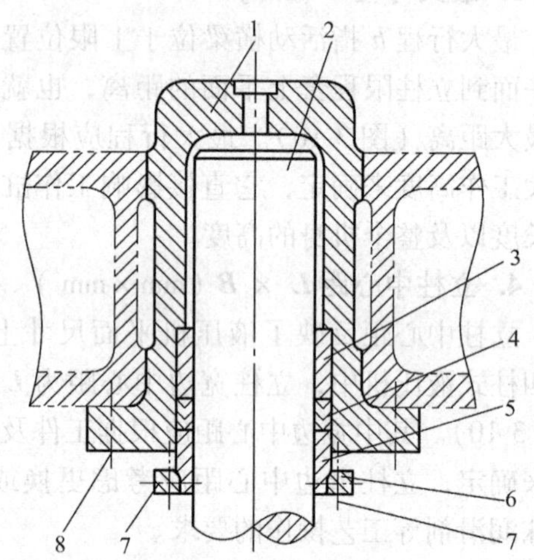

图3-11　柱塞式液压缸

1—缸体　2—柱塞　3—导向套　4—密封装置　5—密封压紧装置　6—压盖　7—压盖螺栓　8—固定螺栓

（2）活塞式液压缸　如图3-12所示，活塞式液压缸是双作用缸，活塞7把缸体分为活塞腔和活塞杆腔，对不同的腔通高压油可实现活塞的进给和回程。在运动时，除了活塞杆1导向外，活塞沿缸内壁滑动，也有导向作用，因此导向性能好。但是活塞沿缸体内壁运动，缸体内表面在全长上均需加工，精度及粗糙度要求较高，结构比较复杂，因此不适用于直径大、行程长的液压机，多用在顶出缸和其他辅助机构及中小型油压机。

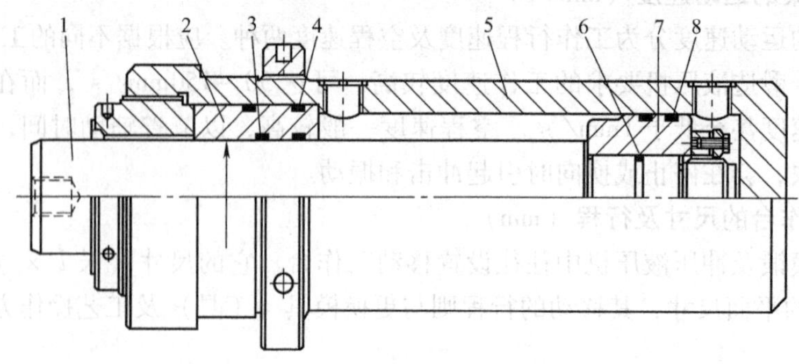

图3-12　活塞式液压缸

1—活塞杆　2—导向套　3、8—动密封圈　4、6—静密封圈　5—缸体　7—活塞

2. 液压缸的固定与支承方式

(1) 法兰支承及固定　如图3-11所示，液压缸靠法兰上的一圈螺栓8固定在横梁上，缸体法兰的环形上表面与横梁配合。工作时，通过法兰与横梁的环形接触面将反作用力传给横梁。这种结构由缸体法兰部分传力，在法兰到缸外壁的过渡处存在应力集中，易疲劳破坏，因此过渡圆角应取大值。法兰支承及固定多用于大、中型水压机。

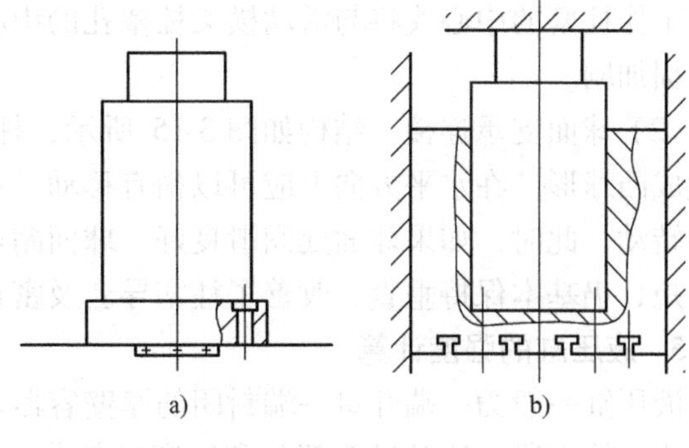

图3-13　缸底支承固定

(2) 缸底支承固定　如图3-13a所示，缸底支承固定结构中液压缸的作用力通过缸底传到横梁上，改善了缸的受力情况，不需要法兰部分，消除了该部分的应力集中，并且减小了缸体毛坯尺寸，便于制造，但液压机高度有较大增加，缸底与横梁的接触面情况不易检查。柱塞（或活塞杆）固定，液压缸倒装于横梁内，与横梁（滑块）一起运动的情况也属于缸底支承，如图3-13b所示。

3. 柱塞和活塞

柱塞在导向铜套中往复运动，承受偏心载荷时还会发生倾斜，因此柱塞表面必须具有足够的硬度（不低于45HRC）及低的表面粗糙度值，以免过早磨损或表面被拉出沟槽及拉毛而导致损坏。柱塞表面拉坏后，会直接影响密封寿命，引起高压液体的泄漏，甚至每隔半月就必须换一次密封，严重影响生产。柱塞一般用锻钢或铸钢制成，柱塞常用的材料有45或50钢。小的柱塞可采用冷硬铸铁，对于大尺寸柱塞，也可分段锻造后再用电渣焊焊接而成。

活塞与液压缸内壁采用精度比较高的间隙配合，活塞表面硬度不能太大，以免在相对滑动时损伤液压缸内表面，但活塞又属于传力零件，必须有一定的强度，可用35或45钢，也可用耐磨铸铁、灰铸铁、球墨铸铁以及铝合金等。活塞杆可以做成实心或空心的，实心活塞杆强度较好，制造简单，空心活塞杆有时采用无缝钢管，重量轻，节约材料。

4. 工作柱塞与活动横梁的连接形式

(1) 刚性连接　结构如图3-14所示，柱塞下端插入活动横梁内，柱塞与活动横梁的配合为H9/f9，上面用压盖及螺栓固定。在偏心加载时，刚性连接的柱塞随活动横梁一起倾斜，使导向铜套承受侧向水平推力或一对力偶，加剧导向铜套及密封的磨损。单缸液压机及三缸液压机的中间工作缸多采用此种结构。刚性

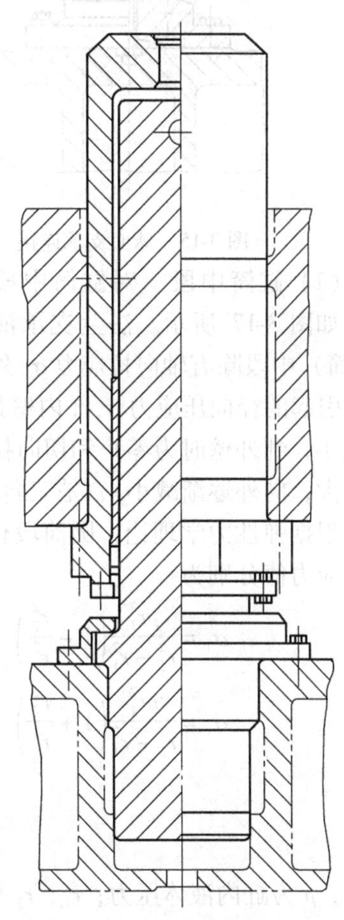
图3-14　液压缸与横梁刚性连接

连接时，上横梁和活动横梁的中心孔加工精度要求高，应处在立柱中心距的中间位置，否则，工作柱塞的中心线将与活动横梁柱塞孔的中心线不重合，会使工作缸导向套及立柱导套的磨损加剧。

（2）球面支承连接　结构如图 3-15 所示，柱塞支承于活动横梁的球面座上，球面座一般做成凸球形，在水平方向上应可以稍有移动。在偏心锻造时，活动横梁在偏心力矩作用下倾斜转动，此时，如果球面处润滑良好，球面副可以相对滑动，则柱塞只传递轴向压力及摩擦力矩，仍基本保持垂直，改善了柱塞导套及密封的磨损情况。

5. 液压缸的强度计算

液压缸一般为一端开口一端封闭的厚壁容器。根据实际受力情况和理论分析，可把液压缸分成缸筒中段、法兰过渡部分和缸底三部分，如图 3-16 所示。其中，缸筒中段可按厚壁圆筒的公式计算。

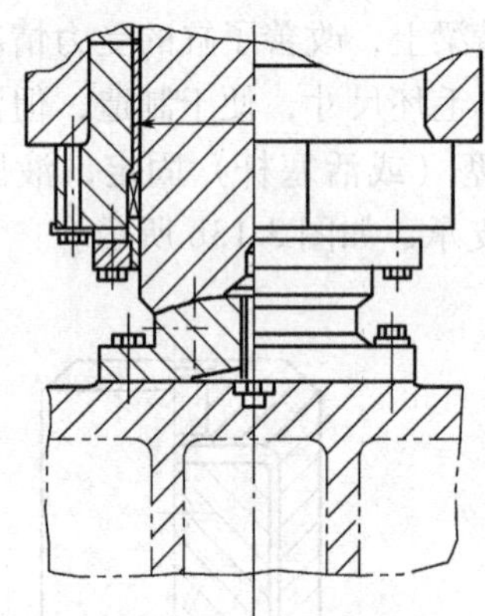
图 3-15　球面支承连接

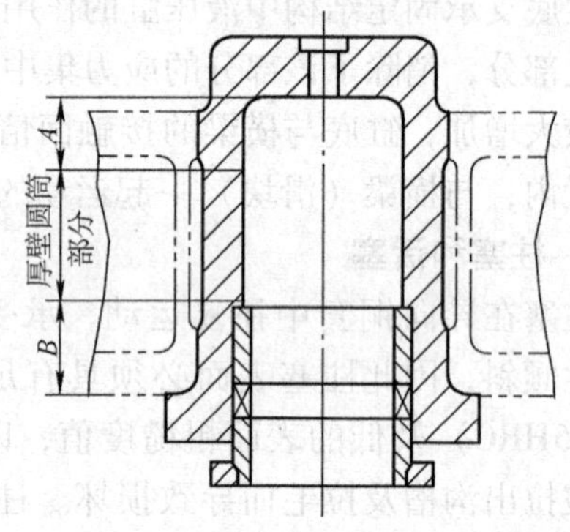

图 3-16　液压缸结构

（1）缸筒中段　对缸筒中段进行受力分析，如图 3-17 所示。法兰支承液压缸的缸筒（圆筒）中段除有轴向拉应力 σ_z 外，还有由内压 p 引起的径向压应力 σ_r（内壁最大，向外逐渐减小，到外壁时为零）和切向拉应力 σ_t（内壁最大，向外逐渐减小），是三向应力状态。

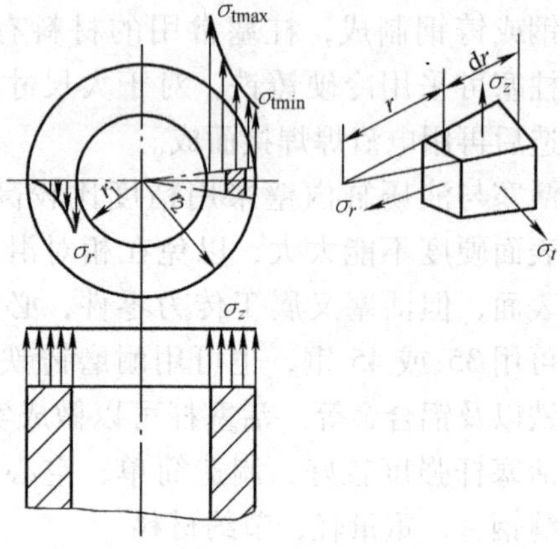

图 3-17　缸的圆筒部分应力图

根据弹性力学理论，圆筒段任意一点的三向主应力值分别为

$$\sigma_r = \frac{pr_1^2}{r_2^2 - r_1^2}\left(1 - \frac{r_2^2}{r^2}\right) \tag{3-1}$$

$$\sigma_t = \frac{pr_1^2}{r_2^2 - r_1^2}\left(1 + \frac{r_2^2}{r^2}\right) \tag{3-2}$$

$$\sigma_z = \frac{pr_1^2}{r_2^2 - r_1^2} \tag{3-3}$$

式中，p 为缸内液体压力；r_1、r_2 分别为缸的内、外半径；r 为所求应力点位置的半径。

根据式（3-1）、式（3-2）及式（3-3）所计算出的应力值与实测结果很接近。最大应力

出现在缸内壁，强度核算时，采用 Von Mises（米塞斯）屈服准则，当量应力为

$$\sigma=\sqrt{\frac{1}{2}\left[(\sigma_z-\sigma_t)^2+(\sigma_t-\sigma_r)^2+(\sigma_r-\sigma_z)^2\right]} \tag{3-4}$$

最大应力点出现在圆筒内壁，将 $r=r_1$ 代入式（3-1）及式（3-2），可得出圆筒内壁处的 σ_r 及 σ_t，然后连同式（3-3）代入式（3-4），化简后，可得出发生于缸内壁的最大合成当量应力为

$$\sigma_{\max}=\frac{\sqrt{3}r_2^2}{r_2^2-r_1^2}p\leqslant[\sigma] \tag{3-5}$$

如已知缸的内半径 r_1 及材料许用应力 $[\sigma]$，由式（3-5）可导出计算液压缸外半径 r_2 的公式

$$r_2=r_1\sqrt{\frac{[\sigma]}{[\sigma]-\sqrt{3}p}} \tag{3-6}$$

缸底支承的液压缸中 $\sigma_z=0$，其内壁最大合成当量应力为

$$\sigma_{\max}=\frac{\sqrt{3r_2^4+r_1^4}}{r_2^2-r_1^2}p\leqslant[\sigma] \tag{3-7}$$

以上各式中的许用应力 $[\sigma]=\dfrac{\sigma_s}{n_s}$，$\sigma_s$ 为材料的屈服极限；n_s 为安全系数，可取为 2~2.5。

（2）法兰过渡部分　这部分指从法兰上表面至长度 $1.5r_2$ 范围内的缸体（图 3-16 中的 B 部分）。由于法兰与横梁接触的环形面积上有支承反力 F 作用（图 3-18a），从而在这部分引起很大的弯曲应力，在过渡区圆弧处，断面形状变化急剧，产生应力集中。

法兰部分的应力分析方法有多种，现介绍常用的一种分析方法。

假设横梁对法兰圆环面上的支承反力均匀分布，将液压缸沿 $A—A$ 截面（图 3-18a）切开，并以内力 F_τ（剪力）、M（弯矩）及 F_N（轴向力）来代替被切开部分的相互作用（图 3-18b）。M、F_τ、F_N 均为单位圆周长度上的内力，M 和 F_τ 是待定的未知内力素，F_N 则可以从静力平衡条件求出。

由于缸体和法兰的几何形状以及所受载荷的轴对称性，可以把缸体圆筒部分沿母线（纵向）切出单位宽度的长条来进行分析，如图 3-19 所示。

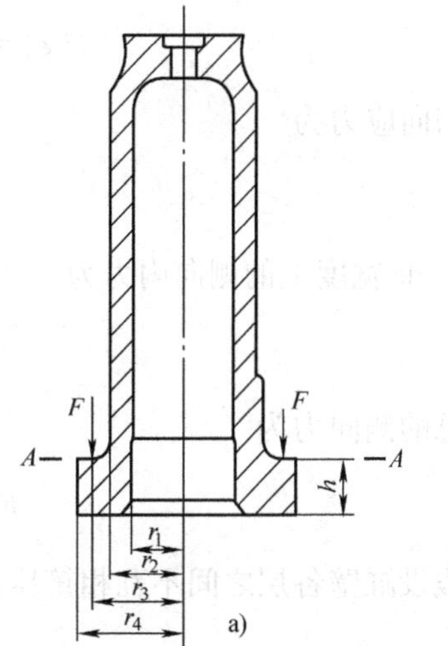

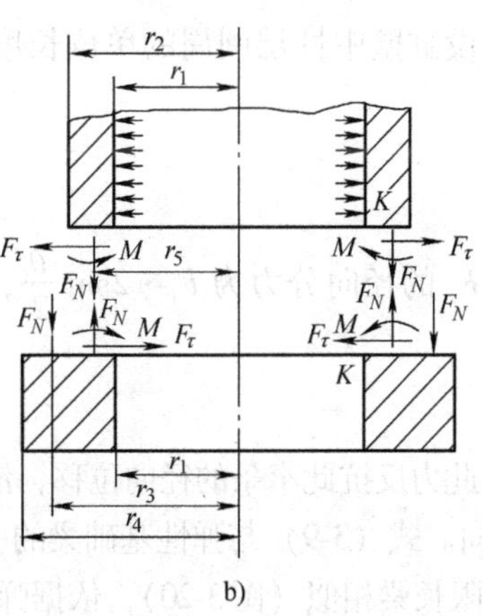

图 3-18　液压缸法兰受力情况
a）液压缸法兰受力简图　b）切开后法兰受力情况

设圆筒上任一点的径向位移为 y，由圆心向外为正，

则当此长条受弯曲后，如其径向位移为 $-y$（半径缩小），则在其圆周上的切向应变 ε_t 为

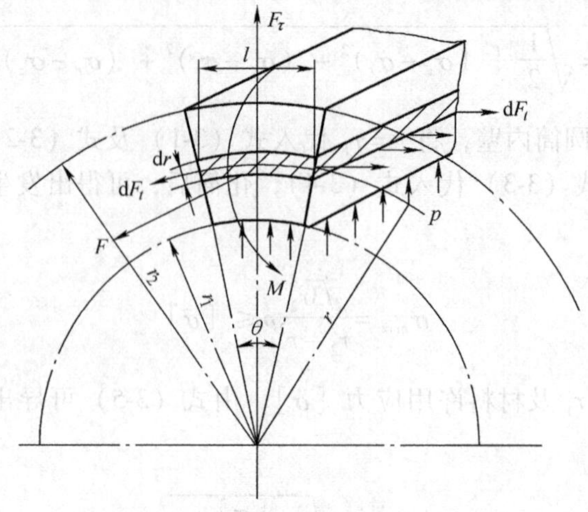

图 3-19　缸体单位宽度长条受力情况

$$\varepsilon_t = \frac{2\pi\ (r-y)\ -2\pi r}{2\pi r} = \frac{y}{r}$$

切向应力为

$$\sigma_t = K\varepsilon_t = -K\frac{y}{r}$$

在 $\mathrm{d}r$ 宽度上的侧向内力为

$$\mathrm{d}F_t = -K\frac{y}{r}\mathrm{d}r$$

总的侧向力为

$$F_t = \int_{r_1}^{r_2}\mathrm{d}F_t = -K\int_{r_1}^{r_2} y\frac{\mathrm{d}r}{r}$$

假设缸壁各层之间不互相挤压，则 y 在整个壁厚上为常数，因此，有

$$F_t = -Ky\ln\frac{r_2}{r_1} \tag{3-8}$$

设缸壁中性层圆周的单位长度上所对应的圆心角为 θ，则

$$\theta = \frac{1}{\dfrac{r_1+r_2}{2}} = \frac{2}{r_1+r_2}$$

F_t 的径向分力为 $F_t\cdot 2\sin\dfrac{\theta}{2}$，当 θ 角很小时，则 $F_t\cdot 2\sin\dfrac{\theta}{2}\approx F_t\theta$，则分力为

$$F_t\theta = -\frac{2}{r_1+r_2}K\left(\ln\frac{r_2}{r_1}\right)y \tag{3-9}$$

此力反抗此窄条的径向位移，沿窄条长度方向分布，且与径向位移（挠度）y 成正比，但与 y 反向。式（3-9）与弹性基础梁的一般公式 $q=-ky$ 具有相同的形式，故其受力与弹性基础上的半无限长梁相似（图 3-20），依据弹性力学对半无限长梁的分析得出其挠度公式为

$$y = \frac{\mathrm{e}^{-\beta x}}{2\beta^3 KI_z}\left[F'_\tau\cos\beta x - \beta M'\ (\cos\beta x - \sin\beta x)\right] \tag{3-10}$$

式中，y 为梁上某点的挠度；x 为该点距半无限长梁端部之距离；β 为和梁的弯曲刚度及基础系数 k 有关的系数；KI_z 为梁的弯曲刚度；F'_τ、M' 分别为梁端部作用的剪力和弯矩。

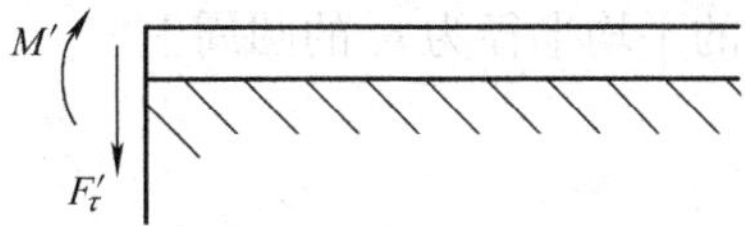

图 3-20 弹性基础上的半无限长梁

上述窄条变形时要受到邻近窄条的影响，因此它的弯曲变形和薄板的弯曲相似，应在上式中引入薄板的弯曲刚度 D 来代替 KI_z，D 的表达式为

$$D=\frac{K\delta^3}{12\ (1-\mu^2)} \tag{3-11}$$

式中，δ 为薄板厚度，此处为缸壁厚 $\delta = r_2 - r_1$；μ 为材料的泊松比。

所以

$$y=\frac{e^{-\beta x}}{2\beta^3 D}\left[F_t\cos\beta x-\beta M\ (\cos\beta x-\sin\beta x)\right] \tag{3-12}$$

式（3-12）中 β 为与梁的弯曲刚度及与基础系数有关的量，在弹性基础上的半无限长梁中 $\beta=\sqrt[4]{\frac{k}{4KI_z}}$，在液压缸中 $\beta=\sqrt[4]{\frac{k}{4D}}$，对照式 $q=-ky$ 与式（3-9），得 $k=\frac{2}{r_1+r_2}K\ln\frac{r_2}{r_1}$，所以，有

$$\beta=\sqrt[4]{\frac{6\ (1-\mu^2)}{(r_2+r_1)\ (r_2-r_1)^3}\ln\frac{r_2}{r_1}} \tag{3-13}$$

根据式（3-11）、式（3-12）及式（3-13）即可求出在内力 F_τ 及 M 作用下缸壁任一点的挠度 y_c 和转角 α_c。

被切开的法兰为一圆环，受均匀分布的力偶扭转，在扭转时，每一截面在其本身的平面内转过同一角度 θ，θ 为

$$\theta=\frac{12M_tR_a}{Kh^3\ln\frac{r_4}{r_1}} \tag{3-14}$$

式中，R_a 为圆环截面中心连线的半径，对于液压缸法兰，$R_a=\frac{1}{2}\ (r_4+r_1)$，如图 3-18b 所示；$M_t$ 为圆环截面中心连线单位长度上的扭转力矩；h 为圆环高度，此处为法兰高度；r_1、r_4 为圆环内、外半径，此处为法兰内、外半径。

根据以上分析，可分别求出缸体圆筒上 K 点及法兰上 K 点（图 3-18b）的转角 α_c 及 α_F，挠度（径向位移）y_c 及 y_F，根据变形谐调条件有

$$\alpha_c=\alpha_F \tag{3-15}$$

$$y_c=y_F \tag{3-16}$$

这四个量均为未知力素 M 及 F_τ 的函数，从而可解出 M 值及 F_τ 值。

为了简化计算，作以下假设，如图 3-21 所示。

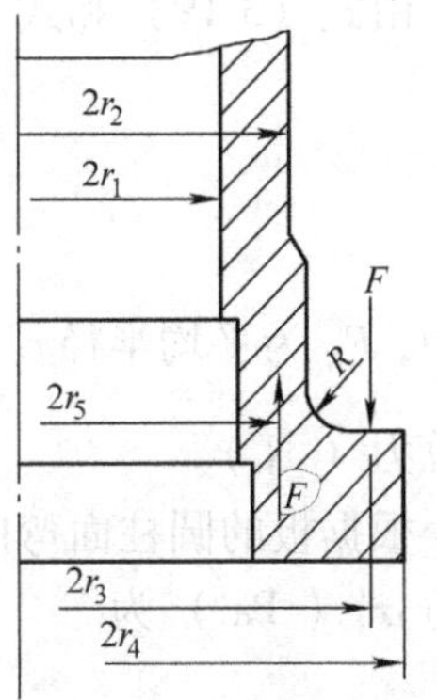

图 3-21 液压缸的简化计算图

1）假设横梁的支承反作用力为一圈集中力，作用在法兰接

触面的平均半径为 r_3 的圆周上。

$$r_3 = \frac{1}{2}(r_4 + r_2 + R) \tag{3-17}$$

式中，R 为法兰处过渡圆弧半径。

2）缸壁的内力 F 作用在缸壁的平均半径 r_5 上，$r_5 = \frac{1}{2}(r_1 + r_2)$。

3）不考虑内压 p 的作用下缸壁及法兰的径向位移。

4）由于法兰径向刚度很大，因此在 K 点由于剪力及力偶引起的径向位移忽略不计。

由上述假设

$$y_c = y_F = 0$$

对于缸体而言，由于 K 点为弹性基础梁的端点，在 K 点 $x=0$，代入式（3-12）得

$$y_{c(x=0)} = \frac{1}{2\beta^3 D}(F_\tau - \beta M) = 0$$

所以

$$F_\tau = \beta M \tag{3-18}$$

在 K 点缸体圆筒的截面转角为

$$\alpha_c = \left(\frac{dy}{dx}\right)_{x=0} = \frac{1}{2\beta^2 D}(2\beta M - F_\tau) = \frac{6(1-\mu^2)}{\beta\delta^3 K}M \tag{3-19}$$

为了求出法兰在 K 点截面的转角，应先求出式（3-14）中的 M_t。由图 3-18 可知，M_t 由 F_N、M 及 F_τ 引起，但 F_N、M 及 F_τ 为作用在以 $\frac{1}{2}(r_2 + r_1)$ 为半径的单位圆周长度上的力素，应将它们换算到以 $\frac{1}{2}(r_4 + r_1)$ 为半径的单位圆周长度上，因此有

$$M_t = \left[F_N\left(r_3 - \frac{r_2 + r_1}{2}\right) - M - F_\tau \frac{h}{2}\right]\frac{\frac{1}{2}(r_2 + r_1)}{\frac{1}{2}(r_4 + r_1)} = \left[F_N(r_3 - r_5) - \left(1 + \frac{\beta h}{2}\right)M\right]\frac{r_2 + r_1}{r_4 + r_1}$$

代入式（3-14）可得

$$\alpha_F = \theta = \frac{12 r_5}{K h^3 \ln \frac{r_4}{r_1}}\left[F_N(r_3 - r_5) - \left(1 + \frac{\beta h}{2}\right)M\right] \tag{3-20}$$

由式（3-19）和式（3-20）相等可得

$$M = \frac{F_N(r_3 - r_5)}{1 + \frac{\beta h}{2} + \frac{1-\mu^2}{2\beta r_5}\left(\frac{h}{\delta}\right)^3 \ln\frac{r_4}{r_1}} \tag{3-21}$$

式中，F_N 为平均半径 r_5 圆周的单位长度上的轴向力，$F_N = \frac{F_H}{2\pi r_5}$（N/cm）；$F_H$ 为该缸产生的总力（N）。

根据板的圆柱面弯曲理论，在法兰与缸体圆筒连接处外表面处由弯矩 M 产生的轴向拉应力 σ_z'（Pa）为

$$\sigma_z' = \frac{6 \times 10^4 M}{\delta^2} \tag{3-22}$$

由轴向力 F_H 引起的轴向拉应力 σ''_z（Pa）为：

$$\sigma''_z = \frac{10^4 F_H}{\pi(r_2^2 - r_1^2)} \tag{3-23}$$

因此，A—A 截面外表面总的轴向拉应力为

$$\sigma_z = \sigma'_z + \sigma''_z = 10^4\left[\frac{6M}{\delta^2} + \frac{F_H}{\pi(r_2^2 - r_1^2)}\right] \tag{3-24}$$

上述各式中，M 的单位为（N·cm/cm）；r_1、r_2 和 δ 的单位为 cm 。

设计液压缸时，还必须校核法兰与横梁接触面上的挤压强度 σ_g（Pa），σ_g 为

$$\sigma_g = \frac{F_H}{A_h} \times 10^4 \leqslant [\sigma_g] \tag{3-25}$$

式中，A_h 为法兰和横梁的实际环形接触面积（cm^2）；$[\sigma_g]$ 为许用挤压应力（Pa），当横梁为铸钢时，可取为 80MPa 。

（3）缸底部分　如图 3-16 中的 A 所示。常用的平底缸缸底受力情况如图 3-22 所示，缸底可当做周边刚性固定的中心有孔的圆板且受均匀分布载荷作用来考虑，最大弯曲应力发生在圆板的周边，根据 Tresca（屈雷斯加）屈服准则，最大当量应力为

$$\sigma_d = 0.75\frac{pr_1^2}{\varphi t^2} \tag{3-26}$$

式中，p 为缸内液体压力；r_1 为缸内半径；t 为缸底厚度；φ 为缸内因开孔而引入的削弱系数，$\varphi = \frac{r_1 - r_a}{r_1}$，$r_a$ 为缸底进液孔半径。

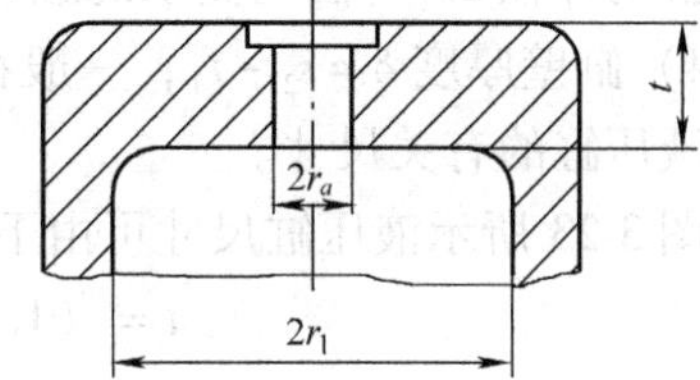

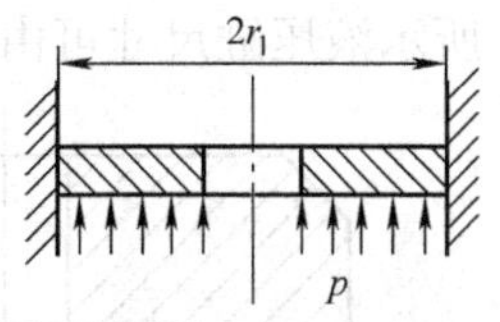

图 3-22　缸底的受力情况

球形底的缸中，缸底厚度可与缸壁厚度相等，或为其 1.2~1.3 倍。球形底的强度计算可以按厚壁球形压力容器来考虑，如球形底的内半径为 r_1，外半径为 r_2，内压力为 p ，当量计算应力为

$$\sigma_d = \frac{1.5r_2^3}{r_2^3 - r_1^3}p = \frac{1.5a^3}{a^3 - 1}p \leqslant [\sigma] \tag{3-27}$$

式中，a 为内外径半径比，$a = r_2/r_1$。对于铸钢，许用应力 $[\sigma]$ 可取为 60~65 MPa 。

（4）液压缸设计步骤

1）根据液压缸应产生的名义总压力 F_H（N）及选定的液体工作压力 p（Pa），可按下式确定柱塞直径 D（cm）

$$D = \sqrt{\frac{4F_H}{\pi p}} \times 10^2 \tag{3-28}$$

所得的 D 值圆整后按表 3-2 选取相近的标准直径。

表 3-2　柱塞标准直径（JB/T 2001.1—1999）　　（单位：mm）

40	45	50	55	60	65	70	75	80	85	90
95	100	110	120	125	130	140	150	160	180	200
220	250	260	280	300	320	360	380	400	420	450
500	520	560	580	630	650	710	730	820	900	920
1000	1100	1200	1280	1420	1500	1600	1800	2000		

该缸实际能产生的最大总压力应按所选的标准直径来计算，并按此值来校核液压机其他零部件。

2）液压缸内径 D_1 为

$$D_1 = D + \Delta \tag{3-29}$$

式中，Δ 为缸内壁与柱塞间在直径上的间隙值，一般锻造液压缸取 10 ~ 15mm，铸钢液压缸取 20 ~ 30mm。

3）如果已知液体压力 p，并确定了液压缸材料的许用应力 $[\sigma]$，则按照式（3-7）可算出缸的外径 $2r_2$（法兰支承的缸）。

4）缸壁厚度 $\delta = r_2 - r_1$，一般在设计时，以缸壁厚度 δ 为参数，根据以下经验公式初步选择液压缸的有关尺寸。

图 3-23 所示液压缸尺寸可由下列经验公式求得，即

$$t = (1.5 \sim 2)\delta,\ h = (1.5 \sim 2)\delta$$

$$R_1 = \frac{1}{8}D_1 = \frac{1}{4}r_1,\ R = (0.15 \sim 0.25)\delta$$

图 3-24 所示液压缸尺寸可由下列经验公式求得，即

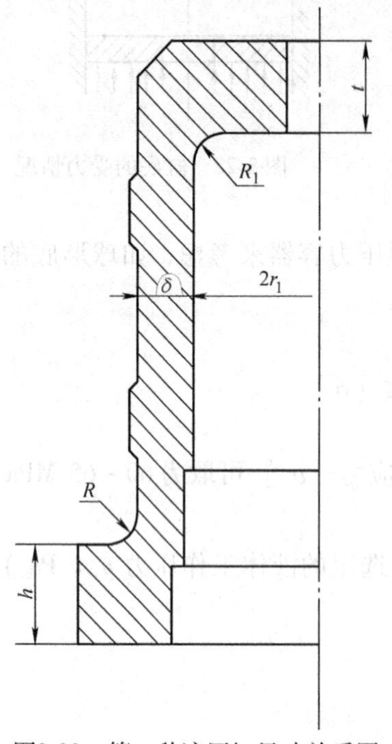

图3-23　第一种液压缸尺寸关系图

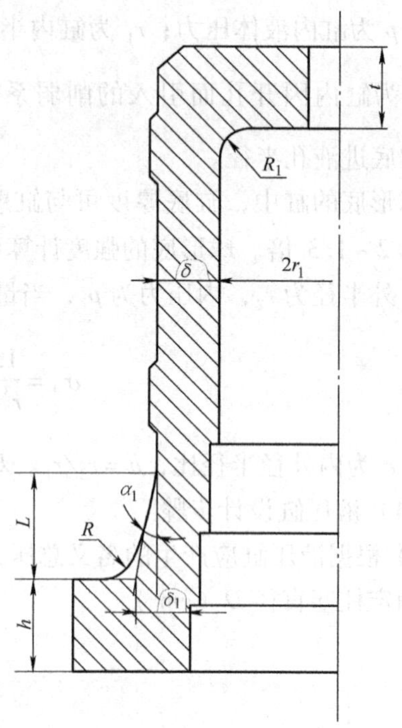

图 3-24　第二种液压缸尺寸关系图

$$t = (1.5 \sim 2)\delta,\ h = (1.5 \sim 2)\delta$$

$$R_1 = 0.4r_1,\ R = 0.15\delta$$

5）进行强度校核。

（5）液压缸工作液体压力及材料的选择　根据我国液压标准，一般常用液体压力为20MPa、25MPa 和 31.5 MPa，常用材料为 35 钢、40 钢及 20MnMoB 等，对于这些材料，[σ] 可取为 110 ~ 150MPa。在设计大吨位小台面液压机时，往往采用超高压，这时应根据 p 与 [σ] 的关系选择相适应的压力和材料，如选用 18MnMoNb，对于截面尺寸在 300 ~ 500mm 范围内的缸进行调质处理时，σ_s 为 450 MPa 左右，[σ] 可用到 180 MPa，相应的液体工作压力可取为 50 MPa。当液体工作压力高到 100 MPa 时，应考虑采用多层热套或钢丝缠绕的预应力结构组合式缸。

6. 柱塞与活塞强度计算

柱塞在承受中心载荷时，只受轴向压力，在承受偏心载荷时，还存在弯矩的作用，应按压弯联合作用来进行强度核算。

（1）与活动横梁刚性连接的实心柱塞（图 3-25）　中心载荷时只承受轴向压力，其横截面上的压应力为

$$\sigma = -p \tag{3-30}$$

式中，p 为液体压力。

偏心载荷时，B—B 截面受压弯联合作用，此截面上的轴向合成应力（Pa）为

$$\sigma_b = \left(-p \pm \frac{M}{W} \times 10^4\right) \leqslant [\sigma] \tag{3-31}$$

式中，M 为 B—B 截面的弯矩（N · cm），可近似取为 $M = F_H e$，其中 F_H 为液压机的总压力（N），e 为最大允许偏心距（cm）；W 为 B—B 截面的截面系数（cm^3）；对于锻钢，[σ] ≤ 150MPa。

在 A—A 截面上，台肩挤压应力校验按下式进行

$$\sigma_g = \frac{d_1^2 p}{D^2 - D_1^2} \leqslant [\sigma_g] \tag{3-32}$$

式中，[σ_g] 为许用挤压应力，取 80 ~ 100MPa。

（2）开口向下的空心柱塞与活动横梁为刚性连接　如图 3-26 所示，开口向下的空心柱塞在中心载荷时为仅承受外压作用的厚壁筒，它的最大应力在内壁，根据 Von Mises 屈服准则，有

$$\sigma_d = \frac{\sqrt{3}p}{1 - k^2} \leqslant [\sigma] \tag{3-33}$$

式中，σ_d 为最大当量应力；k 为空心柱塞内径与外径之比。

偏心载荷时，在压弯联合作用下柱塞外表面的轴向应力（Pa）为

$$\sigma_z = \frac{-pr_2^2}{r_2^2 - r_1^2} \pm \frac{M \times 10^4}{W} \tag{3-34}$$

式中，r_1、r_2 分别为空心柱塞内、外径；M 为偏心锻造时的弯矩，可近似地取为 $M = F_H e$（N · cm）；W 为空心柱塞的截面系数（cm^3）。

柱塞外表面的径向应力 $\sigma_r = -p$，切向应力可按厚壁筒公式计算，最后按 Von Mises 屈服准则算出最大当量应力 σ 。许用应力［σ］可取为［σ］$=\dfrac{\sigma_s}{n_s}$，n_s 取 2 ~ 2.5。

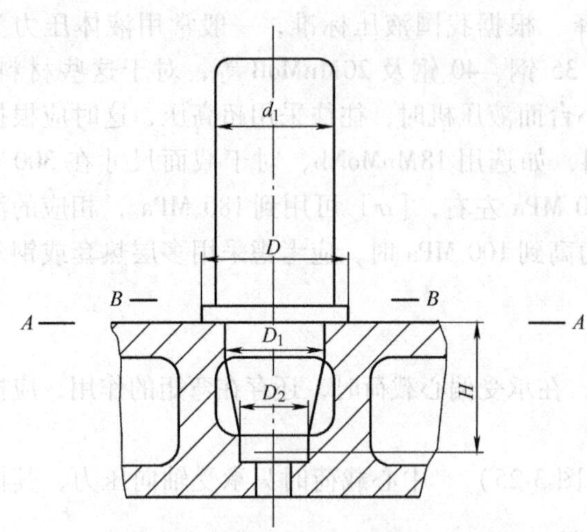

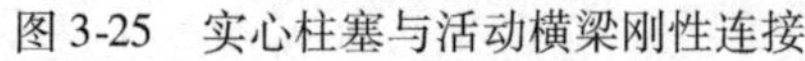
图 3-25　实心柱塞与活动横梁刚性连接

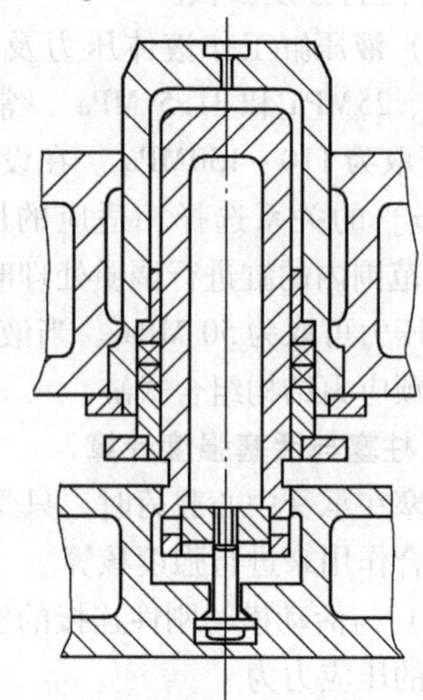
图 3-26　开口向下的空心柱塞与活动横梁刚性连接

3.2.3　液压机的主机结构与力学计算

1. 三梁四柱式

（1）立柱的受力分析　四柱式机架是一个高次超静定的空间框架，结构复杂，求解非常困难。作为工程计算，在进行受力分析时，需采取一些简化假设：

1）由于一般液压机的机架结构对称于中间平面，载荷也对称于中间平面，因此可将空间框架简化为平面框架。

2）立柱与上、下横梁为刚性连接，不考虑安装应力及温度应力。

3）活动横梁的刚性假设为无穷大。

中心载荷的计算。假设上、下横梁的刚度很大，则可忽略上、下横梁变形而施加于立柱的附加弯曲应力，则立柱只承受简单的轴向拉力，其拉应力（MPa）为

$$\sigma_p = \frac{F}{nA} \times 10^{-6} < [\sigma] \tag{3-35}$$

式中，F 为液压机的公称压力（N）；A 为每根立柱的最小截面积（m^2）；n 为立柱的根数；［σ］为许用应力，进行一般计算时，对 45 钢可取为 45 ~ 55MPa，若液压机只受中心载荷，可取为 70 ~ 80MPa。

偏心载荷的计算。液压机工作时，由于模具的不对称，工件变形阻力（加工零件形状不对称或加热不均匀）不对称，工具或工件放置不正等多种因素都可能造成偏载受力状态（图 3-27a）。

根据前述简化假设，将空间机架简化为平面框架，如图 3-27b 所示。在承受偏心载荷时，活动横梁发生倾斜，柱塞（或活塞）随之倾斜压到液压缸导向铜套（或液压缸内壁）上，而活动横梁导套也与立柱接触。

考虑到不同的工艺条件及导套间隙等，补充以下假设：

1）锻件较窄，不妨碍活动横梁转动，因此在锻件处没有侧向水平支反力。

2）两侧立柱导套间隙一样，因此在活动横梁倾斜时，两边立柱均匀受力。

3）各处的作用力及支反力均假定为集中力。

考虑到由于用一个两柱的平面框架来代替原来对称的四柱空间框架，因此载荷取为 $F/2$。载荷的偏心距为 e，活动横梁受到偏心力矩的作用，大小为 $Fe/2$，给液压缸的导套（或液压缸内壁）以侧推力 F_1，两边立柱上的侧推力 $F_1/2$。

$$F_1 = \frac{Fe}{2(Z+Y)h} \tag{3-36}$$

式中，h 为框架的高度，当假设上、下横梁的刚度为无穷大时，h 取为上横梁下表面到下横梁上表面之间的距离；Zh 为缸的导向套受力点（对柱塞式工作缸）或活塞中点（对活塞式工作缸）至上横梁下表面的距离，$Z<1$；Yh 为活动横梁导向套支承反力作用点（导向套中点，视导向套结构而定）到上横梁下表面的距离，$Y<1$。

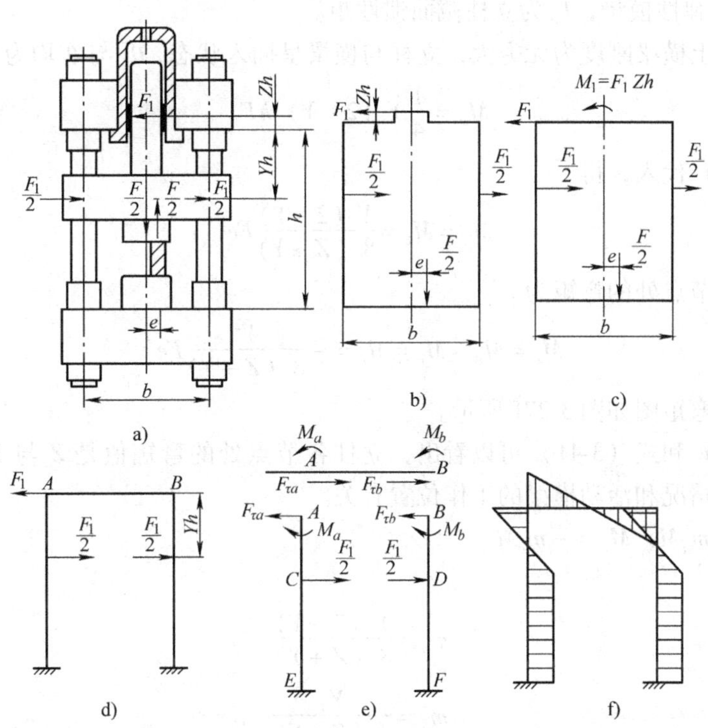

图 3-27 柱塞与动梁刚性连接时机架受力分析

对于采用柱塞式液压缸的液压机，Z 值为常数，Y 值随活动横梁的位置变化而变化。对于采用活塞式液压缸的液压机，则 $Z+Y$ 值为常数，Z 值随活动横梁的位置而变化。

这样，四柱组合式液压机机架即可简化为如图 3-27b 所示的平面框架。

由于假设上横梁刚度为无穷大，因此作用于缸导向套处的侧推力 F_1 可平移至上横梁下表面，而在上横梁上附加一力矩 $M_1=F_1Zh$，如图 3-27c 所示，该力矩 M_1 只在左右立柱内引起轴向力 F_2，其大小为

$$F_2 = \frac{F_1 Zh}{b} = \frac{FeZ}{2\ (Z+Y)\ b} \tag{3-37}$$

由于轴向力在立柱内不引起弯矩，因而在求解立柱弯矩时可不予考虑，因此，受力简图可简化成如图3-27d所示的形式。

根据材料力学可知，这是一个三次静不定框架问题，可用变形法或力法求解。

将框架沿柱端A、B处截开（图3-27e），截点A、B上分别以内力弯矩M_a、M_b，剪力$F_{\tau a}$、$F_{\tau b}$和轴力F_a、F_b（图中未标出）代替，由平衡条件可写出

$$F_{\tau a} = F_{\tau b} = \frac{F_1}{2}$$

立柱为一悬臂梁，轴向力不影响转角，在弯矩M_a、剪力$F_{\tau a}$及$F_1/2$的作用下，A点转角为

$$\theta_a = \frac{-M_a h}{K_c I_{ac}} + \frac{F_1 h^2}{4K_c I_{ac}} - \frac{F_1\ (h - Yh)^2}{4K_c I_{ac}} \tag{3-38}$$

式中，K_c为立柱弹性模量；I_{ac}为立柱截面惯性矩。

由于已假设上横梁刚度为无穷大，立柱与横梁呈插入状态，θ_a与θ_b均为零，这样可解出

$$M_a = \frac{1}{4} Y\ (2-Y)\ hF_1 \tag{3-39}$$

将式（3-36）代入，得

$$M_a = M_b = \frac{Y\ (2-Y)}{8\ (Z+Y)} Fe \tag{3-40}$$

其余各有关节点处的弯矩为

$$M_c = M_d = M_e = M_f = -\frac{Y^2}{8\ (Z+Y)} Fe \tag{3-41}$$

整个框架的弯矩图如图3-27f所示。

由式（3-40）和式（3-41）可以看出，立柱各节点处的弯矩值是Z与Y值的函数，即与液压机的结构情况和活动横梁的工作位置有关。

若令　$M_a = m_a M$，$M_c = -m_c M$

则

$$m_a = \frac{Y\ (2-Y)}{8\ (Z+Y)} \tag{3-42}$$

$$m_c = \frac{Y^2}{8\ (Z+Y)} \tag{3-43}$$

$$M = Fe$$

立柱中的轴向力由三部分组成

$$F_0 = \frac{F}{4} + F_2 + F_3 \tag{3-44}$$

式中，$F/4$为液压机工作压力F在立柱中引起的轴向力，由四个立柱平均承受；F_3为框架中的轴向力，从截下的上横梁求力矩平衡，可得

$$F_3 = \frac{M_a + M_b}{b} = \frac{Y\ (2-Y)}{4\ (Z+Y)\ b} Fe \tag{3-45}$$

将式（3-37）及式（3-45）代入式（3-44），得

$$F_0 = \frac{F}{4} + \frac{Fe}{2b}\left(1 - \frac{0.5Y^2}{Z+Y}\right) \tag{3-46}$$

由于 e/b 很小，略去上式中的第二项，则框架中的最大轴向力与弯曲力矩分别为

$$F_{0\max} = \frac{F}{4} \tag{3-47}$$

$$M_{\max} = \frac{Y(2-Y)}{8(Z+Y)}Fe = m_a Fe \tag{3-48}$$

当液压机受到偏心载荷作用时，由于两边的立柱导向套间隙可能不均匀，因此两边立柱所承受的因偏载引起的侧推力也可能不相等，在极端情况下，立柱呈现单柱受力，可简化成图 3-28 所示的形式。利用力法即正则方程，借助于莫尔积分定理，可求得各有关结点的弯矩值为

$$\left.\begin{aligned}
M_a &= \frac{Y^2(3-2Y)}{4(Z+Y)}Fe = m_a Fe \\
M_b &= \frac{Y(4-5Y+2Y^2)}{4(Z+Y)}Fe = m_b Fe \\
M_c &= 0 \\
M_d &= \frac{Y^2(5-8Y+4Y^2)}{4(Z+Y)}Fe = m_d Fe \\
M_e &= -M_a \\
M_f &= \frac{Y^2(2Y-1)}{4(Z+Y)}Fe = m_f Fe
\end{aligned}\right\} \tag{3-49}$$

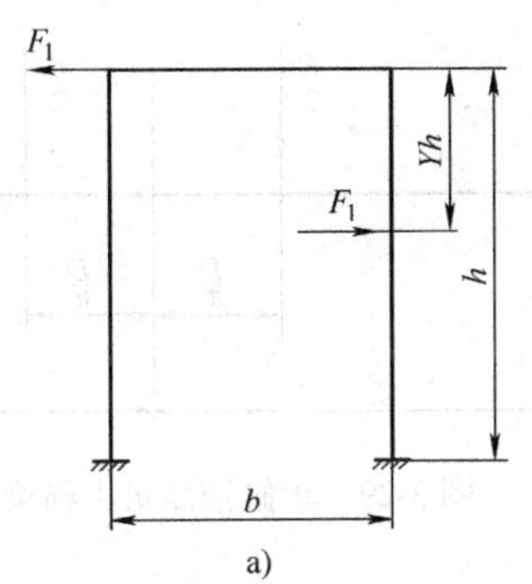

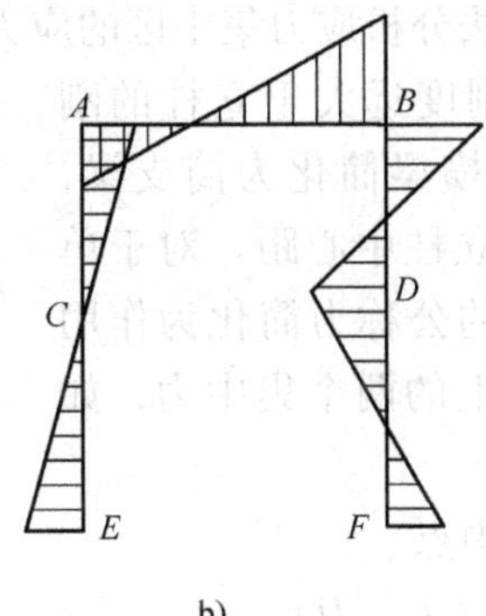

图 3-28 单柱受力时立柱受力简图及弯矩图

a）立柱受力简图 b）弯矩图

（2）立柱的强度校核

1）静载合成应力。液压机在偏心载荷作用下，立柱受拉应力和弯曲应力联合作用，其合成应力 σ_h 应小于许用应力［σ］，即

$$\sigma_h = \frac{F_{\max}}{A} + \frac{M_{\max}}{W} \leqslant [\sigma] \tag{3-50}$$

式中，$F_{\max}$ 为立柱所受最大轴向拉力；$M_{\max}$ 为立柱所受最大弯矩；A 为立柱最小截面积；W 为立柱截面系数；［σ］为材料的许用应力，对 45 钢取 150MPa。

2）疲劳强度校核。对于中小型液压机，尤其是锻造液压机，在工作过程中，立柱长期承受不规则的脉动载荷作用，在每次加载时，立柱都出现较大的应力幅值，而在卸载后，由于立柱摇摆还存在有若干个较小的应力幅值。

由于立柱的疲劳断裂大部分发生在立柱根部截面变化的过渡区，为此在进行强度计算时，需考虑过渡区的应力集中，即

$$\sigma_T = k\sigma_h \leqslant [\sigma_0] \tag{3-51}$$

式中，k 为有效应力集中系数，即

$$k = 1 + q(k_t - 1) \tag{3-52}$$

式中，q 为应力集中敏感系数，与材料显微塑性变形能力有关，对45 钢和40Cr 来说，q 值在0.70 ~0.95 之间；k_t 为弹性状态下理论应力集中系数，与截面过渡区的形状，特别是过渡圆角大小有关，我国液压机实测应力集中系数在1.35 ~2.46 之间。

许用脉动循环的疲劳极限为

$$[\sigma_0] = \frac{\varepsilon\beta}{n_0}\sigma_0 \tag{3-53}$$

式中，σ_0 为脉动循环时的疲劳极限，对大截面的45 钢，可取为270 MPa；ε 为尺寸系数，可在有关手册中查得；β 为表面质量系数，也可在有关手册中查到，精车表面 β 值取为0.9；n_0 为安全系数。

（3）横梁强度和刚度计算　当上下横梁刚度不足时，会给立柱带来附加弯矩。因此对上下横梁，不仅要对其强度进行校核，而且要对刚度进行校核。

虽然横梁通常设计成箱形构件，且其外形高跨比较大，但目前在进行初步设计时，仍可将横梁简化为简支梁进行近似计算，按简支梁计算出的横梁中间截面的应力值与该处实测值还比较接近，但无法分析应力集中区的应力。

1）上横梁的刚度远大于立柱的刚度，因此可以将上横梁简化为简支梁，支点间距离为宽边立柱中心距。对于单缸液压机，工作缸的公称力简化为作用于法兰半圆环重心上的两个集中力，如图3-29 所示。

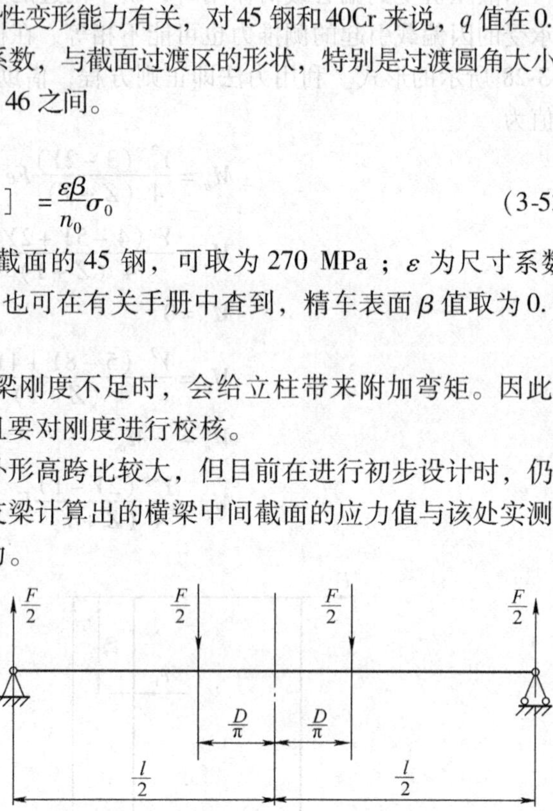

图3-29　单缸液压机上横梁受力简图

最大弯矩在梁中点

$$M_{max} = \frac{F}{2}\left(\frac{l}{2} - \frac{D}{\pi}\right) \tag{3-54}$$

最大剪力为

$$F_\tau = \frac{F}{2}$$

式中，F 为液压机公称力；D 为缸与法兰的环形接触面平均直径；l 为液压机立柱宽边中心距。

最大挠度在梁的中点

$$f_{max} = \frac{Fl^3}{48KI}\left[1 - 6\left(\frac{D}{\pi l}\right)^2 + 4\left(\frac{D}{\pi l}\right)^3\right] + \frac{kFl}{4GA}\left[1 - 2\left(\frac{D}{\pi l}\right)\right] \tag{3-55}$$

式中，K 为横梁材料的弹性模量；I 为横梁的截面惯性矩；G 为横梁材料的切变模量；A 为

承受剪切处的横梁截面积；k 为截面形状系数，矩形截面 $k=1.2$，箱形截面可用下式近似计算

$$k=\frac{SA}{bI}$$

式中，S 为截面中性轴以上面积对中性轴的静矩；b 为截面中性轴处的宽度。

三缸液压机上横梁的受力简图如图 3-30 所示，梁的最大弯矩在中段

$$M_{\max}=\frac{F}{2}\left(\frac{l}{2}-\frac{D}{\pi}\right)+F_q a \tag{3-56}$$

式中，F_q 为液压机侧缸公称压力。

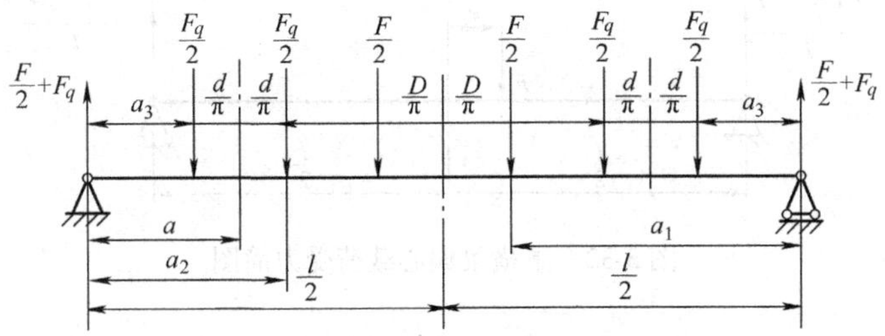

图 3-30 三缸液压机上横梁受力简图

各段剪力为

$$a_3\text{ 段：}F_{\tau1}=\frac{F}{2}+F_q$$

$$a_2-a_3\text{ 段：}F_{\tau2}=\frac{1}{2}(F+F_q)$$

$$a_1-a_2\text{ 段：}F_{\tau3}=\frac{F}{2}$$

最大挠度在中点，为

$$f_{\max}=\frac{Fl^3}{48KI}\left[1-6\left(\frac{D}{\pi l}\right)^2+4\left(\frac{D}{\pi l}\right)^3\right]-\frac{F_q a l^2}{8KI}\left[1-\frac{4}{3}\left(\frac{a}{l}\right)^2-4\left(\frac{d}{\pi l}\right)^2\right]+\frac{k}{GA}\left\{F_q a-\frac{Fl}{4}\left[1-2\left(\frac{D}{\pi l}\right)\right]\right\} \tag{3-57}$$

式中，a 为侧缸中心线到支点的距离。

对于上横梁，一般允许挠度取 0.15mm/m。

2）活动横梁。一般而言，活动横梁很少因为强度不足而损坏。对单缸液压机来说，一般只校核横梁承压面上的挤压应力，其抗压许用应力，对铸铁件可取为 80MPa，对铸钢件（ZG270-500）可取为 120MPa。

对三缸液压机，在两侧缸加压时，活动横梁承受弯矩。对于大型液压机，尚需考虑活动横梁的自重 G，侧缸公称力 F_q 简化为集中力，重力 $G/2$ 的作用点近似地取为半边活动横梁的重心处，如图 3-31 所示，许用应力可取为 60～75MPa，最大弯矩为

$$M_{\max}=F_q a+\frac{G}{2}D$$

3）下横梁的受力情况随不同的工艺而变化，主要分为两种情况计算。

① 偏心载荷时，受力简图如图 3-32 所示，图中简支梁的跨度为立柱窄边或宽边中心距，由砧座的放置位置而定。

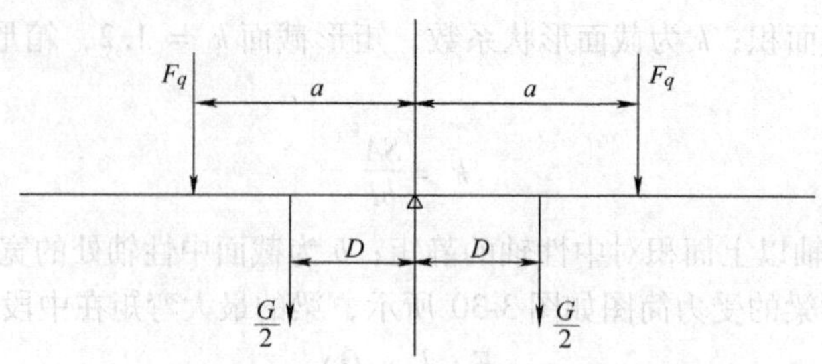

图 3-31　两侧缸加压时三缸大型液压机活动横梁受力图

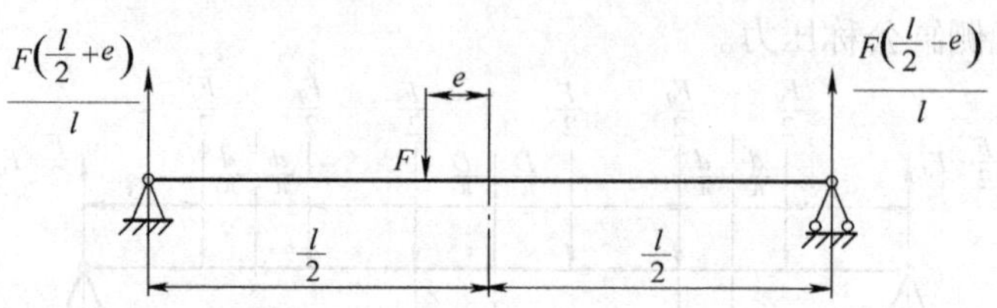

图 3-32　下横梁偏心载荷受力简图

最大弯矩为

$$M_{\max}=\frac{F}{l}\left[\left(\frac{l}{2}\right)^2-e^2\right] \tag{3-58}$$

式中，e 为偏心距。

最大挠度为

$$f_{\max}=\frac{Fl^3}{3KI}\left[\frac{1}{4}-\left(\frac{e}{l}\right)^2\right]^2+k\frac{Fl}{GA}\left[\frac{1}{4}-\left(\frac{e}{l}\right)^2\right] \tag{3-59}$$

式（3-58）、式（3-59）中 $e=0$ 时为下横梁承受中心载荷时的情况，此时下横梁的最大弯矩和最大挠度均发生在梁的中点。

② 均布载荷时，如对砧座宽边或模锻或镦粗等情况时，受力简图如图 3-33 所示。

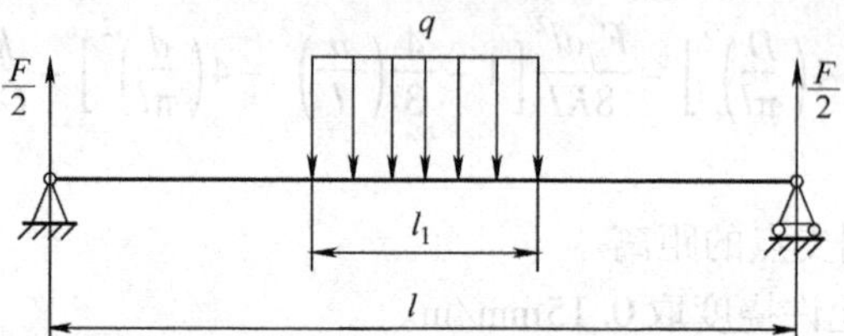

图 3-33　下横梁均布载荷受力简图

最大弯矩为

$$M_{\max}=\frac{Fl}{4}-\frac{ql_1^2}{8} \tag{3-60}$$

最大挠度为

$$f_{\max}=\frac{11}{648}\frac{Fl^3}{KI}+k\frac{Fl}{6GA} \tag{3-61}$$

对于下横梁，一般允许挠度取 0.12～0.2mm/m。

4）根据强度条件计算时，对截面变化不大的箱形结构梁，主要计算最大弯矩处，即中心截面处强度，其计算式为

$$\sigma_{\max} = \frac{M_{\max} h_1}{I} \leqslant [\sigma] \tag{3-62}$$

式中，$M_{\max}$为最大弯矩；I为计算截面惯性矩；h_1为计算截面的形心至最外点距离；［σ］为许用应力，对Q235钢板和ZG270-500，［σ］≤60～70MPa，对HT200铸铁，［σ］≤35MPa。

在计算截面惯性矩时，可将截面简化成等量计算截面进行计算，如图3-34所示。

上、下横梁的切应力主要由立板承受，因此截面可近似简化成宽度是b，高度是h的矩形截面，其切应力在形心轴处最大（图3-35）。

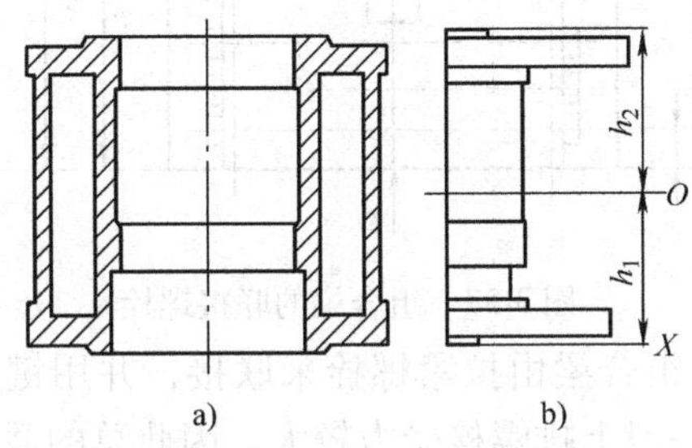

图3-34 计算截面惯性矩简图

a）上横梁截面图 b）等量计算截面

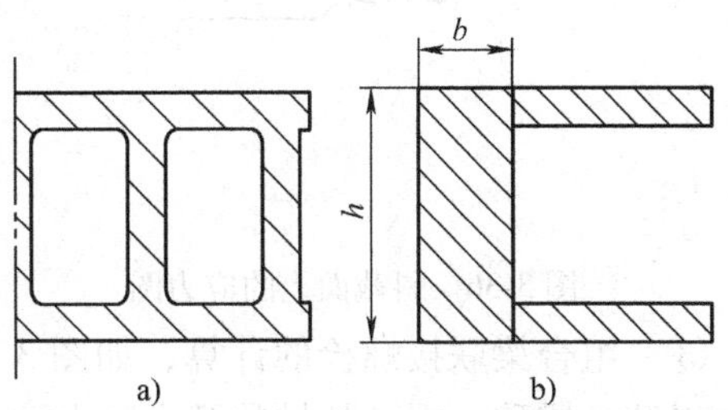

图3-35 梁形零件截面及其等量简化截面

a）截面图 b）等量简化截面

$$\tau = \frac{1.5F_\tau}{bh} \leqslant [\tau] \tag{3-63}$$

式中，F_τ为计算截面所受的剪力；b为横梁立板的厚度之和；h为横梁立板的高度；［τ］为许用切应力，对Q235钢板和ZG270-500铸钢，［τ］≤50×10^6Pa，对HT200以上铸铁，［τ］≤20×10^6Pa。

若横梁断面复杂，不宜简化为矩形时，则其切应力按下式计算

$$\tau = \frac{F_\tau S_1}{I\Sigma\delta_0} \leqslant [\tau] \tag{3-64}$$

式中，F_τ、I分别为所计算截面的剪力和惯性矩；$\Sigma\delta_0$为计算截面形心轴上的各立板厚度之和；S_1为计算截面的静面矩，$S_1 = \int_Y^{\frac{h}{2}} \delta_1 Y\mathrm{d}Y$，$\delta_1$为计算截面在垂直于形心轴$Y$处的厚度；$Y$为计算截面在任一点与形心的距离。

5）强度校核中的其他问题。主要有主应力校核和斜截面应力校核等几个方面。

① 主应力校核。在某些情况下，还应校核腹板与上、下面板连接处以及其他地方的主应力。此时分别按梁的弯曲应力公式和切应力公式求出正应力σ和切应力τ后，根据第四强度理论，其强度条件为

$$\sqrt{\sigma^2 + 3\tau^2} \leqslant [\sigma]$$

对于铸钢许用应力［σ］取45～60MPa。

② 斜截面应力校核。有些液压机的横梁，特别是下横梁，高度变化较大，如图3-36所示，应校核斜截面上的应力，即

$$\sigma = \frac{Fx}{2W_{a\text{-}a}} + \frac{F\cos\alpha}{2A_{a\text{-}a}}$$

式中，$W_{a\text{-}a}$和$A_{a\text{-}a}$分别为a-a的截面系数和截面面积。

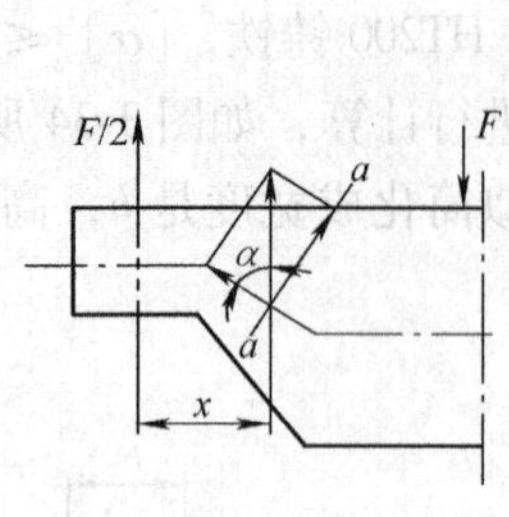

图 3-36　斜截面上的应力图

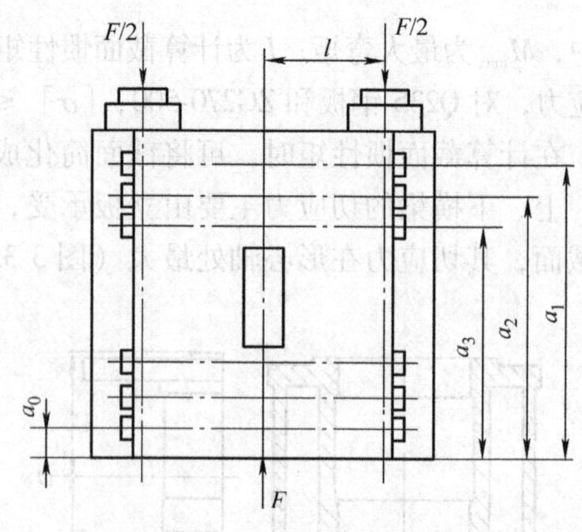

图 3-37　组合梁的联接螺栓

③　组合梁联接螺栓的计算，如图 3-37 所示。组合梁由拉紧螺栓来联接，并用键承受剪力以防止错移。螺栓的排数及个数由结构确定，一般上排螺栓受力较大，因此总的截面积也较大。如各排螺栓中心线到底边的距离分别为a_1、a_2、a_3、…　a_n，则各排的总截面积可按a_i/a_1的比例减小，第i排为

$$A_i = A_1 \frac{a_i}{a_1}$$

式中，A_i为第i排螺栓的截面积。

这样各排螺栓的应力大致相等，其值为

$$\sigma = \frac{M}{A_1 a_1 + A_1 \dfrac{a_2^2}{a_1} + \cdots + A_1 \dfrac{a_n^2}{a_1}} = \frac{M}{A_1 a_1 \left(1 + \left(\dfrac{a_2}{a_1}\right)^2 + \cdots + \left(\dfrac{a_n}{a_1}\right)^2\right)} \leqslant [\sigma]$$

式中，M为组合梁接合面最大弯矩，$M = \dfrac{1}{2}Fl$；$[\sigma]$ 为螺栓许用应力，取 70 ~ 80MPa。

2. 整体框架式机身强度、刚度计算

(1) 结构简化及计算简图　由于框架式机身各部分截面形状各异且肋板布置复杂，故计算上较为困难，因此需要作合理简化。通常计算时，梁和支柱整个长度上的截面是以危险截面上主要承载肋板组成的较为规则的截面作为危险截面。这样可使计算大为简化，且足够准确。一般均可将结构简化为图 3-38 所示的平面图形，各断面则可简化成矩形、“Π”字形、工字形或箱形等。平面框架的计算图形则由各有关截面形心线组成。

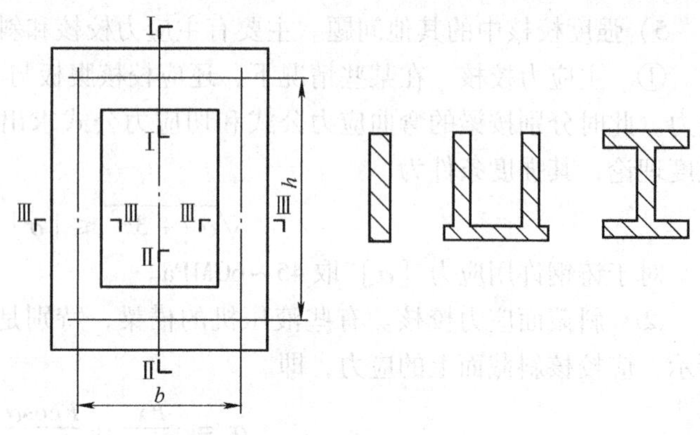

图 3-38　整体机身计算简图

(2) 受力分析　机身受力情况与框架结构和工艺情况有关，可将其分为以下三种受力状态：

1）下横梁（工作台）刚度远较支柱和上横梁大时，支柱下端可视为固定支点；单缸布置于上横梁中部，且柱间距较大，可简化为在上横梁中部作用一个集中载荷（图3-39a）。

2）下横梁与上横梁刚度相差无几时，假设工作台承受一集中载荷，其余情况与第一种情况类似（图3-39b）。

3）上横梁与液压缸接触面积与柱间距的比值较大时，如小台面大吨位液压机，则上横梁可视为受两个集中力 $F/2$ 作用；模具与下横梁接触面较大，故视为在某一长度上作用一均布载荷（图3-39c）。

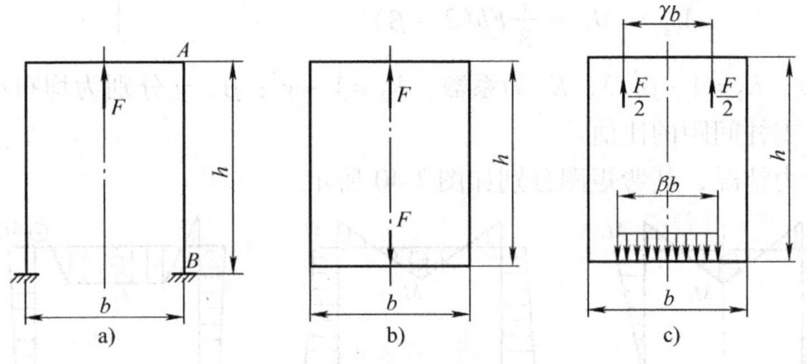

图3-39 整体框架机身三种受力分析

a）第一种受力状态 b）第二种受力状态 c）第三种受力状态

（3）强度计算 根据上述受力分析可知，框架结构仍可采用变形法或力法求解。

对第一种受力状态（图3-39a），各节点的弯矩值为

$$\left.\begin{aligned} M_A &= \frac{K_{31}}{2K_{31}+a}\cdot\frac{1}{4}Fb \\ M_B &= \frac{-K_{31}}{2(2K_{31}+a)}\cdot\frac{1}{4}Fb \\ M_1 &= -\frac{K_{31}+a}{2K_{31}+a}\cdot\frac{1}{4}Fb \end{aligned}\right\} \tag{3-65}$$

式中，K_{31} 为支柱的抗弯刚度 KI_3 与上横梁的抗弯刚度 KI_1 之比，$K_{31}=KI_3/KI_1$；a 为框架简化后的高度 h 与宽度 b 之比，$a=h/b$；F 为液压机的公称压力。

对第二种受力状态（图3-39b），各有关节点弯矩值为

$$\left.\begin{aligned} M_A &= \frac{Fb}{8}\cdot\frac{a(2K_{31}-K_{32})+B}{A+B} \\ M_B &= \frac{Fb}{8}\cdot\frac{a(2K_{32}-K_{31})+B}{A+B} \\ M_1 &= \frac{-Fb}{8}\cdot\frac{2a^2+a(2K_{31}+5K_{32})+B}{A+B} \\ M_2 &= \frac{-Fb}{8}\cdot\frac{2a^2+a(2K_{32}+5K_{31})+B}{A+B} \\ A &= a^2+2a(K_{31}+K_{32}) \\ B &= 3K_{31}K_{32} \end{aligned}\right\} \tag{3-66}$$

式中，K_{32} 为支柱的抗弯刚度 KI_3 与下横梁的抗弯刚度 KI_2 之比，$K_{32}=KI_3/KI_2$。

对第三种受力状态（图 3-39c），其各有关节点弯矩值为

$$\left.\begin{aligned} M_A &= \frac{Fb}{8} \cdot \frac{2aK_2K_{31} - aK_1K_{32} + 3K_2K_{31}K_{32}}{A+B} \\ M_B &= \frac{Fb}{8} \cdot \frac{-aK_2K_{31} + 2aK_1K_{32} + 3K_1K_{31}K_{32}}{A+B} \\ M_1 &= M_A - \frac{1}{4}Fb(1-\gamma) \\ M_2 &= M_B - \frac{1}{8}Fb(2-\beta) \end{aligned}\right\} \tag{3-67}$$

式中，K_1 为系数，$K_1 = 1 - \beta^2/3$；K_2 为系数，$K_2 = 1 - \gamma^2$；β、γ 分别为均布载荷宽度和两集中载荷的间距与支柱间距的比值。

上述三种受力情况，其弯矩图分别如图 3-40 所示。

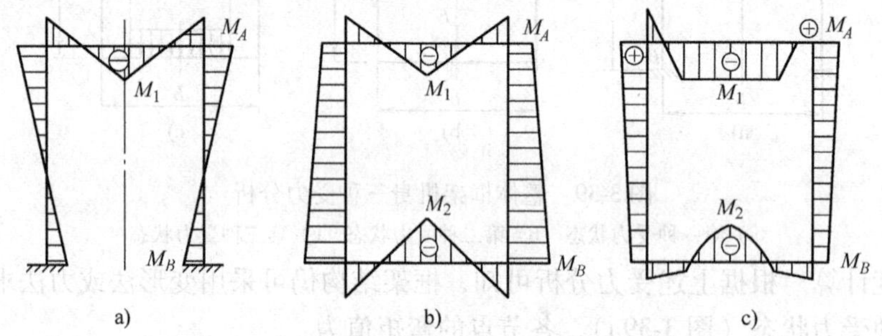

图 3-40　三种受力状态弯矩图

a）第一种受力状态　b）第二种受力状态　c）第三种受力状态

强度核算时，支柱计算其拉伸应力及弯曲应力之和；上、下横梁计算其弯曲应力。

对 Q235 钢板和 ZG270-500 铸钢，许用应力 $[\sigma] \leqslant 60 \sim 70\text{MPa}$，对不低于 HT200 牌号的铸铁，$[\sigma] \leqslant 35\text{MPa}$。许用应力取值较低，其主要目的是保证足够的刚度，即限制机身的变形。机身变形将影响整机工作状态下的精度，并易产生振动；机身变形还会影响导轨精度，若机身导轨与滑块导轨相接触，还会影响到框架四角处的弯矩值。由于刚度计算较复杂，为简化计算，根据设计经验，选择以上推荐的许用应力值是合理的。

（4）刚度计算　机身的变形情况与受力情况有关，影响液压机工况的主要变形是沿框架对称轴线的垂直变形 f_h 和框架立柱中部的水平变形 f_b。框架的纵向变形直接影响液压机活动横梁的停位精度，从而影响压制工件的尺寸精度。框架的横向变形直接影响着滑块与导轨之间的间隙，关系着制品的精度和模具的寿命。如横向变形较大，而滑块和导轨间的间隙值又较小时，则可能使滑块卡死或擦伤导轨表面；如若加大间隙值，则又将影响液压机工作的精度及稳定性，所以设计时应尽力提高支柱部分的刚度，以减少横向变形。

框架的纵向总变形量是由支柱部分的伸长和上、下横梁由弯矩和剪力引起的挠度所组成的。框架支柱中点的横向变形，可由变形方程和上、下横梁与支柱相交处的变形协调条件求得。

对第一种受力状态，纵向变形为

$$f_h = \frac{Fb^3}{48KI_1} - \frac{M'_A b^2}{8KI_1} + C_1 \frac{Fb}{4GA_1} + \frac{Fh}{2KA_3} \tag{3-68}$$

横向变形（支柱中点的水平变形）为

$$f_b = \frac{1}{16}\frac{M_A h^2}{KI_3} \tag{3-69}$$

对第二种受力状态，纵向变形为

$$f_h = \frac{Fb^3}{48KI_1} - \frac{M'_A b^2}{8KI_1} + \frac{Fb^3}{48KI_2} - \frac{M'_B b^2}{8KI_2} + \frac{Fh}{2KA_3} + C_1\frac{Fb}{4GA_{1a}} + C_1\frac{Fb}{4GA_{2a}} \tag{3-70}$$

横向变形（支柱中点的水平变形）为

$$f_b = \frac{1}{8}\frac{(M_A + M_B)h^2}{KI_3} \tag{3-71}$$

对第三种受力状态，纵向变形为

$$f_h = \frac{Fb^3}{48KI_1}\left(1 - \frac{3}{2}\gamma + \frac{1}{2}\gamma^3\right) - \frac{M'_A b^2}{8KI_1} + \frac{Fb^3}{48KI_2}\left(1 - \frac{1}{2}\beta^2 + \frac{1}{8}\beta^3\right) - \frac{M'_B b^2}{8KI_2} + \frac{Fh}{2KA_3} + C_1\frac{Fb}{4GA_{1a}}(1 - \gamma) + C_1\frac{Fb}{4GA_{2a}}\left(1 - \frac{1}{2}\beta\right) \tag{3-72}$$

横向变形（支柱中点的水平变形）为

$$f_b = \frac{1}{8}\frac{(M'_A + M'_B)h^2}{KI_3} \tag{3-73}$$

式中，C_1 为截面系数，矩形截面取为1.2；A_1 为上横梁截面积；A_3 为每侧立柱截面积；A_{1a}、A_{2a}为上、下横梁计算截面的立板面积；KI_1、KI_2、KI_3 分别为上横梁、下横梁和立柱的抗弯刚度；b 为支柱间宽度；h 为支柱高度；$M'_A = M_A + M_{Ah}$，$M'_B = M_B + M_{Bh}$，其中，M_{Ah}、M_{Bh}为附加弯矩，按式（3-75）计算，如果立柱没有附加水平力，则 M_{Ah}、M_{Bh}为零。

（5）附加水平力 F_h 和附加弯矩 M_h 的计算　框架承载后水平方向的变形会影响到导轨的间隙。在中心载荷或对称载荷的作用下，两支柱的变形是对称的。若导轨间隙 Δ 较小，支柱横向变形量f_b 较大，即 $\frac{1}{2}(f_b - \sqrt{2}\Delta)$ 大于零，则支柱受到滑块的约束而不能自由变形，支柱将对滑块产生附加的水平力 F_h（即正压力，如图3-39所示），该力可按下式近似计算

$$f = \frac{F_h k h^3}{48KI_3} \tag{3-74}$$

式中，k 为系数，$k = 1 - \frac{3}{8}\frac{2a + 3\ (K_{31} + K_{32})}{a + 2\ (K_{31} + K_{32})\ + \frac{3}{a}K_{31}K_{32}}$，其中 $a = \frac{h}{b}$；F_h 为机身变形时对导轨的水平作用力；f 为支柱受水平力 F_h 作用下的变形。

由于附加水平力 F_h 使机身四个转角处的弯矩增加，而上、下横梁相应的弯矩值下降，相应地会使上、下横梁承受附加拉力。相应各处附加弯矩值为

$$\left.\begin{aligned} M_{Ah} &= \frac{F_h h}{8}\frac{a + 3K_{32}}{a + 2(K_{31} + K_{32}) + \dfrac{3K_{31}K_{32}}{a}} \\ M_{Bh} &= \frac{F_h h}{8}\frac{a + 3K_{31}}{a + 2(K_{31} + K_{32}) + \dfrac{3}{a}K_{31}K_{32}} \\ M_{3h} &= \frac{1}{2}(M_{Ah} + M_{Bh}) - \frac{1}{4}F_h h \end{aligned}\right\} \tag{3-75}$$

其弯矩图如图3-41所示。

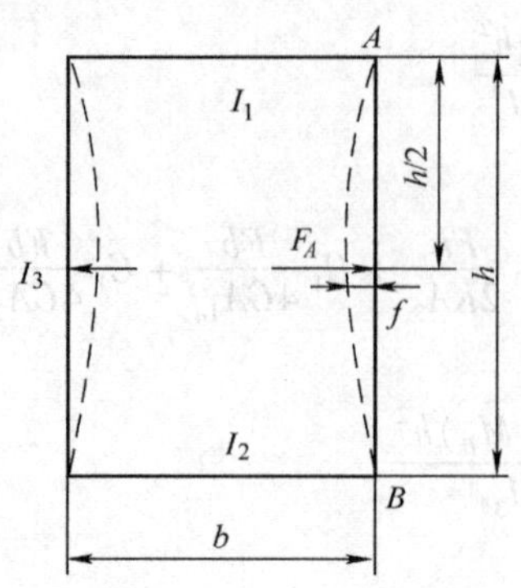

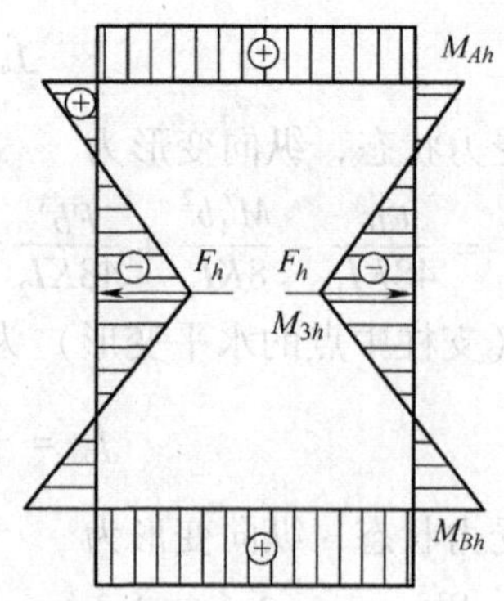

图3-41 附加水平力及附加弯矩图

在进行上、下横梁强度计算时，其强度条件都应有所变化，在前面计算力矩中再加入附加力矩。

外侧受拉应力：
$$\sigma_1 = \frac{(M + M_h)\ (H_0 - H_1)}{I} \leqslant [\sigma]_L \tag{3-76}$$

内侧受压应力：
$$\sigma_Y = \frac{(M + M_h)\ H_1}{I} \leqslant [\sigma]_Y \tag{3-77}$$

式中，M_h 为上或下横梁及支柱的附加弯矩 M_{Ah} 或 M_{Bh} 及 M_{3h}；I 为梁中部截面的惯性矩；H_0 为梁中部截面的高度；H_1 为梁中部截面上内侧距形心的距离；M 为上或下横梁中部的弯矩；$[\sigma]_L$、$[\sigma]_Y$ 为机身材料的许用应力。对Q235钢板和ZG270-500铸钢，$[\sigma]_L$、$[\sigma]_Y \leqslant 60 \sim 70$MPa，对HT200铸铁，$[\sigma]_Y \leqslant 50$ MPa，$[\sigma]_L \leqslant 30$ MPa。

支柱转角处，受拉应力最大点在内侧，强度条件为
$$\sigma = \frac{F}{2A_3} + \frac{\Sigma M H_1}{I_3} \leqslant [\sigma]_L \tag{3-78}$$

式中，F 为液压机公称压力；A_3 为支柱的截面面积；I_3 为支柱的惯性矩；ΣM 为极四角处的合成弯矩，即 $M_A + M_{Ah}$ 或 $M_B + M_{Bh}$，取大值进行计算。

3. C形单柱式机架受力分析

（1）受力分析　单柱式液压机机架可按其对称面简化为平面机架，其受力简图可看成平面曲杆和直杆的组合，如图3-42所示。

曲杆 O-O 部分主要受轴向力和弯矩的作用，剪力可忽略不计。根据曲杆的计算公式，在 O-O 段任一截面（由角度 θ 定）的弯矩 M 及轴向力 F_N 分别为
$$M = F(l + r\cos\theta) \tag{3-79}$$
$$F_N = F\cos\theta \tag{3-80}$$

对于直杆部分（O-B 段），有
$$M = F(l + r) \tag{3-81}$$
$$F_N = F \tag{3-82}$$

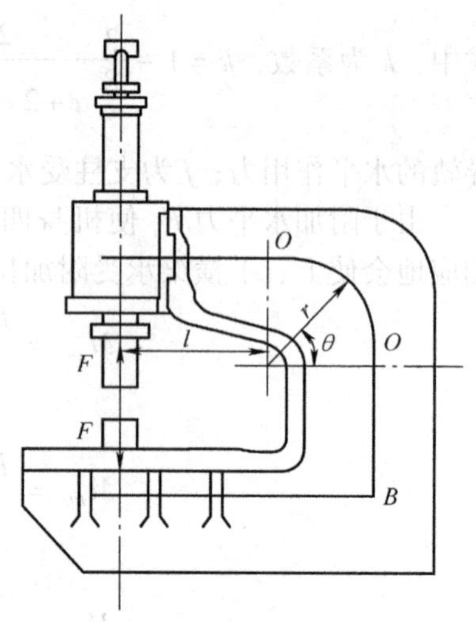

图3-42 单柱式机架受力简图

（2）强度计算　在机架 O-O 段由弯矩引起的最大压

应力 σ_y 和最大拉应力 σ_1（图3-43）分别为

$$\sigma_y = \frac{Mh_1}{A \cdot z_0(r+h_1)} = \frac{F(l+r\cos\theta)h_1}{A \cdot z_0(r+h_1)} \tag{3-83}$$

$$\sigma_1 = \frac{Mh_2}{A \cdot z_0(r-h_2)} = \frac{F(l+r\cos\theta)h_2}{A \cdot z_0(r-h_2)} \tag{3-84}$$

式中，h_1 为截面中性层到外缘的距离；h_2 为截面中性层到内缘的距离；r 为中性层曲率半径；z_0 为中性层到截面重心轴的距离；A 为截面面积。

由轴向力引起的拉应力为

$$\sigma_1' = \frac{N}{A} = \frac{F\cos\theta}{A} \tag{3-85}$$

在 O-O 部分截面边缘的拉应力最大，是 σ_1 与 σ_1' 之和，即

$$\sigma = \frac{F(l+r\cos\theta)h_2}{A \cdot z_0(r-h_2)} + \frac{F\cos\theta}{A} \leqslant [\sigma] \tag{3-86}$$

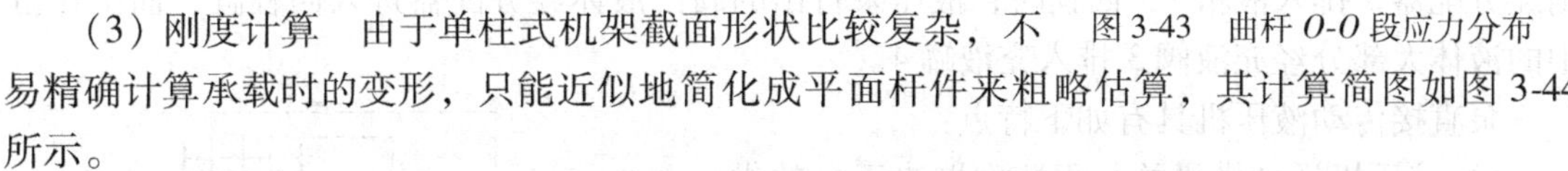

图3-43 曲杆 O-O 段应力分布

（3）刚度计算 由于单柱式机架截面形状比较复杂，不易精确计算承载时的变形，只能近似地简化成平面杆件来粗略估算，其计算简图如图3-44所示。

计算变形时，必须考虑剪力的影响，因此把单柱机架简化成由 AB、BC、CD、DE 四段直杆组成，各段长度分别为 l_1、l_2、l_3、l_4，杆件 AB、BC、CD、DE 近似地被认为是各处截面形心的连线，各杆平均截面惯性矩分别为 I_1、I_2、I_3、I_4。BC 与 CD 段的夹角为 β。在载荷 F 的作用下，AE 两点的相对位移 δ_{AE} 为

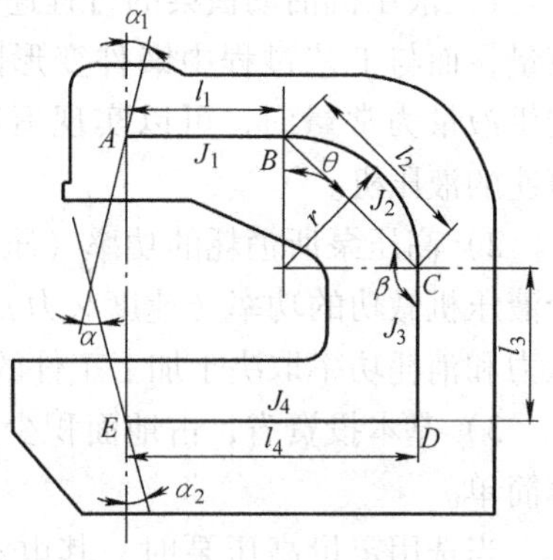

图3-44 单柱式机架刚度计算简图

$$\delta_{AE} = \frac{Fl_1^3}{3KI_1} + \frac{Fl_2(l_1^2+l_1l_4+l_4^2)}{3KI_2} + \frac{Fl_3l_4^2}{KI_3} + \frac{Fl_4^3}{3KI_4} + E_1\frac{Fl_1}{GA_1} + E_2\frac{Fl_2\sin^2\beta}{GA_2} + E_4\frac{Fl_4}{GA_4} + \frac{Fl_2\cos^2\beta}{EA_2} + \frac{Fl_3}{EA_3} \tag{3-87}$$

式中，K_i 为各段剪切截面形状系数，仅与截面形状及尺寸有关，矩形截面 $E=1.2$；G 为梁的切变模量（N/cm^2）；A_i 为 i 梁的截面积（cm^2）；l_i 为 i 杆的长度（cm）。

式（3-87）中前四项为弯曲引起的位移，中间三项为剪切引起的位移，最后两项为拉伸引起的位移。

A 点相对于 E 点截面之间的相对角变形 α 为

$$\alpha = \frac{Fl_1^2}{2KI_1} + \frac{Fl_2(l_1+l_4)}{2KI_2} + \frac{Fl_3l_4}{KI_3} + \frac{Fl_4^2}{2KI_4} \tag{3-88}$$

在公称力的作用下，对于一般的单柱液压机，主工作缸中心线的角位移不大于3′，对于校正、压装等液压机则可取不大于6′。

3.3 液压机的液压系统

液压机的液压系统通过各种液压元件来控制液压机及其辅助机构完成各种行程和动作。液压系统（包括所用的液压元件）的设计、制造水平和质量，其使用、调整及维护的好坏，直接影响液压机的工作性能。

3.3.1 液压动力系统

液压机的动力系统为液压机提供工作时所需的高压液体、接收排回的低压液体并保证工作液体处于最佳工作状态。液压机动力系统有泵直接传动和泵-蓄势器传动两种基本形式。

1. 泵直接传动

泵直接传动是由液压泵直接将工作液体供给工作缸及其他辅助装置，其原理如图 3-45 所示。工作行程时，液压泵 6 打出的高压液体经分配器 5 进入工作缸 2，回程缸 1 中的液体则经分配器 5 排入液箱 7，回程时，液压泵打出的高压液体经分配器进入回程缸，而工作缸中的液体大部分经充液阀 3 排入充液罐 4。

泵直接传动液压机具有如下特点：

1）液压机活动横梁的行程速度取决于泵的供液量，而与工艺过程中锻件变形阻力无关。当泵的供液量为常量时，可以实现恒速，适用于要求恒速的液压机。

2）高压泵所消耗的功率（压力×流量）相当于液压机做功的功率（速度×力）。亦即泵的供液压力和消耗功率取决于加工工件的变形阻力。

3）基本投资省，占地面积少，日常维护和保养简单。

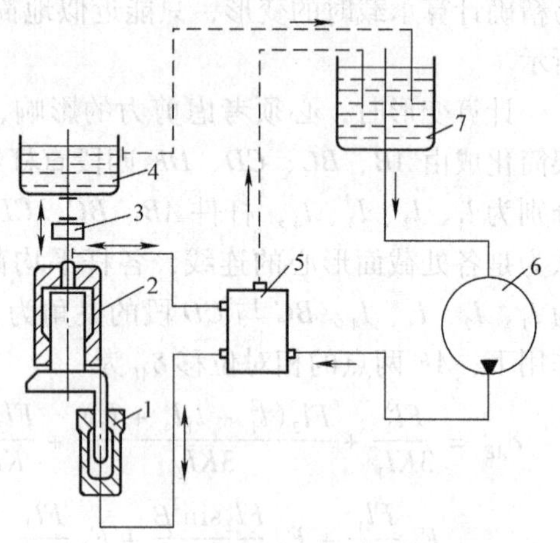

图 3-45 泵直接传动液压机原理图

1—回程缸 2—工作缸 3—充液阀 4—充液罐 5—分配器 6—液压泵 7—液箱

当选用定量高压泵时，其电动机安装功率必须按液压机最大功率即最大工作压力和最大工作速度确定，而使整个工作循环内电动机功率不能充分利用，造成浪费。为使电动机安装功率不致过大，液压机的工作行程速度一般不宜太高。

2. 泵-蓄势器传动

泵-蓄势器传动在动力系统中增加了蓄势器，来储存高压液体，平衡液压泵的负荷。其原理如图 3-46 所示。工作行程时，液压泵 8 打出的高压液体和蓄势器 7 储存的高压液体均经分配器 5 进入工作缸 2，而回程缸 1 中的液体则经分配器排入液箱 9，在一定时间内能保证液压机所需的最大供液量。在其他行程中，当液压机所需的高压液体小于液压泵的供液量，或不需要高压液体时，液压泵打出的多余液体则储存在蓄势器中，起储能作用。除此之外，蓄势器还能起稳压和均匀供液的作用。

泵-蓄势器传动液压机具有如下特点：

1）能量的消耗与液压机工作行程大小成正比，而与工件变形阻力无关。为提高泵-蓄势器传动效率，节约能量，可将单缸液压机改为三缸液压机。根据工件变形阻力大小而分别使中间缸、两侧缸或三缸进高压液，从而获得三级不同压力。

2）液压机的工作行程速度取决于工件变形阻力，阻力大速度慢，阻力小速度快。

3）供液压力基本保持在蓄势器压力波动值范围内，这样所选液压泵的功率可以小些，其利用系数可大大提高。

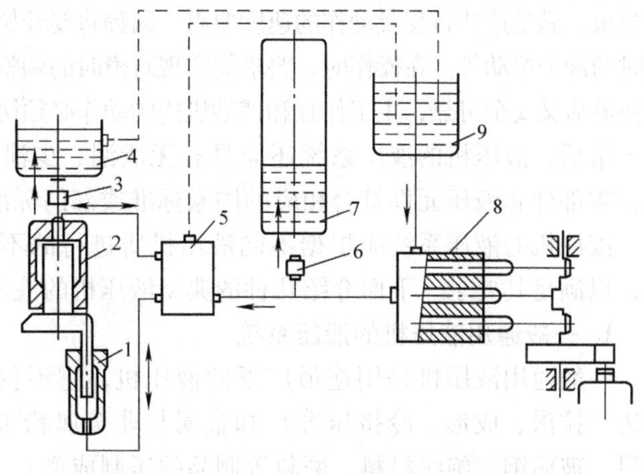

图3-46 泵-蓄势器传动液压机原理图
1—回程缸 2—工作缸 3—充液阀 4—充液罐 5—分配器 6—闸阀 7—蓄势器 8—液压泵 9—液箱

3. 两种传动形式的选用

液压机的传动形式将直接影响到液压机的工作性能、运行的经济性、设备的投资及其操纵系统的配置，故合理地选择传动形式十分重要。动力系统的选用要满足工艺性要求，还要考虑设备运行的经济性。

一般，单台中、小型液压机宜采用泵直接传动，但考虑到直接传动的液压机的最大载荷取决于泵系统的压力，并且此压力在液压机的全行程内是有效的，因此，该种传动系统最适用于需要很大能量的挤压型工序。如果一个动力站系统需供数台液压机或供大型液压机（60MN以上）使用，通常认为采用泵-蓄势器传动系统为宜。

近年来，考虑到泵直接传动具有速度恒定、平均功率消耗低、液压机可在最大压力下获得最大速度的特点，且伴随着高压大流量变量泵、高压大流量滑阀式换向阀、伺服阀、插装阀等的使用，在大型液压机上泵直接传动也有可能逐步取代目前广泛使用的泵-蓄势器传动。如日本三菱长琦机工公司的80MN液压机和日本铸锻株式会社的100MN液压机即是大型泵直接传动液压机的例子。

在泵直接传动和泵-蓄势器传动中，为了提高工作液体压力，可使用增压器。如在超高压液压机、重型模锻液压机、人造金刚石液压机以及冷挤压机中就广泛应用增压器。采用单向增压器时，液压机的行程次数及工作行程大小受增压器的行程次数及一次行程所能供给的高压液量限制。若采用双向增压器，液压机的行程次数及工作行程大小与增压器无关。在单缸液压机中增设增压器，可得到两级压力。

3.3.2 几种典型液压机的液压系统

液压机的液压系统是液压机的重要组成部分，不仅要为液压机提供能量，而且要通过各种液压元件来控制液压机及其辅助机构的动作和行程，因此液压机的液压系统设计、制造要符合液压机的特点及工艺要求。

首先，为了给液压机提供足够的压力，并能在主缸空程进给和回程时实现快速，以节省辅助时间，提高效率，液压机的液压系统一般做成高压、大流量系统。中型以上的液压机，一般要求具有分级的标称压力，以满足不同工艺的需要。

其次，在工作时，液压机的液压系统要能满足主工作缸及其辅助机构液压缸的各种行程和动作要求，满足这些行程及动作的速度要求。回程将要开始前，一般要求对主缸预卸压，以减少回程时的冲击振动等。在操作时，要求能实现对模时的调整动作、手动操作和半自动操作。操作应轻便灵活又安全可靠，主工作缸和辅助机构的动作必须协调，必要时应有联锁装置。

最后，液压机的液压系统还应具有无泄漏、少泄漏，元器件工作寿命长，易于拆装维修，零部件和液压元件符合相应的国家标准或部门标准，互换性好等特点。

液压机的液压系统应根据不同液压机所进行的不同工艺，区别对待，并采取相应的措施，以满足其要求。下面介绍几种的典型液压机的液压系统。

1. 一般通用液压机的液压系统

一般通用液压机是用途最广泛的液压机，它不仅能用于金属板料的冲压工艺（弯曲、翻边、拉深、成形、冷挤压等）和金属与非金属粉末制品的压制成型工艺（如粉末冶金、塑料、玻璃钢、绝缘材料、磨料等制品的压制成型），而且可用于校正和压装等工艺。为了满足上述多种工艺的要求，其液压系统应满足以下要求：

1）主工作缸可采用活塞式，供压制和回程用。对于大型液压机，也常采用柱塞式，这时需配有回程缸。

2）装配能浮动的顶出缸来顶出工件，完成反向拉深、液压压边，并且可以起液压垫作用。

3）一般设有充液系统，可实现空程、回程的快速运动，以减少辅助时间，提高生产效率。

4）装配保压延时系统，可以实现系统的保压、延时和自动回程功能，并能进行定压成形和定程成形工作，有利于金属和非金属粉末的压制。

5）操作方便，灵活性强。可以实现点动、手动、半自动等多种方式操作，可以对工作压力、压制速度及行程范围进行调节。

图 3-47 是 Y32-315 型一般通用液压机的液压系统原理图，现以其为例，介绍一般通用液压机液压系统的工作原理，表 3-3 是该液压系统的电磁铁动作顺序表。

表 3-3 电磁铁动作顺序表

动作	电磁铁					电动机	
	1YA	2YA	3YA	4YA	5YA	1M	2M
电动机起动						+	+
空程快速下降	+				+	+	+
慢速下降及加压	+					+	+
保　压						+	+
卸压和回程		+				+	+
顶出缸顶出			+			+	+
顶出缸退回				+		+	+
停　止						+	+

注：+表示电磁铁通电。

（1）电动机起动　全部电磁铁断电，电液换向阀 10 和 4 处于中位。液压泵电动机 1M、2M 起动，液压泵向系统供油。主液压泵 3 输出的液压油经阀 10 和 4 流回油箱，处于卸荷状态。控制液压泵 1 输出的液压油经溢流阀 2 排回油箱。

（2）活动横梁空程快速下降　电磁铁 1YA、5YA 通电，阀 10 和电磁换向阀 11 右位接入系统。液控单向阀 12 的控制腔通过阀 11 接泵 1 输出的控制液压油，阀 12 被打开，主工作缸下腔的油液经阀 12、阀 10 和阀 4 排回油箱。活动横梁失去了活塞下腔的支承，在重力作用下迅速下行，同时在主缸上腔形成的负压使充液阀 14 打开，充液箱中的油液迅速补充

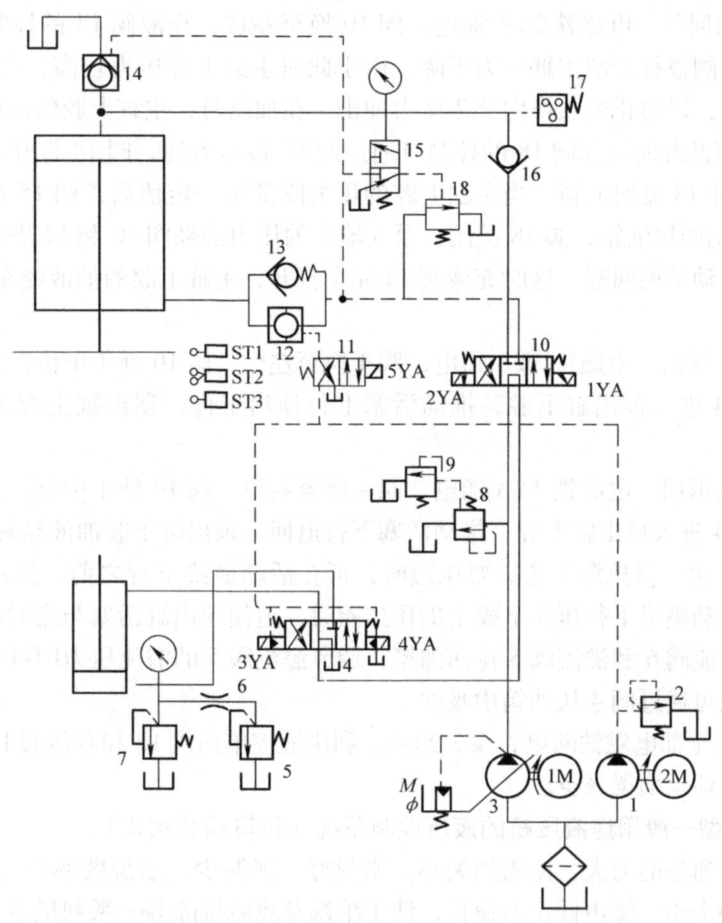

图 3-47 Y32-315 型一般通用液压机液压原理图

1—控制液压泵 2、5、7、8—溢流阀 3—主液压泵 4、10—电液换向阀 6—节流阀 9—远程调压阀 11—电磁换向阀 12—液控单向阀 13—背压阀 14—充液阀 15—液动滑阀 16—单向阀 17—压力继电器 18—顺序阀

到主缸上腔中。同时，主液压泵 3 输出的油液经阀 10 和单向阀 16 进入主工作缸上腔。

（3）活动横梁慢速下降及加压 为了防止上、下模及工件之间产生撞击，当活动横梁快速下行到接近工件时触动行程开关 ST2，电磁铁 5YA 断电，阀 11 复位，阀 12 关闭，主缸下腔的油液需经背压阀 13、阀 10 和阀 4 排回油箱，阀 13 在主缸下腔产生的背压使主缸上腔负压消失，充液阀 14 关闭。这时活塞靠液压泵输入的压力油推动下行，使活动横梁下行速度减慢，此时的活动横梁下行速度可以通过调节泵 3 的供油量来控制。当上模接触到工件后，开始对工件加压。

（4）保压 若工艺有保压要求，则使 1YA 断电，阀 10 复位，泵 3 卸荷，不再向主液压缸供油。主缸上腔的油液被单向阀 16 及充液阀 14 的密封锥面封闭，靠缸内油液及机架的弹性进行保压。在保压过程中，由压力继电器 17 控制主缸上腔压力。当主缸上腔压力低于设定值时，由压力继电器 17 发讯，1YA 通电，泵 3 向主缸上腔补油升压。当压力升高到一定值时，压力继电器 17 再发讯使 1YA 断电，液压泵卸荷。

（5）卸压和回程　电磁铁2YA通电，阀10换至左位，充液阀14的控制腔接泵3输出的压力油，卸荷阀被打开使主缸压力下降。由于此时主缸上腔压力较高，充液阀不能打开，延长了卸压时间，以防止突然换向产生压力冲击。在加压时，主缸上腔的高压推动液动滑阀15换至上位，因此此时顺序阀18的控制口通过阀15接压力油，阀18打开，使泵3输出的压力油经阀10和18流回油箱。当主缸上腔的压力降低至一定值后，阀15在弹簧作用下复位，阀18的控制腔接油箱，阀18关闭，泵3输出的压力油经阀10和12进入主缸下腔推动活塞上行，使活动横梁回程，这时充液阀14完全打开，主缸上腔的油液经充液阀14排回充液箱中。

（6）顶出缸顶出　电磁铁3YA通电，阀4换至左位，阀10处于中位，泵3输出的压力油经阀10和阀4进入顶出缸下腔，推动活塞上行顶出工件，顶出缸上腔油液经阀4排回油箱。

（7）顶出缸退回　电磁铁4YA通电，阀4换至右位，阀10处于中位，泵3输出的压力油经阀10和阀4进入顶出缸上腔，推动活塞下行退回，顶出缸下腔油液经阀4排回油箱。

（8）浮动压边　当拉深工艺需要压边时，可在活动横梁下行之前，使顶出缸上行到上死点位置。当活动横梁下行压住下模上的压边圈时，迫使顶出缸活塞与之同步下行，顶出缸下腔的油液经节流阀6和溢流阀5排回油箱，调节溢流阀5的溢流压力即可改变压边力的大小，顶出缸上腔可通过阀4从油箱中吸油。

（9）停止　全部电磁铁断电，泵3卸荷。利用液控单向阀12和背压阀13的锥面将主缸下腔油液密封，活动横梁悬空。

2. Y32-315型一般用途液压机的液压控制系统（逻辑插装阀式）

插装阀具有通油能力大，流阻损失小，密封好，泄漏少，系统效率高，工作可靠性高，阀芯动作快，冲击小，噪声低，寿命长，便于维修及故障排除等一系列优点，在一般用途液压机中得到广泛的应用。Y32-315型一般用途液压机的逻辑插装阀式液压控制系统由液压泵、插装阀集成装置、充液装置以及行程开关等组成，如图3-48所示。其电磁铁动作顺序见表3-4。

表3-4　电磁铁动作顺序表

动作	电磁铁									电动机
	1YA	2YA	3YA	4YA	5YA	6YA	7YA	8YA	9YA	
电动机起动										+
空程快速下降	+				+			+	+	+
慢速下降及加压	+					+		+		+
保　压										+
卸　压		+					+			+
回　程	+						+		+	+
顶出缸顶出	+			+						+
顶出缸退回	+		+							+
停　止										+

注：+表示电磁铁通电。

插装阀集成装置由调压卸荷控制回路块、带吸油阀的控制回路块及动梁支承控制回路块等3个基本回路块组成，由内部孔道互相连接，外接管道极少，使液压控制系统得到简化。

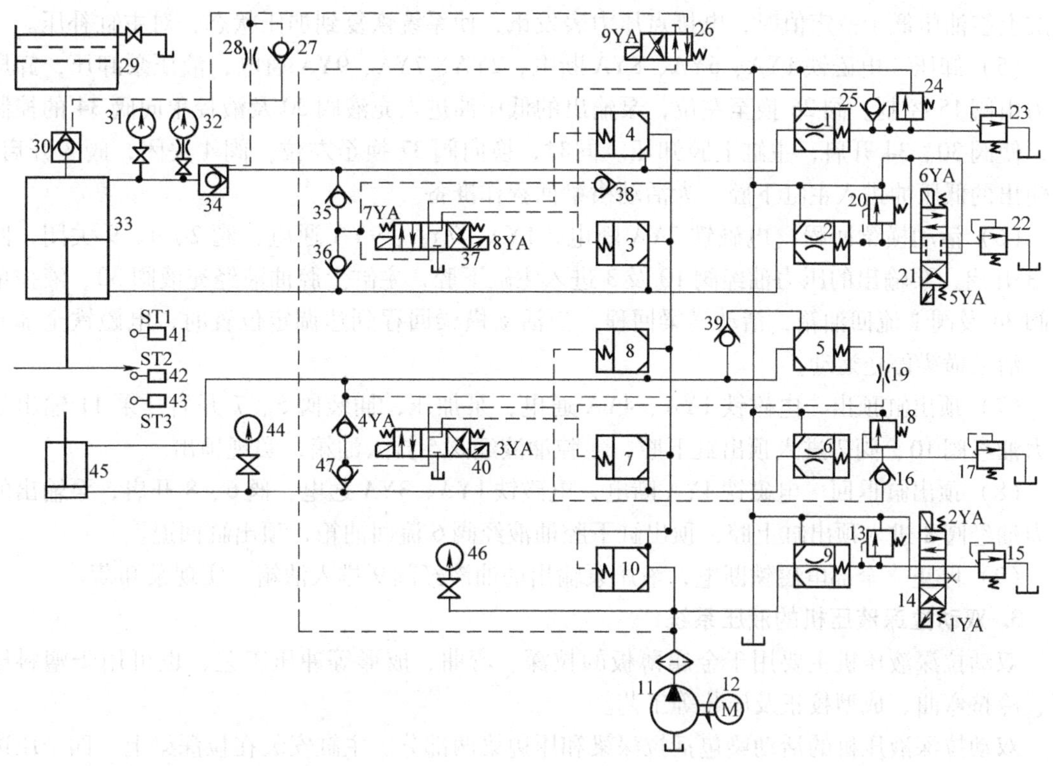

图3-48 3150kN液压机液压控制系统（逻辑插装阀）

1～10—插装阀 11—高压泵 12—电动机 13、15、17、18、20、22、23、24—溢流阀 14、21、26、37、40—电磁换向阀 16、25、27、35、36、38、39、47—单向阀 19、28—节流阀 29—充液罐 30—充液阀 31、32—电节点压力表 33—主工作缸 34—液控单向阀 41、42、43—行程开关 44、46—压力表 45—顶出缸

液压控制的动作说明如下：

（1）电动机起动 电磁铁全部处于断电状态，电动机起动，液压泵11空载运转，泵11输出的油经阀9流回油箱，处于卸荷状态。

（2）活动横梁空程快速下降 电磁铁1YA、5YA、8YA、9YA通电，阀14换至下位，插装阀9关闭，泵输出压力油；阀21换至下位，插装阀2开启，主缸下腔经阀2通油箱快速放油，活动横梁靠重力作用快速下降，同时主缸上腔形成负压；阀37换至右位，插装阀4开启，泵输出的油经阀4进入主缸上腔补油；阀26换至左位，使充液阀30的控制腔通压力油，充液阀30开启，充液罐同时向主缸上腔补油。

（3）活动横梁慢速下降及加压 当活动横梁下降到接近工件时，触动行程开关ST2，使5YA、9YA断电，6YA通电。换向阀21换至上位，插装阀2上腔与溢流阀22接通，在阀22的调定压力下溢流，使主缸下腔产生一定的背压。同时，阀26复位，充液阀30关闭，停止充液。液压泵供油给主缸上腔，活动横梁慢速下降，下降速度取决于泵的输出流量。活动横梁继续下行，与工件接触后，随着工件变形抗力的增加，主缸上腔油压升高，但活动横梁的压下速度仍取决于泵的输出流量。

（4）保压 当主缸上腔压力达到电接点压力表32调定的压力值时，发出讯号，电磁铁全部断电，插装阀除阀9外全部关闭，泵卸荷，主缸上腔通过液控单向阀34闭锁保压。当主缸上腔油压低于一定值时，电接点压力表发讯，使系统恢复到加压状态，对主缸补压。

（5）卸压　电磁铁1YA、6YA、8YA断电，2YA、7YA、9YA通电，液压泵卸压，卸压压力由阀15控制。阀26换至左位，泵输出的低压油进入充液阀30及液控单向阀34的控制腔，使阀30、34开启，主缸上腔卸压。同时，换向阀37换至左位，阀4关闭，阀3开启，泵输出的低压油进入主缸下腔，为活动横梁回程作准备。

（6）活动横梁回程　电磁铁2YA断电，1YA、7YA、9YA通电，阀2、4、9关闭，阀1、3开启，泵输出的压力油经阀10及3进入主缸下腔，主缸上腔油液经充液阀30、液控单向阀34及阀1流回油箱，活动横梁回程。当活动横梁回程到达调定位置时，电磁铁全部断电，活动横梁停止运动。

（7）顶出缸顶出　电磁铁1YA、4YA通电，泵加压，插装阀5、7开启，泵11输出的压力油经阀10、阀7进入顶出缸下腔，上腔油液经阀5排入油箱，实现顶出。

（8）顶出缸退回　电磁铁4YA断电，电磁铁1YA、3YA通电，阀6、8开启，泵输出的压力油经阀8进入顶出缸上腔，顶出缸下腔油液经阀6流回油箱，顶出缸回退。

（9）停止　全部电磁铁断电，液压泵输出的油液经阀9排入油箱，实现泵卸荷。

3. 双动拉深液压机的液压系统

双动拉深液压机主要用于金属薄板的拉深、弯曲、成形等冲压工艺，也可用于塑料压制、冷挤弯曲、成型校正及压装等工艺。

双动拉深液压机的活动梁包括拉深梁和压边梁两部分。主缸安装在拉深梁上，四个压边缸安装在压边梁内并随之一起移动。工作时压边梁与工件接触后停止运动并对工件施加压力，压边缸内的多余液体压缩后经溢流阀排回油箱。拉深梁继续下行，直到拉深完成后，拉深梁首先回程，回程一段距离后带动压边梁回程。

为了满足工艺要求，双动拉深液压机应设有压边缸保压系统，使压边力在整个拉深过程中保持稳定，以保证拉深和压边质量。并要求工作压力、压制速度、行程均可根据需要在规定的范围内调整。可实现顶出缸不顶出、正拉深及反拉深三种工作状态和定压及定程两种压制方式。

图3-49为双动拉深液压机的液压原理图，其电磁铁动作顺序见表3-5。

表3-5　电磁铁动作顺序表

动作	电磁铁									电动机	
	1YA	2YA	3YA	4YA	5YA	6YA	7YA	8YA	9YA	1M	2M
电动机起动										+	+
动梁快速下行	+				+			+	+	+	+
动梁慢速下行	+					+		+		+	+
加压	+				+			+		+	+
保压										+	+
卸压		+					+			+	+
回程	+						+		+	+	+
顶出缸顶出	+			+						+	+
顶出缸回程	+		+							+	+
停止										+	+
紧急停止											

注：+表示电磁铁通电。

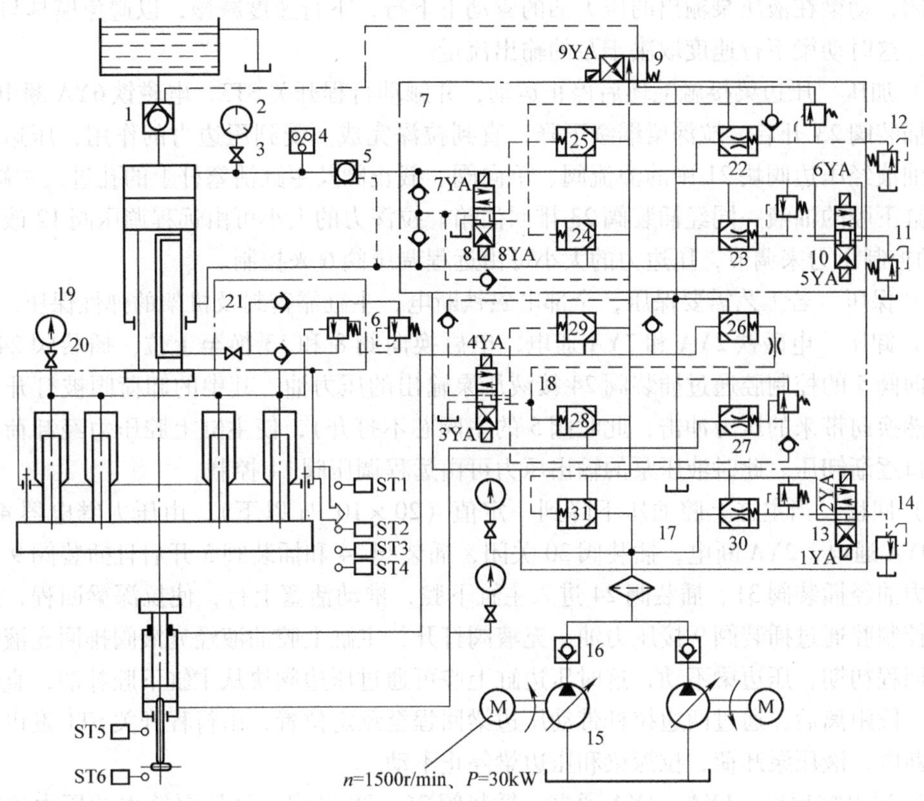

图3-49 HD-026型5000kN双动拉深液压机液压原理图

1—充液阀 2、3、19、20—压力表及开关 4—压力继电器 5—液控单向阀 6—顺序阀 11、12、14—远程调压阀 7—动梁支承阀块 8、9、10、13—电磁换向阀 15—液压泵 16—单向阀 17—调压卸荷阀块 18—拉深缸控制阀块（带吸油阀） 21—压边缸控制阀块 22～31—插装阀

该系统的工作原理如下：

（1）电动机起动 全部电磁铁断电，起动电动机1M、2M，驱动液压泵15向系统供油。此时，泵输出的液压油经插装阀30排回油箱，液压泵处于卸荷状态。

（2）动梁快速下行 电磁铁1YA、5YA、8YA、9YA通电，插装阀23、31开启，插装阀30关闭，电磁换向阀9换至左位。主工作缸活塞下腔的油液经插装阀23排回油箱，动梁失去支承后在重力的作用下快速下降，在主缸上腔形成负压。同时，液压泵输出的部分压力油经插装阀31和阀9进入充液阀1的控制腔，充液阀1在此压力和主缸上腔负压的共同作用下被打开，压机顶部充液箱中的油液大量补充到主缸上腔。另一部分压力油经插装阀31和25也进入主工作缸上腔。

（3）动梁慢速下行 当压边梁快速下降到接近工件时，触动行程开关ST2，电磁铁5YA、9YA断电，1YA、6YA、8YA通电，阀9复位，阀10换至上位。插装阀23的控制腔接远程调压阀 11，在主缸下腔产生背压（其压力大小可由阀 11 进行控制）。阀 9 复位使充液阀关闭，动梁在液压泵输出的压力油的驱动下下行，下行速度减慢，以避免模具与毛坯发生撞击。这时动梁下行速度取决于泵的输出流量。

（4）加压　压边梁接触毛坯后停止运动，并触动行程开关 ST3，电磁铁 6YA 断电，5YA 通电，插装阀 23 开启，拉深梁继续下降，直到拉深完成。受到压边力的作用，压边缸上腔的多余油液经压边阀块 21 中的溢流阀、单向阀、截止阀及主缸活塞杆上的孔进入主缸下腔，并与主缸下腔的油液一同经插装阀 23 排回油箱。拉深力的大小可由远程调压阀 12 改变插装阀 22 的控制压力来调节，压边力的大小可由远程调压阀 6 来控制。

（5）保压　若工艺需要保压，全部电磁铁断电，主缸靠密封及机架的弹性保压。

（6）卸压　电磁铁 2YA 和 7YA 通电，电磁换向阀 8 和 13 换至上位，插装阀 24 打开。此时单向阀 5 的控制腔通过插装阀 24 接液压泵输出的压力油，其中的卸荷阀被打开（为了防止突然换向带来的压力冲击，此时阀 5 的主阀芯不打开），使主缸上腔压力经卸荷阀上很小的阀口逐渐卸压。此时液压泵的输出压力可由远程调压阀 14 控制。

（7）回程　当主缸上腔油压下降到一定值（20×10^5Pa 以下），由压力继电器 4 发讯，1YA、9YA 通电，2YA 断电，插装阀 30 关闭，插装阀 24 和插装阀 5 开启且插装阀 9 换至左位。压力油经插装阀 31、插装阀 24 进入主缸下腔，推动活塞上行，使拉深梁回程，此时充液阀 1 控制腔通过插装阀 9 接压力油，充液阀打开，主缸上腔油液经充液阀排回充液箱。在拉深梁回程初期，压边梁不动，这时压边缸上腔可通过压边阀块从主缸下腔补油，直到拉深梁回程一段距离后，通过两边拉杆带动压边梁回程至预定位置，由行程开关 ST1 发讯使电磁铁全部断电，液压泵卸荷，拉深梁和压边梁停止不动。

（8）顶出缸顶出　1YA、4YA 通电，插装阀 26、28 开启，液压泵输出的压力油经插装阀 31、28 进入顶出缸下腔，推动顶出缸活塞上行，顶出工件，顶出缸上腔油液经插装阀 26 流回油箱。

（9）顶出缸退回　1YA、3YA 通电，插装阀 27、29 开启，液压泵输出的压力油经插装阀 31、29 进入顶出缸上腔，活塞退回，活塞下腔油液经插装阀 27 流回油箱。

（10）停止　全部电磁铁断电，液压泵卸荷。

4. 薄板冲压液压机

薄板冲压液压机用于黑色金属及有色合金薄板的落料、冲裁、弯曲、翻边成形以及简单拉深等工序，同时也可完成一般通用液压机所具备的校正、压装以及砂轮、粉末制品压制成形等工作，用途比较广泛。

YA27-500 型 5000kN 单动薄板冲压液压机液压系统采用逻辑阀集成系统，结构紧凑。机器的液压系统部分（包括五个集成块、充液箱、电动机及泵等）都安装在机器上部的平台上。图 3-50 为 YA27-500 型液压机的逻辑阀集成系统原理图，表 3-6 为机器及电磁铁动作顺序表。

液压泵起动后靠插装阀 12 卸荷，卸荷时 1YA 和 11YA 均断电，泵排出的油经插装阀 11、缓冲阀 1 和电磁换向阀流回油箱，缓冲器 1 的作用是减少泵卸荷时的冲击。工作行程时，1YA 通电，由溢流阀 3 控制主缸上腔压力（可在 250×10^5Pa 以下调整）。回程时 11YA 通电，由溢流阀 2 控制系统的安全压力为 280×10^5Pa。插装阀 13 和 14 分别控制主缸上腔和下腔进油；插装阀 15 和 16 是带阻尼孔的，分别控制上腔和下腔排油，并相应以阀 11 和阀 6

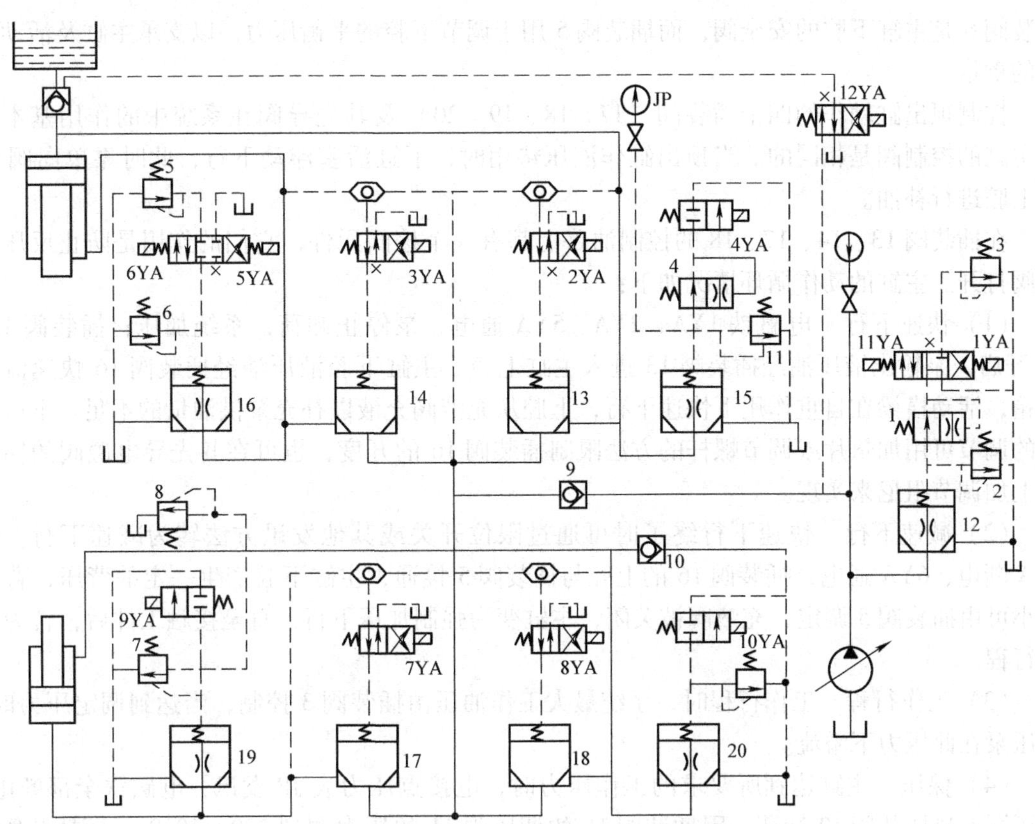

图 3-50 YA27-500 型液压机逻辑阀集成系统原理图

1、4—缓冲阀 2、3、5—溢流阀 6、7、8、11—安全阀 9、10—单向阀 12 ~ 20—插装阀

作为上、下腔的安全阀。

表 3-6 YA27-500 型冲压液压机电磁铁动作顺序表

缸	动作顺序	电磁铁											
		1YA	2YA	3YA	4YA	5YA	6YA	7YA	8YA	9YA	10YA	11YA	12YA
主缸	快速下行	+	+			+							
	减速下行	+	+				+						
	工作行程	+	+				+						
	保压												
	预卸压				+								
	回程			+	+							+	+
	停止												
顶出缸	顶出							+			+	+	
	停止												
	回程									+		+	

注：+表示电磁铁通电。

回程时，主缸通过插装阀 15 排油，因有缓冲阀 4 的作用，可使液压缸从工作行程转换到回程的过程中，上腔缓慢地卸压，减少液压冲击。插装阀 16 配有两个先导调压阀，其中

插装阀 6 是主缸下腔的安全阀，而插装阀 5 用于调节下腔的平衡压力，以支承主缸及活动部分的重量。

控制顶出缸动作的四个插装阀（17、18、19、20）及其先导阀在系统中的作用基本上与主缸的控制阀是相同的。当顶出缸作液压垫用时，下缸活塞浮动下行，此时靠单向阀 10 对上腔进行补油。

在插装阀 13、14、17、18 的控制油路上都有一个梭阀元件，它们的作用是防止反压将锥阀打开。主缸的动作循环情况如下：

（1）快速下行　电磁铁 1YA、2YA、5YA 通电，泵停止卸荷，系统加压；插装阀 13、16 开启，泵输出液压油经插装阀 13 进入主缸上腔。主缸下腔液压油经插装阀 16 快速流回油箱，活动横梁在自重作用下快速下行，上腔从充液阀充液以补充泵供油量的不足。下行速度的调节可用加垫片或调节螺杆的方法限制插装阀 16 的开度，也可在其先导电磁阀的回油路上加调节阻尼来实现。

（2）减速下行　快速下行终了时可通过限位开关或其他发讯方法转为减速下行。即 5YA 断电，6YA 通电，插装阀 16 的上腔与插装阀 5 接通，主缸下腔产生一定的背压，背压大小可由插装阀 5 调定，充液阀被关闭，主缸变为强制加压下行，直至接触工件后，转为工作行程。

（3）工作行程　工作行程时，系统最大工作油压由插装阀 3 控制，当达到调定压力时，液压泵在此压力下溢流。

（4）保压　主缸达到所要求的工作压力时，电接点压力表 JP 发讯，电磁铁全部断电，液压泵通过插装阀 12 卸荷。因插装阀 15 的调压阀 11 的压力调到 280×10^5Pa，而插装阀 3 只调到 250×10^5Pa，插装阀 15 不能开启，将主缸上腔液压油闭锁，系统实现保压。

（5）预卸荷　保压过程经延时继电器控制达到预定的时间后，使电磁铁 4YA 通电，插装阀 15 上腔通过缓冲器阀接通油箱，主缸卸荷。调节缓冲阀 4，可改变主缸卸荷时间，消除液压冲击。

（6）回程　主缸上腔卸压后经延时继电器转入回程。这时，电磁铁 11YA、3YA、4YA 和 12YA 通电，插装阀 12 关闭，泵供给压力油。插装阀 14、15 开启，液压油经插装阀 14 进入主缸下腔使活塞回程。充液阀控制腔通压力油，被强制打开，主缸上腔的油经充液阀和插装阀 15 分两路排入油箱。

（7）停止　当活动横梁回到上限位置时，触动行程开关，或者按停止按钮，使全部电磁铁断电，插装阀 12 开启使液压泵卸荷，插装阀 14、15、16 全部关闭，活动横梁停止运动。

（8）顶出缸顶出　电磁铁 7YA、10YA、11YA 通电，插装阀 17、20 打开，泵输出的液压油经插装阀 17 进入顶出缸下腔，顶出缸上腔的液压油经插装阀 20 流回油箱，实现顶出。

（9）顶出缸回退　电磁铁 8YA、9YA、11YA 通电，插装阀 18、19 打开，泵输出的液压油经插装阀 18 进入顶出缸上腔，顶出缸下腔的液压油经插装阀 19 流回油箱，实现回退。

3.4　液压机的控制系统

液压机的液压系统和整机结构方面已经趋于成熟，国内外液压机的发展主要体现在控制方面。微电子技术的飞速发展为改进液压机的性能、提高稳定性和加工效率等方面都提供了前提条件。

3.4.1 液压机控制系统的发展

随着电子技术的发展，多种机电一体化液压元件和电子传感检测元件的开发，以及微处理机的普及，促进了数控技术在液压机上的广泛应用。数控技术综合利用了计算技术、自动控制和精密测量方面的最新技术，大大提高了液压机的自动化程度，缩短了加工时间和辅助时间，提高生产率。能适应各种不同的生产规模，具有较大的柔性，可存储加工用的优化程序，供随时调用，以实现最佳工艺过程。

目前国内外生产的各类大、中型液压机，几乎都采用了计算机控制。例如德国希德拉普压力机（Hydrapressen）公司生产的10000kN以下的CNC快速液压机系列，耐夫公司生产的EZP型160~2500kN的CNC单柱拉深液压机系列，以及Feintool-SMG合作生产的HFA400型4000kN的CNC精密冲裁液压机等。我国天津锻压机床厂生产的YT28-500/800型5000kN/8000kN双动薄板拉深液压机和湖州机床厂的Y28-100/150型1000kN/1500kN双动薄板拉深液压机等均采用可编程序控制器PLC控制。只有在为小型加工厂或为加工精度要求不高的民用生活用品而生产的小型液压机中，仍保留着传统的继电器控制方式。其电路结构简单，技术要求不高，成本较低，相应控制功能简单，适应性不强。主要用于单机工作，加工产品精度不高的大批量生产时，也可组成简单的生产线。

3.4.2 可编程序控制器（PLC）

可编程序控制器（PLC）是在继电器控制和计算机控制发展的基础上开发出来的，并逐渐发展成为以微处理器为核心，将自动化技术、计算机技术、通信技术融为一体的新型工业自动控制装置，是一种专门用于逻辑控制的控制装置。自1969年问世以来，在各行各业中的应用相当广泛，尤其是在化工、铸造、家用电器等行业。一些厂家采用微电子处理器作为可编程序控制器的中心处理单元（CPU），不仅可以进行逻辑控制，还可以对模拟量进行控制，扩大了控制器的功能。

小型PLC硬件有如下基本元器件：开关量输入（信号输入）X、执行继电器Y、中间继电器M、延时继电器T、计数器C。利用这些元件编制各种不同的PLC程序（梯形图），就可以完成各种不同的控制功能。

在PLC出现以前，过程控制都由继电器完成，PLC出现后代替继电器控制，与继电器控制相比，有如下优点：

1）接线数量大大减少，减少了工作量，且易于检查。

2）各个继电器之间的联锁，发讯元件对执行元件的控制都由软件完成，避免了由于继电器触点过多而造成的动作不可靠。

3）由于继电器的触点是有限的，在应用时往往由于继电器的触点不够而不得不并入额外的继电器，因而增加了继电器的数量和接线。而PLC中间继电器和执行继电器的触点数量是无限的，可在任何需要的地方使用任意多的触点。

4）由于控制及联锁是软件实现（梯形图），在调试时如发现问题，只需修改梯形图而不用改变接线，使调试变得方便易行。

PLC还具有很多的优点：功能全、通用性强，带编程器，编程方法简单易学；输入输出装置均有光电隔离，抗干扰能力强，可靠性高；输入信号可直接引自现场，输出信号可直接带动执行机构，使用方便；具有扩展功能，以适应生产规模的变化；能与计算机通信；安装灵活方便，维修和故障处理简单。

可编程序控制器（PLC）有较高的稳定性和灵活性，但还是介于继电器控制和工业控制机控制之间的一种控制方式，与工业控制机相比还有很大的差距。当前，国内有部分厂家采用该控制系统，国外厂家如丹麦的 STENHQJ 公司采用 STEMENS 的可编程序控制器，实现对压力和位移的控制。

3.4.3　应用高级微处理机（或工业控制计算机）的高性能控制系统

工业控制计算机控制方式是在计算机控制技术成熟发展的基础上采用的一种高技术含量的控制方式。这种控制方式以工业控制机或单片/单板机作为主控单元，通过外围接口器件（如 A/D，D/A 板等）或直接应用数字阀来实现对液压系统的控制，同时利用各种传感器组成闭环回路式控制系统，达到精确控制的目的。这种控制方式的主要特点如下：

1）具有友好的人机交互性，操作简单。如 BROWN BOGGS 公司的产品，可通过数字面板显示输入压力、快进和回程速度、压制速度及保压/停机时间参数，极大地减轻了劳动强度。

2）控制精度高。数字控制的行程长度及工作行程与传统的机械式行程开关控制相比，精度有极大的提高。一般控制精度可达到 0.05mm。

3）易于实现高速化，提高生产效率。如美国的 FERRA 公司通过采用电子微处理控制方式，工作循环比以前快 60%。

4）可顺利实现对工作参数（压力、速度、行程等）的单独调整。通过对工作参数的单独控制，调整被加工材料的流动，能进行复杂工件和不对称工件的加工。

5）预存工作模式，可对不同工件的工艺过程、工艺参数预先存储和重复调用，缩短调整时间，这与柔性加工要求相适应。

6）对高速下的换向冲击可利用软件来消除，以降低噪声，提高系统的稳定性。

7）在安全方面，可利用软件进行故障预诊断，并自动修复故障和显示错误。

8）易实现生产线的集成控制，组成柔性生产线及与上位机进行通信和实现调度控制。

现代化的大、中型液压机，由于系统复杂，常采取 PLC 与工业控制计算机联合控制的方法。目前，国外众多液压机生产厂家生产这种高性能的工业控制机控制方式的液压机产品，如美国的 MULTIPRESS、丹麦的 STENHQJ 及加拿大的 BROWN BOGGS 等公司。正是因为采用这种先进的控制方式，使整机的控制性能和生产效率都有很大的提高。与国外发展情况相比，国内很少有采用工业控制机控制方式的产品，成熟的产品是采用可编程序控制器（PLC）的控制方式。

3.4.4　PLC 程序控制系统应用实例

下面以 1000t 油压机为例，将油压机的 PLC 程序控制系统简述如下。

1. 油压机对控制的要求

1000t 油压机的吨位较大，其液压系统的压力高、流量大。为确保设备正常使用，安全可靠，提高生产效率，便于操作，除必须实现滑块下行、压制、保压、卸压、滑块回程、顶出等基本动作外，对控制系统还提出以下几个方面的要求。

（1）动作限位控制　包括工作滑块行程的上、下限位控制，顶出缸顶出动作的上、下限位控制。

（2）滑块工作行程的调速控制　滑块工作行程包括滑块快速下行、滑块减速下降、压制行程和保压，其中前两个动作属于滑块空载行程，即完成工艺所需的辅助动作，速度要求较快，如快速下行速度为5×10^{-2}m/s。压制行程由工艺特点所决定，一般都低于空载速度1个数量级。此外，保压时间要能任意选择，以满足不同封头成形工艺的要求。

（3）油压机液压系统中的油温、油压、油位以及易堵塞部位的油路通畅状况的控制　由于充液罐安装在油压机顶部，油位不便于观察，应设置上、下限油位报警及补油或泄油系统。为保证液压系统安全运行，要实行超压控制。

2. PLC控制系统设计与软件编制

1000t油压机的控制系统是以PLC控制器为核心，加上输入输出模块、编程器和储存器等，再辅之以其他电气开关件（空气开关、接触器等）。系统选用了日本和泉公司FA-2J型可编程序控制器，整个系统分成两部分，即电控柜和操作台。FA-2J模块配置见表3-7。

表3-7　FA-2J　模块配置表

序号	名称	型号	数量
1	主控制器	PF2J—CPUIE	1
2	编程器	PF2—ZH4RE	1
3	存储器	PFA—IMZL	1
4	输入模块	PFJ—NO84	4
5	扩展模块	PFJ—TO81	4
6	扩展底板	PFJ—EBL	3
7	编程电缆	PFA—IALL	

（1）系统控制设计主要内容　根据1000t油压机基本动作、液压系统特点以及压制封头工艺流程，该控制系统的控制内容如下。

1）电动机控制。两台电动机分别控制，可同时工作或单独工作。

2）急停控制。根据设备及现场工况的特点，在程序中设置了解除急停密码，其作用是当按下急停按钮后，设备全部停车，但急停按钮复位后，仍无法开车，需要根据一定规则按指定按钮，方可起动设备，这一设计考虑的是防止意外事故未处理完毕就起动设备，以提高安全性。工艺动作顺序控制：在手动状态操作时，根据工艺动作顺序要求，各按钮指令在编程时，设置了互锁和顺序锁。即操作工在按动按钮操作时，只能按照工艺动作顺序才能动作，否则PLC　不执行按钮指令，同时报警。如果设备在程序控制（亦即自动）状态下运行，则手动操作按钮无效，并发出报警信号。

3）保压时间调节控制。由于压制不同工件所需保压时间也各异，因此保压时间调节要准确方便。针对这一情况，在设计时采用了三个两位式旋纽组成输入点阵，利用PLC内部时间继电器完成分级定时。

4）行程限位控制。滑块行程和顶出行程上、下限位控制以及滑块工作行程各调速段行程位置控制均采用了外设行程开关与PLC内设时间继电器定时双控制，以确保设备运行的安全性和可靠性。

5）油压、油位和油温的控制。该系统在设计时考虑了对充液罐油位、油箱油温以及主油路油压的控制。

根据上述控制内容，整个系统输入、输出接口的工作情况见表 3-8。

表 3-8　输入输出接口情况

地址	功能	地址	功能
000	PLC 运行启停控制	200～205	A、B 电动机Y-△起动
001	急停控制	206～217	各电磁阀
002～003	A、B 电动机起停控制	220～223	液压站执行机构
004～011	行程开关输入信号	224～237	各指示灯
012～014	外部时间设定	—	—
015～016	运行控制状态选择	—	—
017	自动运行起动控制	—	—
020	自动运行暂停控制	—	—
021～024	液压站反馈信号		
025～037	各动作控制按钮		

（2）软件编制　1000t 油压机的 PLC 控制软件包括液压站起停、状态监测、自动运行和手动操作四部分。其逻辑原理如图 3-51 所示，电磁阀动作梯形图如图 3-52 所示。

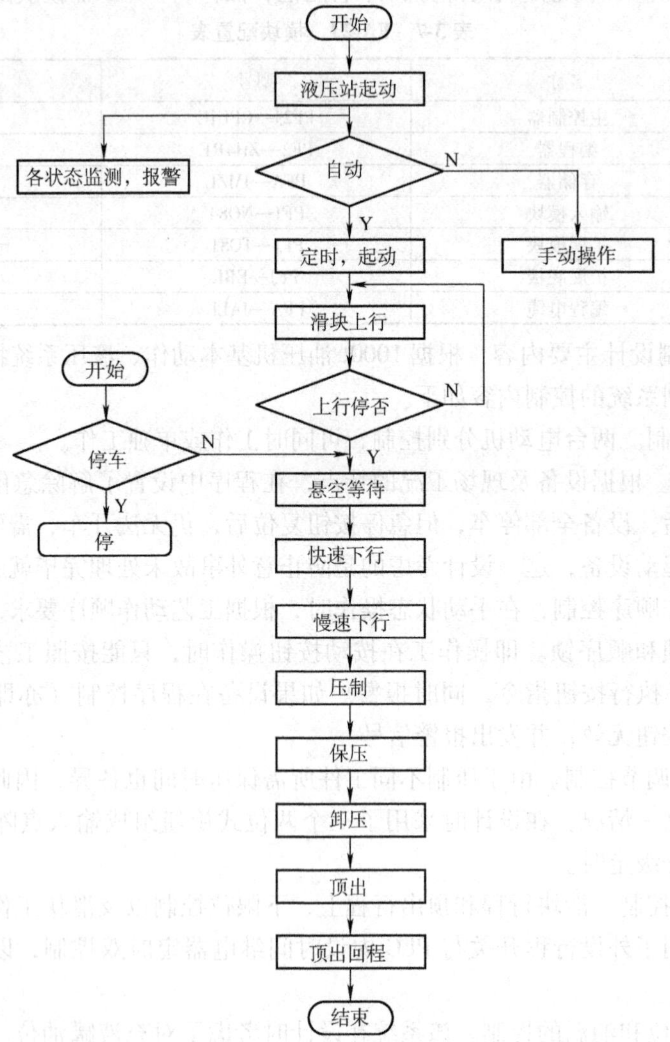

图 3-51　控制逻辑原理图

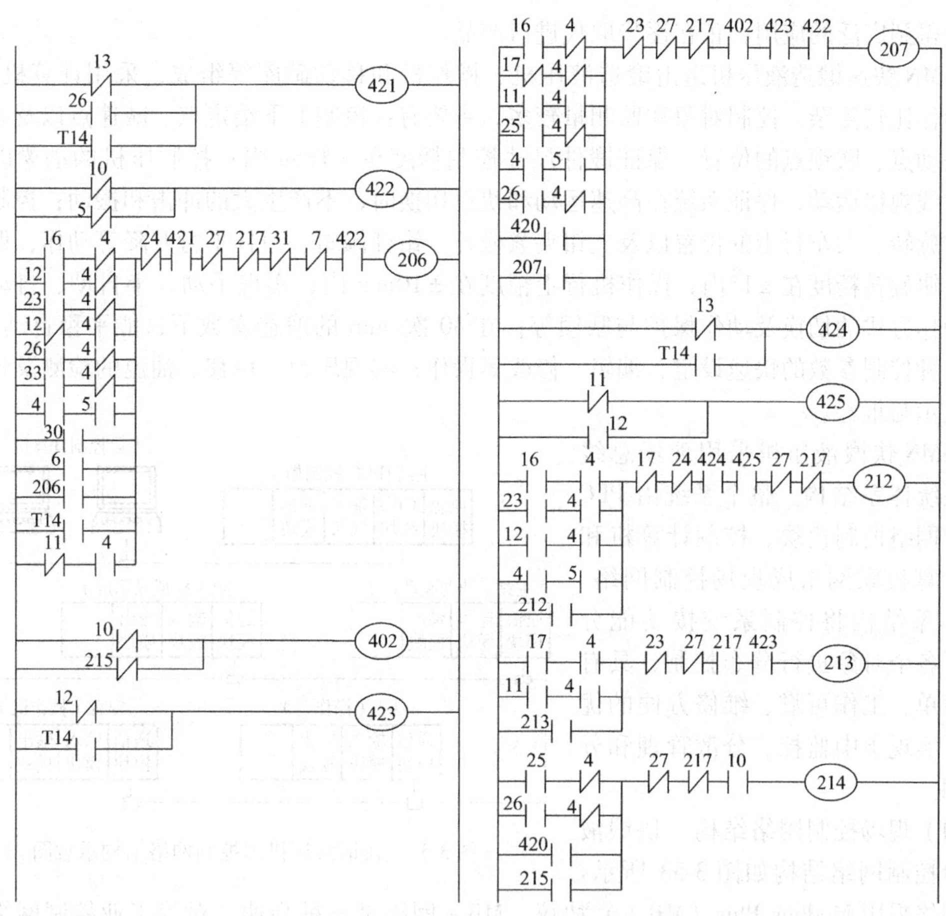

图 3-52 电磁阀动作梯形图

1000t 油压机可实现下列动作要求，如滑块快速下行、滑块减速下行、压制、保压、卸压、滑块回程、顶出行程和顶出回程等，该 PLC 控制系统具有下列性能特点：

1）采用以 PLC 程序控制器为主的控制系统与继电器或其他控制装置相比，具有体积小、可靠性高、价格较便宜和使用维护较简单等优点。

2）PLC 控制系统具有良好的灵活性和可扩展性，并且程序的编写和修改都很容易。现场技术人员或操作人员可以根据不同成形工艺的要求，事先编好程序输入 PLC 的 CPU，便可按程序指令实现各种动作。

1000t 水压机改为油压机后，可以进行手动按钮操作和程序控制运行。前者主要用于调整模具、试压等，后者用于正常生产。与原水压机手动操作相比，减轻了操作工人的劳动强度，并使工艺动作的连续协调性和准确性有了很大提高，从而提高了设备的生产效率和成品率，具有明显的经济效益。

PLC 控制系统结合外设行程开关，可以实现各种成形的自动控制，若再配合以合适的机械手和加热设备，可实现锅炉封头整个成形过程的自动化。

3.4.5 16MN 快锻液压机组的计算机控制

华中科技大学和兰州兰石集团经过多年的共同努力，研制的 8MN、16MN 快锻液压机已在全国得到广泛的应用，正在逐步取代进口产品。

16MN快速锻造液压机组由锻造液压机、操作机和移动砧库等组成，采用计算机控制。它的动作比较复杂，控制对象和监测量较多，主要有：控制上下给定点、减速点以及和操作机的联动点、联锁点的位置，保证锻件尺寸控制精度在±1mm内；控制压机的动梁以近似正弦曲线规律运动，保证系统在高速运动和快速切换时，不产生大的冲击和振动；控制操作机夹钳旋转、大车行走的位置以及夹钳夹紧松开、钳杆倾斜、钳杆平行升降等动作，保证操作机夹钳旋转精度在±1°内，操作机行走精度在±10mm内；实现手动、半自动、自动、联动等操作方式的切换及动作保护与联锁等；在80次/min的锻造次数下，能平稳自动联动；实现各种控制参数的快速设定、编辑、修改等操作；实现压力、位移、油温的检测及各种状态的显示与报警。

16MN快锻液压机采用现场总线控制系统体系结构。整个系统由PLC系统、网络控制模块、控制计算机和监测计算机联网组成现场控制网络。这种体系结构将控制系统按功能分散，对各个对象进行分布控制，具有结构简单、工作可靠、维修方便的优点，可实现集中监控、分散管理和分散控制。

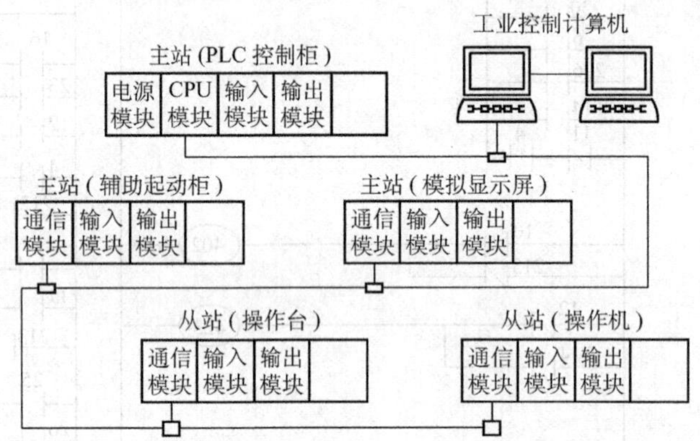

图3-53　快锻液压机组控制网络结构示意图

（1）现场控制网络结构　快锻液压机组控制网络结构如图3-53所示。控制网络采用Modbus Plus（MB+）协议，MB+网络是一种高速、对等工业控制网络，允许多台计算机、PLC及其他数据源对等通信，数据传送速度可达1MB/s，其通信介质是双绞线。PLC主机及控制计算机通过控制网络直接读写各节点的数据，再由每一节点进行输入/输出控制。

（2）计算机系统体系结构　控制计算机完成快锻液压机和操作机的手动、自动、半自动及联动（程序）控制。监测计算机用来动态显示系统的各种状态和关系曲线。PLC完成系统的各种辅助动作控制。网络模块完成各种现场信号的输入/输出，控制计算机通过通信口与PLC系统交换信息，监测计算机通过TCP/IP协议与控制计算机通信，计算机系统组成框图如图3-54所示。

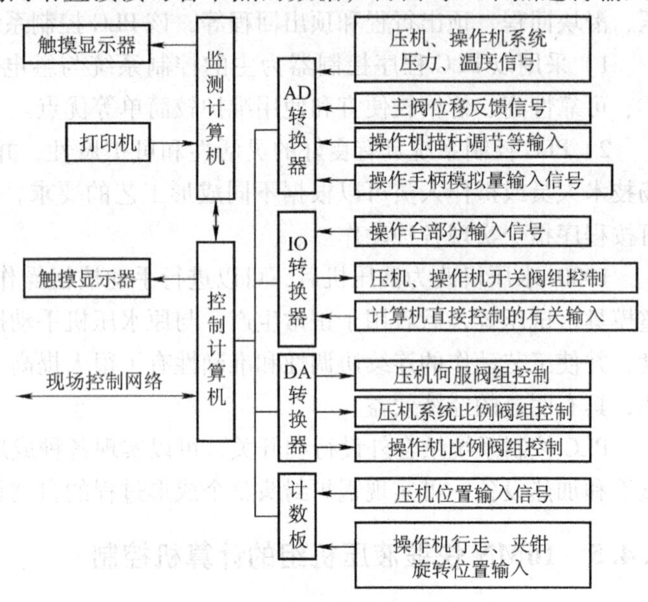

图3-54　计算机系统组成框图

（3）控制系统软件结构　快锻液压机组计算机控制软件采用模块

化结构和软件工程方法开发，以利于系统的二次开发和品种派生。按任务划分，将各功能模块定义成不同的优先级别，由实时多任务操作系统调度，实时并行处理。计算机系统软件分为控制和监测部分。图3-55是控制系统的软件结构图。根据功能分模块编制，各模块任务独立，主要由任务调度和功能控制等模块组成，分别实现系统的各种控制功能。

华中科技大学在进行快锻液压机组控制系统研究的过程中，还发展了一种预测型多模式模糊控制系统，在实际应用中取得了满意的效果。

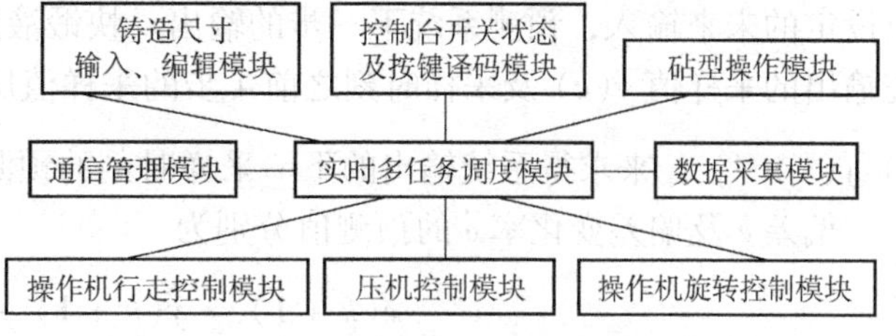

图3-55 控制系统软件结构图

快锻液压机组液压控制系统是非线性、时变系统，存在较大的参数变化和大时变负载干扰，很难构造出一个完善的控制模型，其控制策略需满足以下要求：①控制精度要求快速而无超调；②对锻造过程和液压系统等外负载干扰不敏感；③根据系统的各种反馈，自动调整控制策略，具有较强智能；④在较高的行程次数下控制算法应简单可行，并且实时性强。

预测型多模Fuzzy控制策略考虑了快锻液压机工作特点。快锻液压机在一个运动行程内，上停点和下停点均有位置控制要求，其中下停点的控制精度比较高，必须准确定位，其他几点没有精度控制要求，仅起触发相应的控制阀组动作开关的作用，它们与压机的行程位移、速度有关。在大偏差范围内采用Bang-Bang控制（开关控制），在趋向目标点时采用速度控制，在接近目标点时采用位置控制，控制方式的切换时机由预测模型决定。这种控制方式的形式简单，具有快速、准确、超调量小及对参数不敏感的特点。

图3-56所示为预测型多模控制系统，是由预测部分、Bang-Bang控制、Fuzzy速度控制、Fuzzy位置控制、控制对象及传感器组成的一种直接数字反馈控制系统。

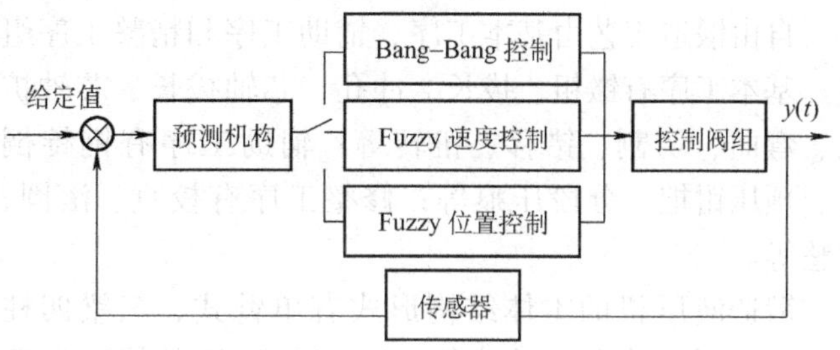

图3-56 预测型多模控制系统

当控制开始时，偏差e较大，即当$|e| \geqslant E_b$（E_b为Bang-Bang控制时e的边界值）时，系统的控制量取最大，实行非线性Bang-Bang控制；当偏差e逐渐减小到$E_p \leqslant |e| \leqslant E_b$（$E_p$为转换位置控制时$e$的边界值）时，实行Fuzzy速度控制；当$e$减小到$|e| \leqslant E_p$时实行Fuzzy位置控制。这样既能加快过渡过程，提高速度，又能保证系统超调量小，甚至无超调，从而获得好的控制精度。当快锻液压机在不要求精确定位的范围时，采用模糊速度控制器对动梁的速度进行控制，以获得快速性和平稳性，控制的目标值是动梁的速度；当快锻液压机在要求精确定位的范围时，采用模糊位置控制器对动梁的位置进行控制，以获得较高的定位精度，控制的目标值是给定的动梁位置；当系统出现大偏差、大扰动时，控制器切换至Bang-Bang控制，以实现对给定值的快速跟踪。

传统模糊控制计算机向液压系统控制阀组发出动作转换命令后，由于液压系统执行机构的动作滞后，以及运动部件的惯性等都将导致压机活动横梁继续移动一段距离，从而出现超程现象，影响其控制特性与控制精度。

预测型多模式模糊控制系统通过采用“提前控制”方式，即预测控制，解决上述问题。根据采样时刻 t 及前几步系统输出的历史数据，建立系统输出的下一步预测模型，然后再根据预测输出值计算系统误差变化率的预测值 $e(t)$ 和 $\dot{e}(t)$，并由此确定控制器输出 $u(t')$，实现“提前控制”的思想。预测模型的主要作用是根据系统过去的信息（输入与输出），加上设定的未来输入，预测系统下一步的输出。快锻液压机采用的预测算法是根据当前时刻系统输出的采样值 $y(k)$ 及采样时刻之前 4 步的采样值历史数据，即 $y(k-1)$、$y(k-2)$、$y(k-3)$、$y(k-4)$，来求得系统输出的下一采样时刻的预测值 $\tilde{y}(k+1)$ 的。

偏差 e 及偏差变化率 $\dot{e}$ 的预测值分别为

$$\tilde{e}(k+1) = \tilde{y}(k+1) - y^{(0)}(k)$$

$$\dot{e}(k+1) = \tilde{e}(k+1) - e(k)$$

从而可求出 e 和 $\dot{e}$ 的预测值，进而获得具有“提前控制”效果的控制输出。

采用预测算法，减少了压机动作滞后的影响，同时在不同区段采用不同的控制方式，压机的控制精度和运行速度都得到了提高，系统的压力冲击也得到了有效控制。

3.5 专用液压机简介

3.5.1 锻造液压机

锻造液压机又称自由锻造液压机，主要用于各种自由锻造工艺，即液压机的工作缸在压力作用下，利用上、下砧块和一些简单的通用工具，使钢锭或坯料产生塑性变形，以获得所需形状和尺寸的锻件。

自由锻造工艺由基本工序、辅助工序和精整工序组成。基本工序有镦粗、拔长、冲孔、芯轴拔长、芯轴扩孔、弯曲、切割、错移、扭转等；辅助工序有钢锭倒棱、预压钳把、分段压痕等；修整工序有校直、滚圆、平整等。

锻造液压机的本体结构形式有单臂式、三梁四柱式、双柱下拉式和缸动式等。5000kN 以下的锻造液压机多做成单臂式，较大吨位的则一般为三梁四柱式。缸动式中小型锻造液压机采用上传动缸动式结构，取消了活动横梁，直接以可移动缸的外表面在机架内导向，上传动缸动式液压机如图 3-57 所示，这种结构具有较好的抗偏载能力，稳定性好。

除了锻造液压机本体外，锻造液压机组中还往往包括锻造操作机、转料台车及旋转砧子库等。现代化的锻造液压机组采用计算机集中控制，液压机与操作机动作联动，以提高生产率和锻件尺寸精度，并逐渐实现生产过程的自动化，快锻液压机组如图 3-58 所示。

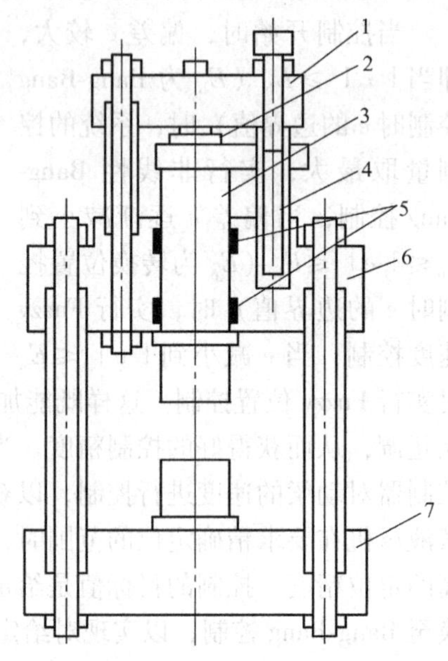

图 3-57 上传动缸动式液压机

1—上梁 2—工作柱塞 3—工作缸 4—回程缸 5—上、下导向套 6—中梁 7—下梁

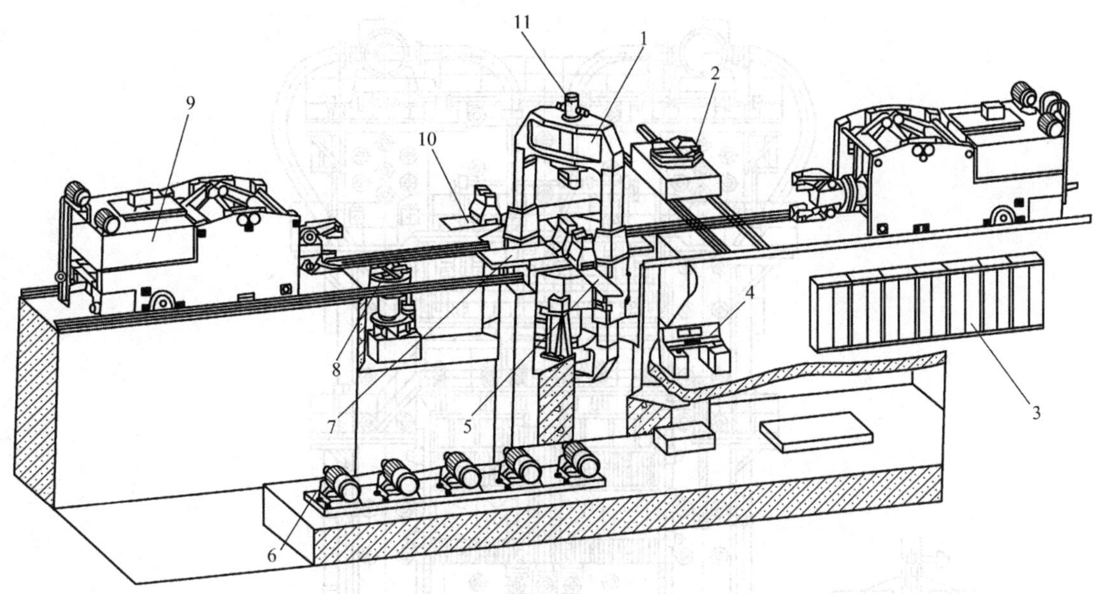

图 3-58 快锻液压机组

1—主机 2—送料回转小车 3—电控柜 4—操作台 5—横向移砧装置
6—主泵系统 7—移动工作台 8—升降工作台 9—锻造操作机
10—砧库 11—上砧快换装置

锻造液压机上锻件尺寸自动测量、压机行程的自动控制及其与操作机联动，是提高锻件尺寸精度、提高生产率和实现生产过程自动化的重要环节。

自由锻造液压机从 31.5MN 到 150MN，可以锻造几十公斤到几百吨的钢坯或钢锭。

3.5.2 模锻液压机

随着精密模锻件需求的日益增长，以及液压技术的迅速发展，近年来，模锻液压机有了相应的发展。模锻液压机的种类很多，可以完成有色金属和黑色金属的常规模锻、多向模锻和立挤厚壁管等工艺。

1. 大型有色金属模锻液压机

大型有色金属模锻液压机用于模锻大型铝合金、镁合金、钛合金及各种高温合金的模锻件，广泛用于航空工业中。

模锻高强度合金的显著特点是单位压力很高，因此往往做成多柱多缸结构，立柱有圆形截面的，也有用锻制钢板组合成矩形截面的。同步平衡系统是大型模锻液压机区别于锻造液压机的重要特点，其作用是防止活动的横梁在承受偏载时发生倾斜，使其水平度仍然保持在较高精度范围内，以保证模锻件所需的尺寸精度。

图 3-59 为 750MN 模锻液压机，它的特点是模锻空间和工作行程都很大。机架由四组框架组成，框架的立柱部分由 6 块各厚 200mm 的钢板组成，横梁由 7 块各厚 180mm 的钢板组成，两者的叠板用直径 100mm 的螺栓固定在一起。活动横梁及下横梁由厚 400mm 的钢板用螺栓紧固而成。为使大面积的工作台和活动横梁能够均匀承载，共装有 12 个工作缸，每个框架上装有 3 个工作缸。750MN 模锻液压机的工作台面很大，尺寸为 16m × 3.5m，开口高度 4.5m，工作行程 2m。

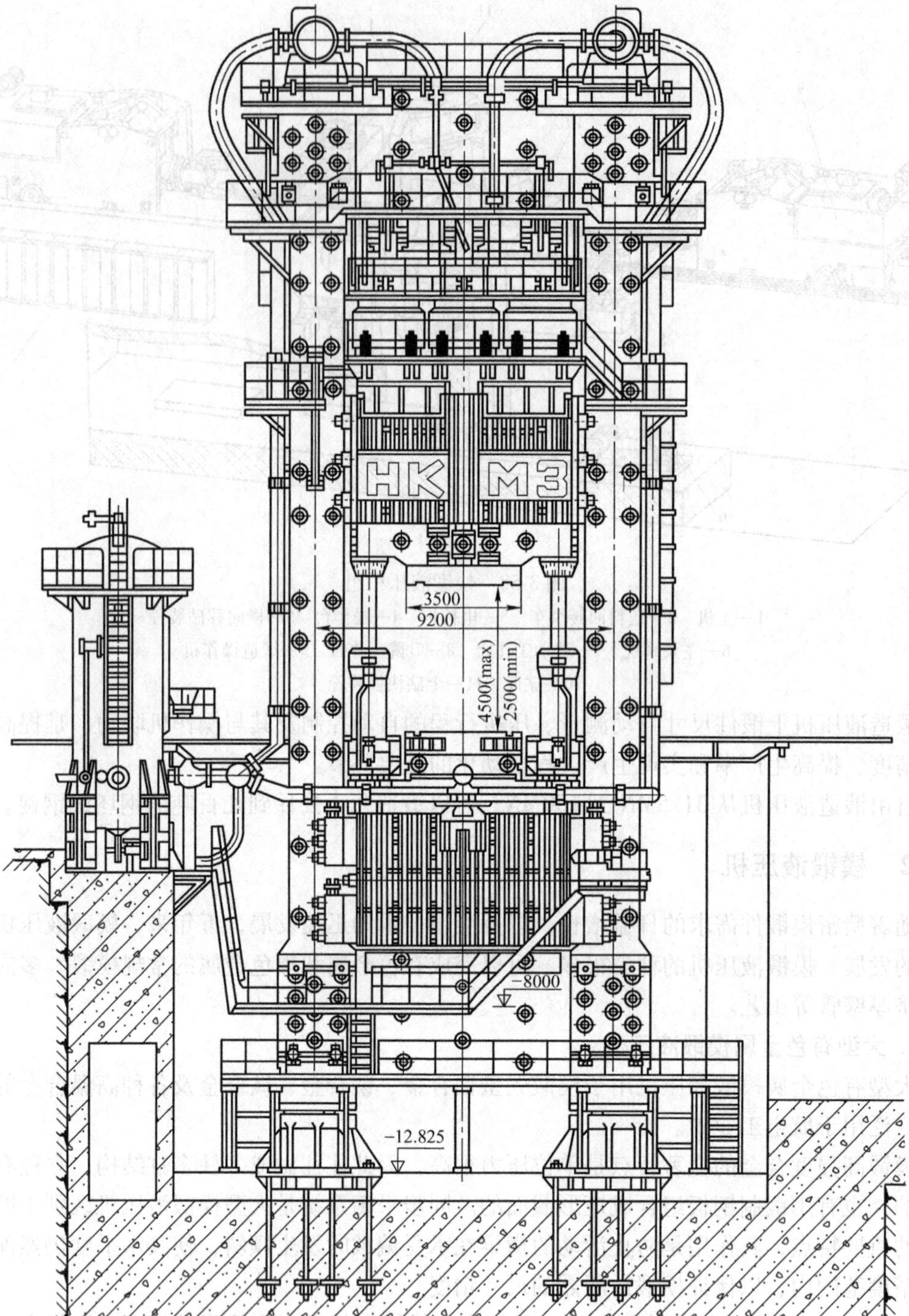

图 3-59　750MN 模锻液压机

2. 黑色金属及多向模锻液压机

黑色金属模锻液压机主要用来模锻高强度钢、钛合金、耐热合金及一般合金钢或碳素钢。这种大型液压机的特点是工作台面相对较小，但公称力相对较大。

多向模锻液压机可以从垂直和水平两个方向加压，特点是增加了一对水平工作缸，有时中间还增加一个穿孔缸，可以比较容易地锻出中空锻件。图 3-60 为 100MN 多向模锻液压机。

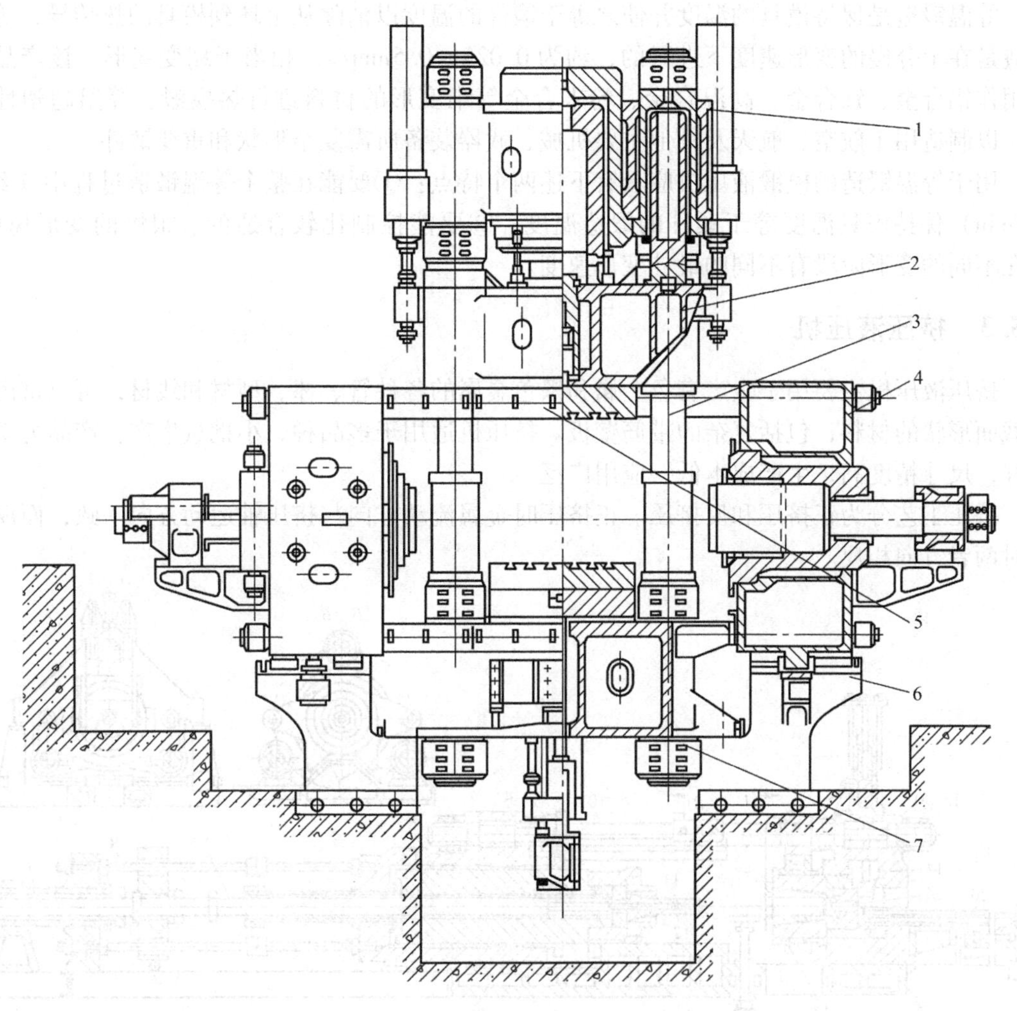

图 3-60 100MN 多向模锻液压机

1—上横梁 2—活动横梁 3—立柱 4—水平梁 5—水平柱 6—支承 7—底座

3. 中小型模锻液压机

中小型模锻液压机主要用于精密模锻，为了节约能源及减少昂贵高合金材料的浪费，精密模锻工艺发展很快。为满足模锻工艺的要求，精密模锻液压机具有以下特点：

1）液压机机架有足够的刚度，以保证得到很小尺寸公差的锻件。

2）比较好的抗偏载能力，以便在偏心负载时仍能得到精密的锻件。

3）活动横梁滑块导向结构能保证锻件水平方向的精度，即不发生错移。

4）控制系统应能保证活动横梁有足够高的停位精度，以保证锻件垂直方向的尺寸精度。

5）装有模具预热及保温隔热装置，以便模具温度保持在最佳水平，并防止热量传到机架上。

4. 冷锻液压机及等温锻造液压机

冷锻是指毛坯在模具内冷态塑性成形，包括冷态模锻与挤压成形。冷态成形的锻件一般是轴对称的实心体或空心体，或者是外表面或内表面有沟槽或齿的零件。

等温锻造是保持模具的温度并使之等于锻件的温度以消除从毛坯到模具的热传导，等温锻造是在十分慢的变形速度下进行的，约为 0.025 ~ 0.5mm/s，相当于蠕变变形。该产品主要用作铝合金、钛合金、高温合金、粉末合金等难变形的材料进行热模锻、等温超塑性成形，以制造用于航空、航天及其他主要机械、武器装备所需复杂形状和重要锻件。

用于等温锻造的模锻液压机应具有下述两个特点：①要能在整个等温锻造过程中（约 2 ~8min）保持模具温度等于锻件的锻造温度；②要能控制比较合适的、很慢的变形速度，且在不同的变形阶段有不同的最佳变形速度。

3.5.3 挤压液压机

挤压液压机主要用于生产有色金属和黑色金属的各种管、棒、型材和线材，可以挤出各种截面形状的材料，包括复杂的带筋壁板。挤压机适用于多品种、小批量生产，产品力学性能好，尺寸精度高，生产成本低，应用广泛。

挤压工艺分为正挤压和反挤压。正挤压时金属流动方向与挤压轴运动方向一致，而反挤压时两者方向相反。

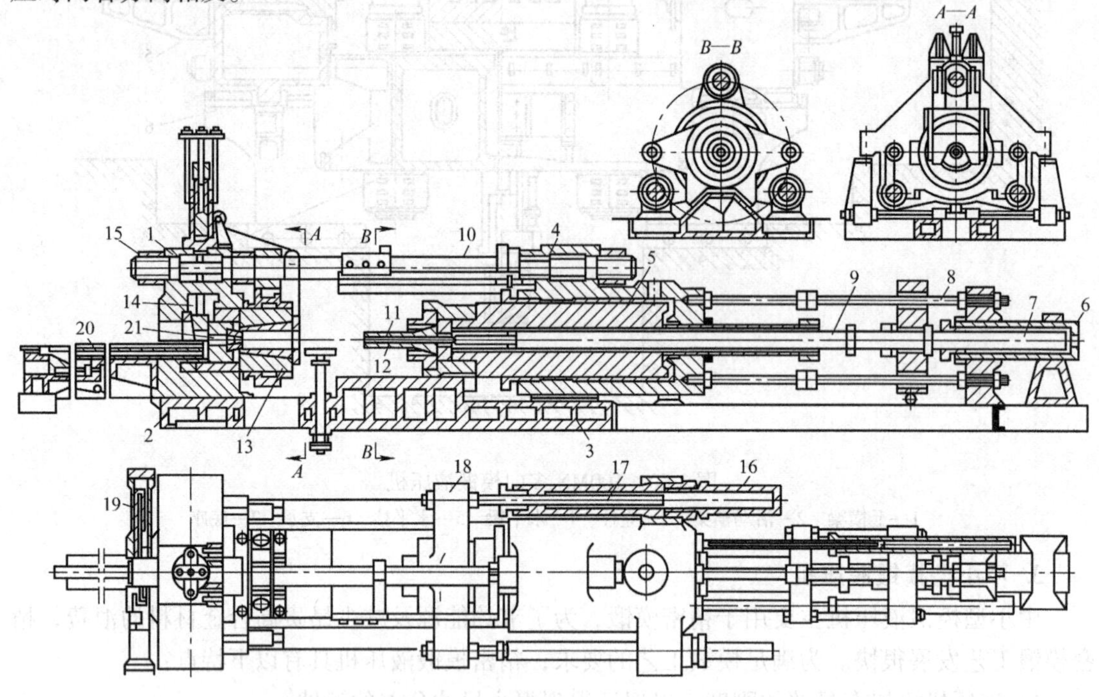

图 3-61　双动卧式挤压机的结构简图

1—前梁　2—前梁底座　3—后梁底座　4—后梁　5—主柱塞　6—穿孔缸　7—穿孔柱塞　8—穿孔张力杆　9—穿孔杆　10—张力柱　11—挤压轴　12—穿孔针　13—挤压筒　14—锁键装置　15—张力柱螺母　16—回程缸　17—回程柱塞　18—活动横梁　19—侧向剪　20—移动平台　21—模座

挤压机分为立式和卧式，小型挤压机一般为立式框架结构，框架上可设置精确的导向装置，使挤压芯轴在运动时，对挤压机中心线不会产生较大的偏差，可得到壁厚均匀的薄壁优质管材。大中型挤压机多采用卧式结构，以降低厂房高度。又可分为单动和双动，没有穿孔系统的为单动，主要用于挤压实心件；双动的带有穿孔系统，是目前大、中型挤压机的主要形式。

挤压机结构主要包括机架、挤压缸、动梁、挤压筒以及穿孔装置，剪切机构，模架移动机构，装锭机构等。

穿孔装置用来完成锭坯的穿孔过程，是挤压管件的必要部分。一般包括穿孔缸、穿孔柱塞、穿孔杆、穿孔动梁、穿孔针、穿孔限位器及调程装置等部分。图 3-61 为双动卧式挤压机的结构简图。

3.5.4 板料冲压液压机

板料冲压液压机适用于金属板料的冲裁、弯曲及拉深成形等工序，是一种用途很广的液压机，广泛用于汽车、机车车辆、船舶、电机、仪表等机械工业、动力工业和航空工业。

单动薄板冲压液压机主要用于金属板材的拉深、弯曲、成形、冲裁、落料、翻边等各种冲压工艺，广泛用于汽车制造、家用电器、厨房用具等领域。

双动薄板拉深液压机主要用于板材的拉深工艺，如制造各种窗口及汽车大型覆盖件。双动液压机的结构特点是有内外两个活动横梁，如图3-62所示，拉深动梁装在里边，压边动梁在外边。在进行双动拉深时，拉深动梁和压边动梁可一起快速下降，接近工件时改为慢速下降，当压边动梁压住工件四周时，压边动梁不再下降而变为保压状态。拉深动梁继续下行进行拉深。拉深工艺完成后，拉深动梁可实现保压延时、卸压和快速回程，压边动梁相应也卸压和快速回程，然后液压垫和顶杆将工件顶出。

双动拉深液压机也可通过定位销或拉杆将拉深、压边动梁联为一体，实现单动。

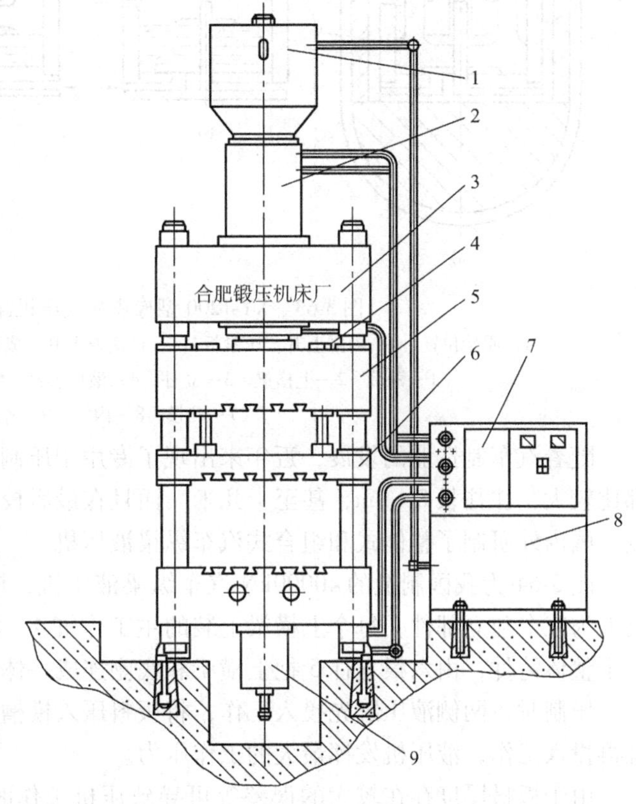

图 3-62　双动薄板拉深液压机

1—充液罐　2—主缸　3—上横梁　4—压边缸　5—拉深梁
6—压边梁　7—操纵装置　8—液压系统　9—顶出缸

用于板料冲压的液压机还有橡皮囊液压机，如图 3-63 所示，它适用于冲压面积较大的板材制品，这种液压机采用橡皮囊作为上模，下模则为常规的刚性模具。在工作时，把工件放在压边圈 6 上，高压液体进入外缸 9，推动内缸部件及坯料上升，直到压边圈将坯料压在液压容框4上。这时内缸8开始进高压液体，内缸活塞推动凸模上行，将坯料顶入橡皮隔膜5，橡皮隔膜5上部充满了液体，在静压液体的作用下，通过橡皮隔膜强制板料变形成下模的形状。

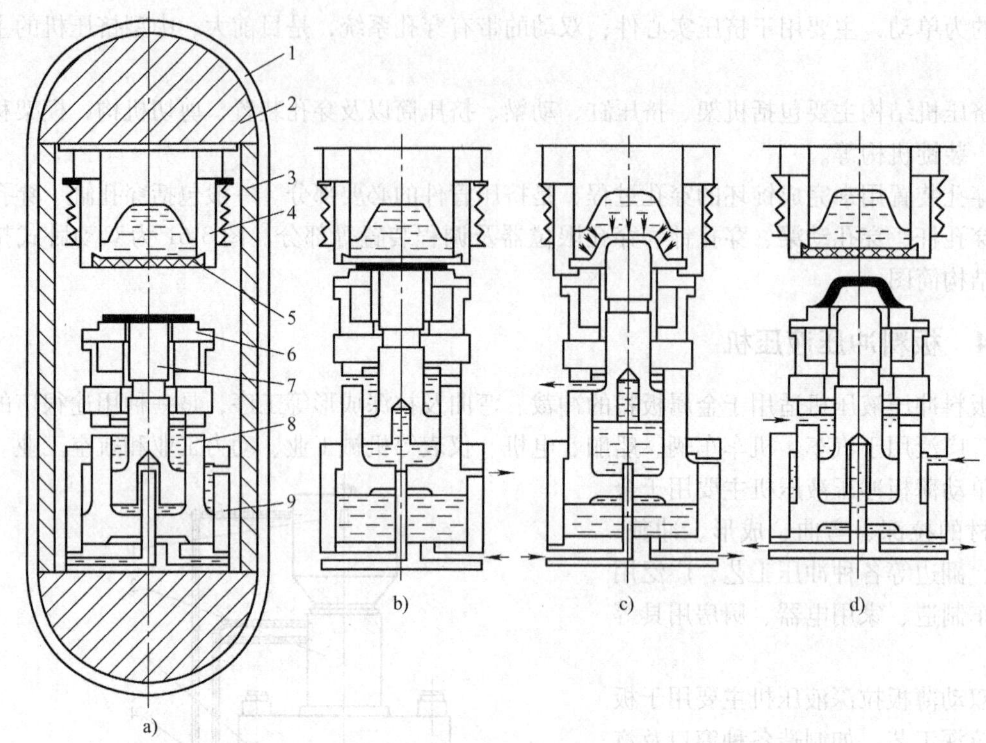

图3-63 XY-1200型橡皮囊液压机深压延工作过程

a）原始位置 b）内缸上升，压紧板料 c）活塞上升，成形工件 d）工作缸复位，卸出工件

1—钢带 2—上横梁 3—立柱 4—液压容框 5—橡皮隔膜 6—压边圈 7—凸模 8—内缸 9—外缸

随着汽车制造业的发展，近年来出现了专用于压制汽车纵梁的液压机。汽车纵梁的尺寸都比较大，往往长8~9m，甚至十几米，而且在最后校平时所需的压力也较大，根据这一特点，国内外研制了整体式和组合式汽车纵梁液压机。

图3-64为我国制造的40000kN汽车纵梁液压机，该机为六立柱式组合结构，它的上横梁1为三个独立部件，每个上横梁上装的主工作缸4、活动横梁2和底座3（下横梁）各为一个整体铸件，由六根立柱5把上横梁和底座连成一体。

压制时，两侧液压缸先投入工作，将板料压入模槽进行弯曲。当开始校平时，中间液压缸再投入工作，液压机发挥最大的工作压力。

由于板材厚度存在较大的误差等可导致压机工作时产生偏心载荷，从而使活动横梁倾斜，而几个缸的不同步，更会加剧动梁的倾斜，极大地影响制件的质量。因此汽车纵梁液压机配有活动横梁同步调平系统，以矫正活动横梁的倾斜度，这成为汽车纵梁液压机的重要特征。

活动横梁同步调平系统一般采用位移传感器将检测出的两端位移误差反馈给比例流量阀，以改变各工作缸的进入流量。调平系统工作原理框图如图3-65所示。

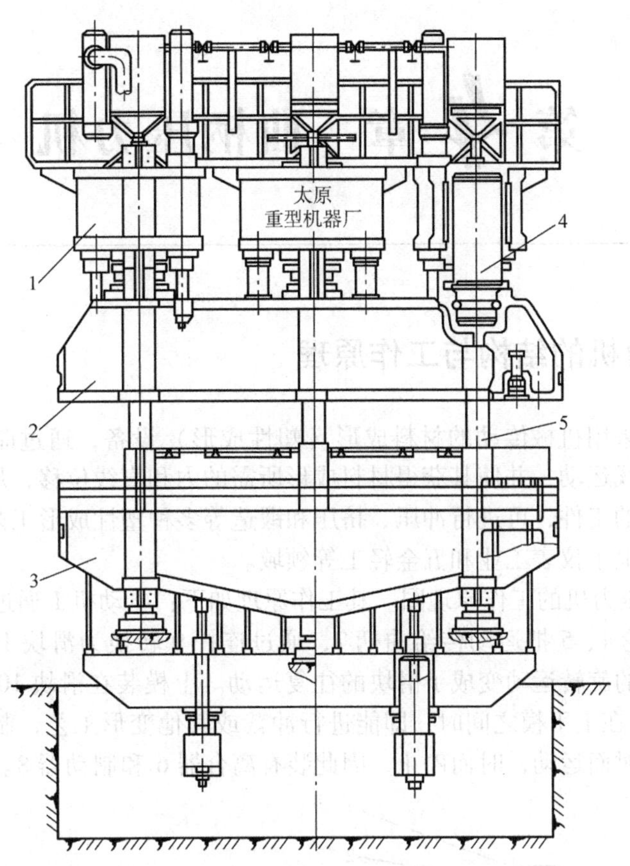

图 3-64 40000kN 汽车纵梁液压机

1—上横梁 2—活动横梁 3—下横梁 4—主工作缸 5—立柱

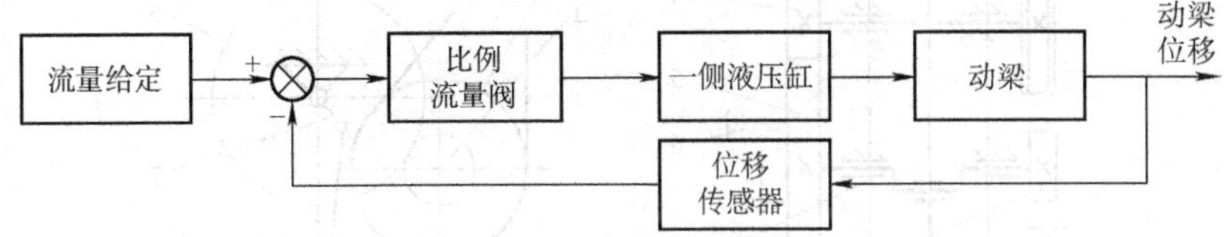

图 3-65 调平系统工作原理框图

思 考 题

1. 液压机的工作原理是什么？
2. 液压机的主要参数有哪些？
3. 液压机的主要结构形式有哪些？
4. 液压机适用工艺有哪些？

第4章 曲柄压力机

4.1 曲柄压力机的结构与工作原理

曲柄压力机是采用机械传动的材料成形（塑性成形）设备，通过曲柄连杆机构将旋转运动变成滑块的直线运动，并使其获得材料成形所需的力和直线位移，从而使坯料获得确定的变形，制成所需的工件，可进行冲压、挤压和锻造等多种塑性成形工艺，广泛应用于汽车工业、航空工业、电子仪表工业和五金轻工等领域。

图4-1是曲柄压力机的工作原理图。其工作原理如下：电动机1通过V带将运动传给大带轮3，再经过齿轮4、5把运动传给曲柄7，通过连杆9转换为滑块10的往复直线运动，因此，就将电动机的旋转运动变成了滑块的往复运动。上模装在滑块10上，下模装在工作台14上。当材料放在上下模之间时，即能进行冲裁或其他变形工艺，制成工件。由于工艺操作的需要，滑块时而运动，时而停止，因此装有离合器6和制动器8。压力机在整个工作

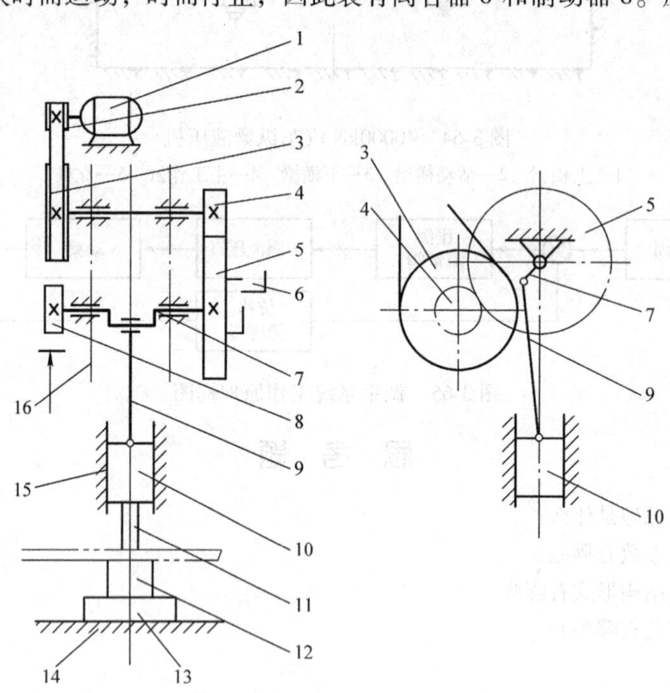

图4-1 曲柄压力机的工作原理图

1—电动机 2—小带轮 3—大带轮 4—小齿轮 5—大齿轮 6—离合器
7—曲柄 8—制动器 9—连杆 10—滑块 11—上模 12—下模
13—垫板 14—工作台 15—导轨 16—机身

周期内进行工艺操作的时间很短，即有负荷的工作时间很短，大部分时间为无负荷的空程。为了使电动机的负载均匀，有效地利用能量，因而应设有飞轮。

从上述工作原理可以看出，曲柄压力机主要由下面几部分组成：

（1）工作机构　设备的工作机构由曲柄、连杆和滑块等零件组成，将旋转运动转换成往复直线运动。

（2）传动系统　传动系统包括齿轮传动和带传动等机构，将电动机能量传输至工作机构，在传输过程中，转速逐渐降低，转矩逐渐增加。

（3）操纵部分　操纵部分主要由离合器、制动器和相应的电气器件组成，在电动机起动后，控制工作机构的运动状态，使其能间歇或连续工作。

（4）能源系统　能源系统由电动机和飞轮组成，机器运行的能源由电动机提供，开机后电动机对飞轮进行加速，压力机短时工作能量则由飞轮提供，飞轮起着储存和释放能量的作用。

（5）支撑部件　支撑部件由机身、工作台和紧固件等组成。它把压力机所有零件连成一个整体。

除上述基本部分以外，还有多种辅助系统与附属装置，如润滑系统、过载保护装置以及气垫等。

4.1.1　曲柄压力机的分类及型号

1. 曲柄压力机的分类

目前主要依据床身结构来进行分类，分别为开式曲柄压力机和闭式曲柄压力机。

（1）开式曲柄压力机　开式曲柄压力机的床身呈 C 形，机身左右及前面均敞开，能从三个方向接近模具，便于模具安装调整和成形操作，但机身刚度差，受力后有角变形存在，影响精度，一般使用于 1000kN 以下的小吨位压力机，开式机身又分可倾式、固定台式和活动台式三种。可倾式机身的后壁有个开口，机身向后倾斜时便于出料；活动台式压力机的工作台高度可以调节，便于调整装模空间的高度。

（2）闭式曲柄压力机　闭式曲柄压力机的机身为框架结构，机身前后敞开，左右两侧封闭，只能从前后方向接近模具，操作不太方便，但机身刚度高，机身受力变形后产生的垂直变形可以用模具闭合高度调节量消除，对制件精度和模具运行精度不产生影响，压力机精度好。闭式机身用于中大型曲柄压力机，又分为整体式和组合式两种。

此外还有一些辅助分类方法：

（1）按工艺用途分类

1）板料冲压压力机

① 通用压力机。用来进行冲裁、落料、弯曲、成形和浅拉深等工艺。

② 拉深压力机。用来进行拉深工艺。

③ 板冲高速自动机。用于连续级进送料的自动冲压工艺。

④ 板冲多工位自动机。用于连续传送工件的自动冲压工艺。

2）体积模锻压力机

① 热模锻压力机。用来进行热模锻工艺。

② 挤压机。用来进行冷挤压工艺。

③ 精压机。用来进行平面精压、体积精压和表面压印等工艺。

④ 平锻机。用来进行平锻工艺。

⑤ 冷镦自动机。用于制造螺钉螺母等各种标准件。

⑥ 精锻机。用于精锻各种轴类工作。

3）剪切机

① 板料剪切机。用于裁剪板料。

② 棒料剪切机。用于截裁棒料。

这些压力机对曲柄滑块机构作了改进，使其力能和运动曲线更符合相应的成形工艺要求。

（2）按滑块数量分类　有单动压力机和双动压力机。单动是指在工作机构中有一个滑块，双动是指在工作机构中有两个滑块，分内、外滑块，内滑块安装在外滑块内，各种机构分别驱动。双动压力机适合于大型覆盖件的拉深，例如汽车车身。

（3）按连杆数量分类　有单点压力机、双点压力机和四点压力机。点数是指压力机工作机构中连杆的数目，一般工作台面相对较小的压力机只有一个连杆，连杆与滑块仅有一个连接点，称为单点压力机。大台面的压力机大多设置两个或四个连杆，称为双点或四点压力机。多点压力机抗偏载能力强，可冲制大型冲压件或在工作台上同时安装多套模具。

（4）按传动系统所在位置分类　有上传动和下传动压力机。下传动压力机可使设备重心降低，提高设备运行平稳性，如高速压力机、长行程压力机均采用下传动方式。

2. 曲柄压力机的型号

根据 JB/T 9965—1999 标准，曲柄压力机的型号用汉语拼音、英文字母和数字表示，例如 JA31-160B 的意义是：

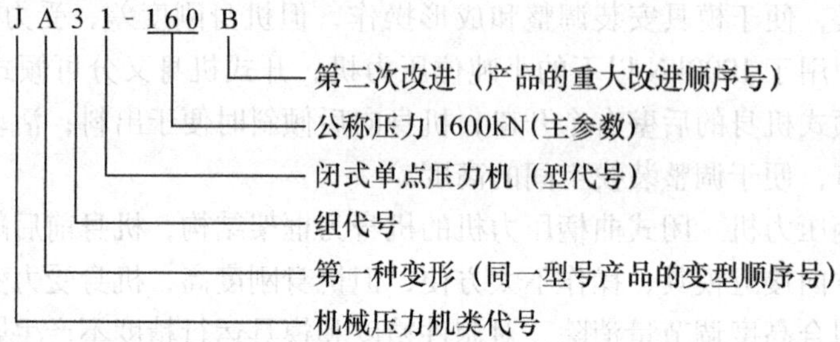

型号的表示方法如下：

第一个字母为类代号，代表八类设备中的某类设备。在八类锻压设备中，与曲柄压力机有关的有五类。J 表示机械压力机。若为 Z、D、Q、W 则分别表示线材成形自动机、锻机、剪切机和弯曲校正机。

第二个字母代表同一型号产品的变型顺序号，凡主参数与基本型号相同，但其他某些基本参数与基本型号不同的，称为变型，用字母 A、B、C……表示第一、第二、第三……种变型产品。

第三个数字为压力机所在组代号。如 2 为开式曲柄压力机，3 为闭式曲柄压力机。

第四个数字为压力机所在型代号。如 1 型为固定台式曲柄压力机，2 型为活动台式曲柄压力机。

有些锻压设备，在组型代号后面还有一个字母，代表设备的通用特性，如字母 K 代表

数控，G代表高速。

横线后面的数字代表压力机的主参数，将此数字乘以10即为法定单位制“kN”，如上例中160表示公称压力为1600kN。

最后一个字母代表产品的重大改进顺序号，凡型号已经确定的锻压设备，若结构和性能与原产品有明显不同，则称为改进，用字母A、B、C……表示第一、第二、第三……次改进。例如，J31-315表示闭式单点机械压力机标准型，公称压力为3150kN；JB23-630表示次要参数做了第二次改进的开式双柱可倾曲柄压力机，公称压力为6300kN。部分压力机型谱表见表4-1。其中组别和型别中空出部分为待开发用。

表4-1 部分压力机型谱表（JB/T 9965—1999）

组	型	名称	组	型	名称	组	型	名称	组	型	名称
单柱压力机	11	单柱固定台压力机	开式压力机	21	开式固定台压力机	闭式压力机	31	闭式单点压力机	拉深压力机	41	闭式单点单动拉深压力机
	12	单柱活动台压力机		22	开式活动台压力机		32	闭式单点切边压力机		42	闭式双点单动拉深压力机
	13	单柱柱形台压力机		23	开式可倾压力机		33	闭式侧滑块压力机		43	开式双动拉深压力机
										44	底传动双动拉深压力机
				25	开式双点压力机					45	闭式单点双动拉深压力机
							36	闭式双点压力机		46	闭式双点双动拉深压力机
							37	闭式双点切边压力机		47	闭式四点双动拉深压力机
										48	闭式三动拉深压力机

4.1.2 通用压力机的技术参数

曲柄压力机的技术参数反映了压力机的工艺能力、加工零件的尺寸范围以及生产率等指标，是正确选用压力机和设计模具的主要依据。

1. 公称压力F_g及公称压力行程s_g

曲柄压力机的公称压力F_g（或称额定压力）是指滑块离下死点前某一特定距离s_g（此特定距离称为公称压力行程或额定压力行程）或曲柄旋转到离下死点前某一特定角度（此特定角度称为公称压力角或额定压力角）时，滑块所允许承受的最大作用力，如630kN、1000kN、1600kN、2500kN、3150kN、4000kN、6300kN等。这个系列是从生产实践中归纳整理后制订的，既能满足生产需要，又不致使曲柄压力机的规格过多，给制造带来困难。当然专为实现某工艺的压力机也可以按实际需要的工艺力来确定公称压力。在型谱中通用曲柄压力机以公称压力作为主参数，其他技术参数称为基本参数。JA31-315B型压力机滑块在距离下死点13mm时，允许滑块承受3150kN的作用力，即公称压力行程$s_g=13\text{mm}$，公称压力$F_g=3150\text{kN}$。

2. 滑块行程 s

滑块行程 s 是指滑块从上死点到下死点所经过的距离，其值为曲柄半径的两倍。它的大小反映了压力机的工作范围和工艺用途。行程较长，则能生产高度较高的零件，通用性较大。但压力机的曲柄尺寸要加大，随之而来的是齿轮模数和离合器尺寸均要增大，压力机造价增加。而且模具的导柱导套可能脱离，影响工作精度和模具寿命。此外，滑块的速度也要加大。所以，应该适当选择行程长度。

3. 滑块行程次数 n

滑块行程次数 n 是指压力机在连续工作时滑块每分钟运动的周期数。行程次数越高，生产率越高，但次数超过一定数值以后，必须配备机械化自动化送料装置，否则不可能实现高生产率。行程次数提高后，机器的振动和噪声也将增加。现代的压力机，有提高行程次数的趋势，行程次数 500 次/min 左右的高速压力机已获得较广泛的应用。超高速压力机的行程次数已达 2000 次/min。

4. 最大装模高度 H_1 及装模高度调节量 ΔH_1

装模高度是指滑块在下死点时，滑块下表面到工作台垫板上表面的距离。当装模高度调节装置将滑块调整到最上位置时，装模高度达最大值，称为最大装模高度 H_1。装模高度调节装置所能调节的距离称为装模高度调节量 ΔH_1。有些资料用封闭高度表示压力机安装模具的高度空间，所谓封闭高度是指当滑块在下死点时，滑块下表面到工作台上表面的距离。它与装模高度之差恰是工作台垫板的厚度。在设计模具时，模具的闭合高度不得超过压力机的最大装模高度。

5. 工作台板及滑块底面尺寸

它是指压力机工作空间的平面尺寸。它的大小直接影响所能安装模具的平面尺寸以及模具安装固定方法。

6. 喉深

喉深是指开式压力机或单柱压力机的滑块的中心线至机身的距离。如果尺寸选得太小，则加工的零件尺寸受到限制；尺寸选得过大，则给机身的设计，特别是刚度设计带来困难。

我国已制定了通用压力机的技术参数标准，见表 4-2 ~ 表 4-4，设计和使用时可查阅有关手册。

表 4-2 闭式单点压力机技术参数

名称		符号	单位	量值											
公称压力		F_g	10kN	160	200	250	315	400	500	630	800	1000	1250	1600	2000
公称压力行程		s_g	mm	13	13	13	13	13	13	13	13	13	13	13	13
滑块行程	Ⅰ型	s	mm	250	250	315	400	400	400	500	500	500	500	500	500
	Ⅱ型	s	mm	200	200	250	250	315	—	—	—	—	—	—	—
滑块行程次数	Ⅰ型	n	次/min	20	20	20	16	16	12	12	10	10	8	8	8
	Ⅱ型	n	次/min	32	32	28	28	25	—	—	—	—	—	—	—
最大装模高度		H_1	mm	450	450	500	500	550	550	700	700	850	850	950	950
装模高度调节量		ΔH_1	mm	200	200	250	250	250	250	315	315	400	400	400	400

（续）

名称		符号	单位	量值											
导轨间距离		A	mm	880	980	1080	1200	1330	1480	1580	1680	1680	1880	1880	1880
滑块底面前后尺寸		B_1	mm	700	800	900	1020	1150	1300	1400	1500	1500	1700	1700	1700
工作台板尺寸	左右	L	mm	800	900	1000	1120	1250	1400	1500	1600	1600	1800	1800	1800
	前后	B	mm	800	900	1000	1120	1250	1400	1500	1600	1600	1800	1800	1800

表4-3 闭式双点压力机技术参数

名称		符号	单位	量值														
公称压力		F_g	10kN	160	200	250	315	400	500	630	800	1000	1250	1600	2000	2500	3150	4000
公称压力行程		s_g	mm	13	13	13	13	13	13	13	13	13	13	13	13	13	13	13
滑块行程		s	mm	400	400	400	500	500	500	500	630	630	500	500	500	500	500	500
滑块行程次数		n	次/min	18	18	18	14	14	12	12	10	10	10	10	8	8	8	8
最大装模高度		H_1	mm	600	600	700	700	800	800	950	1250	1250	950	950	950	950	950	950
装模高度调节量		ΔH_1	mm	250	250	315	315	400	400	500	600	600	400	400	400	400	400	400
导轨间距离①		A	mm	1980	2430	2430	2880	2880	3230	3230	3230 4080	3230 4080	3230 4080	5080 6080	5080 6080	7580	7580 10080	10080
滑块底面前后尺寸		B_1	mm	1020	1150	1150	1400	1400	1500	1500	1700	1700	1700	1700	1700	1700	1900	1900
工作台板尺寸	左右①	L	mm	1900	2350	2350	2800	2800	3150	3150	3150 4000	3150 4000	3150 4000	5000 6000	5000 7500	7500	7500 10000	10000
	前后	B	mm	1120	1250	1250	1500	1500	1600	1600	1800	1800	1800	1800	1800	1800	2000	2000

① 分母数为大规格尺寸。

表4-4 开式压力机技术参数（JB/T 1395—1974）

名称		符号	单位	量值														
公称压力		F_g	10kN	4	6.3	10	16	25	40	63	80	100	125	160	200	250	315	400
发生公称压力时滑块离下死点距离		s_g	mm	3	3.5	4	5	6	7	8	9	10	10	12	12	13	13	15
滑块行程	固定行程	s	mm	40	50	60	70	80	100	120	130	140	140	160	160	200	200	250
	调节行程	s_1	mm	40	50	60	70	80	100	120	130	140	140	160	—	—	—	—
		s_2	mm	6	6	8	8	10	10	12	12	16	16	20	—	—	—	—
标准行程次数（不小于）		n	次/min	200	160	135	115	100	80	70	60	60	50	40	40	30	30	25
快速型	发生公称压力时滑块离下死点的位置	s'_g	mm	1	1	1.5	1.5	2	2	2.5	2.5	3	—	—	—	—	—	—
	滑块行程	s'	mm	20	20	30	30	40	40	50	50	60	—	—	—	—	—	—
	公称行程次数（不小于）	n'	次/min	400	350	300	250	200	200	150	150	120	—	—	—	—	—	—

（续）

名称			符号	单位	量值														
最大封闭高度	固定台和可倾		H	mm	160	170	180	220	250	300	360	380	400	430	450	450	500	500	550
	活动台位置	最低	H_2	mm	—	—	—	300	360	400	460	480	500	—	—	—	—	—	—
		最高	H_1	mm	—	—	—	160	180	200	220	240	260	—	—	—	—	—	—
封闭高度调节量			ΔH	mm	35	40	50	60	70	80	90	100	110	120	130	130	150	150	170
标准型	滑块中心到机身距离（喉深）		C	mm	100	110	130	160	190	220	260	290	320	350	380	380	425	425	480
	工作台尺寸	左右	L	mm	280	315	360	450	560	630	710	800	900	970	1120	1120	1250	1250	1400
		前后	B	mm	180	200	240	300	360	420	480	540	600	650	710	710	800	800	900
	工作台孔尺寸	左右	L_1	mm	130	150	180	220	260	300	340	380	420	460	530	530	650	650	700
		前后	B_1	mm	60	70	90	110	130	150	180	210	230	250	300	300	350	350	400
		直径	D	mm	100	110	130	160	180	200	230	260	300	340	400	400	460	460	530
	立柱间距离（不小于）		A	mm	130	150	180	220	260	300	340	380	420	460	530	530	650	650	700
加大型	滑块中心到机身距离（喉深）		C	mm	—	—	—	—	290	—	350	—	425	—	480	—	—	—	—
	工作台尺寸	左右	L	mm	—	—	—	—	800	—	970	—	1250	—	1400	—	—	—	—
		前后	B	mm	—	—	—	—	540	—	650	—	800	—	900	—	—	—	—
	工作台孔尺寸	左右	L_1	mm	—	—	—	—	380	—	460	—	650	—	700	—	—	—	—
		前后	B_1	mm	—	—	—	—	210	—	250	—	350	—	400	—	—	—	—
		直径	D	mm	—	—	—	—	260	—	340	—	460	—	530	—	—	—	—
	立柱间距离（不小于）		A	mm	—	—	—	—	380	—	460	—	650	—	700	—	—	—	—
模柄孔尺寸（直径×深度）			$D\times l$	mm×mm	$\phi30\times50$				$\phi50\times70$			$\phi60\times75$			$\phi70\times80$		T型槽		
工作台板厚度			l	mm	35	40	50	60	70	80	90	100	110	120	130	130	150	150	170

4.1.3 曲柄滑块机构的运动与受力分析

曲柄滑块机构是曲柄压力机工作机构中的主要类型，这种机构将旋转运动变为往复运动，并直接承受工件变形力。它代表着曲柄压力机的主要特征，是设计曲柄压力机的基础，掌握曲柄滑块机构的运动规律及受力情况，是了解曲柄压力机工作特性的重要内容。

1. 曲柄滑块机构的运动分析

图4-2是典型的曲柄滑块机构的运动简图。O点为曲轴的旋转中心，A点为连杆与曲柄的连接点，B点为连杆与滑块的连接点，OA为曲柄半径，AB为连杆长度。当OA以角速度ω绕O点作旋转运动时，B点则以速度v作直线运动。下面分别讨论滑块的位移、速度和加速度与曲柄转角之间的关系。

（1）滑块位移与曲柄转角的关系　根据图4-2所示的曲柄滑块机构运动简图，取滑块下

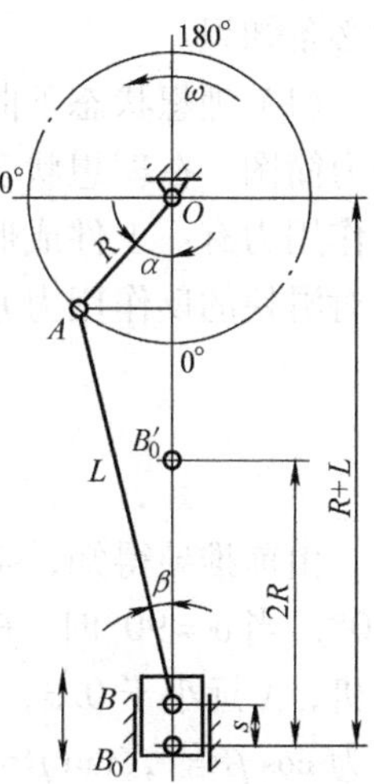

图4-2　典型的曲柄滑块机构的运动简图

死点 B_0 为行程的起点，滑块从 B_0 点到 B 点为滑块位移 s，即

$$s = R + L - (R\cos\alpha + L\cos\beta) \tag{4-1}$$

若令

$$\frac{R}{L} = \lambda$$

则

$$\sin\beta = \lambda\sin\alpha$$

$$\cos\beta = \sqrt{1-\sin^2\beta} = \sqrt{1-\lambda^2\sin^2\alpha} \tag{4-2}$$

代入式（4-1）得

$$s = R\left[(1-\cos\alpha) + \frac{1}{\lambda}\left(1-\sqrt{1-\lambda^2\sin^2\alpha}\right)\right] \tag{4-3}$$

为简化工程计算，将上式中根号内的部分采用幂级数展开后，取前两项近似值，从而有

$$s = R\left[(1-\cos\alpha) + \frac{\lambda}{4}(1-\cos 2\alpha)\right] \tag{4-4}$$

式中，s 是滑块位移，从下死点算起，为滑块离下死点的距离；R 是曲柄半径；α 是曲柄转角，从下死点算起，与曲柄旋转方向相反为正，以下均同；λ 是连杆系数（$\lambda = R/L$，其中 L 是连杆长度，当连杆长度可调时，取最短的数值）。

（2）滑块速度与曲柄转角的关系　将式（4-4）对时间求导，得滑块运动速度

$$v = \frac{\mathrm{d}s}{\mathrm{d}t} = \frac{\mathrm{d}s}{\mathrm{d}\alpha}\frac{\mathrm{d}\alpha}{\mathrm{d}t} = \frac{\mathrm{d}}{\mathrm{d}\alpha}\left\{R\left[(1-\cos\alpha) + \frac{\lambda}{4}(1-\cos 2\alpha)\right]\right\}\frac{\mathrm{d}\alpha}{\mathrm{d}t}$$

因为

$$\frac{\mathrm{d}\alpha}{\mathrm{d}t} = \omega$$

所以

$$v = R\omega\left(\sin\alpha + \frac{\lambda}{2}\sin 2\alpha\right) \tag{4-5}$$

式中，v 为滑块速度，向下方向为正；ω 为曲柄角速度，$\omega = \frac{\pi n}{30}$；$n$ 为曲柄每分钟转数，即滑块每分钟行程次数。

（3）滑块加速度与曲柄转角的关系　将式（4-5）对时间求导，得滑块运动加速度

$$\begin{aligned} a &= -\frac{\mathrm{d}v}{\mathrm{d}t} = -\frac{\mathrm{d}v}{\mathrm{d}\alpha}\frac{\mathrm{d}\alpha}{\mathrm{d}t} \\ &= -\frac{\mathrm{d}}{\mathrm{d}\alpha}\left[R\omega\left(\sin\alpha + \frac{\lambda}{2}\sin 2\alpha\right)\right]\frac{\mathrm{d}\alpha}{\mathrm{d}t} \\ &= -R\omega^2[\cos\alpha + \lambda\cos 2\alpha] \end{aligned} \tag{4-6}$$

式中，α 为滑块加速度，向下方向为正。

式（4-6）前面的负号不是由求导得到的，而是由于滑块行程 s 和曲柄转角 α 计算的起点与实际运动方向相反的关系加上的。

2. 曲柄滑块机构的受力分析

曲柄压力机工作时，曲柄滑块机构要承受全部的工艺力，是主要的受力机构之一，其强度决定了滑块允许承载的大小，对此机构所承受的作用力和曲柄转矩的计算是设计曲柄滑块机构和传动系统的基础，也是理解公称压力、公称压力行程的定义以及滑块许用负荷图意义

的必备知识。

（1）理想状态下曲柄滑块机构的作用力和曲轴转矩　如图4-3所示为通用曲柄压力机的受力简图。在理想状态下（不考虑机器在运行时各节点及滑块部分的摩擦力），滑块上受到的作用力有：工件成形工艺力 F、连杆对滑块的作用力 F_{AB}、导轨对滑块的反作用力 Q。根据力平衡条件，有

$$F_{AB}=\frac{F}{\cos\beta} \tag{4-7}$$

$$Q=F\tan\beta \tag{4-8}$$

由前推导得知，$\sin\beta=\lambda\sin\alpha$，若 $\lambda=0.3$，当 $\alpha=0°$ 时，$\beta=0°$，当 $\alpha=90°$ 时，$\beta=17.5°$。一般情况下，特别是对通用压力机，λ 远小于0.3，故 β 远小于17.5°。由于 β 较小，因此可认为 $\cos\beta\approx1$，$\tan\beta\approx\sin\beta=\lambda\sin\alpha$，故上述两式可简化为

$$F_{AB}\approx F$$

$$Q\approx F\lambda\sin\alpha$$

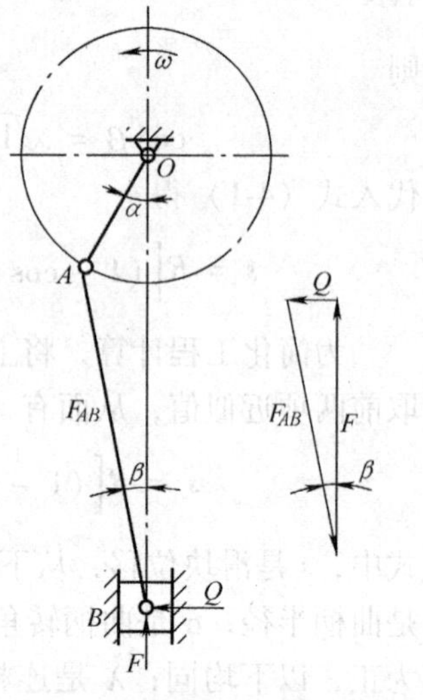

图4-3　通用曲柄压力机受力简图

图4-4所示为曲轴（或偏心齿轮）受力分析图，在连杆力的作用下，曲轴上所受的转矩为

$$M_L=F_{AB}\cdot OD$$

因为　$OD=R\sin(\alpha+\beta)=R(\sin\alpha\cos\beta+\cos\alpha\sin\beta)$

又

$$\cos\beta\approx1\qquad F_{AB}\approx F$$

$$\sin\beta=\lambda\sin\alpha$$

所以

$$OD=R(\sin\alpha+\lambda\sin\alpha\cos\alpha)=R\left(\sin\alpha+\frac{\lambda}{2}\sin2\alpha\right)$$

$$M_L=FR\left(\sin\alpha+\frac{\lambda}{2}\sin2\alpha\right)=Fm_L \tag{4-9}$$

式中，m_L 为理想当量力臂，$m_L=R\left(\sin\alpha+\frac{\lambda}{2}\sin2\alpha\right)$。

式（4-9）描述了转矩 M_L、工件变形抗力 F 和曲轴转角之间的关系，当 F 值一定时，曲轴所受的转矩随曲柄转角 α 值变化，α 越大，M_L 越大；当 M_L 一定时，机构能承受工件的变形抗力则随 α 的减少而增加，即在较小的值下，能承受的工件变形抗力较大。在满足一定工作行程的条件下，定义一临界角（公称压力角）α_g，在此点能承受的工作变形抗力称为公称压力 F_g，压力机工作时压力全部小于 F_g，这是机构设计的计算基础。在临界角点，式（4-9）可写成

$$M_{gL}=F_gR\left(\sin\alpha_g+\frac{\lambda}{2}\sin2\alpha_g\right) \tag{4-10}$$

（2）实际工作中曲柄滑块机构的作用力和曲柄转矩　实际上，曲柄滑块机构各运动副之间是有摩擦存在的，由此而增加的曲轴摩擦转矩在实际转矩中占有一定的比例，是不可忽略的。

曲柄滑块机构的内摩擦主要发生在如下四处（图4-4）：

1）滑块与导轨面（图4-4e）处，摩擦力与运动方向相反。

2）曲轴支撑颈 d_0 和轴承之间的摩擦（图4-4b、c）处，由于摩擦产生的阻力力矩。

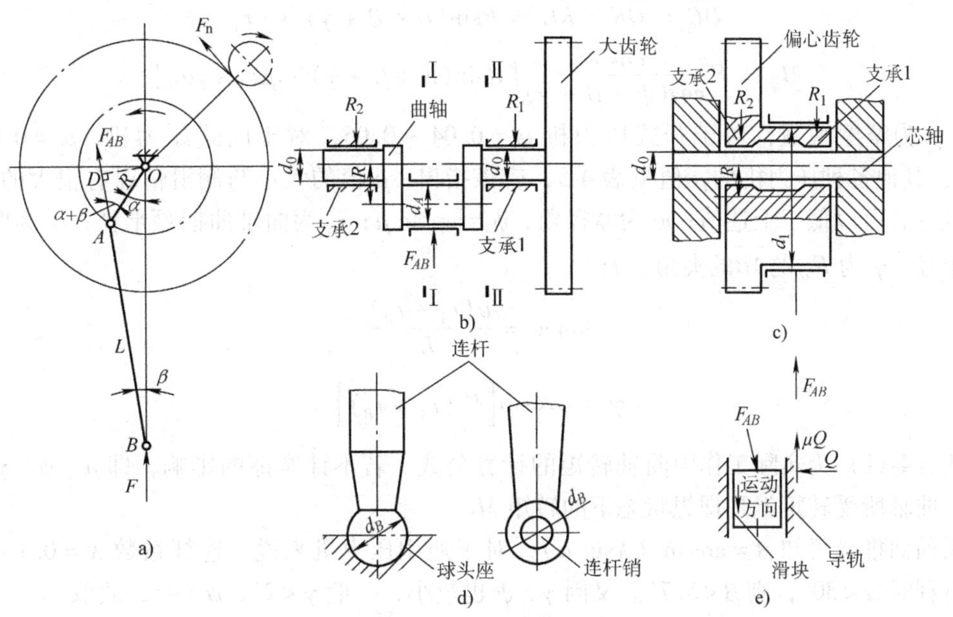

图 4-4 曲轴（或偏心齿轮）受力分析图

3）曲柄颈 d_A 和连杆大端轴承之间的摩擦，同曲轴支撑处阻力一样为阻力力矩。

4）连杆销处连杆小端与滑块支撑处之间的摩擦力矩。

上述四处的阻力（力矩）都会使曲柄连杆系统增加所需要的传递转矩，因此，在实际工作状态下，作用于曲轴上的总转矩应为工件变形抗力和摩擦所引起的转矩之和。图 4-5 为考虑摩擦后曲柄滑块机构受力简图，图中铰链 A、B 处的圆为摩擦圆，半径分别为 μr_A 和 μr_B。根据机械原理的分析得知，由于摩擦的存在，连杆上所受力 F_{AB} 不再沿连杆的轴心线 AB 方向，而是沿摩擦圆 A、B 的内公切线方向。此外，由于摩擦力的存在，导轨给滑块的反力也不再垂直于导轨面，而偏离一摩擦角 ψ。由 B 点力的平衡条件得

$$\frac{F_{AB}}{\sin(90° + \psi)} = \frac{F}{\sin(90° - \psi - \beta - \gamma)}$$

所以

$$F_{AB} = F\frac{\cos\psi}{\cos(\psi + \beta + \gamma)}$$

曲轴上动力输入端所受转矩为

$$M_q = F_{AB}\overline{OC} + (R_1\mu r_0 + R_2\mu r_0)$$

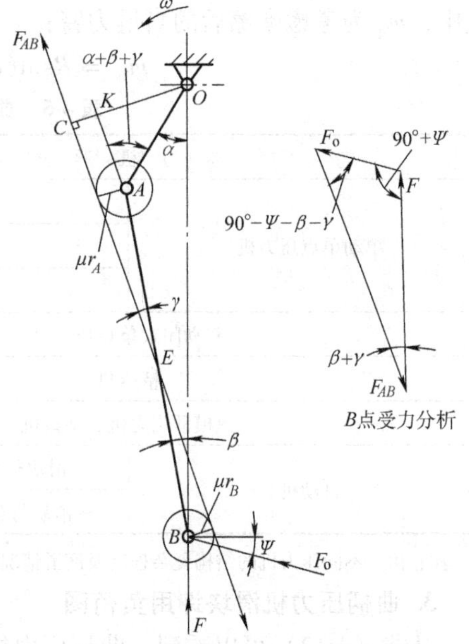

图 4-5 考虑摩擦后曲柄滑块机构受力简图

式中第一项为由于连杆力 F_{AB} 作用，在曲轴上所产生的转矩；第二项为曲轴两端支承颈处的摩擦转矩，如图 4-4b、图 4-4c 所示。R_1、R_2 为支承颈上的支座反力，由于小齿轮端的作用力 F_n 比 F_{AB} 小得多，故可以认为

$$R_1 + R_2 = F_{AB}$$

又 $$\overline{OC} = \overline{OK} + \overline{KC} = R\sin(\alpha + \beta + \gamma) + \mu r_A$$

所以 $$M_q = F\frac{\cos\psi}{\cos(\psi + \beta + \gamma)}[R\sin(\alpha + \beta + \gamma) + \mu r_A + \mu r_0] \tag{4-11}$$

式中，μ 为摩擦因数，对于开式压力机 $\mu = 0.04 \sim 0.05$，对于闭式压力机，$\mu = 0.045 \sim 0.055$，其他各种压力机的 μ 值见表 4-5，应该指出，μ 值的大小与润滑情况有很大的关系，润滑良好者可以低于上述值；ψ 为摩擦角，$\psi = \arctan\mu$；r_A 为曲轴曲柄颈半径；r_0 为曲轴支承颈半径；γ 为 F_{AB} 与 $\overline{AB}$ 的夹角，有

$$\sin\gamma = \frac{\mu(r_A + r_B)}{L}$$

$$\gamma = \arcsin\left[\frac{\mu}{L}(r_A + r_B)\right]$$

式（4-11）为实际工作中曲轴转矩的计算公式。若不计摩擦的影响，即 μ、ψ、γ 均为零时，曲轴所受转矩就是理想状态下的转矩 M_L。

由前面推导可知 $\beta = \arcsin(\lambda\sin\alpha)$，对于通用压力机来说，连杆系数 $\lambda = 0.1 \sim 0.2$，工作行程时 $\alpha < 30°$，则 $\beta < 5.7°$。又因 γ、ψ 也较小，一般 $\gamma < 2°$，$\psi < 4°$，故取

$$\frac{\cos\psi}{\cos(\psi + \beta + \gamma)} \approx 1$$

这时式（4-11）计算结果的最大相对误差小于 2%。所以通常将式（4-11）简化为

$$M_q = Fm_q = F[R\sin(\alpha + \beta + \gamma) + \mu(r_A + r_0)] \tag{4-12}$$

式中，m_q 为考虑摩擦后的当量力臂；

$$m_q = R\sin(\alpha + \beta + \gamma) + \mu(r_A + r_0) \tag{4-13}$$

表 4-5 曲柄滑块机构的摩擦因数

压力机形式		μ
单动单点压力机	单柱	0.035 ~ 0.045
	开式	0.04 ~ 0.05
	闭式	0.045 ~ 0.055
双动闭式单点压力机		0.055 ~ 0.065
精压机		0.04 ~ 0.05
热模锻压力机、平锻机		0.035 ~ 0.045
自动机	滑块行程数小于 80 次/min	0.04 ~ 0.05
	滑块行程数大于 100 次/min	0.03 ~ 0.04

注：由于不同压力机的结构复杂程度及润滑情况不同，故摩擦因数不同。

3. 曲柄压力机滑块许用负荷图

从式（4-12）可以看到，曲柄压力机曲轴所受的转矩 M_q 除与滑块所承受的工艺力 F 成正比外，还与曲柄转角 α 有关，α 越大，当量力臂 m_q 越大，则 M_q 越大，即在较大的曲柄转角下工作时，曲轴上所受转矩较大，在设计和使用曲柄压力机时，必须对工作时的 α 值加以限制。在压力机基本参数中就规定了公称压力角 α_g，在设计曲柄压力机时，若公称压力角定得太大，压力机固然能在较大的角度下用公称压力进行工作，但这时曲轴受到的转矩很大，设备强度储备必然会过大，造成浪费；反之，若 α_g 定得较小，又会限制压力机的工

艺使用范围。一般小型压力机的公称压力角 $\alpha_g=30°$，中大型压力机的公称压力角 $\alpha_g=20°$。在使用压力机时，只要在公称压力角 α_g 内，允许滑块承受公称压力 F_g，在 α_g 之外，允许作用在滑块上的力相应减小，以保证机床零件不发生强度破坏。

（1）曲轴强度与滑块许用负荷　曲轴是传递运动和动力的重要零件，它的强度是限制滑块负荷大小的主要因素。在压力机工作时，曲轴受剪切、弯矩和转矩的联合作用，为了便于分析和计算，通常在强度计算时忽略一些对强度影响较小的因素，如忽略齿轮对曲轴的作用力；忽略剪切力；连杆对曲轴的作用力近似看成等于公称压力，即 $F_{AB}\approx F$。

这样，根据材料力学分析，曲轴的Ⅰ—Ⅰ、Ⅱ—Ⅱ截面为危险截面，如图4-4b所示。在曲柄颈危险截面Ⅰ—Ⅰ处，受到弯矩和转矩的联合作用，但由于此处的转矩比弯矩小得多，故可以忽略转矩对应力的影响，只考虑抗弯强度问题。由于曲轴的弯矩是由力 F 引起的，则在设计压力机时，用公称压力 F_g 来设计或校核该截面的抗弯强度。自然，由曲轴截面Ⅰ—Ⅰ的强度所决定的使用原则为

$$[F]_{\mathrm{I-I}}=F_g \tag{4-14}$$

式中，$[F]_{\mathrm{I-I}}$ 为曲轴Ⅰ—Ⅰ截面强度所允许的滑块负荷。

在曲轴支承颈危险截面Ⅱ—Ⅱ上也受到弯矩和转矩联合作用，但此处弯矩比转矩小得多，可以忽略弯矩的影响，只考虑扭转强度问题。由于曲轴支承颈处所受转矩为 M_q，则该截面强度的设计和校核是按曲轴的公称转矩 M_{qg} 计算的。所谓公称转矩是指曲柄转角等于公称压力角 α_g，滑块负荷等于公称压力 F_g 时，曲轴上所承受的转矩，即

$$M_{qg}=F_g\left[R\sin(\alpha_g+\beta_g+\gamma)+\frac{\mu}{2}(d_A+d_0)\right]$$

故由曲轴截面Ⅱ—Ⅱ的强度所决定的使用原则为

$$[M_g]=M_{qg}$$

即

$$M_{qg}=[F]_{\mathrm{II-II}}\left[R\sin(\alpha+\beta+\gamma)+\frac{\mu}{2}(d_A+d_0)\right]$$

所以

$$[F]_{\mathrm{II-II}}=\frac{M_{qg}}{R\sin(\alpha+\beta+\gamma)+\frac{\mu}{2}(d_A+d_0)}=\frac{M_{qg}}{m_q} \tag{4-15}$$

式中，M_{qg} 为公称转矩；$[F]_{\mathrm{II-II}}$ 为曲轴Ⅱ—Ⅱ截面强度所允许的滑块作用力；$[M_g]$ 为曲轴许用转矩；β_g 为转角为 α_g 时，连杆 AB 与 OB 间的夹角（图4-3）。

（2）曲柄压力机滑块许用负荷图　从上述滑块许用负荷计算公式式（4-14）和式（4-15）可知，曲轴危险截面Ⅰ—Ⅰ处所允许的滑块作用力 $[F]_{\mathrm{I-I}}$ 只与压力机公称压力有关，而且其大小等于压力机公称压力；危险截面Ⅱ—Ⅱ处所允许的滑块作用力 $[F]_{\mathrm{II-II}}$ 除与压力机公称压力有关外，还与当量力臂 m_q 成反比。而 m_q 是曲柄转角的函数，当转角 α 从0°到90°增大时，m_q 随之增大，则 $[F]_{\mathrm{II-II}}$ 相应减小。根据式（4-14）和式（4-15）可以绘出如图4-6所示的滑块许用负荷图。纵坐标表示压力机滑块的许用负荷

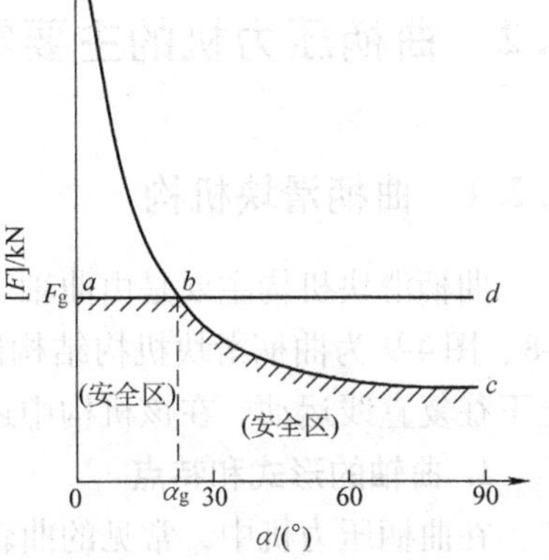

图4-6　滑块许用负荷图

$[F]$，横坐标表示曲柄转角 α，直线 ad 是根据 $[F]_{\text{I—I}}$ 作出的许用负荷线；曲线 bc 是根据 $[F]_{\text{II—II}}$ 作出的许用负荷线。ab 线所对应的 $[F]$ 为公称压力 F_g，b 点所对应的曲柄转角为公称压力角 α_g。

在使用压力机时，需要严格注意工作角度和最大滑块负荷，应使工艺力的最大值落在图中 abc 线以下的安全区内，方能保证设备安全工作。尤其是在通用曲柄压力机上进行冷挤压工艺或用复合模进行冲压加工时，更要注意此问题，要防止由于工作角度太大而出现机器超载。为了方便使用，在压力机使用说明书或铭牌上，一般将公称压力角 α_g 换算成公称压力行程 s_g。一般国产开式压力机 $s_g = 3 \sim 16\text{mm}$，闭式压力机 $s_g = 13\text{mm}$，详见表 4-2、表 4-3、表 4-4。

4. 结点偏置的曲柄滑块机构

前面分析的工作机构是结点正置的曲柄滑块机构（滑块和连杆结点 B 的运动轨迹位于曲柄旋转中心 O 和连杆结点 B 的连线上，如图 4-3 所示。在有些专用压力机上，为了改善压力机的运动特性和受力状态，提高压力机精度，适应某些工艺要求，还采用结点偏置的曲柄滑块机构。结点偏置分为正偏置和负偏置两种形式，如图 4-7 所示。对此偏置结构的运动和受力分析的方法同前所述，此处不再推导，推导过程请查阅相关资料。与结点正置的曲柄滑块机构相比，偏置机构具有以下特点：

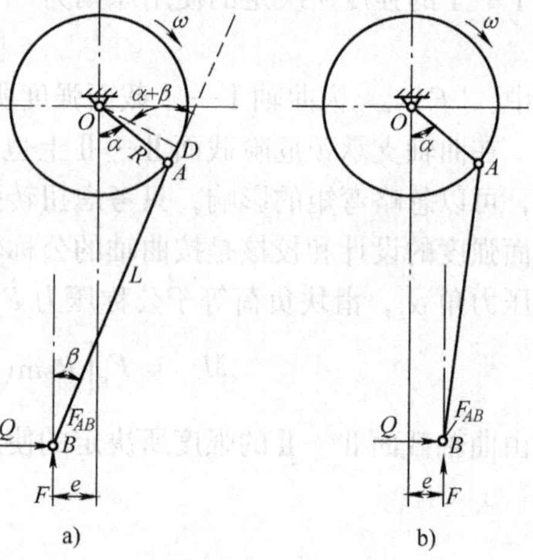

1）当曲柄转角等于零时，滑块的位移、速度并不等于零。

2）滑块上下行程速度曲线不对称。负偏置机构具有急回特性；正偏置机构具有急进特性。

3）在工作行程内，负偏置机构侧向力 F_q 和当量力臂 m_L 减小；正偏置机构的侧向力 F 和当量力臂 m_L 增大。

图 4-7　结点偏置的曲柄滑块机构受力简图
a）正偏置　b）负偏置

通常在冷挤压力机和某些热模锻压力机上采用负偏置机构；在垂直分模平锻机和冷镦自动机上采用正偏置机构。

4.2　曲柄压力机的主要零部件结构

4.2.1　曲柄滑块机构

曲柄滑块机构主要是由曲轴、连杆和滑块组成的，是压力机的工作机构和核心机构。图 4-8、图 4-9 为曲柄滑块机构结构图。曲轴旋转时，连杆作摆动和上下运动，滑块沿导轨做上下往复直线运动。在该机构中还设有装模高度调节装置、超载保护装置和顶件装置等。

1. 曲轴的形式和特点

在曲柄压力机中，常见的曲轴有四种形式，即曲柄轴、偏心轴、曲拐轴和偏心齿轮，如图 4-10 所示。

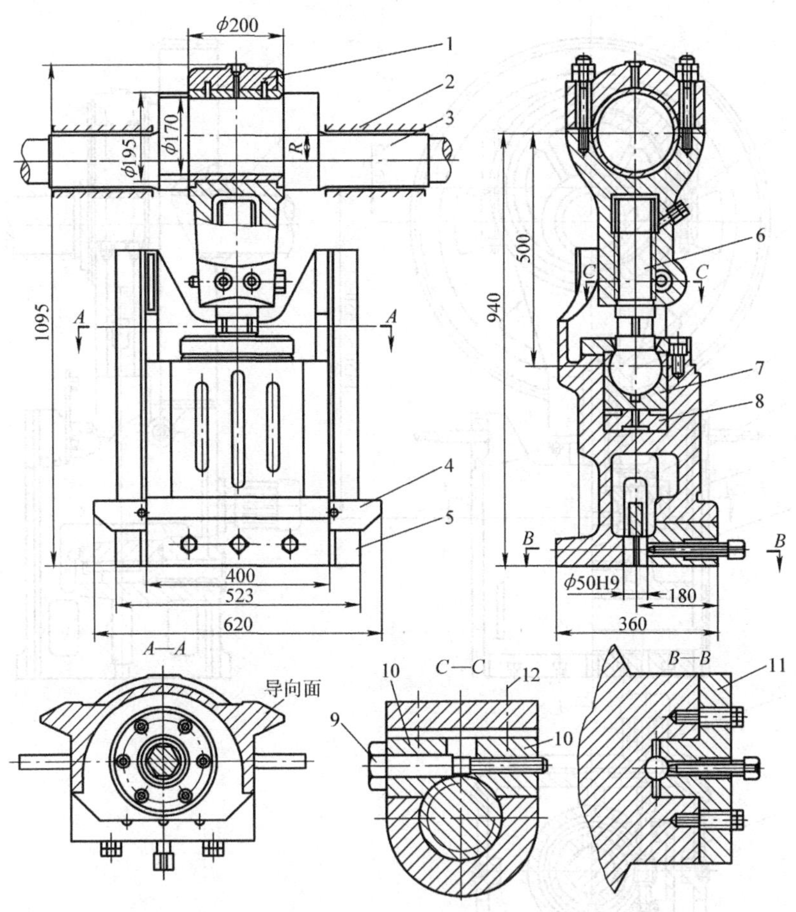

图 4-8 JB23-63 压力机的曲柄滑块机构结构图

1—连杆体 2—轴瓦 3—曲轴 4—打料横杆 5—滑块 6—调节螺杆 7—下支承座 8—保护装置 9—锁紧螺钉 10—锁紧块 11—模具夹持块 12—锁紧块导向销

(1) 曲柄轴 曲柄轴也称为曲轴，如图 4-10a 所示。在支承颈 d_0 与曲柄颈 d_A 之间为曲柄臂。它的曲柄半径 R 较大，适用于滑块行程较大的压力机。在工作台面较大的压力机上，常采用双曲轴形式。曲轴毛坯为短件，机械加工比较复杂。图 4-8 中 JB23-63 压力机的曲柄滑块机构就是曲轴式的，曲轴两端由设备床身支撑，当曲轴绕支撑轴转动时，滑块在导轨的约束作上下运动，上下位置之差为 $2R$。

(2) 偏心轴 偏心轴如图 4-10b 所示。偏心轴的曲轴颈短而粗，支座间距小，结构紧凑，刚性好，但偏心部分直径 d_A 大，摩擦力也大，制造比较困难，故适用于行程小的压力机。

(3) 曲拐轴 曲拐轴如图 4-10c 所示。曲拐轴在轴的一端形成悬臂，故刚性较差，随着曲柄半径 R 的增加，轴颈 d_{02} 增大，摩擦损耗加大，因此曲柄直径不能取得过大。但其结构简单，易于制造，采用偏心套后还可改变曲柄半径 R，达到滑块行程可调的目的，适于开式单柱压力机。

(4) 偏心齿轮 偏心齿轮如图 4-10d 所示。偏心齿轮是采用齿轮代替曲轴，故受力情况

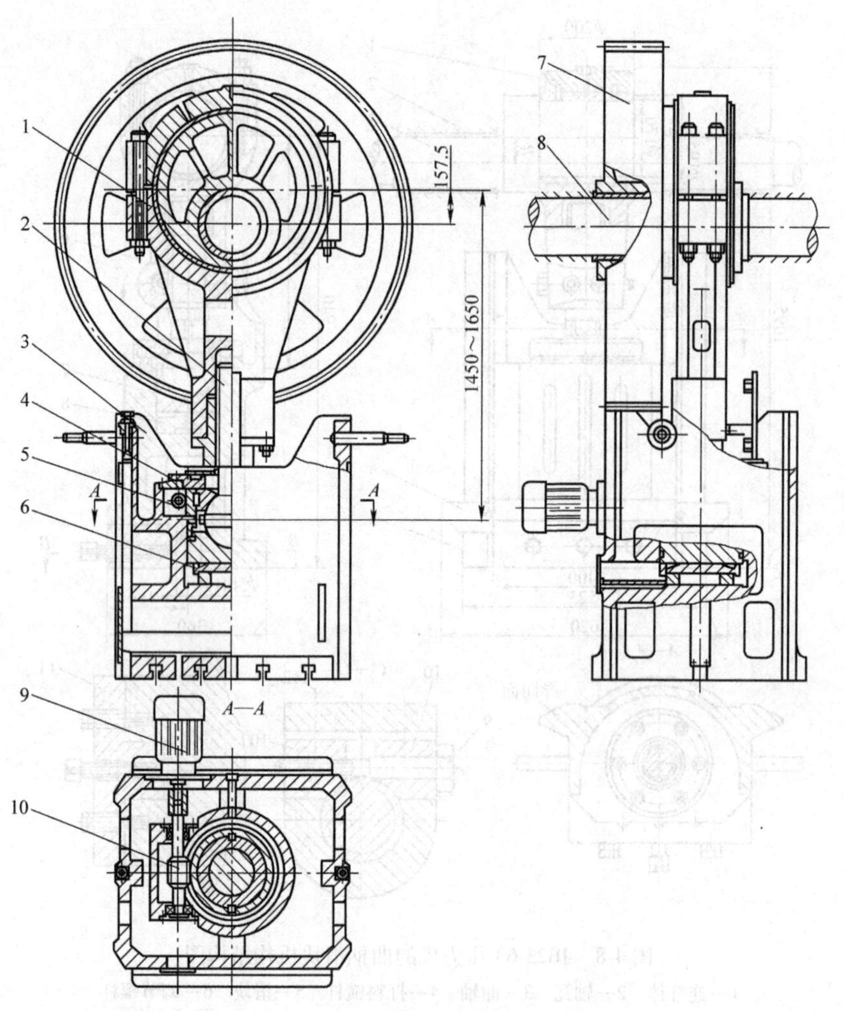

图 4-9 J31-315 压力机的曲柄滑块机构结构图

1—连杆体 2—调节螺杆 3—滑块 4—拨块 5—蜗轮 6—保护装置 7—偏心齿轮 8—芯轴 9—电动机 10—蜗杆

好，即齿轮受转矩作用，芯轴只承受弯矩。偏心齿轮安装在芯轴上并绕芯轴转动，通过偏心齿轮与芯轴产生偏心距，实现曲柄机构动作，齿轮为铸件，芯轴为光轴，制造容易，结构紧凑。但偏心部分直径较大，摩擦损耗也大，超载时比曲轴容易发生卡死现象，故适用于冷挤压机和中大型板料冲压机。

由于曲轴是压力机的重要零件和受力件，故其制造条件及材料选用要求较高。一般由 45 钢锻造而成。对于一些中大型压力机的曲轴材料用 40Cr、37SiMn2MoV、18CrMnMoB 等合金钢锻成，锻造比在 2.5～3 以上，锻后进行调质处理。国内一些企业对小型压力机也有采用 QT600-2 铸造的。曲轴的支承颈和曲轴颈都要精车和精磨，为了延长曲轴寿命，在曲轴颈及其圆角处用滚子辗压强化。

2. 装模高度调节机构

在实际生产中，一台压力机适用于各种模具，为了适应不同闭合高度的模具，压力机的

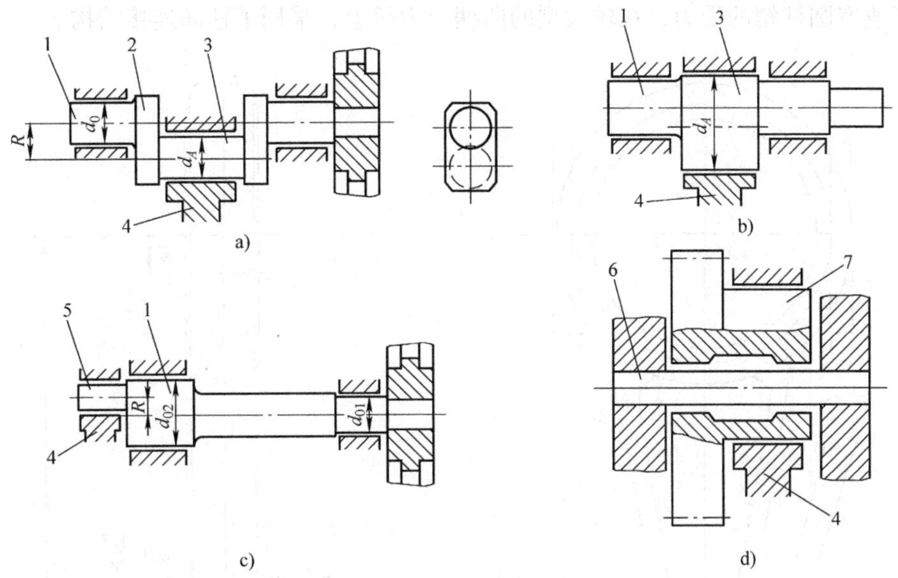

图4-10　曲轴与偏心齿轮形式

a）曲柄轴　b）偏心轴　c）曲拐轴　d）偏心齿轮

1—支承颈　2—曲柄臂　3—曲柄颈　4—连杆　5—曲拐颈　6—芯轴　7—偏心齿轮

装模高度必须能够调节，调节方法如下：

（1）调节连杆长度　调节连杆长度来调节滑块下平面与工作台之间的距离，图4-8和图4-9均采用此结构。这种连杆由两部分组成，即连杆不是一个整体，而是由连杆体1和调节螺杆6组成（图4-8）。调节螺杆下部的球头与滑块5连接，连杆体上部的轴瓦与曲轴3连接。当调整时，转动调节螺杆（不论手动或电动）就可将调节螺杆旋进（或旋出）连杆体，则连杆长度减小（或增大），装模高度随之增大（或减小）。在冲压工作中，装模高度应保持不变。否则，若装模高度变大，可能造成工件报废；若装模高度变小，可能造成模具损坏或压力机过载。为了防止压力机在冲压工作过程中自行改变装模高度，在装模高度调节机构中设有锁紧装置，在图4-8中，由锁紧块10和锁紧螺钉9组成，两个锁紧块内分别有正反扣螺纹，锁紧螺钉也以相同的正反螺纹与之配合，为了使螺纹副的受力状况合理，螺纹一般为锯齿形或T形螺纹。拧动锁紧螺钉，可使两锁紧压块压紧调节螺杆，以达到防止松动的目的。在大型压力机上采用机动调节，如图4-9所示，连杆结构也是由连杆体1和调节螺杆2组成，但调节螺杆的转动是靠拨块4完成的。螺杆球头的侧面有两个销子，拨块上的两个叉口叉在销子上，拨块旋转时，通过销子拨着螺杆旋转。拨块是由蜗轮5和蜗杆10带动的，蜗轮蜗杆则由调节电动机9来驱动，电动机的正转或反转，即可将装模高度调大或调小，在连杆的上端装有终点限位开关，以控制最大调节量。此类连杆与滑块的铰接处为球头，称为球头式连杆，球头和支承座的加工比较困难，需用专用设备，同时螺杆的抗弯性能亦不强。

（2）调节滑块高度　如图4-11所示，连杆3是个整体，不直接与滑块6相连，而是通过连杆销8、调节螺杆2与滑块6连接。调节螺杆由蜗轮4（兼作调节螺母）、蜗杆5驱动，当调整时，蜗轮蜗杆机构工作，使滑块上的螺母带动滑块上下移动，便可达到调节装模高度的目的。与球头式连杆相比，柱销式连杆的抗弯强度提高了，铰接柱销的加工也更为方便了，为了改变圆柱销的受力，在较大型的曲柄压力机上，采用了柱面连接结构。

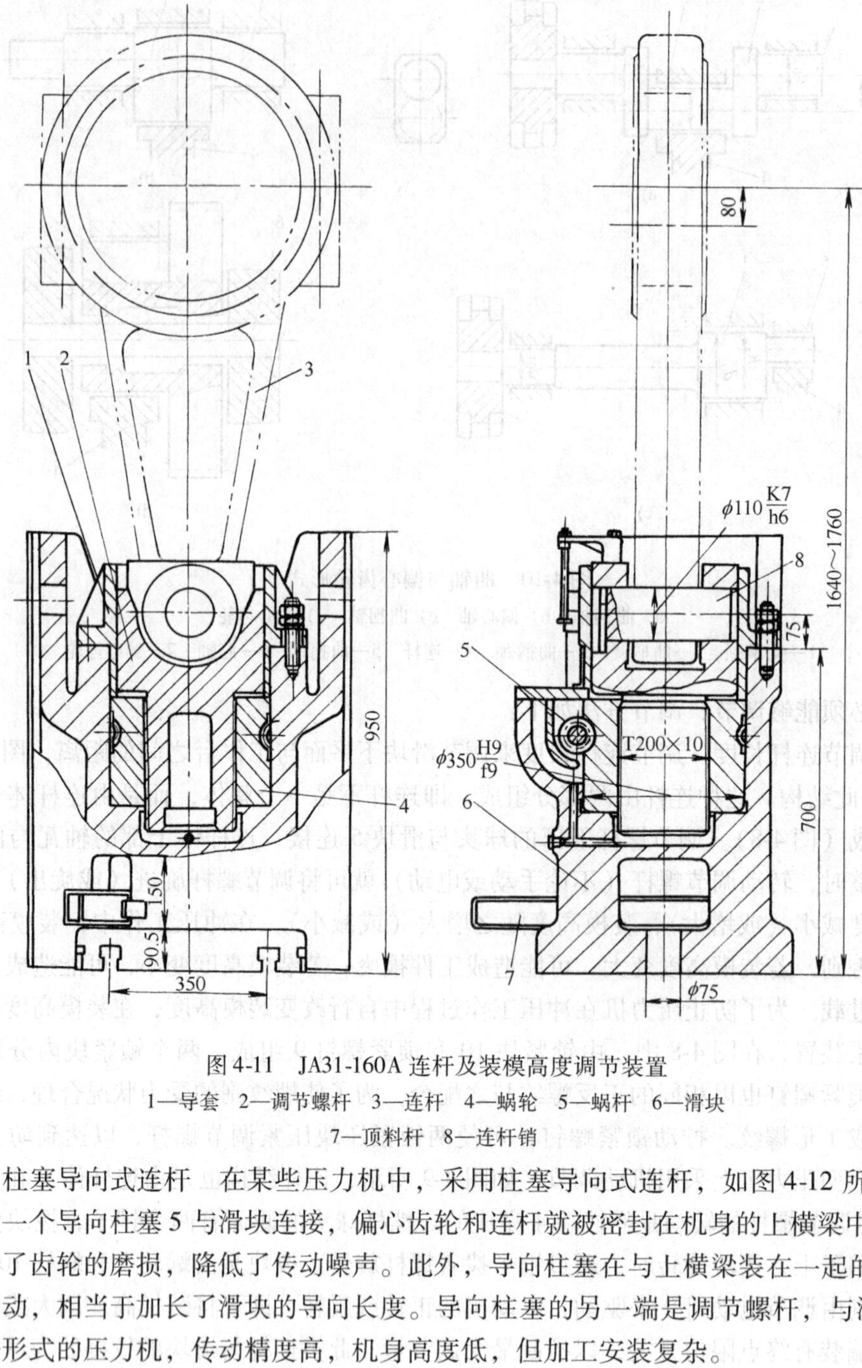

图 4-11　JA31-160A 连杆及装模高度调节装置

1—导套　2—调节螺杆　3—连杆　4—蜗轮　5—蜗杆　6—滑块

7—顶料杆　8—连杆销

（3）柱塞导向式连杆　在某些压力机中，采用柱塞导向式连杆，如图 4-12 所示。这种连杆通过一个导向柱塞 5 与滑块连接，偏心齿轮和连杆就被密封在机身的上横梁中，浸油润滑，减少了齿轮的磨损，降低了传动噪声。此外，导向柱塞在与上横梁装在一起的导向套 4 内上下滑动，相当于加长了滑块的导向长度。导向柱塞的另一端是调节螺杆，与滑块连接。这种连杆形式的压力机，传动精度高，机身高度低，但加工安装复杂。

在以上各种机动调整装模高度的装置中，都加有闭锁装置和制动装置，对其调整速度加以限定，一般为 20 ~95mm/min。

通常连杆用 ZG270-500 和 HT200 制造。球头式连杆中的调节螺杆常用 45 钢锻造后调质，球头表面淬火。柱销式连杆中的调节螺杆一般用 QT350-22 和 HT200 或 QT600-2 和 HT200 制造。

3. 过载保护装置

曲柄压力机工作机构为刚性连接方式，滑块在工作时的上下死点是固定的，若在工作中由于操作不当使滑块下行受阻，由于曲柄滑块机构的增力特性，会造成连杆受力 F_{AB} 上升至超过公称压力 F_g。造成过载的原因很多，如工艺设计时设备选用不当，模具调试时设备装模高度小于模具高度，冲压时毛坯放置位置不当，异物夹在模具内等。过载会引起设备或模具损坏，为了防范过载引发的事故，设备上相应地设计了过载保护装置，常用的装置有压塌块式和液压式两类。

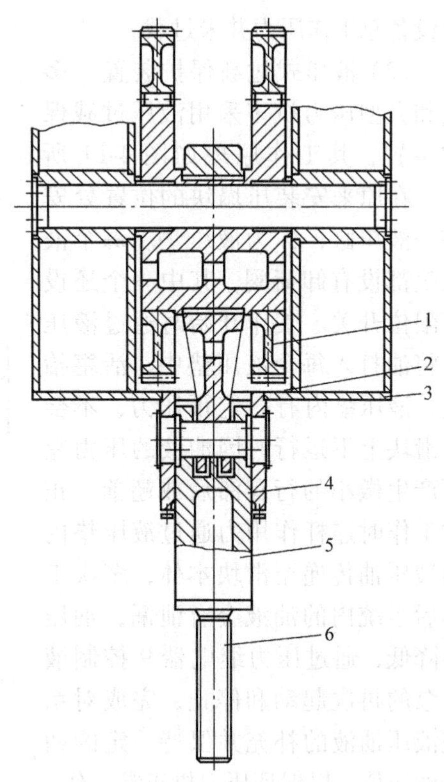

图 4-12 柱塞导向式连杆

1—偏心齿轮 2—润滑油 3—上横梁 4—导向导套 5—导向柱塞 6—调节螺杆

（1）压塌块式过载保护装置 如图 4-8 和图 4-9 所示，在连杆球头座下设置一压塌块，工作时连杆将力传递给压塌块，再由压塌块传递至滑块本体。当压力机过载时，压塌块的相应断面被剪断，使压塌块高度降低，滑块下死点升高，相当于使设备装模高度值增加，消除了设备的过载。压塌块结构如图 4-13 所示，单面剪切压塌块应用于小型压力机。由于压力机过载一般在公称压力行程内产生，故压塌块剪切后产生的高度差与公称压力行程对应。对双面剪切的压塌块应保持内外处的剪切面积相等。

为了保证过载保护装置的保险准确可行，制作压塌块的每批材料的抗剪强度极限值 τ 均应以试验数据为准，以此来推算出相应的剪切面积。

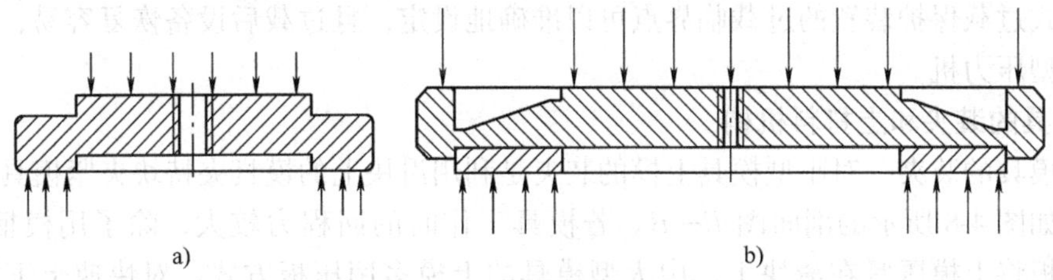

图 4-13 压塌块结构

a）单面剪切压塌块 b）双面剪切压塌块

压塌块式过载保护装置结构简单，制造方便，但在设计时无法考虑它的疲劳强度极限，因为如果设计时考虑疲劳极限，初始的剪切压塌力将超过公称压力而起不到保险作用；若设计时不考虑疲劳极限，新压塌块在工作次数累计至一定后，压塌块的临界剪切力会小于公称压力而提早引起剪切破坏，或者压力机只能工作在小于公称压力的情况下，降低了设备的使用效率。同时压塌块式过载保护装置仅能用于单点压力机而不能用于两点以上的多点压力机，因为多点时不能保证各个铰接点均匀承载，偏载会引起某个压塌块先行剪切断裂，而此时设备总工作压力并未过载。

（2）液压式过载保护装置　多点和大型压力机多采用液压过载保护装置，其工作原理如图 4-14 所示。在原来安装压塌块的位置处安装一液压缸，称为液压垫。每个液压垫都设有卸荷阀，其中一个还设有限位开关。工作开始时通过液压泵将油打入每个液压垫中，活塞抬起，液压垫内有一定预压力，不会使滑块上下运行时因油液的压力差而产生微小的行程滞后或超前。正常工作时连杆作用力通过液压垫内的液压油传递至滑块本体，多次工作后系统内的油液会有泄漏，油压会降低，通过压力继电器 9 控制液压泵的再次起动和停止，完成对系统液压油液的补充并保持一定的初始油压值，以保证压力机正常工作。

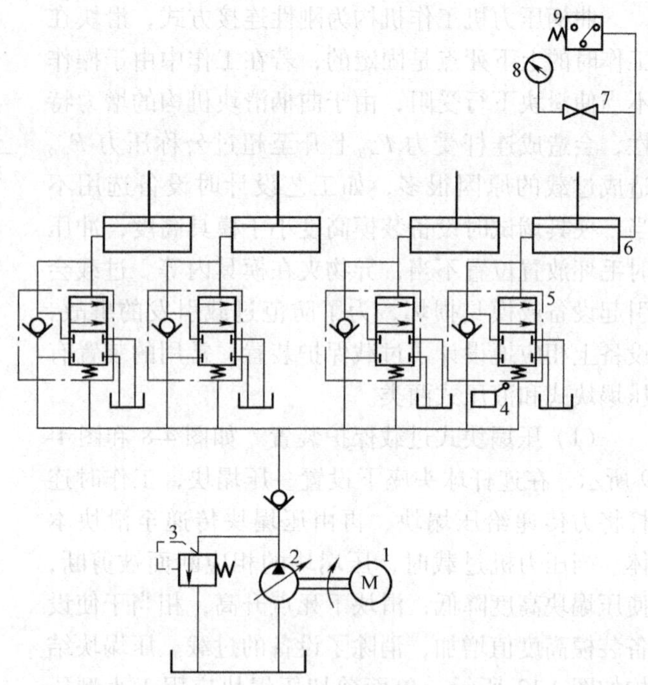

图 4-14　J39-800 闭式四点压力机液压保护装置原理图

1—电动机　2—高压液压泵　3—溢流阀　4—限位开关　5—卸荷阀　6—液压垫　7—压力表开关　8—压力表　9—压力继电器

当出现过载时，液压垫内油压急剧升高而引起卸荷阀卸荷，液压垫内的油液经卸荷阀流回油箱，使滑块下平面相对增大，起到保护模具和设备的目的，卸荷的同时，限位开关 4 发出信号，压力机紧急停机。故障清除后，再次开机时，液压泵起动，液压垫中活塞抬起，压力机恢复正常。

液压式过载保护装置的过载临界点可以准确地设定，且过载后设备恢复容易，它广泛应用于中大型压力机。

4. 模具的装夹和上打料机构

（1）模具的装夹　对小型模具上模的装夹是利用滑块上的模具夹持块夹紧模具的模柄来实现的，如图 4-8 所示的剖面图 *B—B*。若模具工作时的回程力较大，除了用模柄夹持外，还应用压板将上模压紧在滑块上。中大型模具的上模多用压板方式。对快速上下模的设备（如配有移动工作台的压力机）常采用气动快速夹持器固定上模。下模则采用压板将其压紧在压力机工作台上。

（2）打料机构　在生产中，为了将工件从上模中取出，在滑块中装有打料机构（也称顶料装置）。顶料装置分为刚性顶料装置和气动顶料装置两种。

1）刚性顶料装置。图 4-15 为 JB23-63 压力机刚性顶料装置。它由一根（双点压力机有数根）穿过滑块的顶料横杆 4 及固定于机身上的挡头螺钉 1 等组成。滑块在完成冲压工作时，有时工件会梗塞或箍紧在上模的工作部分内，上模中的顶杆会使顶料横杆 4 在滑块中升起；当滑块向上接近上死点时，顶料横杆 4 与拧在挡头座上的挡头螺钉 1 相触，由于挡头螺钉座固定在

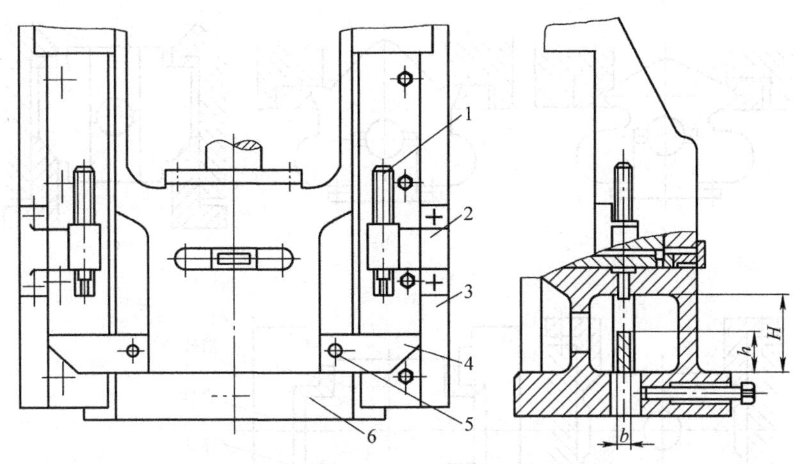

图 4-15 JB23-63 压力机刚性顶料装置

1—挡头螺钉 2—挡头座 3—机身 4—顶料横杆 5—挡销 6—滑块

机身上，故滑块继续上升而顶料杆不会再上升，通过上模中的顶料杆即将工件顶出。

值得注意的是，调节装模高度时，必须相应地调节挡头螺钉位置，以免发生设备事故。刚性顶料装置结构简单、动作可靠、应用广泛。但是，顶料力及顶料位置不能任意调节。

2）气动顶料装置。图 4-16 为气动顶料装置。它是由双层气缸 2 和顶料横杆 5 组成。多点压力机有几组气动顶料装置。双层气缸与机身连接在一起，它的活塞杆 4 通过铰销与顶料横杆的一端连接。气缸进气时，可以将上模中的工件顶出，气缸的进排气由电磁阀控制，可以使顶料在任意位置下进行。这种装置的顶料力和顶料行程容易调节，便于使用机械手和实现冲压机械化自动化。但是，受到气缸尺寸和气压大小的限制，有时顶料力显得不足。

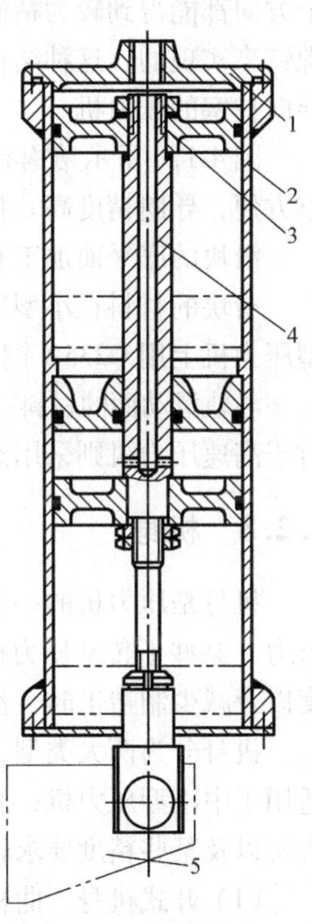

图 4-16 气动顶料装置

1—气缸盖 2—双层气缸 3—活塞 4—活塞杆 5—顶料横杆

4.2.2 滑块与导轨

滑块是一个箱形结构，其上端与连杆连接，下端安装在模具的上模。工作时滑块沿机身的导轨上下运动。为保证滑块底平面与工作台上平面的平行度，保证滑块运动方向与工作台面的垂直度，滑块的导向面应与底平面垂直。导轨与滑块的导向面之间应保持一定的间隙，而且能够调整。滑块导轨常见形式有四种，如图 4-17 所示。

图 4-17a、b 所示为两种 V 形结构的滑块导轨，其中有两根导轨，一个固定，一个可调，只能单面调节导轨间隙。这种结构一般用于开式压力机。

图 4-17c 所示结构滑块有四个导向面，其中有两个面是固定的，承受滑块工作时的侧向力，另外两个呈 45°的面是可调的，通过螺栓来调节导轨间隙。这种结构调节容易，但精度受到一定影响，多用于大中型闭式压力机。

图 4-17d 所示结构有四个呈 45°的导轨，均能单独调整，使各

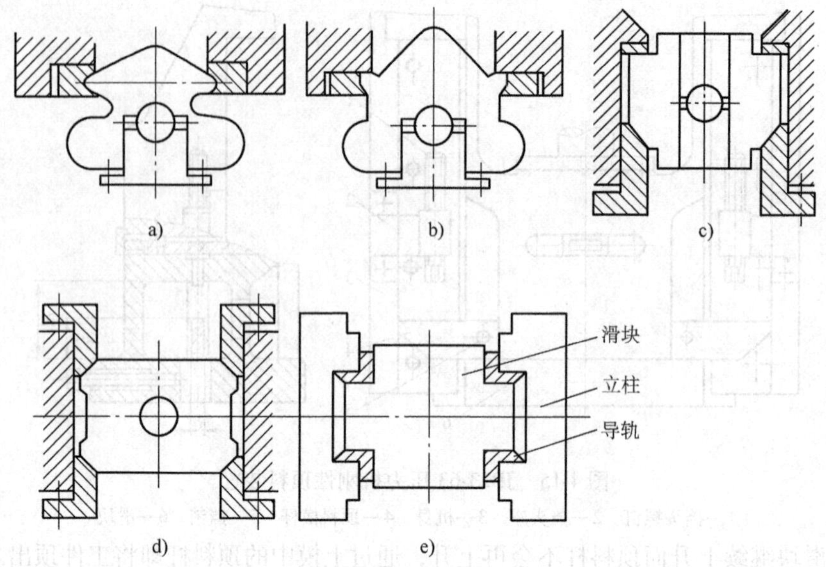

图 4-17　滑块导轨形式

个方向都能得到较为精确的间隙，但调整起来较困难，它是靠调节每一个调节斜块上的推拉螺钉来实现的。这种结构形式主要用于滑块比较重，又不能作水平移动的压力机上，如带有导向柱塞的压力机。

图 4-17e 所示结构有八个导轨面，每个导向面上都有一组推拉螺钉，可以单独调节，调整方便，导向精度高。目前，在大中型压力机上得到广泛应用。

滑块的底平面加工有 T 形槽（图 4-9）或模柄孔（图 4-8），以便于安装模具。

滑块的材料在小型压力机上采用 HT200，在中型压力机上用 HT200 和球墨铸铁，在大型压力机上用 Q235A 钢板焊接而成，焊后进行退火处理。

导轨滑动面的材料一般为铸铁 HT200，对速度高、偏载大的压力机则用 ZCuZn38Mn2Pb2。对于高速压力机则采用滚针导轨，以减小摩擦，消除间隙，提高精度和耐磨性。

4.2.3　机身

机身是压力机的一个基本部件。所有零部件都装在机身上面。工作时要承受全部工作变形力（某些下传动压力机除外）。因此，机身的合理设计对减轻压力机重量、提高压力机刚度以及减少制造工时，都具有直接的影响。

机身分为两大类型，即开式机身和闭式机身。前者三面敞开，操作方便，但刚度较差，适用于中小型压力机；后者两侧封闭，刚度较好，但操作不如开式的方便，适用于中大型压力机以及某些精度要求较高的小型压力机。

（1）开式机身　曲柄压力机开式机身如图 4-18 所示。按机身背部有无开口可分为双柱机身（图 4-18a）和单柱机身（图 4-18b、c）。按机身是否可以倾斜分为可倾机身（图 4-18a）和不可倾机身（图 4-18b、c）。按机身的工作台是否可以移动分为固定台（图 4-18b）和活动台（图 4-18c）。此外分柱形台、转动台等。不同的机身形式有不同的用途，双柱可倾机身便于从机身背部卸料，有利于冲压的机械化和自动化。活动台机身可以在较大范围内

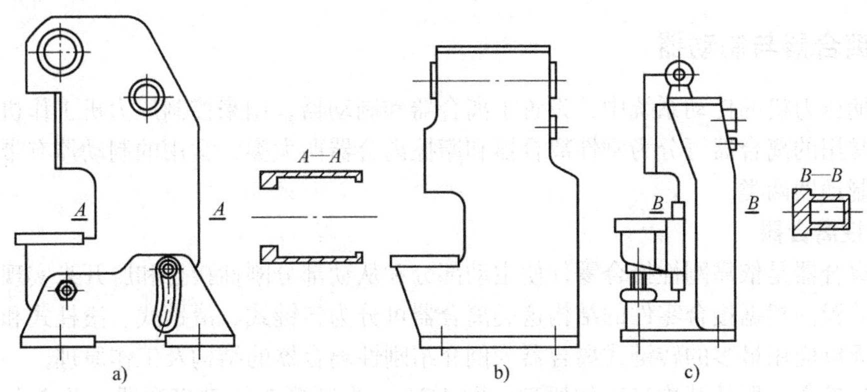

图4-18　曲柄压力机开式机身

a）开式可倾式　b）开式固定台式　c）开式活动台式

改变压力机的装模高度，适用工艺范围较广。单柱固定台机身一般用于公称压力较大的开式压力机。

由于开式机身近似C形，在受力变形时产生垂直位移和角位移（图4-19中的Δh和$\Delta\alpha$），上下模具不能很好对中，尤其是角位移$\Delta\alpha$会加剧模具的磨损并影响冲压件质量，严重时会折断冲头，故在开式压力机机身结构设计时尤其应控制角位移$\Delta\alpha$。设计时引入角刚度参数C_α，$C_\alpha = F/\Delta\alpha$，通过优化床身横截面，可提高$C_\alpha$值，由于$\Delta\alpha$的存在，开式机身多应用于小型压力机。

（2）闭式机身　曲柄压力机闭式机身如图4-20所示。闭式机身形成一个对称的封闭框架，受力后只产生垂直变形，不产生角变形，刚度好，广泛应用于大中型曲柄压力机。整体式机身（图4-20a）的加工装配工作量较少，但需要大型加工设备，运输安装也较困难。组合式机身（图4-20b）是由上横梁、立柱、底座和拉紧螺栓组合而成，考虑到工作时框架的受力，在装配时立柱需进行预紧，保证设备在工作时不产生错移。应用较多的预紧方法之一是电加热法，先将各部分安装好并拧紧螺母做上标记，计算预紧所需拧动的螺母转角，加热预先绕在拉紧螺柱上的电阻丝，使螺柱受热伸长，将螺母旋转，计算好角度值，电阻丝断电后即可达到预紧状态。可以将机身分成几部分加工和运输，因此加工运输比较方便，在大中型压力机上此种机身应用得较多。

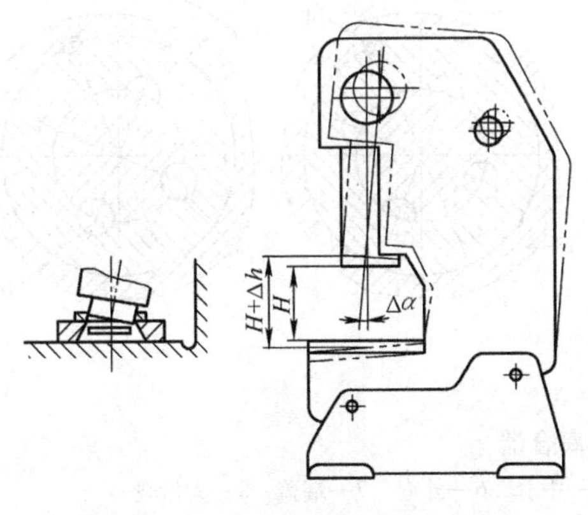

图4-19　开式压力机的弹性变形及对冲模的影响

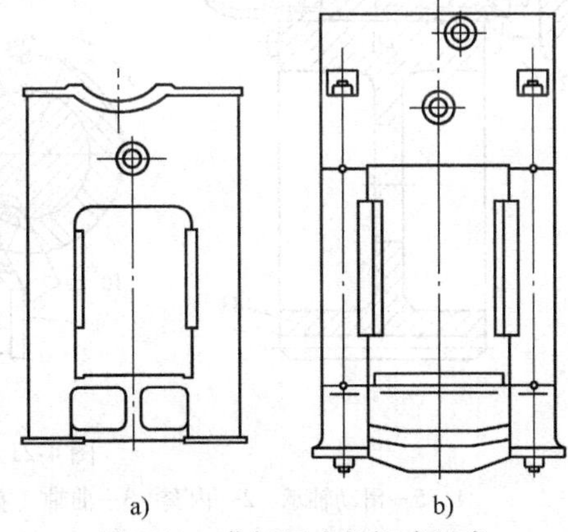

图4-20　曲柄压力机闭式机身

a）整体式机身　b）组合式机身

4.2.4 离合器与制动器

在曲柄压力机的传动系统中，设置了离合器和制动器，用来控制压力机工作机构的运动和停止。常用的离合器可分为刚性离合器和摩擦离合器两大类，常用的制动器有带式制动器和圆盘式制动器两类。

1. 刚性离合器

刚性离合器是依靠刚性接合零件使主动部分和从动部分刚性接合和脱开来实现曲轴运动和停止的装置。根据接合零件的结构这类离合器可分为转键式、滑销式、滚柱式和牙嵌式等几种。下面以应用最多的转键式离合器为例介绍刚性离合器的结构及工作原理。

（1）转键离合器的结构和工作原理　图4-21为半圆形双转键离合器。此离合器有两个转键，即工作键（也叫主键）16和副键15。在压力机工作时，工作键用来传递工作转矩；在压力机传动系统反转时，副键起作用。另外，副键还可以防止滑块的“超前”运动，避免撞击。所谓“超前”是指由于曲柄滑块机构的自重作用，造成曲轴的转角超前于大齿轮，这种“超前”现象会引起工作键与中套的撞击。当压力机用拉深垫或弹性压边圈进行拉深工艺时，副键可以防止滑块回程时，由于拉深垫或弹性压边圈的回弹力而引起的“超前”现象。

（2）转键离合器的操纵机构　上述离合器转动是靠操纵机构来实现的。电磁铁控制的操纵机构，可以使压力机获得单次行程和连续行程。

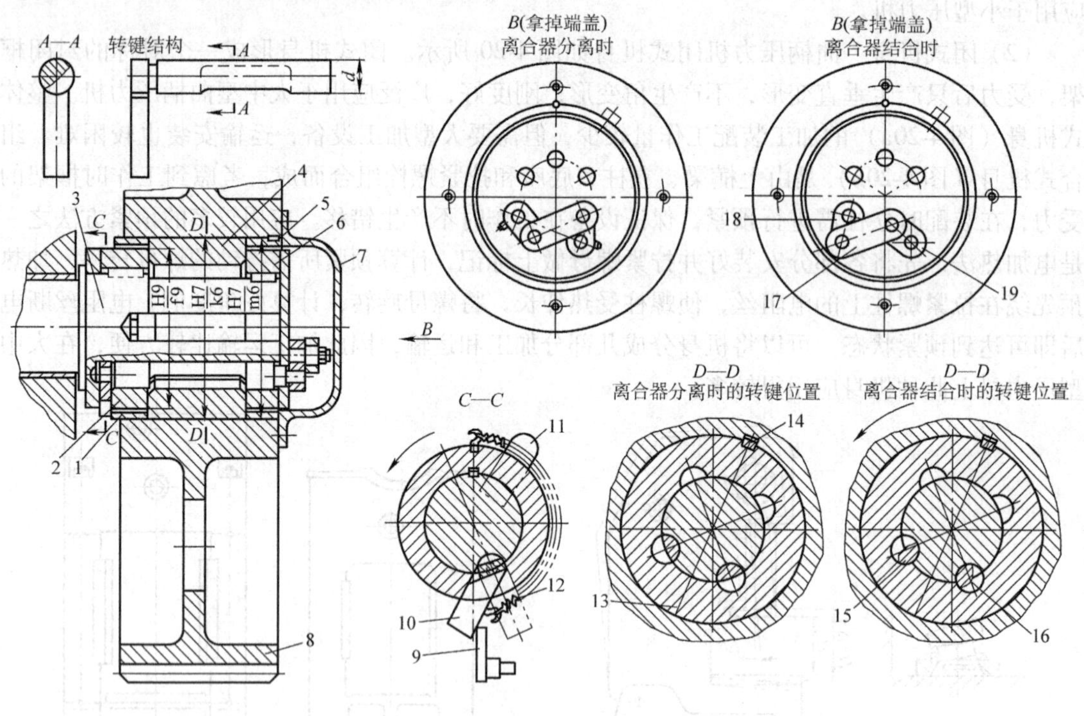

图4-21　双转键离合器

1、5—滑动轴承　2—内套　3—曲轴（右端）　4—中套　6—外套　7—端盖　8—大齿轮　9—关闭器　10—尾板　11—凸块　12—弹簧　13—润滑棉芯　14—平键　15—副键　16—工作键　17—拉板　18—副键柄　19—工作键柄

刚性离合器结构简单，容易制造，不需要气源，但受转键等接合零件强度限制，所能传递的转矩不大，结合时冲击较大，而且，只能在上死点附近脱开，不能实现紧急停车或寸动行程，安装调整模具时需要用人力搬动飞轮。因此，这类离合器一般用在 1000kN 以下的小型压力机上。

2. 带式制动器

制动器的作用是吸收从动部分（如曲柄滑块机构）的动能，使滑块及时地停在一定的位置上，在生产中要求制动器工作可靠、操作简单、调整方便和散热条件好。常用的带式制动器有三种：偏心带式制动器、凸轮带式制动器和气动带式制动器。图 4-22 为偏心带式制动器，制动轮 6 固定在曲轴的一端，在其外沿包有制动带 4，制动带的一端与机身铰接，另一端用制动弹簧 2 张紧。制动轮与曲轴有一偏心距 e，当曲轴接近上死点时，制动带绷得最紧，制动力矩也就最大，可以将自由滑块制动在上死点附近。曲轴在其他角度位置时，制动带也不完全松开，仍然保持一定的制动力矩。制动力矩的大小可用调节螺钉 1 上的螺母进行调节。这种制动器结构简单，但因有制动力矩的作用，压力机的能耗大，摩擦材料的磨损严重。

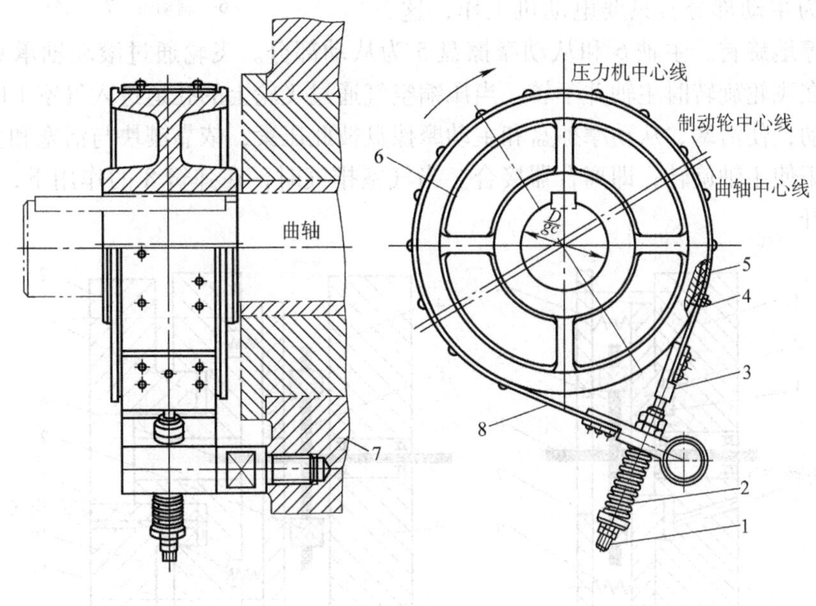

图 4-22　偏心带式制动器

1—调节螺钉　2—制动弹簧　3—松边　4—制动带　5—摩擦材料　6—制动轮　7—机身　8—紧边

图 4-23a 是凸轮带式制动器，制动带 6 的张紧是靠制动弹簧 5，而松开是靠凸轮 1、滚轮 3 和杠杆 4。压力机在非制动行程时，可以完全松开制动带，能量损耗较小。

图 4-23b 是气动带式制动器。气缸进气时，压缩制动弹簧，制动器松开；气缸排气时，在制动弹簧的作用下拉紧制动带，产生制动作用。这种制动器在非制动时，制动带与制动轮完全不接触，能量损耗小，但结构较复杂，需要气源。

偏心带式和凸轮带式制动器与刚性离合器配合，用于小型压力机上，气动带式制动器与摩擦离合器配合，常用于平锻机和热模锻压力机上。

3. 摩擦离合器-制动器

摩擦离合器依靠摩擦力传递转矩。这种离合器-制动器的特点是：传递的转矩大；工作平稳，没有冲击；可以在任意位置离合或制动，调整模具方便；超负荷时，在一定程度上，可有效防止摩擦片之间打滑。曲柄压力机的摩擦离合-制动器的结构形式很多，按其工作情况分为干式和湿式两种。干式离合器和制动器的摩擦面暴露在空气中，而湿式则浸在油里。按其摩擦面的形状，有圆盘式、浮动镶块式和圆锥式等。目前常用的是圆盘式和浮动镶块式摩擦离合器-制动器。

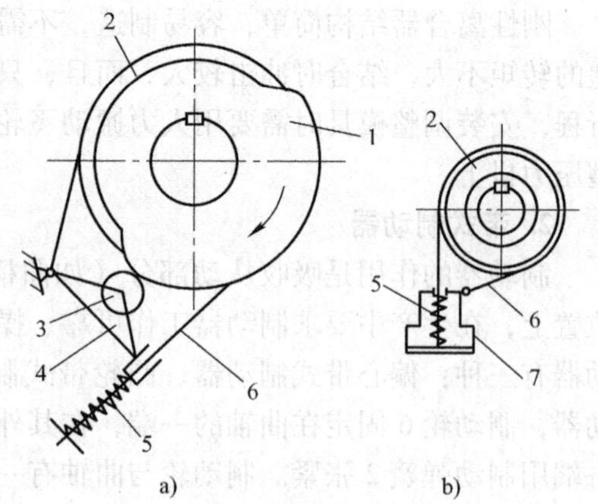

图 4-23　凸轮带式和气动带式制动器

a）凸轮带式　b）气动带式

1—凸轮　2—制动轮　3—滚轮　4—杠杆　5—制动弹簧　6—制动带　7—气缸

图 4-24 所示为摩擦离合器-制动器的工作原理图。图 4-24a 为离合器，飞轮 3、活塞 2 和主动摩擦盘 4 为主动部分，只要电动机工作，这部分就会不停地旋转。主轴 6 和从动摩擦盘 5 为从动部分。飞轮通过滚动轴承套装在主轴上，故平时在飞轮旋转时主轴并不转。当压缩空气通过飞轮上的孔道进入气室 1 时，推动活塞 2 向右移动，使活塞、从动摩擦盘和主动摩擦盘彼此压紧，依靠镶块与活塞和主动摩擦盘间的摩擦力矩使主轴旋转，即离合器接合。当气室排气时，在弹簧 8 的作用下，三者脱开，即离合器脱开。

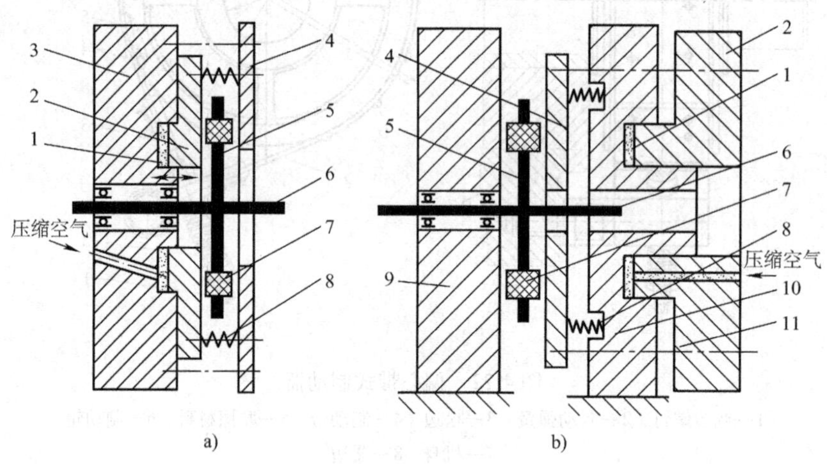

图 4-24　摩擦离合器-制动器工作原理

a）离合器　b）制动器

1—气室　2—活塞　3—飞轮　4—主动摩擦盘　5—从动摩擦盘　6—主轴　7—摩擦镶块　8—弹簧　9—固定摩擦盘　10—气缸　11—螺栓

制动器上的工作原理如图 4-24b 所示。在制动器上，气缸 10 和固定摩擦盘 9 是固定在机身上的。不工作时，在弹簧 8 的作用下将主动摩擦盘 4、从动摩擦盘 5 和固定摩擦盘 9 压紧，即处于制动状态。工作时，在离合器进气前，压缩空气先进入气缸 10 的气室中，推动

活塞2右移，再通过螺栓11拉动主动摩擦盘4右移，使制动器脱开。

图4-25是两端悬臂的浮动镶块式摩擦离合器-制动器的结构图。左端是离合器，右端是制动器。大带轮8支承在滚动轴承上，并不直接带动从动轴9旋转。从动摩擦盘7在圆盘方向加工出若干孔洞，镶块（摩擦块）5镶在孔洞中，可作轴向移动。当离合器气缸进气时，活塞3右行，与摩擦盘6一起将镶块夹紧，带动镶块及从动盘一起转动，从而将大带轮的运动传给从动轴使压力机工作。制动器的制动是靠制动弹簧17进行的。当制动器气缸13进气时，活塞15右行，通过螺栓16将制动盘12拉向右边，制动器便松开。离合器和制动器动作的先后次序是靠两个气缸进排气的次序来实现的，压力机开动时制动器气缸先进气，制动器松开，然后离合器气缸进气，离合器接合；压力机停止工作时，离合器先排气，制动器后排气，离合器先分离，制动器后制动。

浮动镶块一般由石棉塑料做成。镶块5、11与摩擦盘6和与制动盘12的间隙是通过大圆螺母4和18来调整的。

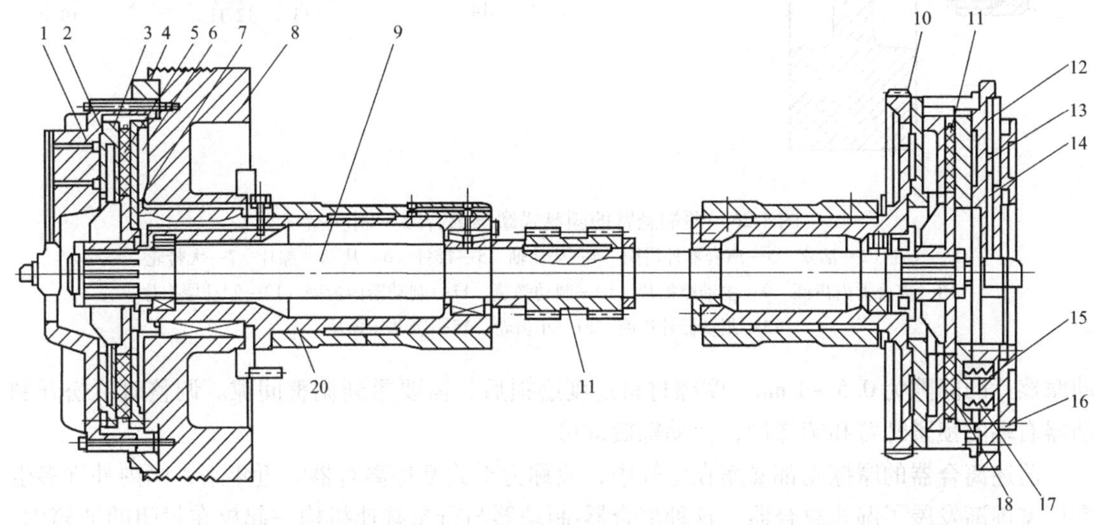

图4-25 两端悬臂的浮动镶块式摩擦离合器-制动器

1—离合器气缸 2、14—橡胶膜 3、15—活塞 4、18—大圆螺母 5、11—镶块 6—摩擦盘 7—从动摩擦盘 8—大带轮（飞轮） 9—从动轴 10—制动器壳体 12—制动盘 13—制动器气缸 16—螺栓 17—制动弹簧 19—小齿轮 20—刚性套

图4-26是两端悬臂的圆盘式摩擦离合器－制动器的结构图。左端是离合器，右端是制动器。大带轮7支承在滚动轴承上，并不直接带动从动轴4旋转。在大带轮上固定有离合器内齿圈8，它与主动摩擦片9的轮齿相啮合。在从动轴上固定着离合器外齿圈3，它与从动摩擦片6的轮齿相啮合。当气缸1进气时，推动活塞2右行，主动摩擦片与从动摩擦片接合，依靠摩擦力将带轮的运动传给从动轴。在此之前，装在从动轴中的推杆5已把制动器顶开。当气缸排气时，在制动弹簧10的作用下，活塞左行，离合器松开，制动器接合，通过制动摩擦片12和制动器外齿圈13使从动系统制动。离合器与制动器接合与分离的先后顺序是靠顶杆来实现的，故称此结构离合器-制动器为机械联锁（刚性联锁）的离合器-制动器。

这种离合器-制动器的摩擦片所用材料为铜基粉末合金。离合器或制动器脱开时，主从

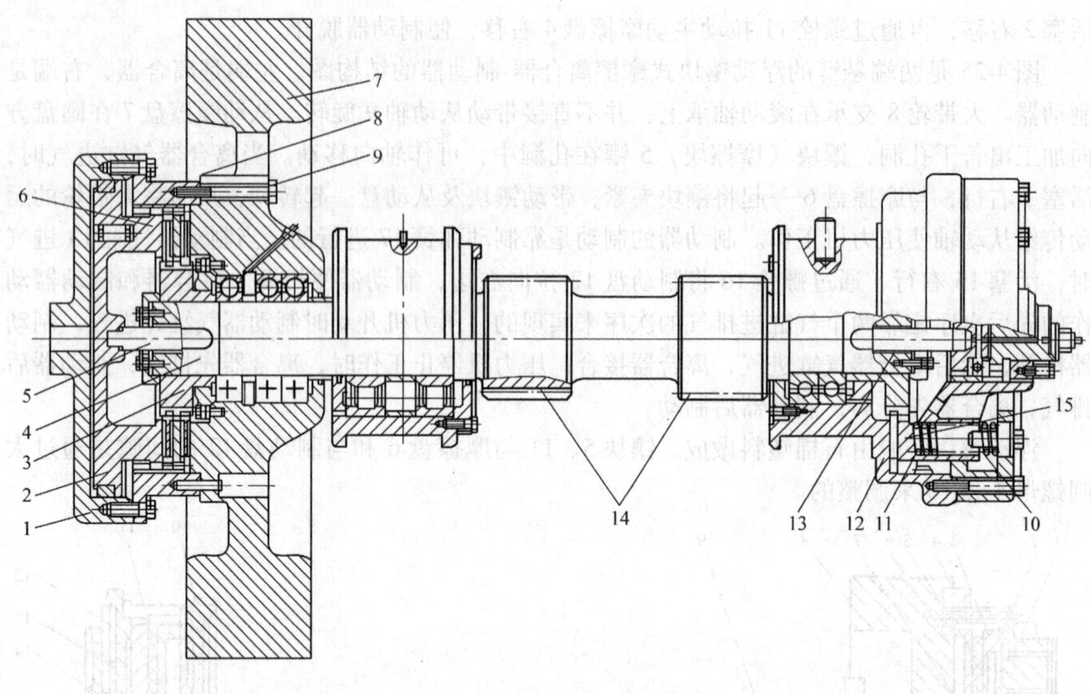

图 4-26 两端悬臂的圆盘式摩擦离合器 - 制动器

1—气缸 2—活塞 3—离合器外齿圈 4—从动轴 5—推杆 6—从动摩擦片 7—大带轮 8—离合器内齿圈 9—主动摩擦片 10—制动弹簧 11—制动器内齿圈 12—制动摩擦片 13—制动器外齿圈 14—小齿轮 15—制动压紧块

动摩擦片的间隙为0.5～1mm。摩擦材料过度磨损后，需要重新调整间隙。调整时，松开制动器右端的锁紧螺钉和圆螺母，扳动螺旋即可。

前述离合器的摩擦副都暴露在空气中，故称为干式摩擦离合器。近年来，国内外许多生产厂家逐渐发展了湿式离合器，这种离合器-制动器与行星减速机构一起放在封闭的油箱内，其摩擦副浸在柴油中，被强制循环冷却，故发热和磨损小，使用寿命长，但结构复杂，制造成本高，一般用于大型压力机上。

与刚性离合器相比，摩擦离合器-制动器具有以下优点：动作协调，能耗低，能在任意时刻进行离合操作实现制动，加大了操作安全系数；与保护装置配套可随时紧急制动，不同于刚性离合器在起动后主轴一定要转一圈才能停止；实现寸动，模具的安装调整也很方便；结合平稳无冲击，工作噪声也比刚性离合器小。但摩擦离合器-制动器结构复杂，加工和运行维护成本相应提高，需要压缩空气作动力源。出于对安全和环境的考虑，越来越多的小型压力机也采用了摩擦离合器-制动器。

4.2.5 压力机的传动系统

传动系统的作用是将电动机的运动和能量传递给曲柄滑块机构，在传递过程中，对电动机的转速按照一定的传动比进行减速，以满足行程次数对其的要求。设计传动系统首先应确定三个问题，即布置方式、传动级数及速比分配、离合器-制动器的安装位置。传动布置是否合理将会影响压力机的结构、外形尺寸、离合器的工作性能及能量消耗。

1. 布置方式

传动系统的布置方式包括三个方面。

(1) 上传动或下传动　传动系统置于工作台之上的为上传动，置于工作台之下的为下传动。当车间高度受限时，考虑下传动，否则通常采用上传动，因下传动压力机的重心低，运转平稳，可以减轻振动及噪声，延长滑块高度，提高床身受力和滑块导向精度以及模具寿命。但是采用下传动压力机的平面尺寸加大，总重量比上传动大10%～20%，传动系统在地坑中，有检修困难、基础庞大、整体造价高等缺点。现有的通用压力机采用上传动较多，下传动较少，一般认为在车间高度受限制时，选用下传动结构的优点才较明显。

(2) 主轴和传动轴的放置方向　主轴放置方式可分为垂直于操作方向和平行于操作方向。旧式压力机多采用主轴平行于机身正面放置形式，这种布置曲轴和传动轴比较长，受力点与支承轴承距离比较大，受力状况不好，且压力机平面尺寸加大，外形不美观，所以通用压力机越来越多地采用垂直于机身正面的放置方式。垂直于操作方向放置的方式可以缩短曲轴和传动轴的长度，改善其受力，对一些宽台面及多点压力机可采用此方式。

(3) 大齿轮安装位置　大齿轮可安装在机身外，这种安装方式会使维修方便，但工作条件差且不美观；大齿轮安装在机身之内，维修不方便，但工作条件好，外形美观，且将齿轮浸入油池后，可大大降低齿轮传动噪声；齿轮传动单边压力机的齿轮较大，双边压力机齿轮减小，加工时要对称安装。

2. 传动级数和速比分配

传动级数与电动机转速和滑块行程次数有关。行程次数低，总传动速比就大，传动级数就应多些，否则每级的速比太大，结构就不紧凑；反之，行程次数高，总传动速比就小，传动级数就可以少些。现有压力机传动系统的级数一般不超过四级。行程次数在70次/min以上用单级传动；行程次数在30～70次/min的用两级传动；行程次数在10～30次/min的用三级传动；行程次数在10次/min以下的用四级传动。第一级多采用带传动，使电动机在起动和停止时有一定的缓冲作用。

低速电动机可以减少总速比，但同功率的电动机转速低，外形尺寸大，成本高，所以通常两级以上的传动系统采用同步转速为1500r/min或1000r/min的电动机，单级采用1000r/min的电动机。

速比分配原则：V带（第一级）的传动速比不超过6～8，齿轮传动不超过7～9。要保证飞轮有适当的转速，也要注意布置得尽可能紧凑、美观。通用压力机的飞轮转速常取300～400r/min左右，当飞轮转速过低时，飞轮的作用大大削弱，当飞轮转速过高时，又会使飞轮轴上的离合器发热严重，造成离合器和轴承的损伤。

3. 离合器-制动器的安装位置

单级压力机的离合器-制动器只能安装在曲轴上。采用刚性离合器不宜在高速轴下工作，一般也装在曲轴上。曲柄轴作为最后一级传动轴速度较低，制动器也相应置于此轴上。对于摩擦离合器，在多级传动中，可以装在高速轴上，也可装在低速轴上。这要从以下两方面分析：从压力机能量消耗的角度来看，若摩擦离合器装于低速轴上，在结合时，加速压力机从动部分需要的功和离合器接合使其所消耗的摩擦功较小，因而能耗就小；从摩擦离合器工作条件来看，低速轴上的离合器和制动器的磨损小，工作状况好，但低速轴上离合器和制动器需传递较大的转矩，因而结构尺寸大；此外，从传动系统布置来看，闭式压力机的传动系统多封闭在机身内，并采用偏心齿轮，致使离合器不便安装在低速轴上，通常只好装于转速较高的传动轴上，在高速轴上设置离合器，由于所需传递的转矩小，压力机结构就紧凑，但是主、从动部分的初速度相差太大，工作时摩擦损耗及传动系统冲击较大。所以离合器的合理位置应视压力机的具体情况来定。当行程次数高时，压力机离合器装在曲轴上，此时，曲轴转速并不太低，可以利用大齿轮的飞轮作用，能耗小，离合器工作条件好。行程次数较低的压力机（大中型通用压机），由于曲轴转速低，最后一级大齿轮的飞轮作用已不显著，可放在高速轴上。制动器的位置随离合器的位置而定。

4.2.6 压力机的辅助装置

曲柄压力机的辅助装置主要包括拉深垫、滑块平衡装置、移动工作台、快速换模装置和监控装置等。这些装置在保护机器设备的安全运行、扩大工艺范围、提高生产效率、降低劳动强度等方面起着重要的作用。

1. 拉深垫

在进行板料拉深时，为了防止工件起皱，需要用压边装置将毛坯边缘压住。图 4-27 为拉深垫的应用简图。在小型压力机上常用弹簧或橡胶作为压边装置，这种装置的压边力不可能太大，而且压边力还会随拉深的进行而增加，即压边力较小且不稳定。在大中型压力机上，多采用专用的气垫或液压气垫作为压边装置。气垫和液压气垫通称为拉深垫。拉深垫除用于在拉深时压边防止起皱外，还可用作顶料或工件底部局部成形。通用压力机装有拉深垫后，就可扩大压力机的应用范围，譬如能进行较深的拉深工作。

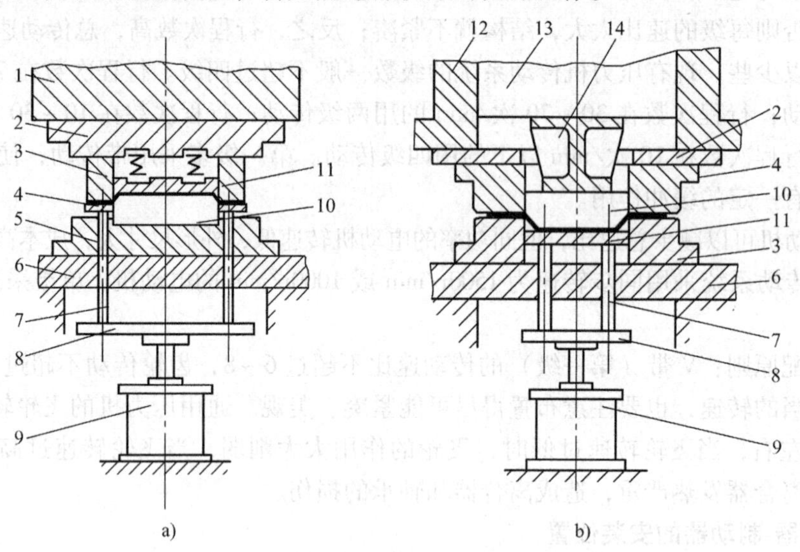

图 4-27 拉深垫的应用简图

1—滑块 2—上模块 3—凹模 4—压边圈 5—下模板 6—垫板 7—顶杆 8—托板 9—拉深垫 10—凸模 11—卸料板 12—外滑块 13—内滑块 14—凸模接头

（1）气垫 图 4-28a 是单活塞式气垫。气缸 5 固定在机身工作台 2 的底面上。当气缸下腔进入压缩空气时，活塞 4 和托板 1 向上移动到上极限位置（如图双点画线），气垫处于工作状态。当压力机的滑块向下运动，上模接触毛坯时，气垫的活塞通过托板、顶杆和压边圈将毛坯边缘压紧，并随滑块向下移动，直到滑块到达下死点、完成冲压工作为止。当滑块回程时，气垫活塞随滑块上升到上极限位置，完成顶件工作。

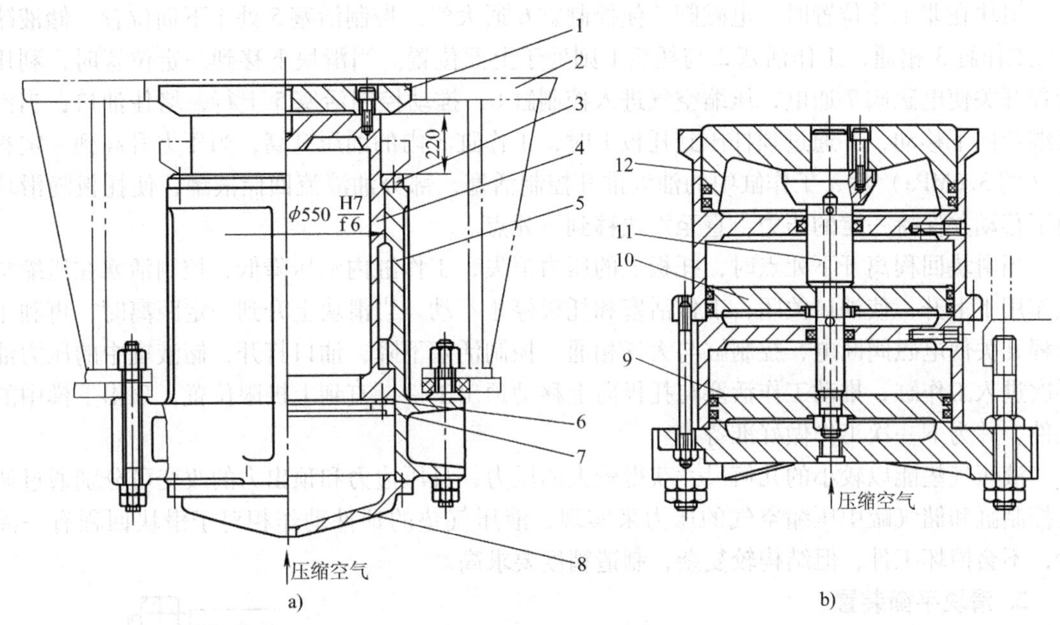

图4-28 活塞式气垫结构

a）单活塞式 b）三活塞式

1—托板 2—工作台 3—定位块 4、9、10、12—活塞 5—气缸 6—密封 7—压环 8—气缸盖 11—活塞杆

这种气垫只有一个活塞，故称为单活塞式气垫，其压紧力和顶出力相等，等于压缩空气的压强乘以活塞面积。它的优点是结构简单，活塞内部空腔大，气动系统可以不另备储气罐；同时，导向性能较好，能承受一定的偏心力。它的缺点是受到压力机工作台下空间尺寸的限制，压边力较小。这种气垫多用于公称压力小于1600kN的压力机。为了获得较大的压边力，通常采用2~3层气缸结构的气垫，如图4-28b所示，同一活塞杆11上套有三层活塞9、10、12，活塞杆的中心有孔，三个气缸空腔相通，可同时进入压缩空气，推动活塞上升。气垫压边力为三个活塞的推力之和。

(2) 液压气垫 对于大型压力机，若工作台面尺寸不大（如单点压力机），则受到工作台孔尺寸的限制，即使采用多层气缸式气垫，压边力也不易满足要求，这时就要采用液压气垫。图4-29为液压气垫工作原理图，工作缸3和储液罐4的下部充有油液（N32

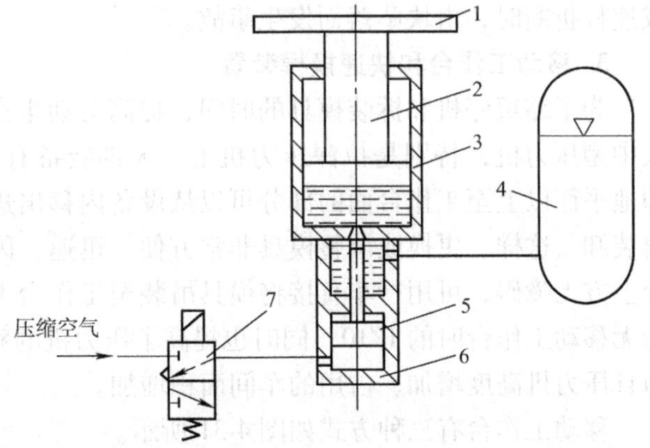

图4-29 液压气垫工作原理图

1—托板 2—工作活塞 3—工作缸 4—储液罐 5—控制活塞 6—控制缸 7—电磁阀

或 N46 机油），二者经控制活塞 5 和管道相互连通。储液罐的上部充有压缩空气。控制缸 6 下腔的进气与排气受电磁阀 7 的控制。

滑块在非工作位置时，电磁阀 7 使控制缸 6 通大气，控制活塞 5 处于下面位置，储液罐 4 与工作缸 3 相通，工作活塞 2 与托板 1 则处于上面位置。当滑块下移到一定位置时，利用行程开关使电磁阀 7 通电，压缩空气进入控制缸 6，推动控制活塞 5 上行，堵住油口，当滑块继续向下移动，并通过顶杆压到托板 1 时，工作缸 3 内的油压升高，当压力升高到一定程度（约 3.6MPa）后，工作缸中的油液推开控制活塞，部分油液流回储液罐，使托板随滑块向下移动并保持一定的压力，直至滑块移到下死点。

当滑块回程离开下死点时，托板上的压力消失，工作缸内油压降低，控制活塞在压缩空气作用下上升，使油口关闭，工作活塞和托板停止不动。当滑块上升到一定距离时，再利用行程开关使电磁阀断电，控制缸与大气相通，控制活塞下降，油口打开，储液罐中的压力油再次进入工作缸，推动工作活塞与托板向上移动顶出工件，直到上极限位置，顶出下模中的工件，并为下一次工作做好准备。

液压气垫能以较小的几何尺寸获得较大的压力，且压边力和顶出力的改变可分别通过调整控制缸和储气罐中压缩空气的压力来实现，液压气垫的顶件动作相对于滑块回程有一滞后，不会撞坏工件，但结构较复杂，制造精度要求高。

2. 滑块平衡装置

除小型压力机外，在曲柄压力机上一般都装有滑块平衡装置，如图 4-30 所示，气缸 1 装在压力机机身上，活塞 2 与滑块连接，气缸的下腔通入压缩空气，活塞向上的力将滑块托住，平衡了滑块重量。当滑块向下运动时，气缸下腔的压缩空气被迫排入气罐；滑块向上运动时，气罐内的压缩空气进入气缸下腔。滑块平衡装置的作用是：①防止当滑块向下运动时，因其自重而迅速下降，使传动系统中的齿轮反向受力造成撞击和噪声；②消除连杆与滑块间的间隙，减少受力零件的冲击和磨损，且有利于润滑；③降低装模高度调节机构的功率消耗；④防止在制动器失灵或连杆折断时，滑块坠落而发生事故。

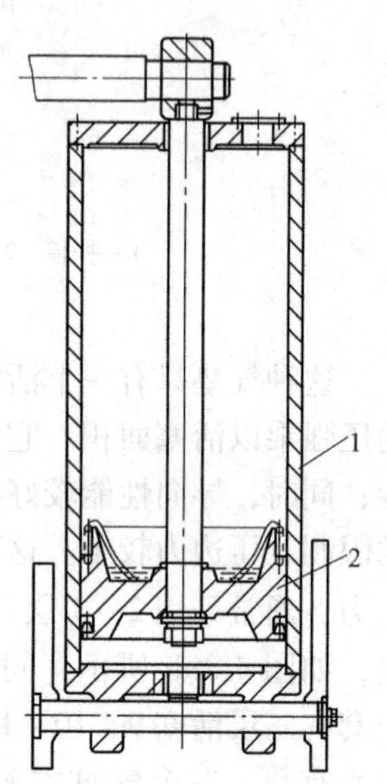

图 4-30　J31-315 压力机滑块平衡装置
1—气缸　2—活塞

3. 移动工作台和快速换模装置

为了缩短停机和拆装模具的时间，提高劳动生产率，在现代大中型压力机，特别是拉深压力机上，大都装备有移动工作台，即地平面以上至工作台面的部分可以从设备内移出进行模具的快速装卸。这样，更换或调整模具非常方便、迅速，因为此时工作台上方无障碍，可用行车直接将模具吊装至工作台上，换模时间为无移动工作台时的 1/10，同时也提高了压力机的利用率，但在造价上要提高 20% ~25%，而且压力机高度增加，占用的车间面积增加。

移动工作台有三种方式如图 4-31 所示。

图 4-31a 为侧移式，又分为单侧和双侧，单侧仅配有一个工作台，双侧则可配有两个工作台，一个工作台在设备内工作，另一个工作台可在设备外将模具装好。图 4-31b 为前移式。图 4-31c 为侧移加分道式，单侧移出且可配双工作台。

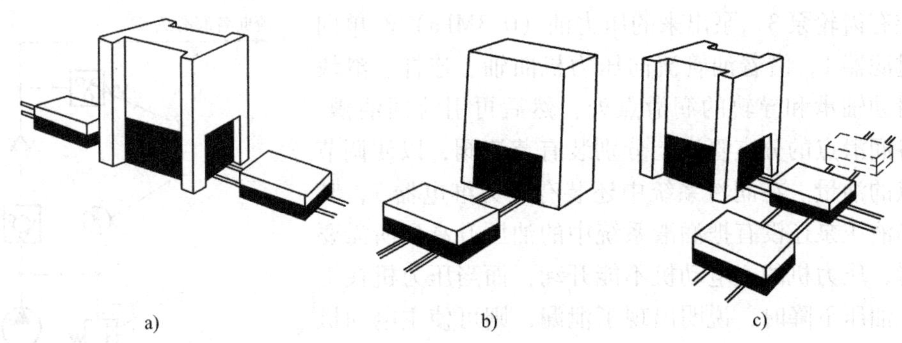

图4-31 移动工作台
a）侧移式 b）前移式 c）侧移加分道式

曲柄压力机在工作时，工作台有机架底座支承，锁紧机构将移动工作台锁紧在底座上，工作压力通过工作台传递给底座。当换模需要工作台移出时，松开锁紧机构，导轨将移动工作台抬起。

驱动移动工作台有内驱动和外牵引两种方式。内驱动是将电动机和传动系统放置在移动滑块内，外牵引则是利用绞盘钢丝的方式由电动机或吊车进行牵引。

4. 其他辅助装置

（1）模具快速夹紧装置 为了将上模快速夹紧固定，在许多大中型压力机滑块上装备有模具快速夹紧装置。

（2）监控装置 为了确保压力机安全和准确地工作，在现代大中型压力机上普遍设置了下列监控装置：

1）凸轮控制器。用凸轮控制器集中控制各运动机构的协调性。

2）滑块调节指示器。用其来指示压力机装模高度的调节量。

3）压力指示仪。采用电阻应变测量原理，以数字形式将压力机的工作压力显示出来。

4）轴承温度监控仪。采用热电阻温度测量原理，检测各重载滑动轴承处的温升，并实施限温控制，防止因润滑不良等原因使轴承烧损而出现事故。

5）摩擦制动器瞬态温升仪。用微处理机检测摩擦制动器的瞬态温升，并完成限温控制，防止使用不当造成摩擦材料的损坏。

4.2.7 曲柄压力机的润滑系统

为了减少机器零件的磨损，提高机器使用寿命，保持正常的工作精度，降低能量消耗，对压力机所有运动副必须进行润滑。

按照润滑油种类，润滑系统可分为稀油和稠油润滑两种。按照润滑方式可分为分散润滑和集中润滑两种。

1. 稀油润滑

稀油润滑的优点是内摩擦较小，因而消耗于克服摩擦力的能量较小；流动性好，易于进入摩擦表面的各个润滑点，采用循环润滑系统时，冷却作用好，并可将粘附在摩擦表面上的杂质和研磨产生的金属微粒带走。图4-32为稀油集中润滑系统，偏心齿轮浸泡在油槽4中，

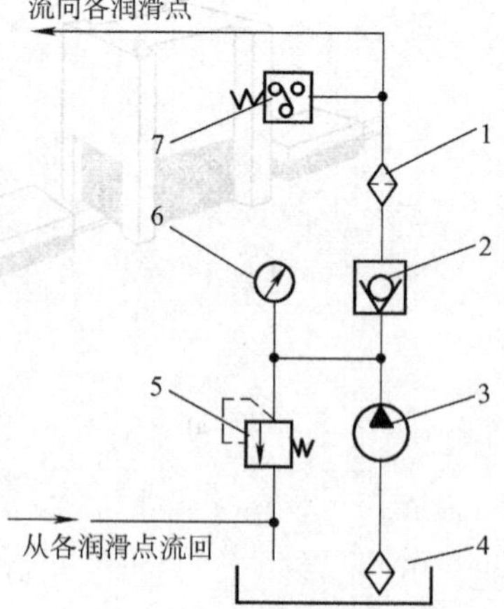

图 4-32 稀油集中润滑系统

1—过滤器 2—单向阀 3—齿轮泵 4—油槽 5—溢流阀 6—压力表 7—压力继电器

油槽中装有齿轮泵 3，泵出来的压力油（0.3MPa）经单向阀 2 和过滤器 1，沿着油管流向压力机曲轴、连杆、滑块等所有滑动轴承和导轨的润滑点处，然后再引流回油槽。在流向各润滑点的分支管道上分别装有节流阀，以便调节各润滑点的油量。在润滑系统中还装有压力继电器 7，其作用是当液压泵还没有把润滑系统中的油压升高到所需要的压力时，压力机的主电动机不能开动，而当压力机在工作中发生油压下降时，说明出现了泄漏，则可使主电动机停止工作。这种稀油集中润滑系统多用于大中型压力机，而小型压力机上多采用稀油的分散润滑，即在各分散的润滑点上采用针阀油杯润滑。

2. 稠油润滑

分散稠油润滑常采用旋盖式油杯、油枪和压注油杯等，将稠油注入润滑点。集中的稠油润滑采用各种手动稠油泵或机动稠油泵供油。近年来，在大型压力机上还配备有比较完善的自动供油系统。

4.3 曲柄压力机的参数计算

4.3.1 工作机构的参数计算

1. 曲轴的设计计算

（1）曲轴主要尺寸的确定　在设计曲轴时，先根据经验公式确定曲轴的有关尺寸，然后根据理论公式进行精确核验。

曲轴和曲拐轴有关尺寸的经验公式见表 4-6 和表 4-7。

表 4-6　曲轴有关尺寸经验公式

支承颈　曲柄臂　曲柄颈

r　d_0　R　d_A　l_a　l_0　l_q　l_0　a

支承颈直径

$$d_0 \approx (4.5\sim5)\sqrt{F_g}$$

d_0——支承颈直径（mm）；

$\sqrt{F_g}$——公称压力（kN）

曲轴各部分尺寸名称	代号	经验数据
曲柄颈直径	d_A	$(1.1\sim1.4)\ d_0$
支承颈直径	l_0	$(1.5\sim2.2)\ d_0$
曲柄两臂外侧面间的长度	l_q	$(2.5\sim3.0)\ d_0$
曲柄颈长度	l_a	$(1.3\sim1.7)\ d_0$
圆角半径	r	$(0.08\sim0.10)\ d_0$
曲柄臂的宽度（或直径）	a	$(1.3\sim1.8)\ d_0$

表4-7 曲拐轴有关尺寸经验公式

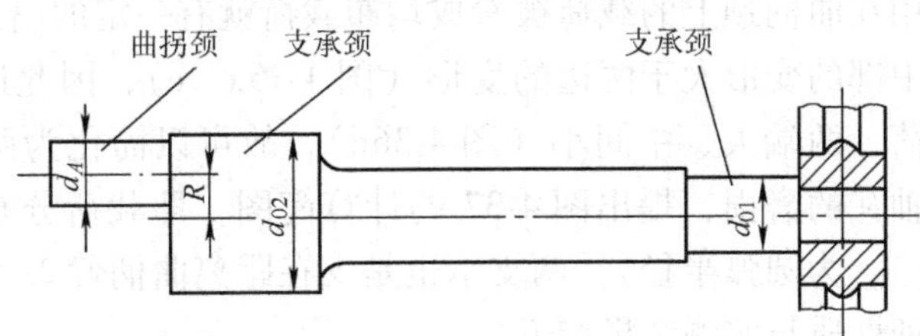

支承颈尺寸（mm）：$d_{02} \approx 7\sqrt{F_g}$，$d_{01} \approx (0.52 \sim 0.77)\ d_{02}$，$F_g$——公称压力（kN）
曲拐颈尺寸：$d_A \approx (0.65 \sim 0.68)\ d_{02}$

（2）曲轴的强度校核　曲轴的强度校核有集中载荷简支梁法、弹性基础梁法、均布载荷的简支梁法和纯弯梁法。

1）集中载荷简支梁法。此法把曲轴简化成如图4-33所示的计算简图，并认为 $A—A$、$B—B$ 和 $C—C$ 为危险截面。在计算 $B—B$ 截面时认为支点在支承颈的中点，连杆传来的工作变形力集中作用在曲柄颈中部（图4-33c）。但在计算 $C—C$ 截面时认为支点在支承颈的端部（靠曲柄臂的一端，见图4-33b）。计算时，均按弯矩转矩联合作用进行。

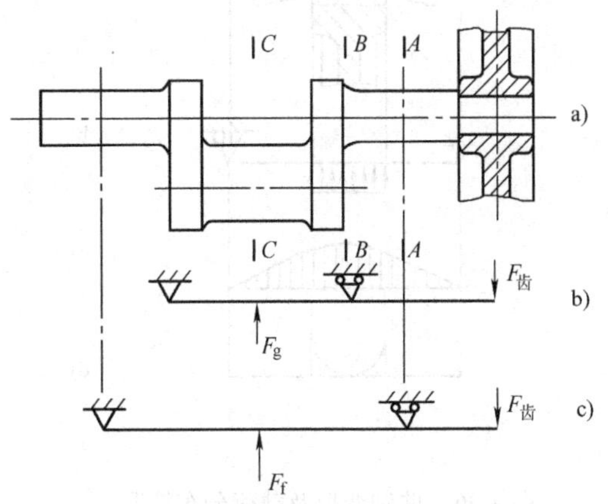

图4-33　曲轴计算简图（集中载荷简支梁法）
a）曲轴简图　b）计算 $C—C$ 截面的计算简图
c）计算 $B—B$ 和 $A—A$ 截面的计算简图

2）弹性基础梁法。该法假设曲轴支承在轴承上时好像支承在弹性基础上（图4-34），这与铁轨支承在路基上很相似。这样，支承反力的分布情况将随支承的弹性情况和曲轴的刚度情况不同而变化。它还考虑了疲劳和弯曲剪应力的影响，认为 $B—B$ 和 $E—E$ 为危险截面，但该法比较繁琐。

3）均布载荷的简支梁法。此法将曲轴看成受均布载荷的简支梁，支承点在支承颈端部（图4-35）。按弯曲作用计算 $C—C$ 截面的应力，按弯剪联合作用计算 $B—B$ 截面的应力。

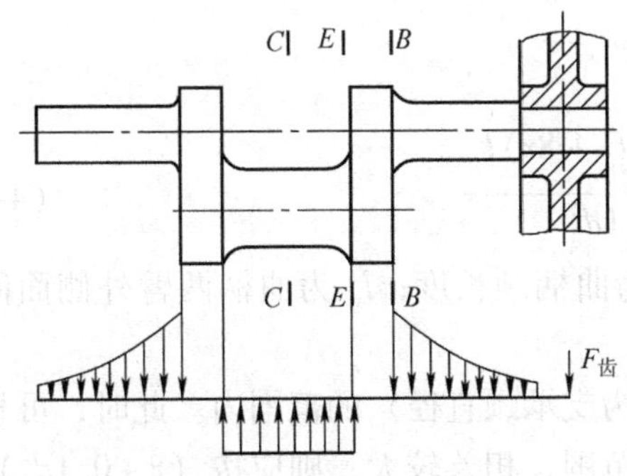

图4-34　曲轴计算简图（弹性基础梁法）

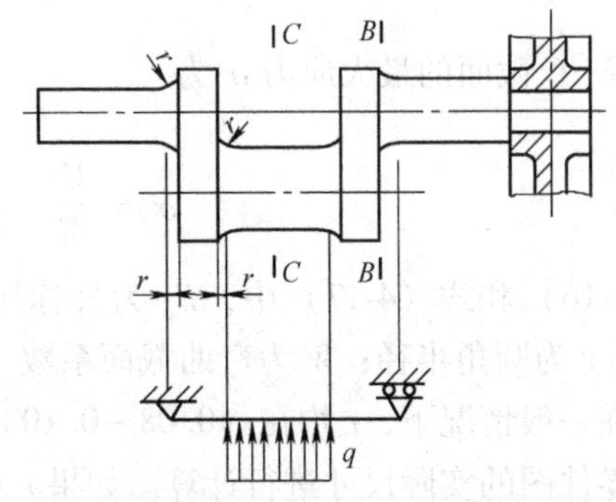

图4-35　曲轴计算简图（均布载荷简支梁法）

4）纯弯梁法。以上三种方法与实测应力有一定的距离。纯弯梁法的支点置于支承颈的端部是合适的，但作用在曲柄颈上的载荷被看成均布载荷就有一定的出入。因曲轴受力后产生弯曲变形，曲柄颈中部的变形大于两边的变形（图4-36a、c），因此连杆给予曲柄颈的作用力就成为非均布载荷，两端大、中间小（图4-36d），故可以简化为两个集中力作用在曲柄颈的两端。考虑到轴瓦的磨损，提出图4-37的计算简图，即载荷分布为两个集中力，作用在距离曲柄臂 $2r$ 处（r 为圆弧半径）。两支承也是支在距离曲柄臂 $2r$ 处。这种计算简图属于纯弯梁的性质，这种性质与实测结果接近。

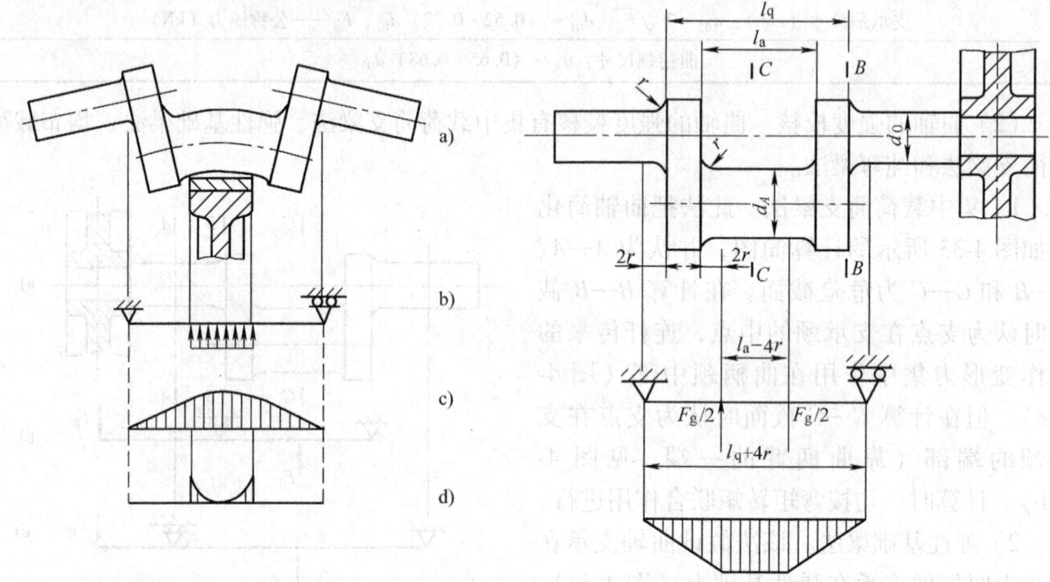

图4-36　曲轴变形及载荷分布情况

a）曲轴变形情况　b）曲轴开始变形前瞬间载荷情况

c）曲轴变形曲线　d）曲轴变形后载荷情况

图4-37　曲轴计算简图

（纯弯梁法）

图4-37对载荷做了以下简化：①齿轮对曲轴的作用力比连杆对它的作用力小得多，可忽略不计；②连杆对曲轴的作用力近似看成等于公称压力 F_g，并分别以 $\frac{1}{2}F_g$ 作用于连杆轴瓦两侧。这样，危险截面 $C—C$ 的弯矩 M_w 为

$$M_w = \frac{l_q - l_a + 8r}{4}F_g \tag{4-16}$$

$C—C$ 截面的最大应力 σ 为

$$\sigma = \frac{M_w}{W} = \frac{\frac{1}{4}(l_q - l_a + 8r)F_g}{0.1d_A^3} \tag{4-17}$$

式（4-16）和式（4-17）中，F_g 为公称压力；l_a 为曲柄颈长度；l_q 为曲柄两臂外侧面间的距离；r 为圆角半径；W 为弯曲截面系数。

在一般情况下，r 均在（0.08～0.10）d_0（d_0 为支承颈直径）的范围内。此时，可根据曲轴零件图的实际尺寸进行计算。如果 r 不在上述范围，相差较大，则应按（$r+0.1d_0$）计算支点或力的作用点与端部的距离，即把 $2r$ 换成（$r+0.1d_0$）。

上述的替换是基于对某些大型压力机的曲轴支承颈接触应力的有限元计算。计算表明，支点距离轴承的实际支承内侧约为支承颈直径的1/10。此外，在支承颈圆角过渡的地方，轴承不能有效接触，故把支点取为（$r+0.1d_0$）。

在曲柄颈上，除受弯矩作用外，尚受到转矩的作用，应按弯矩和转矩联合作用计算。但由于弯矩比转矩大得多，故忽略转矩计算的应力与考虑转矩相差不多。根据对九台压力机的统计，当曲柄转角为公称压力角的情况下两者相差3%以下，即使曲柄转角与公称压力角相差90°的情况下，相差也仅达5%，因此，对于标准行程的通用压力机，用式（4-17）计算 C—C 截面的应力足够准确。

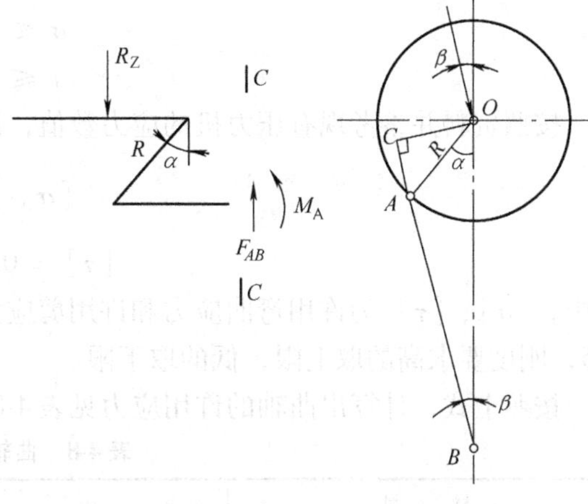

图4-38 曲轴颈转矩计算图

对于大行程大工作角的压力机（如拉深压力机），则应考虑转矩影响。曲柄颈上的转矩可用如下方法求出。由图4-38得知，当把曲轴左半段（即没装齿轮的那一段）作为隔离体时，C—C 截面上的转矩为

$$M_A = R_2OC = R_2R\sin(\alpha+\beta)$$

式中，R_2 为支座反力。

如前所述，忽略齿轮作用力的影响，有

$$R_2 = \frac{1}{2}F_{AB} \approx \frac{1}{2}F_g$$

并将三角函数展开，忽略微小项，得

$$M_A = \frac{1}{2}F_gR\left(\sin\alpha + \frac{\lambda}{2}\sin 2\alpha\right)$$

根据第三强度理论，则 C—C 截面得最大应力为

$$\sigma = \frac{F_g\sqrt{\left[\frac{1}{4}(l_q - l_a + 8r)\right]^2 + \left[\frac{1}{2}R\left(\sin\alpha + \frac{\lambda}{2}\sin 2\alpha\right)\right]^2}}{0.1d_A^3} \tag{4-18}$$

式中，R 为曲柄半径；λ 为连杆系数；α 为曲柄转角；其余符号意义同式（4-16）和式（4-17）。

以上是计算危险截面 C—C 的计算公式，曲轴除了在曲柄颈的 C—C 截面上有可能破坏以外，在支承颈的 B—B 截面也有可能破坏，故尚需核算 B—B 截面的强度。

在 B—B 截面上也受到弯矩和转矩的联合作用，但此处和 C—C 截面相反，转矩比弯矩大得多，故可忽略弯矩的影响。B—B 截面的转矩为

$$M_g = F_gM_g$$

最大剪应力为

$$\tau = \frac{M_g}{W_p} = \frac{F_gm_g}{0.2d_0^3} \tag{4-19}$$

式中，F_g 为公称压力；d_0 为支承颈直径；m_g 为公称当量力臂；W_p 为扭转截面系数。

设计时，需使计算的弯曲应力 σ 和剪应力 τ 分别等于或小于许用弯曲应力 $[\sigma]$ 和剪应力 $[\tau]$，即

$$\sigma \leqslant [\sigma]$$

$$\tau \leqslant [\tau]$$

按照资料并参考现有压力机的应力数值，许用应力推荐如下

$$[\sigma] = \frac{\sigma_s}{n}$$

$$[\tau] = 0.75[\sigma]$$

式中，$[\sigma]$、$[\tau]$ 为许用弯曲应力和许用剪应力；σ_s 为屈服极限；n 为安全系数，取 2.5 ~ 3.5，刚度要求高的取上限，低的取下限。

按照上式，计算出曲轴的许用应力见表 4-8。

表 4-8　曲轴许用应力

材　　料	σ_s	$[\sigma]$	$[\tau]$
45 钢调质	3600	1000 ~ 1400	750 ~ 1000
40Cr 调质	5000	1400 ~ 2000	1000 ~ 1500
37SiMn2MoV 调质	6500	1800 ~ 2600	1400 ~ 2000
18CrMnMoB 调质	7500	2100 ~ 3000	1600 ~ 2300

以上所介绍的是曲轴的转矩由其一端的一个大齿轮传递，通常称这种传递为单边传动。如果曲轴上的转矩分别由两端的两个大齿轮传递，如图 4-39 所示，则每个齿轮只传递 1/2 的转矩，因而模数可以减小。而曲轴的转矩也由两个支承颈来承担，因而支承颈的直径也可以减小。这种传动称为双边传动，一般用在大中型压力机上。

双边传动曲轴的强度计算与单边传动的相似，其不同在于计算 B—B 截面时其转矩为连杆所传递转矩的一半，而计算 C—C 截面时，由于对称关系，其上转矩等于零，因此，可以得到如下公式：C—C 截面

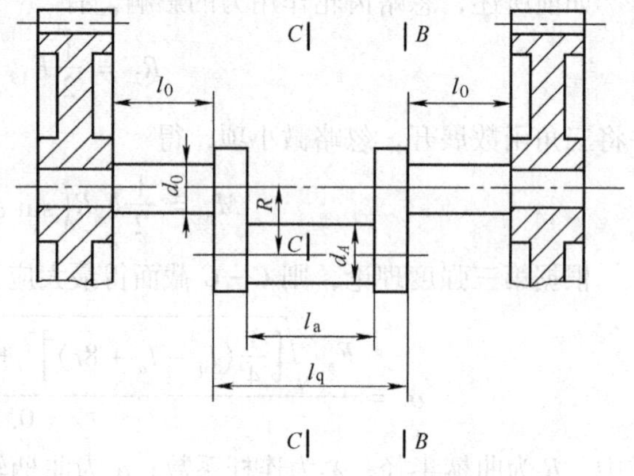

图 4-39　双边传动压力机

$$\sigma = \frac{\frac{1}{4}(l_q - l_a + 8r)F_g}{0.1d_A^3} \tag{4-20}$$

B—B 截面

$$\tau = \frac{F_g m_g}{0.4d_0^3} \tag{4-21}$$

式（4-20）和式（4-21）的符号意义见式（4-17）和式（4-18）。

其他曲轴的强度计算公式见表 4-9。

表 4-9 曲轴强度计算公式

		曲轴式		曲拐轴式	偏心轴式
		单边传动	双边传动	单柱压力机	单边传动
结构示意图					
危险截面应力	C—C 截面	$\sigma=\dfrac{\frac{1}{4}(l_q-l_a+8r)F_g}{0.1d_A^3}$	$\sigma=\dfrac{\frac{1}{4}(l_q-l_a+8r)F_g}{0.1d_A^3}$		$\sigma=\dfrac{\frac{1}{4}(l_a+8r)F_g}{0.1d_A^3}$
	B—B 截面	$\tau=\dfrac{F_g m_g}{0.2d_0^3}$	$\tau=\dfrac{F_g m_g}{0.4d_0^3}$	$\sigma=\dfrac{F_g\sqrt{\left(\frac{1}{3}l_a\right)^2+e^2}}{0.1d_A^3}$	$\tau=\dfrac{F_g m_g}{0.2d_0^3}$
公称当量力臂 m_g		$m_g=R\left(\sin\alpha_g+\frac{1}{2}\sin 2\alpha_g\right)+\frac{1}{2}\mu[(1+\lambda)d_A+\lambda d_B+d_0]$		$m_g=R\left(\sin\alpha_g+\frac{1}{2}\sin 2\alpha_g\right)+\frac{1}{2}\mu\left[(1+\lambda)d_A+\lambda d_B+\frac{l_3}{l_2}d_{01}+\left(1+\frac{l_3}{l_2}\right)d_{02}\right]$	$m_g=R\left(\sin\alpha_g+\frac{1}{2}\sin 2\alpha_g\right)+\frac{1}{2}\mu[(1+\lambda)d_A+\lambda d_B+d_0]$
符号意义		R 为曲柄半径；α 为曲柄转角；λ 为连杆系数；μ 为摩擦因数；F_g 为公称压力；σ、τ 为应力；d_B 为连杆小头球头或销子直径；d_A、d_0、d_{01}、d_{02}、l_q、r 见图示。			

（3）曲轴刚度计算　图 4-40 为曲轴刚度计算简图。利用摩尔定理即可计算出曲柄颈中点的挠度 δ，即

$$\delta = 2\left[\int_0^{2r}\frac{M(x)M^0(x)}{EJ_1}\mathrm{d}x + \int_{2r}^{2r+b}\frac{M(x)M^0(x)}{EJ_2}\mathrm{d}x + \int_{2r+b}^{4r+b}\frac{M(x)M^0(x)}{EJ_3}\mathrm{d}x + \int_{4r+b}^{2r+b+\frac{l_a}{2}}\frac{M(x)M^0(x)}{EJ_3}\mathrm{d}x\right]$$

$$= 2\left[\int_0^{2r}\frac{\frac{1}{4}F_g x^2}{EJ_1}\mathrm{d}x + \int_{2r}^{2r+b}\frac{\frac{1}{4}F_g x^2}{EJ_2}\mathrm{d}x + \int_{2r+b}^{4r+b}\frac{\frac{1}{4}F_g x^2}{EJ_3}\mathrm{d}x + \int_{4r+b}^{2r+b+\frac{l_a}{2}}\frac{\frac{1}{2}F_g(4r+b)\frac{1}{2}x}{EJ_3}\mathrm{d}x\right]$$

$$= \frac{F_g}{2E}\left\{\frac{1}{3J_1}(2r)^3 + \frac{1}{3J_2}\left[(2r+b)^3 - (2r)^3\right] + \right.$$

$$\left.\frac{1}{3J_3}\left[(4r+b)^3 - (2r+b)^3\right] + \frac{4r+b}{2J_3}\left[\left(2r+b+\frac{l_a}{2}\right)^2 - (4r+b)^2\right]\right\}$$

第一项 $\frac{1}{3J_1}(2r)^3$ 很小，可以忽略，故公式可以简化为

$$\delta = \frac{F_g}{2E}\left\{\frac{1}{3J_2}\left[(2r+b)^3 - (2r)^3\right] + \frac{1}{3J_3}\left[(4r+b)^3 - (2r+b)^3\right] + \right.$$

$$\left.\frac{4r+b}{2J_3}\left[\left(2r+b+\frac{l_a}{2}\right)^2 - (4r+b)^2\right]\right\} \tag{4-22}$$

式中，F_g 为公称压力；E 为弹性模量，对钢曲轴 $E = 2.1 \times 10^{11}\mathrm{N/m^2}$；$l_a$ 为曲柄颈长度；b 是曲柄臂厚度；r 是圆角半径；J_1、J_2、J_3 是支承颈、曲柄臂、曲柄颈的惯性矩，$J_1 = \frac{\pi d_0^4}{64}$，$J_3 = \frac{\pi d_A^4}{64}$，$J_2 = \frac{ah^3}{12} + ahc^2$，其中 d_0、d_A 为支承颈、曲柄颈的直径；h 为曲柄臂高度，a 为曲柄臂宽度，c 为曲柄臂形心至曲柄颈形心的距离。

上述的刚度计算方法适用于标准行程的压力机。对于行程较大的压力机，由于曲柄半径较大，应考虑曲柄臂横向的弯曲变形。

2. 芯轴的设计计算

（1）芯轴主要尺寸的设计计算　压力机采用芯轴的形式较多，除了有图 4-9 所示整体芯轴的形式以外，还有图 4-41 所示的结构。图 4-9 所示结构为常用结构，其优点是芯轴为一个整体，刚度较好，且结构简单，其缺点是偏心部分和连杆大端的结构尺寸较大，故曲柄滑块机构中的摩擦转矩较大。该结构只宜于行程不大的压力机。图 4-41 所示结构的优缺点与上述相反。芯轴分成两段，且不穿过偏心部分，因此，偏心部分和连杆大端的结构尺寸减小，曲柄滑块机构的摩擦转矩也随之减小。但芯轴如同一悬臂梁，刚度较差，因此，该结构只适用于行程较大的

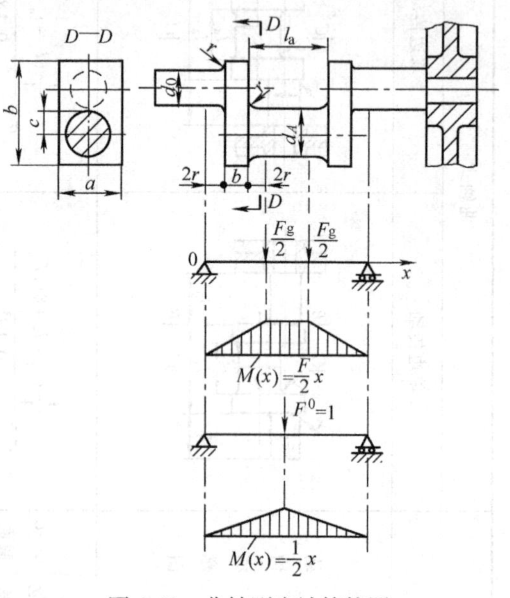

图 4-40　曲轴刚度计算简图

大型压力机。

芯轴一般采用45钢或40Cr、37SiMn2MoV、18CrMnMoB等合金钢锻制而成，须经调质处理。对于大型芯轴，有时沿轴线钻通孔，以改善淬透性，提高力学性能。与偏心齿轮配合的部分需经磨削加工。

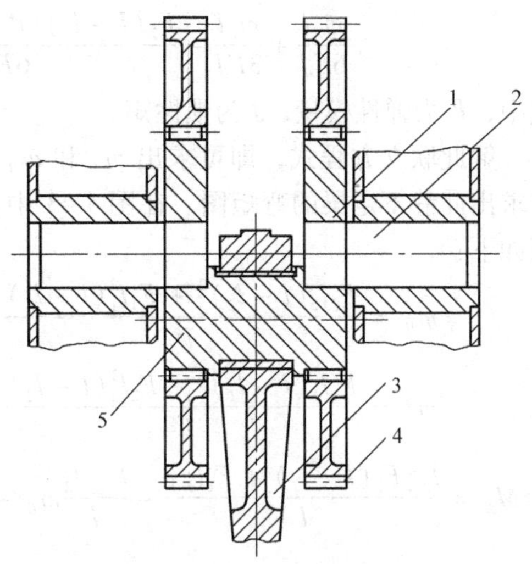

图4-41 JC36-800压力机上的芯轴结构
1—轴承 2—芯轴 3—连杆
4—大齿轮 5—偏心部分

设计时先根据经验公式预选芯轴直径，进行结构设计，然后进行强度核验。

当芯轴的材料为45钢时，芯轴直径（mm）（与偏心齿轮内轴承配合处）的经验公式为

$$d_0 = (14 \sim 18.5)\sqrt[3]{F_0} \qquad (4\text{-}23)$$

式中，F_0为连杆上的作用力（kN）。

F_0的大小与压力机公称压力和曲柄滑块机构中的连杆数目有关。对于单点压力机$F_0 \approx F_g$（F_g为公称压力）；对于双点压力机，由于作用在滑块上的载荷可能有偏心（图4-42），故某一连杆所受的力可能比另一连杆的大，因此，每根连杆所受到的力就可能比$0.5F_g$大，在这里取$F_0 = 0.6F_g$；对于四点压力机，取$F_0 = 0.36F_g$。

对于装有液压过载保护装置的压力机，总的保险压力是按压力机的公称压力设计的。对于多点压力机，此保险压力平均分配在各个连杆上，因此，对于这样的压力机，每根连杆所承受的力如下：单点压力机，$F_0 = F_g$；双点压力机，$F_0 = 0.5F_g$；四点压力机，$F_0 = 0.25F_g$。以后对于此类问题，均用此法处理。

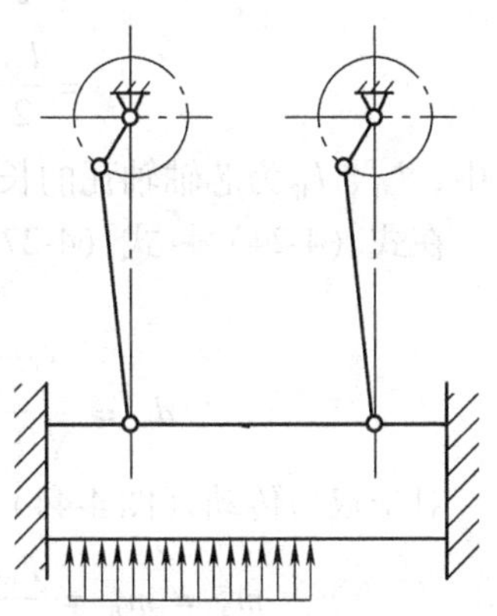

图4-42 双点压力机受偏心载荷情况

对于计算曲轴的经验公式（表4-6），也有单点压力机和双点压力机的问题，如遇到曲轴式双点压力机，亦应用此法处理。

在式（4-23）中，对于整体的芯轴，系数可以取较小的值。对于分成两段的芯轴，则应取较大的值。

由图4-9、图4-42得知，芯轴只承受弯矩，而转矩则由偏心齿轮来承受。

（2）芯轴的强度计算 图4-43为芯轴强度计算简图。偏心齿轮受到连杆的作用力F_0作用后，分别以F_1及F_2两个集中力作用在芯轴上。由于芯轴在机身上配合得较长较紧，故可以认为两端插入受集中载荷F_1、F_2作用的梁（由于齿轮作用力较小，可忽略）。

这样就可以用静不定梁的方法解题。也可视为两端为简支及外加反力偶m_A和m_B的简支梁。由变形协调条件可知，两端转角应等于零，于是可以写出下述两个方程式

$$\frac{m_A l}{3EJ} + \frac{m_B l}{6EJ} - \frac{F_1(l-l_1)[l^2-(l-l_1)^2]}{6EJ} - \frac{F_2 l_2(l^2-l_2^2)}{6EJ} = 0$$

$$\frac{m_A l}{6EJ}+\frac{m_B l}{3EJ}-\frac{F_2(l-l_2)[l^2-(l-l_2)^2]}{6EJ}-\frac{F_1 l_1(l^2-l_1^2)}{6EJ}=0$$

式中，E 为弹性模量；J 为惯性矩。

解此联立方程式，即可求出 m_A 和 m_B。因此可以求出此静不定梁的弯矩图。在图4-43中，有关数值如下：

$$m_B=\frac{F_2 l_2(l-l_2)^2+F_1 l_1^2(l-l_1)}{l^2} \tag{4-24}$$

$$m_A=\frac{F_1 l_1(l-l_1)^2+F_2 l_2^2(l-l_2)}{l^2} \tag{4-25}$$

$$M_2=\frac{l_2[F_2(l-l_2)+F_1 l_1]}{l}-\frac{l-l_2}{l}m_B-\frac{l_2}{l}m_A \tag{4-26}$$

$$M_1=\frac{l_1[F_1(l-l_1)+F_2 l_2]}{l}-\frac{l_1}{l}m_B-\frac{l-l_1}{l}m_A \tag{4-27}$$

上述四式中，有

$$F_1=\frac{F_0(l_3-l_2)}{l-l_1-l_2}$$

$$F_2=F_0-F_1$$

$$l_1=\frac{l_{A1}}{2}$$

$$l_2=\frac{l_{A2}}{2}$$

式中，l_{A1}、l_{A2} 为芯轴轴瓦的长度。

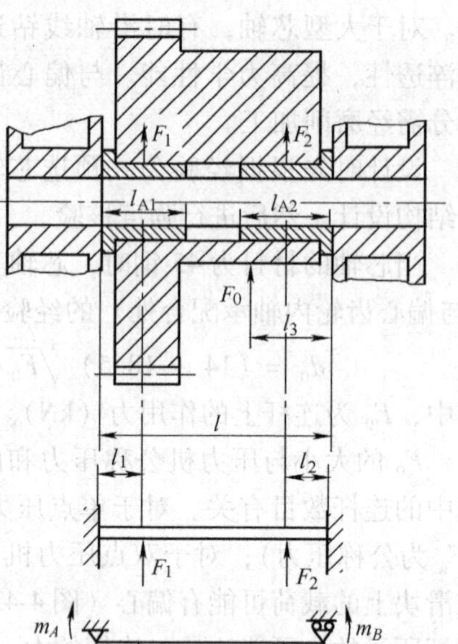

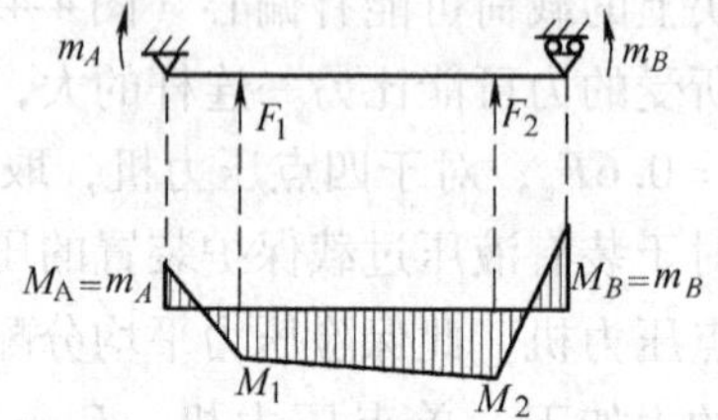

图4-43　芯轴强度计算简图

在式（4-24）~式（4-27）中，选取计算结果最大的数值作为最大弯矩 M_{max}。芯轴直径为

$$d_0=\sqrt[3]{\frac{M_{max}}{0.1[\sigma]}} \tag{4-28}$$

对于双边传动（图4-44）由于对称关系，则

$$m_A=m_B=\frac{F_0 l_A(2l-l_A)}{8l} \tag{4-29}$$

$$M_1=M_2=\frac{F_0 l_A^2}{8l} \tag{4-30}$$

许用应力建议按如下选择

$$[\sigma]=\frac{\sigma_s}{n}$$

式中，$[\sigma]$ 为许用弯曲应力；σ_s 为屈服极限；n 为安全系数，$n=2.5\sim3.5$，刚度要求高的取上限。

不同材料芯轴的许用应力见表4-10。

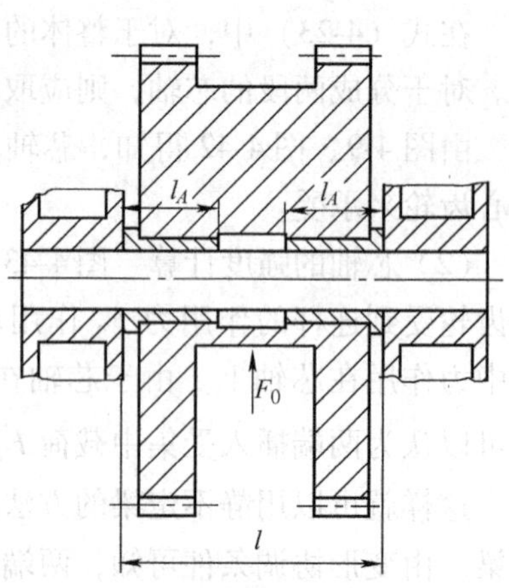

图4-44　芯轴强度计算简图（双边传动）

表 4-10　不同材料芯轴的许用应力　（单位：1×10^5Pa）

材　料	σ_s	$[\sigma]$	材　料	σ_s	$[\sigma]$
45 钢调质	3600	1000 ~ 1400	37SiMn2MoV 调质	6500	1800 ~ 2600
40Cr 调质	5000	1400 ~ 2000	18CrMnMoB 调质	7500	2100 ~ 3000

3. 连杆及装模高度调节机构的设计计算

（1）连杆主要尺寸的经验数据　表 4-11 及表 4-12 为两种连杆的主要尺寸。

表 4-11　球头式连杆的连杆及调节螺杆的主要尺寸

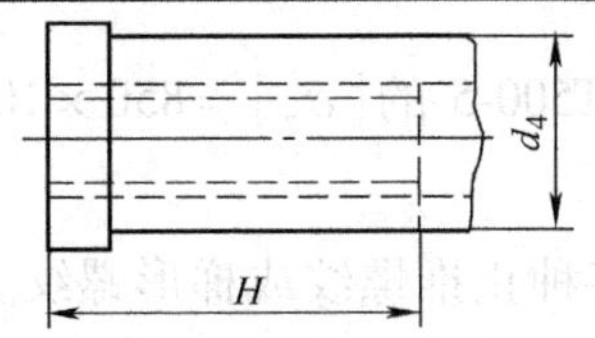

a) 连杆

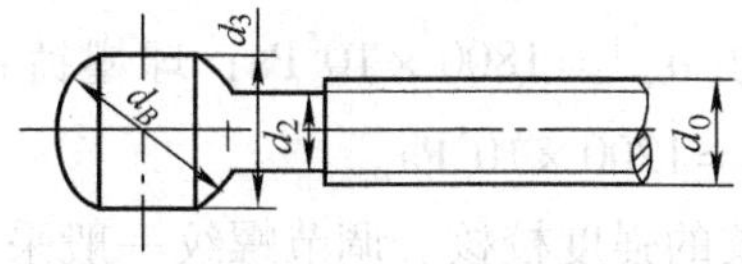

b) 调节螺杆

符　号	经验尺寸/mm
d_B	$(3.9\sim5.7)\sqrt{F_0}$
d_0	$(0.59\sim0.83)\ d_B$
d_2	$(0.83\sim1.0)\ d_0$
d_3	$(0.9\sim1.0)\ d_B$
d_4	$(1.5\sim1.86)\ d_0$
H（螺纹最小工作高度）	$(1.5\sim2.3)\ d_0$

注：F_0 是连杆上的作用力（kN）。

表 4-12　柱销式连杆的主要尺寸

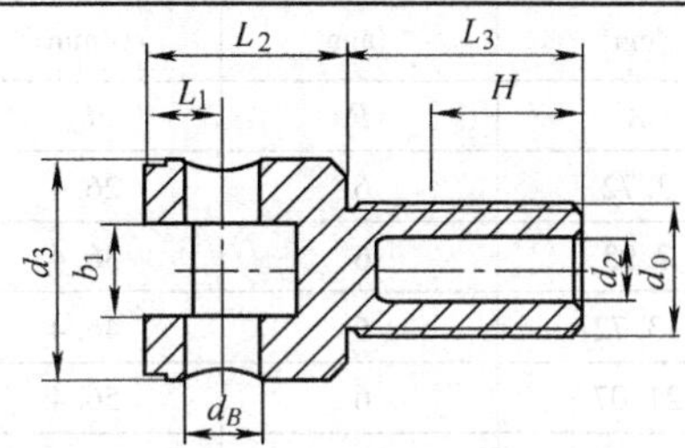

符　号	经验尺寸/mm
d_B	$2.7\sqrt{F_0}$
b_1	$(1.4\sim1.5)\ d_B$
d_3	$(2.9\sim3.52)\ d_B$
L_1	$(1.0\sim1.16)\ d_B$
L_2	$(2.6\sim2.96)\ d_B$
L_3	$(2.66\sim3.2)\ d_B$
d_0	$(1.40\sim1.86)\ d_B$
d_2	$(0.43\sim0.61)\ d_0$
H（螺纹最小工作高度）	$(0.9\sim1.3)\ d_0$

注：F_0 是连杆上作用力（kN）。

（2）连杆及调节螺杆的强度校核

1）调节螺杆最大压缩应力校核。上传动压力机在工作时连杆受压力作用。由于调节螺杆截面较小，故一般校核调节螺杆的压缩应力即可，有

$$[\sigma_y] = \frac{F_0}{A_{min}} \tag{4-31}$$

式中，F_0 为连杆上的作用力；A_{min} 为调节螺杆的最小截面积；$[\sigma_y]$ 为许用压缩应力。由于连杆两端摩擦及动态工作的影响，实际应力比计算应力增大得较多，故许用应力应取较小数值。建议按以下数值选取：

45 钢调质的 $[\sigma_y] = 1800 \times 10^5 Pa$；球墨铸铁 QT500-5 的 $[\sigma_y] = 850 \times 10^5 Pa$；球墨铸铁 QT600-2 的 $[\sigma_y] = 1200 \times 10^5 Pa$。

2）调节螺纹的强度校核。调节螺纹一般采用特种止推螺纹或梯形螺纹。特种止推螺纹的尺寸见表 4-13。梯形螺纹的尺寸可查有关机械设计手册。

表 4-13　特种锯齿形螺纹尺寸

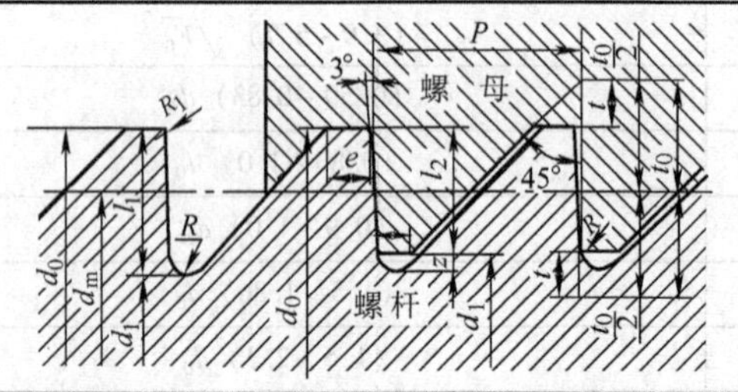

$d_m = d_0 - t_2$	$d_0' = d_0$
$d_1 = d_0 - 2t_1$	$d_1' = d_0 - 2t_2$
$t_0 = P$	$t_2 = 0.6P$
$t_1 = t_2 + z$	$i = 0.2P$
$z = 0.08375P$	$R = z = 0.08375P$
$e = 0.16855P$	$e = 0.03125P$

螺　杆			螺杆及螺母		螺　母	
螺杆直径/mm		截面面积	螺　距	中　径	螺母直径/mm	
外　径	内　径	/cm²	/mm	/mm	外　径	内　径
d_0	d_1	A	P	d_m	d_0'	d_1'
30	21.796	3.72	6	26.4	30.0	22.8
40	31.796	7.93	6	36.4	40.0	32.8
50	41.796	13.72	6	46.4	50.0	42.8
60	51.796	21.07	6	56.4	60.0	52.8
70	61.796	30.0	6	66.4	70.0	62.8
80	69.06	37.48	8	75.2	80.0	70.4
100	89.00	52.32	8	95.2	100.0	90.4
120	109.06	83.45	8	115.2	120.0	110.4
140	126.326	125.37	10	134.0	140.0	128.0
160	146.326	168.25	10	154.0	160.0	148.0
180	166.326	217.3	10	174.0	180.0	168.0
210	193.8	294.37	12	202.8	210.0	195.6
250	233.6	428.58	12	242.8	250.0	235.6
300	283.6	631.7	12	292.8	300.0	285.6
350	328.12	844.55	16	340.4	350.0	330.0
400	378.13	1123.8	16	390.4	400.0	380.0

图 4-45 为特种止推螺纹的形状。由于螺母(对于球头式的连杆，它就是连杆体；对于柱销式连杆，它就是蜗轮)的材料一般比调节螺杆差，因此，核验螺母上的螺纹强度即可。由图 4-45 得知，螺纹的破坏有三种可能性，即牙齿根部的弯曲、剪切破坏和牙齿表面的挤压破坏。只需校核抗弯强度即可。

由于螺纹可以看成是 F_0 作用在螺纹中颈处的悬臂梁，所以螺母的螺纹牙根处的最大弯曲应力为

$$[\sigma] = \frac{M_w}{W}$$

式中，M_w 为螺纹根部的弯矩；W 为螺纹根部的截面系数。

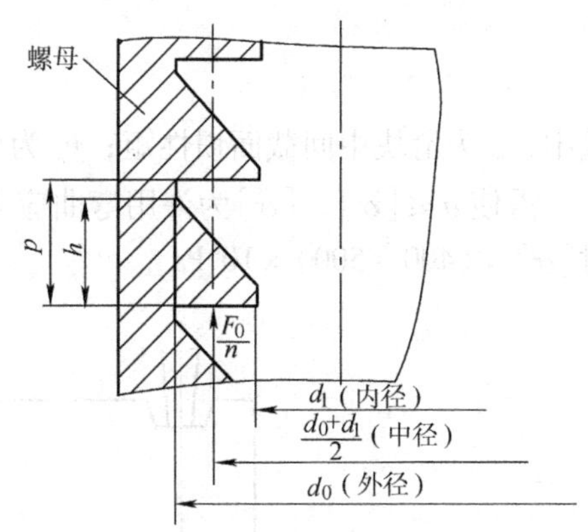

图 4-45 特种止推螺纹螺纹强度计算图

$$M_w = \frac{F_0}{2n}\left(\frac{d_0}{2} - \frac{d_1}{2}\right) = \frac{F_0}{n}\frac{d_0 - d_1}{4}$$

式中，F_0 为连杆上的作用力；d_0 为螺纹的外径；d_1 为螺纹的内径；n 为螺纹的最少工作圈数，即

$$n = \frac{H}{P}$$

式中，H 为螺纹的最小工作高度，即在装模高度调节到最小时的螺纹工作高度；P 为螺距。

$$W = \frac{\pi d_0 h^2}{6}$$

式中，h 为螺纹牙根处的高度，对于特种锯齿形螺纹 $h \approx 0.8P$，对于梯形螺纹 $h \approx 0.635P$。

有

$$\sigma = \frac{\frac{F_0}{n}\frac{d_0 - d_1}{4}}{\frac{\pi d_0 h^2}{6}} = \frac{1.5F_0(d_0 - d_1)}{\pi n d_0 h^2} \tag{4-32}$$

为了使 $\sigma \leqslant [\sigma]$，许用应力 $[\sigma]$ 可取如下数值：

铸铁 HT200 的 $[\sigma] = 550 \times 10^5\text{Pa}$；铸钢 ZG270-500 的 $[\sigma] = 800 \times 10^5\text{Pa}$；球墨铸铁 QT450-5 的 $[\sigma] = 700 \times 10^5\text{Pa}$。

4. 滑块与导轨的设计计算

(1) 滑块与导轨主要尺寸的确定 滑块在设计时，高和宽的尺寸有一经验比值，即在闭式压力机上约为 1.08 ~ 1.32，在开式压力机上为 1.7 左右。

(2) 滑块强度与刚度计算 对于单点压力机，滑块单纯受压，故一般不进行强度计算。对于多点压力机，则需要进行强度及刚度计算。

1) 强度计算。图 4-46 为双点或四点压力机滑块强度及刚度计算图。由图得知，滑块的最大弯矩为

$$M = \frac{F_g l}{8} \tag{4-33}$$

式中，F_g 为公称压力；l 为两连杆间的距离。

最大应力为

$$\sigma = \frac{My_a}{J} \tag{4-34}$$

式中，J 为滑块中间截面惯性矩；y_a 为中间截面形心至滑块上顶边距离。

需使 $\sigma \leqslant [\sigma]$，$[\sigma]$ 为许用弯曲应力。材料为铸铁时 $[\sigma]=(200\sim300)\times10^5\text{Pa}$，为钢板时 $[\sigma]=(400\sim500)\times10^5\text{Pa}$。

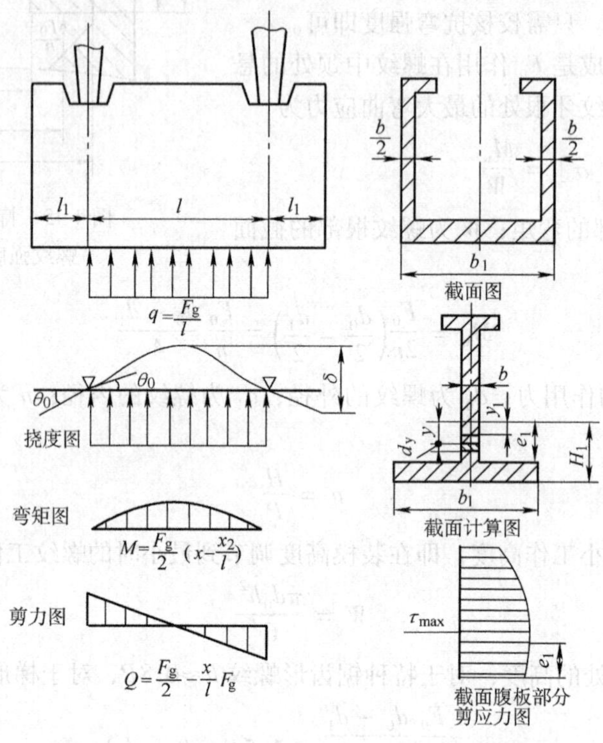

图 4-46　双点或四点压力机滑块强度及刚度计算简图

2）刚度计算。滑块属于短粗梁，在计算其变形时应考虑弯矩、剪力以及截面扭曲等因素的综合影响，并用变形连续性概念来计算外伸端的变形（如图 4-46 中 l_1 段的变形）为渐变期间，此处只考虑弯矩和剪力对变形的影响，即

$$\delta = \delta_\sigma + \delta_\tau$$

式中，δ 为滑块总挠度；δ_σ 为由于弯矩所引起的挠度；δ_τ 为由于剪力所引起的挠度。

①　由于弯矩所引起的挠度 δ_σ

a. 滑块中间 l 段的最大挠度 $\delta_{\sigma a}$ 按照摩尔定理，有

$$\delta_{\sigma a} = 2\int_0^{\frac{l}{2}} \frac{MM^0}{EJ}\mathrm{d}x$$

式中，E 为弹性模量；J 为截面惯性矩；M 为载荷弯矩；M^0 为在 l 段中点外加单位力的弯矩。

因为
$$M = \frac{F_g}{2}\left(x - \frac{x^2}{l}\right) \quad M^0 = \frac{1}{2}x$$

所以有
$$\delta_{\sigma a} = \frac{5F_g l^3}{384EJ} = 0.013\frac{F_g l^3}{EJ}$$

b. 滑块两端 l_1 段的最大挠度 $\delta_{\sigma b}$ 按照摩尔定理，l 段端点的转角为

$$\theta_{\sigma 0} = \int_0^l \frac{MM^0}{EJ}\mathrm{d}x$$

式中，M^0 为在端点外加单位力偶的弯矩。

又因为
$$M = \frac{F_g}{2}\left(x - \frac{x^2}{l}\right) \quad M^0 = \frac{1}{l}x$$

所以
$$\theta_{\sigma 0} = \frac{F_g l^2}{24EJ} = 0.042\frac{F_g l^2}{EJ}$$

由于变形连续，所以外伸端 l_1 段的最大挠度为

$$\delta_{\sigma b} = l_1 \tan\theta_{\sigma 0} \approx l_1\theta_{\sigma 0} \approx 0.042\frac{F_g l_1 l^2}{EJ}$$

所以由于弯矩所引起的最大相对挠度为

$$\delta = \delta_{\sigma a} + \delta_{\sigma b} = \frac{F_g l^3}{EJ}\left(0.013 + 0.042\frac{l_1}{l}\right) \tag{4-35}$$

② 由于剪应力所引起的挠度 δ_τ

a. 滑块中间 l 段的最大挠度 $\delta_{\tau a}$，也可以按照摩尔定理求解，有

$$\delta_{\tau a} = 2\int_0^{\frac{l}{2}} \frac{aQQ^0}{EA}\mathrm{d}x$$

式中，G 为切变模量；A 为截面面积；Q 为外载荷引起的剪力；Q^0 为外加单位力引起的剪力；a 为截面形状系数。由于截面形状较复杂，不容易求得精确的 a 值。而用下述方法则可以比较容易求出 a 和 $\delta_{\tau a}$。

由变形规律知，剪应力 τ 所引起的挠度的导数等于它的转角 $\theta_{\tau x}$，即

$$\theta_{\tau x} = \frac{\mathrm{d}\delta_{\tau x}}{\mathrm{d}x}$$

而剪应变为
$$\gamma = \frac{\tau}{G}$$

又因为
$$\theta_{\tau x} = \gamma$$

所以有
$$\frac{\mathrm{d}\delta_{\tau x}}{\mathrm{d}x} = \frac{\tau}{G}$$

这就是剪应力挠度的微分公式，它的挠度公式为

$$\delta_{\tau x} = \int_0^x \frac{\tau}{G}\mathrm{d}x$$

不同的截面，τ 的分布规律是不同的。对于如图 4-46 所示的工字截面，距离中性轴为 y_1 处的剪应力为

$$\tau = \frac{Qs}{bJ} = \frac{Q}{bJ}\left[\int_{e_1}^{H_1} b_1 y\mathrm{d}y + \int_{y_1}^{e_1} by\mathrm{d}y\right] = \frac{Q}{2J}\left[\frac{b_1}{b}(H_1^2 - e_1^2) + (e_1^2 - y_1^2)\right]$$

式中，Q 为剪力；S 为静面矩。

最大剪应力在中性轴处，即 $y_1 = 0$ 时，$\tau = \tau_{\max}$。

$$\tau = \frac{Q}{2J}\left[\frac{b_1}{b}(H_1^2 - e_1^2) + e_1^2\right]$$

截面腹板部分的剪应力分布如图4-46 所示。由于两翼板的影响，τ 的分布趋于均匀。为便于计算，用最大剪应力代替平均剪应力，所造成的误差将是很小的。

$$\delta_{\tau x} \approx \int_0^x \frac{\tau_{\max}}{G}\mathrm{d}x = \int_0^x \frac{Q}{2GJ}\left[\frac{b_1}{b}(H_1^2 - e_1^2) + e_1^2\right]\mathrm{d}x$$

$$= \frac{1}{2GJ}\left[\frac{b_1}{b}(H_1^2 - e_1^2) + e_1^2\right]\int_0^x Q\mathrm{d}x$$

令
$$\alpha = \frac{A}{2J}\left[\frac{b_1}{b}(H_1^2 - e_1^2) + e_1^2\right]$$

又因
$$Q = \frac{F_g}{2} - \frac{x}{l}F_g$$

所以
$$\delta_{\tau x} = \frac{\alpha}{GA}\int_0^x\left(\frac{F_g}{2} - \frac{x}{l}F_g\right)\mathrm{d}x = \frac{\alpha F_g}{2GA}\left(x - \frac{x^2}{l}\right)$$

式中，A 为截面面积。

最大挠度 $\delta_{\tau a}$ 产生在滑块中间处，即当 $x = \frac{l}{2}$ 时，$\delta_{\tau x} = \delta_{\tau a}$。

$$\delta_{\tau a} = \frac{aF_g}{2GA}\left[\left(\frac{l}{2}\right) - \frac{\left(\frac{l}{2}\right)^2}{l}\right] = \frac{aF_g l}{8GA} = 0.125\frac{aF_g l}{GA}$$

b. 滑块两端 l_1 段的最大挠度 $\delta_{\tau b}$，l 段两端转角为

$$\theta_{\tau 0} = \left(\frac{\mathrm{d}\delta_{\tau x}}{\mathrm{d}x}\right)_{x=0} = \frac{aF_g}{2GA} = 0.5\frac{aF_g}{GA}$$

如弯曲变形一样，剪力变形也是连续的，所以外伸段的最大挠度为

$$\delta_{\tau b} = l_1\tan\theta_{\tau 0} \approx l_1\theta_{\tau 0} = 0.5\frac{aF_g l_1}{GA}$$

所以由于剪力所引起的最大相对挠度为 δ_τ，其值为

$$\delta_\tau = \delta_{\tau a} + \delta_{\tau b} = \frac{aF_g l}{GA}\left(0.125 + 0.5\frac{l_1}{l}\right) \tag{4-36}$$

滑块总的最大相对挠度 δ 为

$$\delta = \delta_\sigma + \delta_\tau = \frac{F_g l^3}{EJ}\left(0.013 + 0.042\frac{l_1}{l}\right) + \frac{aF_g l}{GA}\left(0.125 + 0.5\frac{l_1}{l}\right) \tag{4-37}$$

其中
$$a = \frac{A}{2J}\left[\frac{b_1}{b}(H_1^2 - e_1^2) + e_1^2\right] \tag{4-38}$$

式中，F_g 为压力机公称压力；l 为连杆间距离；l_1 为连杆至滑块外侧距离；E 为弹性模量，铸铁 $E = 0.9\times10^{11}\mathrm{N/m^2}$，铸钢和钢板 $E = 2.1\times10^{11}\mathrm{N/m^2}$；$G$ 为切变模量，铸铁 $G = 4.5\times10^{10}\mathrm{N/m^2}$，铸钢和钢板 $G = 8.1\times10^{10}\mathrm{N/m^2}$；$A$ 为截面面积；J 为截面惯性矩；b 为截面腹板宽度；b_1 为截面翼板宽度；H_1 为截面中性轴至翼板外侧边距离；e_1 为截面中性轴至翼板内侧边距离。

在计算 a 时，用截面的上半部和截面的下半部算出的结果是相同的。

计算出的挠度 δ 需小于或等于许用挠度 $[\delta]$，即

$$\delta \leqslant [\delta]$$

许用挠度$[\delta]$取为滑块宽度L的1/6000～1/8000，即

$$[\delta]=\left(\frac{1}{6000}\sim\frac{1}{8000}\right)L$$

4.3.2 传动系统的参数计算

1. 传动零件的设计计算

传动零件包括齿轮、传动轴、连接件、皮带及滚动轴承等零件。这些零件的详细设计计算可参阅相关资料。这里只简单叙述某些零件的计算特点，并指出它与通常计算方法的不同之处，以引起注意。

齿轮计算　可以根据下述公式预选齿轮的模数

$$m\geqslant(2.8\sim3.5)\sqrt[3]{\frac{M_{n2}}{\psi_m z_2}} \tag{4-39}$$

式中，M_{n2}为大齿轮所需传递的转矩(N·m)，在计算低速级时，对单点压力机$M_{n2}=M_g$(M_g为曲轴上公称转矩)，对双点压力机，没有过载保护装置时，$M_{n2}=0.6M_g$，有过载保护装置时$M_{n2}=0.5M_g$；ψ_m为齿宽系数，$\psi_m=B/m$(B为齿宽)，目前国产压力机的ψ_m为8～18，对于一级齿轮传动，ψ_m可取13～15，对于两级齿轮传动，ψ_m可取10～13，对人字齿轮，可取17～22；z_2为大齿轮齿数。

上式的系数(2.8～3.5)在一般情况下可取3.15，在齿轮材料及热处理条件较好的情况下可取2.8，在条件差时可取3.5。

对于斜齿轮，按照式(4-39)计算的模数是端面模数m_s，需换算成法向模数m_n($m_n=m_s\cos\beta_f$，β_f为螺旋角)，再选取模数标准值。

对于开式传动的齿轮，一般核算其抗弯强度即可，其计算公式为

$$\sigma_w=C_w\frac{K_jK_dM_{n1}}{m^2BY}\leqslant[\sigma_w] \tag{4-40}$$

式中，σ_w为齿轮齿根处弯曲应力；M_{n1}为小齿轮所受转矩，$M_{n1}=\dfrac{M_{n2}}{i}$，i为传动比；C_w为弯曲应力系数，$C_w=\dfrac{2}{z_1\cos\alpha}$，$z_1$为小齿轮齿数，$\alpha$为齿轮压力角，当$\alpha=20°$时，$C_w$可查图4-47，对直齿圆柱齿轮，可查螺旋角$\beta=0°$的曲线，对于圆柱斜齿轮，可查图中相应螺旋角的曲线；Y是齿形系数，对于直齿轮，可直接查图4-48、图4-49，对于斜齿轮，则需按当量齿数来查，当量齿数为$z_d=\dfrac{z}{\cos^3\beta}$，对于变位齿轮，则按对应的变位系数$\zeta$查找；$m$为齿轮模数，当为斜齿轮时，用法向模数$m_n$；$B$为齿宽；$K_j$为载荷集中系数，见表4-14；$K_d$为动载系数，见表4-

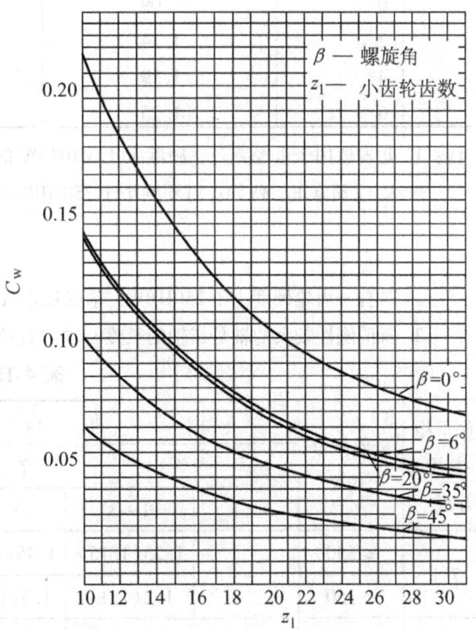

图4-47　系数C_w图

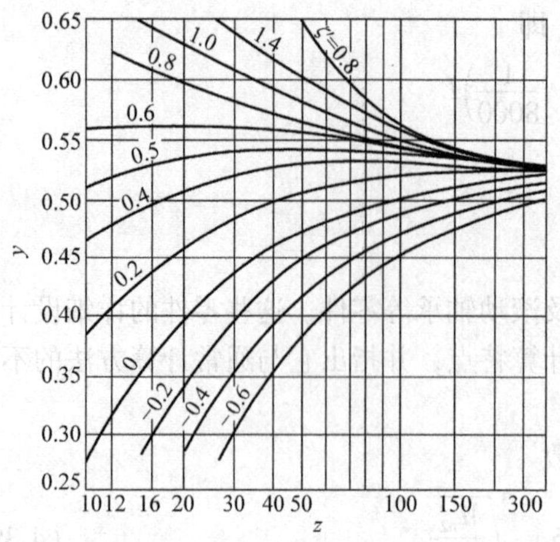

图 4-48　从动齿轮的齿形系数

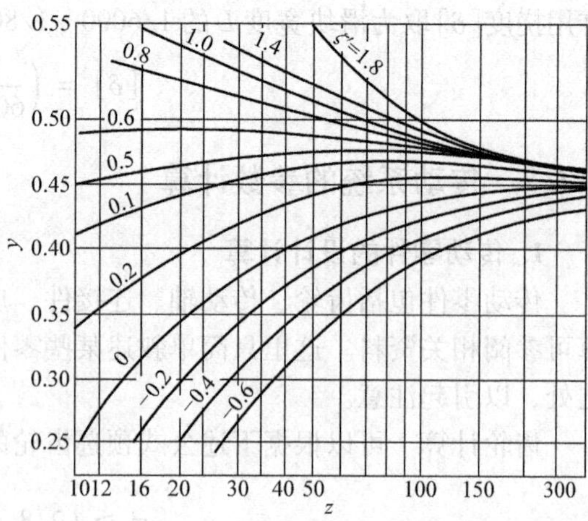

图 4-49　主动齿轮的齿形系数

15；$[\sigma_w]$为许用弯曲应力，按齿轮不产生塑性变形或破坏的最大弯曲应力选取，见表 4-16、表 4-17；其余符号同前。

表 4-14　载荷集中系数 K_j

$\frac{\psi_m}{z_1}\left(或\frac{B}{d_1}\right)$	齿轮相对于轴承的布置			
	位于两轴承之间并对称布置	位于两轴承之间并对称布置		悬臂布置
		刚性较大的轴	刚性较小的轴	
0.2	1	1.0	1.05	1.08
0.4	1	1.04	1.12	1.15
0.6	1.03	1.10	1.22	1.22
0.8	1.05	1.16	1.28	1.30
1.0	1.09	1.22	1.34	
1.2	1.14	1.26	1.40	
1.4	1.19	1.30	1.45	
1.6	1.25	1.35	—	

注：1. 此表适用于未经跑合，硬度大于 350HBW 的硬齿面齿轮因受载荷后易跑合，可改善齿面载荷集中现象，此时 K_j 应预修正。例如：对硬度小于 350HBW 的齿轮，不论受稳定或不稳定的载荷时

$$K_j=\frac{K_{j表}+1}{2}$$

对有一齿轮硬度小于 250HBW，承受稳定载荷时，$K_j=1$。

2. 所谓刚性较大的轴是指轴的长度与轴的直径之比小于 3。

表 4-15　动载系数 K_d

工作平稳性精度等级	齿面硬度 HBW	直齿				斜齿和人字齿			
		节圆处圆周速度 v/(m/s)							
		<1	1~3	3~8	8~12	<3	3~8	8~12	12~18
7	≤350	—	1.25(1.15)	1.45(1.30)	1.55	1	1.1	1.2	1.3
	>350		1.2(1.1)	1.3(1.25)	1.4	1	1.1	1.1	1.2
8	≤350	1	1.35(1.20)	1.55(1.40)	—	1.1	1.3	1.4	—
	>350	1.1	1.3(1.2)	1.4(1.35)		1.1	1.2	1.3	

（续）

工作平稳性精度等级	齿面硬度 HBW	直齿				斜齿和人字齿			
		节圆处圆周速度 $v/(m/s)$							
		<1	1~3	3~8	8~12	<3	3~8	8~12	12~18
9	≤350	1.1	1.45(1.4)	—	—	1.2	1.4	—	—
	>350	1.1	1.4(1.35)			1.2	1.3		

注：速度“1~3”、“3~8”两栏为压力机齿轮常用速度范围。

表4-16 许用弯曲应力$[\sigma_w]$（最大弯曲应力）

材料及硬度		许用弯曲应力
铜	≤350HBW	$0.8\sigma_s$
	>350HBW	$(0.3\sim0.35)\sigma_b$
铸铁		$0.6\sigma_b$

注：表中σ_s为屈服强度(Pa)；σ_b为抗拉强度(Pa)。

表4-17 常用齿轮材料的$[\sigma_w]$

材料及热处理	$[\sigma_w]/\times10^5$Pa	材料及热处理	$[\sigma_w]/\times10^5$Pa
45钢调质	3000	ZG270-500正火	2000
40钢调质	5000	HT200	900

表4-18列出了现有压力机齿轮的常用材料和计算的弯曲应力，供设计时参考。

表4-18 现有压力机齿轮常用材料和计算的弯曲应力

材料	热处理	力学性能			计算的弯曲应力σ_w $/\times10^5$Pa	备注
		抗拉强度σ_b $/\times10^5$Pa	屈服强度σ_s $/\times10^5$Pa	硬度 HBW		
45	调质	6500~8000	3500~5600	180~230	2100~3060	J31-315低速级齿轮的 $\sigma_w=3060\times10^5$Pa
	调质-齿面软氮化	心部 6500~8000		表面51~37HRC 心部180~230	2100~3830	J36-630高速级齿轮的 $\sigma_w=3830\times10^5$Pa
	调质-沿整个齿沟高频淬火	心部 6500~8000		心部180~230	2100	
45Cr	调质	8000~10000	5500~8500	230~280	2370	
	调质-沿整个齿沟高频淬火		14000	表面43~53HRC 心部230~280	2580	
50SiMn	调质	7800	5300			用于大型压力机
38SiMnMo	调质	6500~7500	5000~6000	43~50HRC		用于大型压力机
ZG270-500	正火	5000	2800	150	1210~2650	
ZG310-570	正火	5500	3200	170~210	1410~1990	
ZG340-640	正火	6400	3500	155~217		用于大型压力机
ZG40Cr	正火-回火	≥6400	3500	≤212	1440	

（续）

材料	热处理	力学性能			计算的弯曲应力 σ_w /×10^5Pa	备注
		抗拉强度 σ_b /×10^5Pa	屈服强度 σ_s /×10^5Pa	硬度 HBW		
HT200	退火	2000		170 ~ 241	530 ~ 1000	J23-80 低速级齿轮的 $\sigma_w = 1000 \times 10^5$Pa
QT450-5	退火	4500		120 ~ 207		
QT600-2	退火	6000		197 ~ 269	1180	JC23-63 低速级齿轮的 $\sigma_w = 1180 \times 10^5$Pa

闭式传动中的齿轮，除了核算抗弯强度以外，有时还需核算接触强度，特别是对那些软齿面的闭式传动齿轮，容易产生点蚀破坏。

齿轮轮齿表面的接触强度公式为

$$\sigma_c = a\frac{C_c}{A}\sqrt{\frac{K_j K_d M_{n1}}{B}} \leqslant [\sigma_c] \qquad (4\text{-}41)$$

式中，B 为齿宽；A 为两齿轮中心矩；C_c 为接触应力系数，即

$$C_c = 0.59\sqrt{\frac{E_d}{\sin 2\alpha} \times \frac{(i+1)^2}{i}}$$

式中，E_d 为当量弹性模量，α 为齿轮啮合角，i 为传动比，当 $\alpha = 20°$，$E_d = 2.15 \times 10^{11}\text{N/m}^2$ 时，可直接查图 4-50，当不是锻钢与锻钢接触时，查出的 C_c 还需乘以系数：与铸钢接触时乘以 0.944，与球墨铸铁接触时乘以 0.915，与铸铁接触时乘以 0.858，若 $\alpha \neq 20°$ 时（例如角变位齿轮），则还需要乘以 $\sqrt{0.643/\sin 2\alpha}$；$a$ 为齿形系数，直齿圆柱齿轮 $a = 1$，斜齿圆柱齿轮 $a = 0.88 \sim 0.93$（对应于螺旋角 $\beta = 20° \sim 6°$）；σ_c 为计算的接触应力；$[\sigma_c]$ 为许用接触应力，可按齿轮表面不发生塑性变形的许用最大接触应力选取，见表 4-19；其余符号同前。

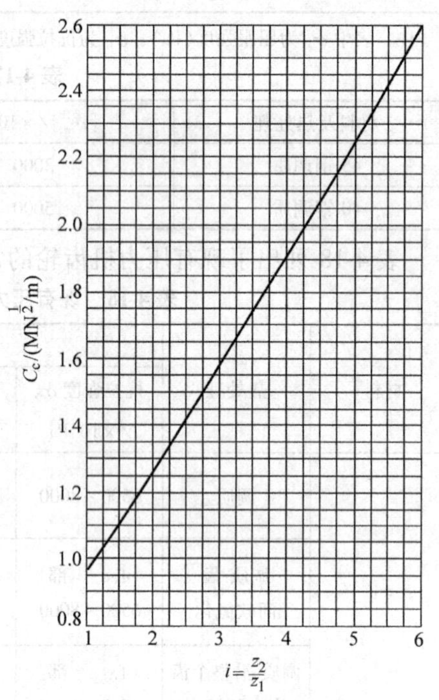

图 4-50　圆柱齿轮的接触应力系数

表 4-19　许用接触应力 $[\sigma_c]$

材料及硬度		许用接触应力 $[\sigma_c]$
钢	≤350HBW	$3.1\sigma_s$
	>350HBW	4.2×10^7Pa
铸铁		$1.8\sigma_b$

2. 传动轴的设计计算

开始设计时，可按转矩预选传动轴的直径，其公式为

$$d = \sqrt[3]{\frac{M_n}{0.2[\tau]}} \tag{4-42}$$

式中，M_n 为作用在轴上的最大转矩；$[\tau]$为许用剪应力，参考资料取用如下数值：45 钢调质，$[\tau]=500\times10^5$Pa，40Cr 调质，$[\tau]=630\times10^5$Pa，然后按弯矩转矩联合作用核验综合应力 σ，σ 为

$$\sigma = \sqrt{\frac{M_w^2+M_n^2}{0.1d^3}} \leqslant [\sigma] \tag{4-43}$$

式中，M_w 为危险截面弯矩；M_n 为危险截面转矩；d 为危险截面直径；$[\sigma]$为许用弯曲应力，建议按如下数值选取：

$$[\sigma] = \frac{\sigma_s}{n} = \frac{\sigma_s}{2.5}$$

式中，$[\sigma_s]$为材料屈服强度。

传动轴常用材料性能及建议许用应力见表 4-20。

表 4-20 传动轴常用材料性能及建议许用应力

钢 号	热处理	硬度 HBW	抗拉强度$[\sigma_b]$/MPa	屈服强度$[\sigma_s]$/MPa	建议许用应力$[\sigma]$/MPa
45	正 火	163 ~ 217	580 ~ 600	290 ~ 300	120
45	调 质	180 ~ 230	650 ~ 800	350 ~ 560	180
45Cr	调 质	230 ~ 280	800 ~ 1000	550 ~ 850	300

对于某些较长的轴，还需进行弯曲和扭转刚度核验。

3. 连接件的设计计算

（1）平键联接 对于标准平键，只需核验挤压应力即可，其公式为

$$\sigma_j = \frac{4M_n}{hldn_j} \leqslant [\sigma_j] \tag{4-44}$$

式中，M_n 为传递转矩；h 为键的高度；l 为键的工作长度（不计及圆弧部分）；d 为轴的直径；n_j 为键的数目；$[\sigma_j]$为许用挤压应力，建议按表 4-21 选取。

表 4-21 平键许用挤压应力

包容件（一般为轮毂）材料	许用挤压应力$[\sigma_j]$/MPa
铸铁	100
铸钢或锻钢	200 ~ 250

（2）紧固连接 在大型压力机中，特别是在大型热模锻压力机和平锻机等热锻机器，为了不削弱轴的强度，近年来广泛采用紧固连接，即轴和轮毂（或轴套）采用过盈配合，用外力使之紧固在一起，以便传递足够的转矩。紧固的方法有用热套的，有用楔块胀紧的，也有用液压压紧的。下面介绍液压压紧法。图 4-51 为这种方法的装配图。轴与孔均做成 1:30 的锥度，均需磨削，并进行氮化处理。轮毂在径向开有深油孔。在内壁开有环形油沟，从环形油沟上再引出几条沿轴线方向的细油沟（宽 0.5mm，深 0.05mm）。装配时先在轮毂处打入压力为$(1500\sim2000)\times10^5$Pa 的高压油，使轮毂胀开。与此同时，在液压螺母上打入压力为$(450\sim500)\times10^5$Pa 的高压油，通过活塞使轮毂与轴压紧，轮毂与轴的过盈量决定于所传递的转矩。由转矩求出紧固表面的压强，由压强求出过盈量，公式如下（有关尺寸符号见图 4-

52)。

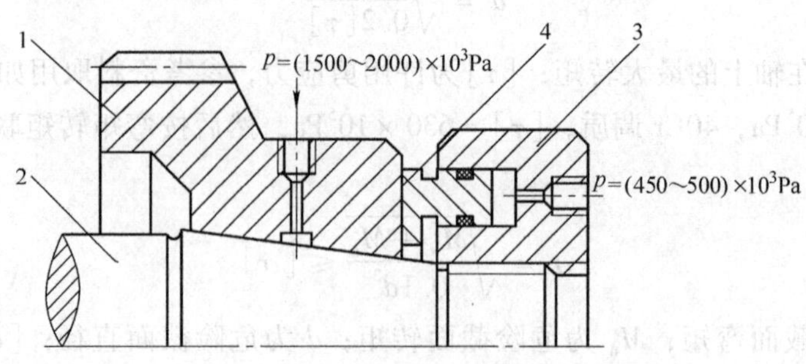

图 4-51　液压紧固连接装配图
1—轮毂　2—轴　3—液压螺母　4—活塞

$$p=\frac{2kM_n}{\pi D_m^2 b\mu} \tag{4-45}$$

$$u=\frac{2pD_m^3(D^2-d^2)}{(D^2-D_m^2)(D_m^2-d^2)E} \tag{4-46}$$

式中，p 为紧固表面压强；u 为双边过盈量；M_n 为传递转矩；D 为轮毂外径；d 为空心轴孔的直径，若为实心轴，则 $d=0$；D_m 为轴或轮毂孔的平均直径；b 为轮毂装配长度；E 为弹性模量；μ 为摩擦因数，钢对钢 $\mu=0.12$，钢对铸铁 $\mu=0.08$；k 为安全系数，取 $k=2.5$。

上面计算出的双边过盈量为理论过盈量，考虑到装配表面粗糙度的影响，实际过盈量要比理论的大一些，即

$$u'=u+2H \tag{4-47}$$

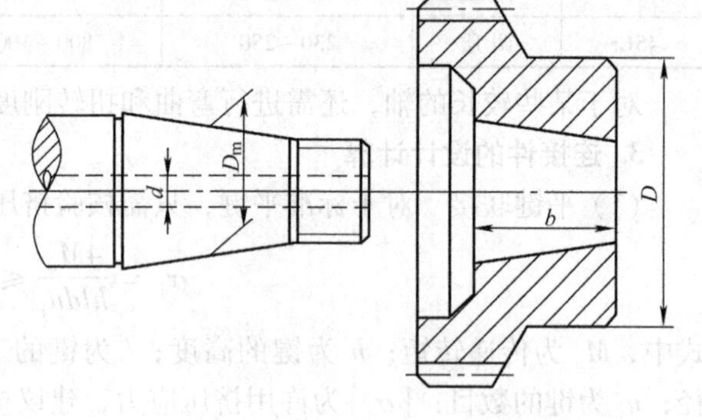

图 4-52　连接零件尺寸图

式中，u、u'为理论及实际过盈量；H 为装配时轴和孔表面被挤掉的微观凸峰值，取 3～10μm，当装配表面粗糙度较小时取下限，较大时取上限。

4.3.3　操作系统的设计计算

1. 曲柄压力机电力拖动特性

曲柄压力机的负载属于冲击负载，即在一个工作周期中，只在较短的时间内(公称压力角之内)承受工作负荷，而其他较长的时间是空运转。若按此短时的负荷来选择电动机的功率，则电动机的功率会很大。例如 J31-315 压力机冲制直径 100mm、厚 23mm 的 Q235 钢板时，工件的变形力为 3150kN，工件变形功 W'为 22800J，力的作用时间 t'为 0.2s，冲压时机械效率 η 为 0.25，那么所需的功率为

$$P=\frac{W'}{t'\eta}=\frac{22800}{0.2\times0.25}\text{kW}=456\text{kW}$$

为此在传动系统中加上一个大转动惯量的飞轮就显得非常必要了。滑块空程时，电动机带动飞轮旋转，使其储存动能，在冲压工件的瞬间，主要靠飞轮释放能量。冲压工作完成以后，飞轮轴的负载减小，电动机带动飞轮加速旋转。所以采用飞轮后，冲压工件时所需的大部分能量不是电动机直接供给的，而是飞轮供给的，电动机的功率大大降低，飞轮起着储存能量和释放能量的作用。那么，有

$$\Delta E = \frac{1}{2}J_0\omega_1^2 - \frac{1}{2}J_0\omega_2^2 = \frac{1}{2}J_0(\omega_1^2 - \omega_2^2)$$

式中，ΔE 为飞轮释放的能量；J_0 为飞轮的转动惯量。

当装置飞轮时，电动机功率仅用 30kW，为不用飞轮时的 7% 左右。飞轮的作用很明显。

电动机功率变化曲线如图 4-53 所示，a 为没有飞轮时所需功率的变化曲线，曲线所包含的面积 A_1 为一个工作循环所需能量；若按直线 b 选择压力机的功率，则面积A_0'的不足能量应由飞轮补偿。也就是说，如按一个工作循环的平均能量或某一能量选择电动机后，可设计适当的飞轮。假如选择的功率较大，如图中 c 线，那么需要飞轮补充的能量就小，所需飞轮就可小点。这就是说，压力机的电动机功率和飞轮能量是互相依存的。

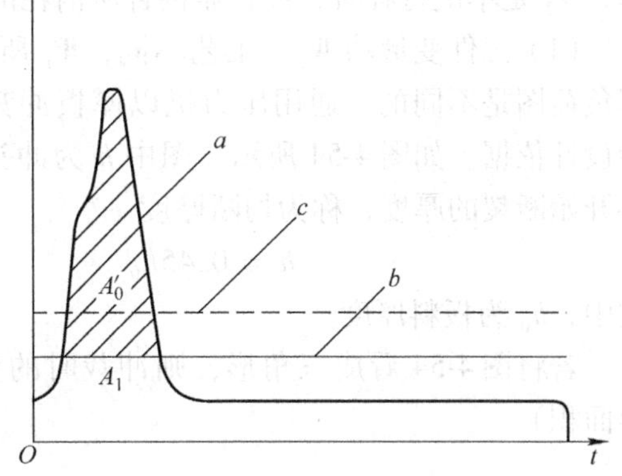

图 4-53　电动机功率变化曲线

实际上，压力机装飞轮后，电动机输出的功率或转矩不可能是不变的，就是说不是一条直线，而是呈一曲线变化的，也就是说电动机能量大小与飞轮能量大小并非线性比例关系。

2. 电动机功率的设计计算

设计压力机功率若按一次行程即一个循环的平均能量来计算电动机的功率

$$P_m = \frac{W}{t} \tag{4-48}$$

式中，P_m 为平均功率；W 为一个工作循环所需的总能量（做的功）；t 为一个工作循环时间，即

$$t = \frac{1}{nC_n} \tag{4-49}$$

式中，C_n 为压力机行程利用系数，C_n =0.4 ~1.0，手工送料取下限，自动化送料取上限；n 为行程次数。

为了使飞轮尺寸不致过大，故将电动机功率选得比 P_m 大，即

$$P = kP_m \tag{4-50}$$

式中，k 为电动机的功率系数，一般取 1.2 ~1.6。将式(4-48)代入式(4-50)，得：$P = k\frac{W}{t}$，此式为计算功率值。

当按手册选用与 P 相近的额定功率为 P_e 时，重计算 k，即：$k = \frac{P_e}{P_m}$，这就是实际的功率

系数，是计算飞轮时用的。

3. 飞轮转动惯量计算及尺寸确定

曲柄压力机在一个工作循环所消耗的能量 W 称为一次行程功，即

$$W = W_1 + W_2 + W_3 + W_4 + W_5 + W_6 + W_7 \tag{4-51}$$

式中，W_1 为工件变形功；W_2 为拉深垫工作功；W_3 为工作行程时，曲柄滑块机构的摩擦功；W_4 为工作行程时，压力机受力系统的弹性变形功；W_5 为压力机空程向上向下所消耗的能量；W_6 为单次行程时，滑块停顿飞轮空转所消耗的功；W_7 是单次行程时，离合器接合所消耗的功。

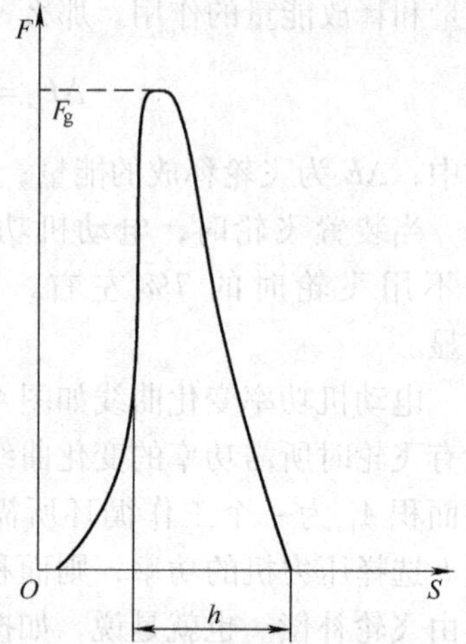

图 4-54　冲裁工件负荷图

（1）工件变形功 W_1　工艺不同，W_1 所需的能量不同，其负荷图是不同的。通用压力机以厚板冲裁的工作负荷图为设计依据。如图 4-54 所示，图中 h 为冲头进入板料使板料开始断裂的厚度，称为切断厚度。

$$h = 0.45h_0 \tag{4-52}$$

式中，h_0 为板料厚度。

若将图 4-54 看成三角形，则冲裁时的变形功为（三角形面积）

$$W_1 = \frac{1}{2}F_g h$$

考虑曲线呈鼓形，且有推料力

$$W_1 = 0.7F_g h = 0.315F_g h_0 \tag{4-53}$$

对于快速压力机（如一级传动压力机），$h_0 = 0.2\sqrt{F_g}$（mm）；对于慢速压力机（如两级及两级以上传动的压力机）$h_0 = 0.4\sqrt{F_g}$（mm）。

（2）拉深垫工作功 W_2　带拉深垫的压力机，在进行浅拉深工艺时，拉深垫压紧工件的边缘，并随滑块向下移动（反拉深），因此消耗一部分能量。其大小取决于其拉深垫的压紧力和工作行程。根据资料推荐取 $F_g/6$ 及 $s/6$。

$$W_2 = \frac{F_g}{6}\frac{s}{6} = \frac{1}{36}F_g s \tag{4-54}$$

式中，s 为滑块行程长度。

（3）工作行程时曲柄滑块机构的摩擦功 W_3　根据变形力在工作角度内所产生的摩擦积分计算，对于通用压力机，曲柄滑块机构的摩擦功用下式表示

$$W_3 = 0.5m_q F_g \alpha_g \tag{4-55}$$

式中，m_q 为摩擦当量力臂；a_g 为公称压力角，按弧度计算。

（4）工作行程时压机受力系统的弹性变形功 W_4　受力系统因受载产生弹性变形，因而引起能量损耗。

$$W_4 = \frac{1}{2}F_g \Delta h \tag{4-56}$$

式中，Δh 为压力机总的垂直变形，$\Delta h = \frac{F_g}{C_h}$，$C_h$ 为压力机的垂直刚度，见表 4-22。

表 4-22 压力机的垂直刚度

压力机形式	C_h/(kN/mm)	
	现有压力机统计值	推荐值
开式压力机	300~500	400
闭式压力机	500~700	700

(5) 压力机空程向下和空程向上时所消耗的功 W_5　W_5 从表 4-23 中选取。

表 4-23 压力机空程消耗的功

F_g/kN	100	160	250	400	630	800	1000	1250	1600
W_5/J	100	160	250	500	1050	1500	2150	3100	1600
P_6/kW	0.16	0.23	0.34	0.50	0.75	0.75	0.92	1.35	1.68
F_g/kN	2000	2500	3150	4000	5000	6300	8000	10000	12500
W_5/J	6300	9400	13200	19500	26800	38100	54800	76000	10700
P_6/kW	2.0	2.5	3.0	3.6	4.4	5.4	6.6	8.0	9.7

(6) 滑块停顿飞轮空转所消耗的功 W_6　W_6 为

$$W_6 = P_6(t - t_1) \tag{4-57}$$

式中，t 为单次行程周期，$t = \dfrac{1}{nC_n}$，C_n 为行程利用系数；t_1 为曲轴回转一周所需时间，$t_1 = \dfrac{1}{n}$；P_6 按表 4-23 查出。

(7) 单次行程离合器接合所耗的功 W_7　W_7 为

$$W_7 = 0.2W \tag{4-58}$$

完成冲压工作所消耗的能量 W_g，主要靠飞轮释放能量，即

$$W_g = W_1 + W_2 + W_3 + W_4 \tag{4-59}$$

如果忽略电动机在这时输出的能量，那么

$$W_g = \frac{1}{2}J_0(\omega_1^2 - \omega_2^2)$$

令

$$\omega_m = \frac{1}{2}(\omega_1 + \omega_2) \quad \delta = \frac{\omega_1 - \omega_2}{\omega_m}$$

所以

$$W_g = J_0\omega_m^2\delta \tag{4-60}$$

$$J_0 = \frac{W_g}{\omega_m^2\delta} \tag{4-61}$$

式中，J_0 为飞轮的转动惯量；ω_m 为飞轮的平均角速度，等于电动机额定转速下的飞轮角速度；δ 为飞轮转速不均匀系数，一般取 δ =0.15~0.30。

由转动惯量公式可见，飞轮储存的能量 W_g 与转动角速度的平方 ω_m^2 成正比，即转速高的大惯性轮起着飞轮的作用。当完成工作所需要的能量一定时，ω_m 越大，J_0 越小，但 ω_m 太高，离合器和制动器工作时就会发热，故一般飞轮的转速在 300~400r/min 为好。

在飞轮转动惯量求得后，即可设计飞轮尺寸。图 4-55 所示为飞轮的大致结构。设计飞轮尺寸主要是确定 D_2、D_3、B_f。

选好电动机后，D_1 可知，那么

$$D_2 = iD_1 \tag{4-62}$$

式中，i 为小带轮到飞轮的速比；D_1 为小带轮的直径；D_2 为飞轮的外径。

而飞轮的轮缘厚度 B_f 一般由传动带槽数或齿宽要求确定，有时为了增加 J_0 而将 B_f 做宽。所以 B_f 也基本确定，那么来计算 D_3。

首先前面求出的 J_0 实际不仅包括飞轮本身的转动惯量，还应包括其他转动零件（主动部分）的转动惯量，对于小型通用压力机$J_0' \approx J_0$；对于大型通用压机$J_0' \approx (80\% \sim 90\%)J_0$。为简化计算，我们可以先假定飞轮的$J_0'$占全部的百分比例，由此来确定飞轮的必要尺寸。

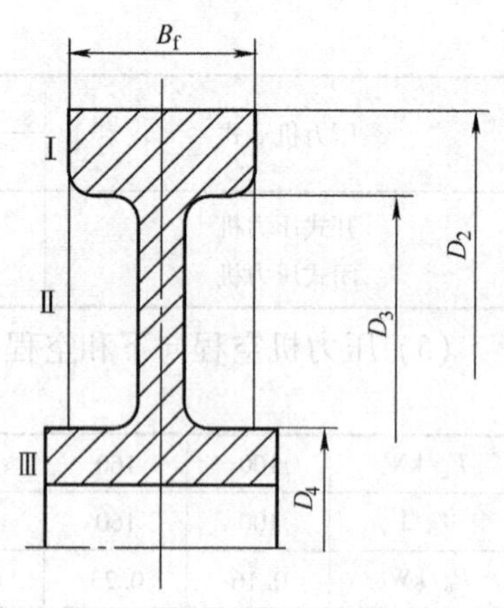

图4-55　飞轮的大致结构

由图4-55可看出飞轮的转动惯量由三部分组成，即轮缘、轮辐、轮毂。一般认为轮缘的转动惯量比轮辐、轮毂的转动惯量大得多，故近似计算

$$J_0' = \frac{m_1}{8}(D_2^2 + D_3^2), \quad m_1 = \rho\frac{\pi}{4}B_f(D_2^2 - D_3^2)$$

所以

$$D_3 = \sqrt[4]{D_2^4 - \frac{32J_0'}{\pi\rho B_f}} \tag{4-63}$$

式中，ρ 为材料的密度，铸铁$\rho = 7.2 \times 10^3 kg/m^3$，铸钢$\rho = 7.8 \times 10^3 kg/m^3$；$B_f$ 为飞轮轮缘宽度。

算出的 D_3 还应满足结构要求，例如圆盘离合器的摩擦片是否装在飞轮内。若 D_3 不满足要求，可增加 B_f，重新计算 D_3。

另外计算完以后，还应校核飞轮的圆周速度。若 v 过高，会使飞轮破裂，资料推荐：对于铸铁飞轮 $v \leqslant 25m/s$，可用到30m/s；对于铸钢飞轮 $v \leqslant 40m/s$，可用到50m/s。

4.3.4　支承部件的设计计算

1. 机身结构设计

机身结构设计应满足下列要求：

1）机身在满足强度、刚度的条件下，力求重量轻、节约金属。

2）结构力求简单，并使装于其上的所有部件、零件容易安装、调整、修理和更换。

3）结构设计应便于铸造或焊接和机加工。

4）必须有足够的底面积，保证压力机的稳定性。

5）结构设计应力求减少振动和噪声。

6）机构设计力求外形美观。

机身结构分为铸造结构和焊接结构两种。铸造材料有HT200铸铁、QT420-10球墨铸铁和ZG270-500铸钢等。焊接结构使用的材料多为Q235A钢板。铸造结构的材料比较容易供应，消振性能较好，但较重，刚度较差。焊接结构与之相反，重量较轻，刚度较好，外形比较美观，但消振性能较差。

铸造结构应尽量使壁厚不要有突然的变化，适当加大过渡圆角，以减少应力集中。结构设计需使铸造和加工方便。焊接结构尽量设计成具有对称性的截面和焊缝位置，以减少焊接

变形。要合理布置肋板，数量不宜过多。焊缝应尽量远离应力集中区域，尽量避免用焊缝直接承受主要工作载荷。焊缝避免交叉与聚集，并考虑焊接施工方便。

2. 开式机身的强度计算

开式机身是一个三面敞开的悬臂构件，所以刚度较差，有角度变形，影响模具寿命和工件精度。设计时理应按刚度设计，但在整个机身的结构尺寸确定之前是不能设计的，所以，为了便于设计，需先进行强度计算。

图4-56为开式机身强度计算简图。应首先根据工艺需要及表4-4(技术参数表)的参数标准，参考类似压力机确定机身结构和尺寸，然后核算危险截面Ⅱ—Ⅱ即可。

将开式机身视为开口刚架，则Ⅱ—Ⅱ截面受到弯矩 M 和拉力 F_g 的作用。

$$M = F_g(a + y_c) \tag{4-64}$$

式中，a 为滑块中心到机身喉口内缘的距离，即喉口深度；y_c 为喉口内缘到截面形心的距离。

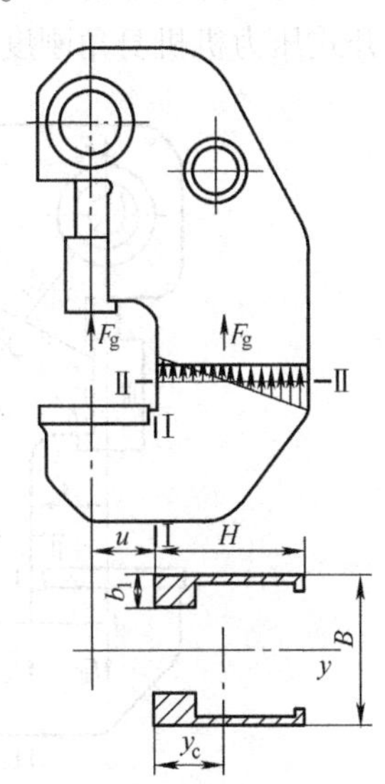

图4-56 开式机身强度计算简图

强度计算公式为

$$\sigma_1 = \frac{F_g}{A} + \frac{My_c}{J} \leqslant [\sigma_1] \tag{4-65}$$

$$\sigma_y = \frac{F_g}{A} - \frac{M(H - y_c)}{J} \leqslant [\sigma_y] \tag{4-66}$$

式中，σ_1 为最大拉应力；σ_y 为最大压应力；H 为危险截面Ⅱ—Ⅱ的高度；A 为危险截面Ⅱ—Ⅱ的面积；J 为危险截面Ⅱ—Ⅱ的惯性矩；$[\sigma_1]$为许用拉应力，铸铁$[\sigma_1] = (200 \sim 300) \times 10^5\text{Pa}$，钢板$(400 \sim 600) \times 10^5\text{Pa}$；$[\sigma_y]$为许用压应力，$[\sigma_y] = (300 \sim 400) \times 10^5\text{Pa}$。

3. 开式机身刚度计算

开式压力机工作时，将产生两部分变形，如图4-57所示，即装模高度改变产生的垂直变形和使滑块运动方向产生倾斜的角变形。对应这两个变形有两个刚度结构，即垂直刚度和角刚度。

垂直刚度指压力机的装模高度产生垂直变形时，压力机所承受的作用力用 C_h 表示，为

$$C_h = \frac{F_g}{\Delta h}$$

式中，F_g 为压力机承受的载荷；Δh 为压力机承受 F 时，使装模高度产生改变的垂直变形。

一般不进行计算，取经验公式 $\Delta h = 0.001F_g$，那么 $C_h = 1000\text{kN/mm}$。

角刚度是指压力机滑块相对于工作台面产生单位角变形时，压力机所承受的作用力，用 C_α 表示

$$C_\alpha = \frac{F_g}{\Delta \alpha}$$

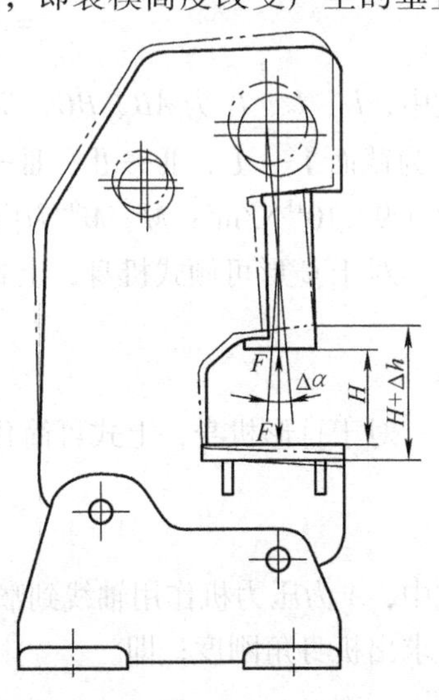

图4-57 开式压力机的弹性变形

式中，$\Delta\alpha$ 为压力机承受载荷 F_g 时，使滑块产生倾斜的角变形。

因对压力机危害最大的是角变形，即机身的角变形，故只讨论角刚度设计计算。图4-58为开式压力机机身角刚度计算简图。

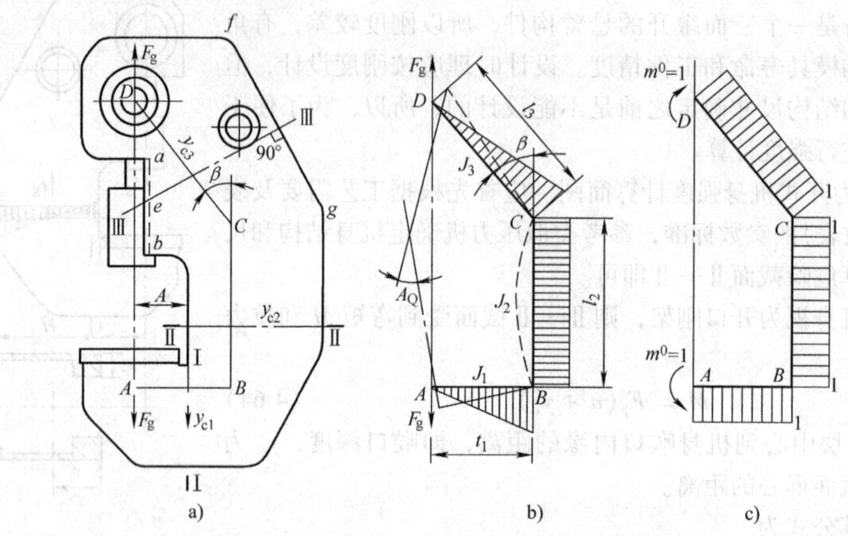

图4-58　开式压力机机身角刚度计算简图

杆 AB、BC、CD 各通过截面Ⅰ—Ⅰ、Ⅱ—Ⅱ、Ⅲ—Ⅲ的形心，截面Ⅲ通过导轨长度 ab 的中点 e 而垂直于斜面 fg。利用摩尔定理可求出喉口的相对变形。为此，在 A、D 两端加一单位力偶 m^0，即 $m^0=1$，则

$$\Delta\alpha = \int_0^{l_1}\frac{MM^0}{EJ_1}dx + \int_0^{l_2}\frac{MM^0}{EJ_2}dx + \int_0^{l_3}\frac{MM^0}{EJ_3}dx$$

$$= \int_0^{l_1}\frac{F_g x \times 1}{EJ_1}dx + \int_0^{l_2}\frac{F_g l_1 \times 1}{EJ_2}dx + \int_0^{l_3}\frac{F_g \sin\beta x \times 1}{EJ_3}dx$$

$$= \frac{F_g}{2E}\left(\frac{l_1^2}{J_1} + \frac{2l_1 l_2}{J_2} + \frac{l_3^2\sin\beta}{J_3}\right) \tag{4-67}$$

式中，l_1、l_2、l_3 为 AB、BC、CD 各杆的长度，由作图得到；β 为 BC 和 CD 的夹角；J_1、J_2、J_3 为截面Ⅰ—Ⅰ、Ⅱ—Ⅱ、Ⅲ—Ⅲ的惯性矩；E 为弹性模量，钢板取 $2.1\times10^{11}\text{N/m}^2$，铸铁取 $0.9\times10^{11}\text{N/m}^2$；$M$、$M^0$ 为由 F_g 和单位力偶 m^0 所造成的弯矩。

对于C形可倾式机身，上式可简化为

$$\Delta\alpha = \frac{F_g}{2E}\left(\frac{a^2}{J_1} + \frac{2l_1 l_2}{J_2} + \frac{l_3^2\sin\beta}{J_3}\right) \tag{4-68}$$

对于冂形机身，上式可简化为

$$\Delta\alpha = \frac{F_g}{2E}\left(\frac{A^2}{J_1} + \frac{2l_1 l_2}{J_2} + \frac{A^2}{J_3}\right) \tag{4-69}$$

式中，A 为压力机作用轴线到喉口壁的距离，即喉深；其余符号同前。

可求出机身角刚度；即

$$C_\alpha = \frac{F_g}{\Delta\alpha} \tag{4-70}$$

要使 $$C_{\alpha} \geqslant [C_{\alpha}] \tag{4-71}$$

4. 闭式组合机身强度计算

(1) 立柱和拉紧螺栓计算

1) 立柱和拉紧螺栓的受力和变形。压力机在工作时，为了使横梁、底座和立柱之间不产生间隙和错移，必须给拉紧螺栓以预拉力，使机身受压，有一定的预压缩量；拉紧螺栓相应受拉，有一定的伸长量。当工作时，机身的预压缩量减少，螺栓进一步伸长。通常因为横梁和底座的截面积大而高度较小，相对于立柱而言，其压缩量可忽略不计。故机身变形只考虑立柱的变形。图 4-59 是拉紧螺栓和力柱的变形情况简图。图 4-59a 是预紧前情况，图 4-59b 是预紧后情况，图 4-59c 是压力机工作时情况。

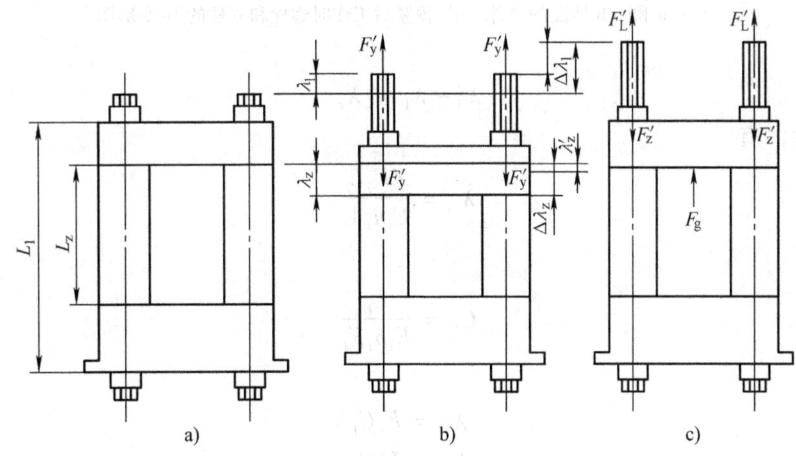

图 4-59 螺栓和立柱变形示意图

a) 预紧前 b) 预紧后 c) 工作时

由图 4-59，如设 λ_1 是预紧后拉紧螺栓伸长量；λ_z 是预紧后立柱压缩量；λ_1 是工作时拉紧螺栓的伸长量；λ_z 是工作时立柱残余压缩量。

则拉紧螺栓在压力机工作时比预紧时所增加的伸长量为

$$\Delta\lambda_1 = \lambda'_1 - \lambda_1$$

立柱在压力机工作时比预紧时所减少的压缩量为

$$\Delta\lambda_z = \lambda_z - \lambda'_z$$

由于 $$\Delta\lambda_1 = \Delta\lambda_z = \Delta\lambda$$

所以 $$\lambda'_1 - \lambda_1 = \lambda_z - \lambda'_z \tag{4-72}$$

在弹性范围内，螺栓和立柱的受力和变形是线性关系，可用图 4-60 表示。图 4-60a、图 4-60b 是预紧后螺栓、立柱的力-变形图。图 4-60c 是把图 4-60a、图 4-60b 两图综合在一起。图 4-60d 表示预紧后和工作时的情况。

机身受到公称压力 F_g 作用时，拉紧螺栓除承受力柱给它的反作用力(即立柱的残余预紧力)外，又多加了一公称压力 F_g，所以此时螺栓受力从 F_y 增为 F_1(指全部螺栓受力，图 4-59 中的 F'_y 及 F'_1 为单个螺栓受力)，而立柱受力从 F_y 减为 F_z(F_z 为残余预紧力)。由图可知

$$F_1 = F_g + F_z$$

此时相应的变形量，螺栓从 λ_1 变为 λ'_1(即 $\lambda_1 + \Delta\lambda$)，立柱从 λ_z 变为 λ'_z(即 $\lambda_z - \Delta\lambda$)。

若将工作压力增至 ZF_g(Z 称为预紧系数)，则立柱的变形量变为零，即 $\lambda'_z = 0$，这样式

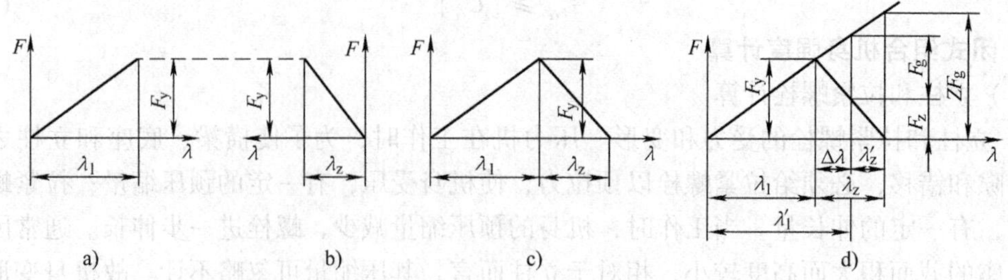

图 4-60 螺栓和立柱力-变形图

a）预紧后螺栓的力-变形图 b）预紧后立柱的力-变形图

c）图 a 和图 b 情况的合并 d）预紧后工作时螺栓和立柱的力-变形图

(4-72)成为

$$\lambda_1' - \lambda_1 = \lambda_z \tag{4-72a}$$

根据胡克定律，有

$$\lambda'_1 = \frac{ZF_g L_1}{E_1 n_1 A_1} \tag{4-73}$$

因为

$$C_1 = \frac{L_1}{E_1 n_1 F_1} \tag{4-74}$$

同理

$$\lambda_1 = F_y C_1 \tag{4-75}$$

$$\lambda_z = F_y C_z \tag{4-76}$$

$$C_z = \frac{L_z}{E_z n_z A_z} \tag{4-77}$$

把上述诸式代入式(4-72a)得

$$ZF_g C_1 - F_y C_1 = F_y C_z$$

$$F_y = \frac{ZF_g C_1}{C_1 + C_z} \tag{4-78}$$

式(4-78)、式(4-74)及式(4-77)中，F_g 为公称压力；F_y 为预紧力；Z 为预紧系数，对通用压力机取为 1.5；L_1、L_z 为螺栓和立柱的工作长度；E_1、E_z 为螺栓和立柱的弹性模量；n_1、n_z 为螺栓和立柱数目；A_1、A_z 为螺栓和立柱的截面积；C_1、C_z 为螺栓和立柱在单位力作用下的变形。

由于沿立柱长度方向的截面不等，当截面相差比较悬殊时，应采用当量截面积 A_{zd} 代替式(4-77)中的 A_z。A_{zd} 按下式计算

$$A_{zd} = \frac{l_1 + l_2 + \cdots\cdots + l_n}{\dfrac{l_1}{A_1} + \dfrac{l_2}{A_2} + \cdots\cdots + \dfrac{l_n}{A_n}} = \frac{\sum l_i}{\sum \dfrac{l_i}{A_i}} \tag{4-79}$$

式中，A_1、A_2、…、A_n 为立柱各段不同截面面积；l_1、l_2、…、l_n 为立柱相应于不同截面的各段长度。拉紧螺栓沿长度方向截面相差较少，不需要计算当量截面积，一般用中间部分的截面积进行计算即可。

2）立柱设计和强度计算。立柱的尺寸与结构和工艺要求有关，譬如力柱应有合适的窗

口，以供传递工件之用；立柱内部要便于安装平衡缸和油、电管路；结构布肋要考虑强度和刚度等。表 4-24 中的经验数据可供设计时参考。

表 4-24 立柱最小截面积 （单位：cm^2）

压力机形式 / 立柱材料	单点通用压力机	双点通用压力机	
		曲轴平行于正面的	曲轴垂直于正面的
铸铁	$0.19F_g$	$0.2F_g$	$0.21F_g$
钢板	$0.095\ F_g$	$0.1F_g$	$0.105F_g$

注：F_g 是压力机公称压力。

立柱强度验算可按下述公式计算

$$[\sigma_z] = \frac{F_y}{n_z A_{zmin}} \leqslant [\sigma_z] \tag{4-80}$$

式中，A_{zmin}为立柱最小截面积；$[\sigma_z]$为立柱许用压应力，对铸铁取 350×10^5Pa，对钢板取 $(600\sim800)\times10^5$Pa；其余符号意义同式(4-78)。

3）拉紧螺栓设计和强度验算。拉紧螺栓，两端一般选用螺距为 4mm 或 6mm 的细牙螺纹，以减少螺纹对螺栓强度的削弱。一般钻内螺孔，便于吊装，通常用 45 钢经正火处理。

为便于设计，螺栓公称直径可按以下经验公式预选（适用于四根拉紧螺栓，材料为 45 钢），即

$$d = 2.1\sqrt{F_g}$$

式中，d 为螺栓公称直径(mm)；F_g 为公称压力(kN)。

以上算出的数值应进行圆整，取为标准数值。

拉紧螺栓强度验算可按下述公式进行（此处考虑超拉状态即 $\lambda_z'=0$ 时的状态），即

$$\sigma_1 = \frac{ZF_g}{n_1 A_{1min}} \leqslant [\sigma_1] \tag{4-81}$$

式中，A_{1min}为拉紧螺栓最小截面积；$[\sigma_1]$为拉紧螺栓许用应力，参照现行压力机，取为 $(1300\sim1500)\times10^5$Pa；其余符号意义同式(4-78)。

拉紧螺栓的预拉一般采用加热方法，即先把螺母用扳手预拧紧，然后在螺栓和螺母上各画一直线“A”，并在螺母旋转的反方向画一直线“B”（图 4-61），“A”、“B”两线之间的夹角为 β，即为加热后螺母需要的回转角。螺栓加热伸长后，转动螺母，使螺母上的“B”线和螺栓上的“A”线对准，这样螺栓在冷却后，机身即被预紧。

螺母的回转角 β 可按下式确定

$$\beta = \frac{F_y(C_1 + C_z)}{P}\times 2\pi \tag{4-82}$$

式中，P 为拉紧螺栓螺距；其余符号意义同式(4-78)。

鉴于使用上述方法计算 C_1、C_z 比较繁琐，也可从许用应力出发，导出下述公式进行计算，即

$$\varepsilon = \frac{F_y(C_1 + C_z)}{L_1} = \frac{[\sigma_1]}{E}$$

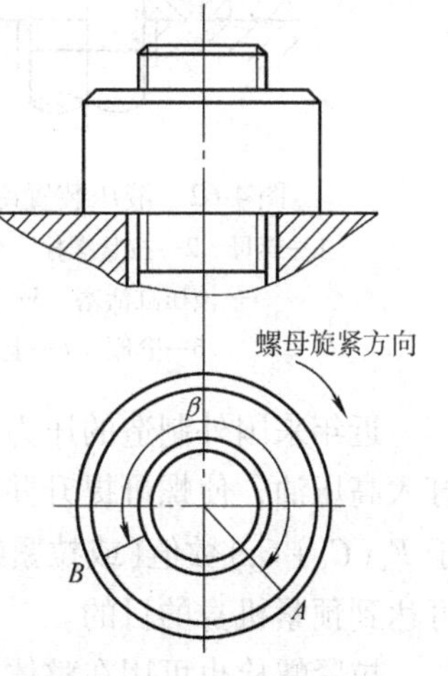

图 4-61 拉紧螺栓的预拉

$$F_y(C_1+C_z)=\frac{[\sigma_1]}{E}L_1=\frac{(1300\sim1500)\times10^5\text{Pa}}{2.1\times10^{11}\text{N/m}^2}L_1=(0.0006\sim0.0007)L_1 \quad (4\text{-}83)$$

式中，ε 为拉紧螺栓应变；其余符号见前述公式。

加热螺栓可以采用工频感应加热的方法，即用软的橡胶绝缘线绕在螺栓中部，把对角的两根拉紧螺栓的加热线圈接在一起，并接入交流电焊机的次级，通入工频低压大电流，使螺栓受热伸长。用工频感应加热拉紧螺栓的有关参数见表 4-25。表中所用电线的截面为 10mm^2，允许电流为 80 ~ 100A。

表 4-25　用工频感应加热拉紧螺栓的有关参数

拉紧螺栓直径/mm	95	115	125	140	160	180	190	200
加热线圈匝数	50	50	50	50	70	70	70	70
加热线圈长度/mm	350	350	350	350	490	490	490	490

加热时间为 3 ~ 4h，直到把螺母拧到两刻线对准为止。对角的两根螺栓拉紧后，然后用同样的方法，拉紧另两根。

除了电加热拉紧方法外，还可采用液压装置冷拉螺栓，如图 4-62 所示。该方法所需时间短，效率高，但需一套专门液压装置，故其较适合于压力机制造厂和使用压力机较多的工厂。

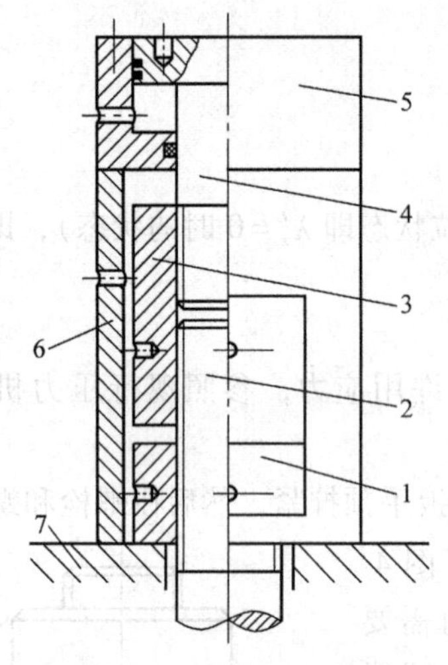

图 4-62　液压装置冷拉螺栓

1—螺母　2—拉紧螺栓　3—接头螺母　4—液压缸活塞　5—液压缸　6—套圈　7—上梁

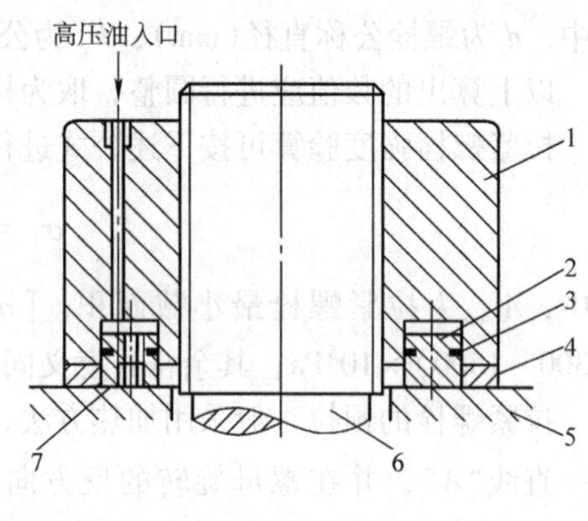

图 4-63　装有液压活塞的螺母

1—螺母　2—环形活塞　3—密封圈　4—半圆形垫片　5—上梁　6—拉紧螺栓　7—堵头

近年来国外制造的压力机，也有采用图 4-63 所示的方法。在螺母下面预先制出液压缸，打入高压油，使螺母提升并使螺栓伸长。然后在螺栓下面放入两块半圆形垫片，其高度相当于 $F_y(C_1+C_z)$ 数值(或拉紧螺栓工作长度的 0.0006 ~ 0.0007 倍)。这样在液压卸荷后，同样可达到预紧机身的目的。

拉紧螺栓也可用在整体机身上，以提高其刚度和强度。

(2) 上梁和底座计算

1）单点压力机的上梁和底座受力分析。图4-64为单点压力机上梁和底座的受力简图。一般把上梁和底座看成一简支梁，其跨度等于拉紧螺栓之间的距离L。上梁的载荷是通过芯轴（或曲轴）传递的。对于单点压力机，可看成载荷集中作用在梁的中点，作用力为公称压力F_g。底座的载荷是通过垫板均匀作用在底座上，可看成在$2/3L$的长度上有均布载荷q作用，q值为

$$q = \frac{F_g}{\frac{2}{3}L} = \frac{3F_g}{2L} \tag{4-84}$$

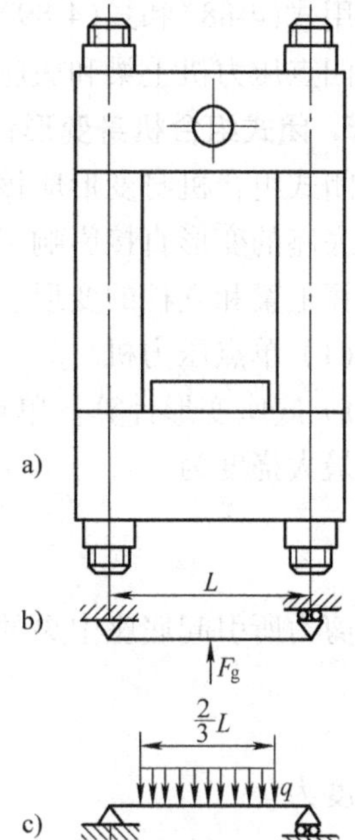

图4-64 单点压力机上梁和底座受力简图
a）机身简图 b）上梁受力简图 c）底座受力简图

上梁的计算如图4-64b所示，其最大弯矩为

$$M_{max} = \frac{F_g L}{4} \tag{4-85}$$

强度计算公式为

$$\sigma_y = \frac{M_{max}(H - y_c)}{J} \leqslant [\sigma_y] \tag{4-86}$$

$$\sigma_1 = \frac{M_{max} y_c}{J} \leqslant [\sigma_1] \tag{4-87}$$

式中，σ_1为上梁中央截面的最大拉应力；σ_y为上梁中央截面的最大压应力；y_c为上梁中央截面形心至上梁底面的距离；H为上梁中央截面的高度；J为上梁中央截面的惯性矩；$[\sigma_1]$为上梁许用拉应力，材料为HT200时，$[\sigma_1] = (200 \sim 300) \times 10^5$Pa；材料为Q235A钢板时，$[\sigma_1] = (400 \sim 500) \times 10^5$Pa；$[\sigma_y]$为上梁许用压应力，材料为HT200时，$[\sigma_y] = 350 \times 10^5$Pa。

按照上述细长梁的方法计算上梁的应力与实测应力有较大出入，用有限元法对上梁进行强度设计比较符合实际。计算结果表明，危险截面不是中央截面，而是靠近立柱内侧边缘的截面。此处沿水平方向的正应力虽较小，但沿垂直方向的正应力以及剪应力均较大，故主应力较大。

2）双点（或四点）压力机上梁和底座的受力分析。其简图如图4-65所示。

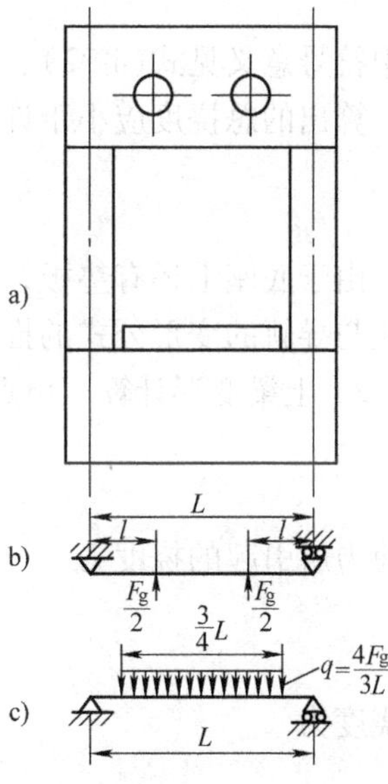

图4-65 双点（或四点）压力机上梁和底座受力简图
a）机身简图 b）上梁受力简图 c）底座受力简图

上梁最大弯矩为

$$M_{max} = \frac{F_g l}{2} \tag{4-88}$$

式中，l为上梁芯轴（或曲轴）的中心至拉紧螺栓中心的距离。

底座最大弯矩为

$$M_{max} = \frac{5}{32} F_g L \tag{4-89}$$

式中，L为两边立柱拉紧螺栓的中心距离。

用式(4-88)和式(4-89)分别代入式(4-83)、式(4-84)和式(4-86)、式(4-87)即可求得双点或四点压力机上梁和底座的应力。

5. 闭式组合机身变形计算

闭式组合机身变形应该包括底座、上梁和立柱的变形。由于模具装在底座或垫板上，因此，底座的变形直接影响工件的精度和模具寿命。一般计算底座的变形即可，只是在必要时再计算上梁和立柱的变形。

(1) 单点压力机

1) 底座变形计算。单点压力机底座的受力简图如图 4-64c 所示，由弯矩引起的底座中央的最大挠度为

$$\delta_1 = \frac{11F_gL^3}{648EJ} = 0.017\frac{F_gL^3}{EJ} \tag{4-90}$$

由于剪力所引起底座中央的最大挠度为

$$\delta_2 = \frac{\alpha F_gL}{6AG} = 0.167\frac{\alpha F_gL}{AG} \tag{4-91}$$

总挠度为

$$\delta = \delta_1 + \delta_2 = 0.017\frac{F_gL^3}{EJ} + 0.167\frac{\alpha F_gL}{AG} \tag{4-92}$$

式中，F_g 为公称压力；L 为拉紧螺栓的间距；E 为弹性模量，铸铁为 $0.9\times10^{11}\text{N/m}^2$，碳钢为 $2.1\times10^{11}\text{N/m}^2$；$G$ 为切变模量，铸铁为 $4.5\times10^{10}\text{N/m}^2$，碳钢为 $8.1\times10^{10}\text{N/m}^2$；$J$ 为底座中央截面的惯性矩；A 为底座中央截面积；a 为最大剪应力与平均剪应力的比值，即

$$a = \frac{A}{2J}\left[\frac{b_1}{b}(H_1^2 - e_1^2) + e_1^2\right] \tag{4-93}$$

式中符号意义见式(4-92)、式(4-86)，并参照图 4-46。

算出的总挠度应小于许用挠度$[\delta]$

$$[\delta] \leqslant \left(\frac{1}{6000} \sim \frac{1}{8000}\right)L$$

由于底座上还有垫板，所以实际挠度还将有所减小。式(4-92)与式(4-93)的推导与本节滑块与导轨的变形公式的推导相似，这里从略。

2) 上梁变形计算。单点压力机上梁受力简图如图 4-64b 所示。由弯矩所引起的挠度为

$$\delta_1 = \frac{F_gL^3}{48EJ} = 0.021\frac{F_gL^3}{EJ} \tag{4-94}$$

由剪力所引起的挠度为

$$\delta_2 = \frac{\alpha F_gL}{4GA} = 0.25\frac{\alpha F_gL}{GA} \tag{4-95}$$

总挠度为

$$\delta = \delta_1 + \delta_2 = 0.021\frac{F_gL^3}{EJ} + 0.25\frac{\alpha F_gL}{GA} \tag{4-96}$$

式(4-94)~式(4-96)符号意义同式(4-90)~式(4-92)，只是把底座字样变为上梁字样即可。应使

$$\delta \leqslant [\delta]$$

参考底座许用挠度，建议

$$[\delta] \leqslant \left(\frac{1}{6000} \sim \frac{1}{8000}\right)L$$

式中，L 为拉紧螺栓的间距。

3）立柱变形计算。立柱受力后，其变形为图4-60d中的 $\Delta\lambda$，由该图的几何关系得知

$$\frac{F_g}{ZF_g} = \frac{\Delta\lambda}{\lambda_z}$$

有

$$\Delta\lambda = \frac{\lambda_z}{Z} = \frac{F_y C_z}{Z}$$

用式(4-78)代入并整理得

$$\Delta\lambda = \frac{F_g}{\dfrac{1}{C_1} + \dfrac{1}{C_z}} \tag{4-97}$$

式中符号意义同式(4-78)。

应使

$$\Delta\lambda \leqslant [\Delta\lambda]$$

建议取

$$[\Delta\lambda] = 0.0001F_g$$

式中，$[\Delta\lambda]$为许用变形量(mm)，F_g 为公称压力(kN)。

(2) 双点(或四点)压力机　底座受力简图如图4-64c所示，由弯矩引起的变形、剪力引起的变形和总变形为

$$\delta_1 = \frac{396}{24576}\frac{F_g L^3}{EJ} = 0.0161\frac{F_g L^3}{EJ}$$

$$\delta_2 = \frac{5}{32}\frac{aF_g L}{AG} = 0.156\frac{aF_g L}{AG}$$

$$\delta = \delta_1 + \delta_2 = 0.0161\frac{F_g L^3}{EJ} + 0.156\frac{aF_g L}{AG} \tag{4-98}$$

式中符号意义同式(4-90)~式(4-93)。

上梁受力简图如图4-64b所示，由弯矩引起的变形、剪力引起的变形和总变形为

$$\delta_1 = \frac{F_g l}{48EJ}(3L^2 - 4l^2) = 0.0208\frac{F_g l}{EJ}(3L^2 - 4l^2)$$

$$\delta_2 = \frac{aF_g l}{2GA} = 0.5\frac{aF_g l}{GA}$$

$$\delta = \delta_1 + \delta_2 = 0.0208\frac{F_g l}{EJ}(3L^2 - 4l^2) + 0.5\frac{aF_g l}{GA} \tag{4-99}$$

式中符号意义同式(4-94)~式(4-96)，其中，l 为上梁主轴中心至拉紧螺栓中心的距离。

6. 闭式整体机身的应力和变形计算

图4-66为三种闭式整体机身的结构简图及计算简图。图4-66a为单点通用压力机或曲轴垂直于机身正面安放的热模锻压力机的整体机身，图4-66b为曲轴平行于机身正面安放的热模锻压力机的整体机身，图4-66c为曲轴平行于机身正面安放的部分整体机身(即上梁和立柱为整体，底座分开，用拉紧螺栓拉紧)。这三种整体机身均可简化为静不定框架进行应力和变形计算。现以图4-66b作为例子说明这种计算方法步骤。

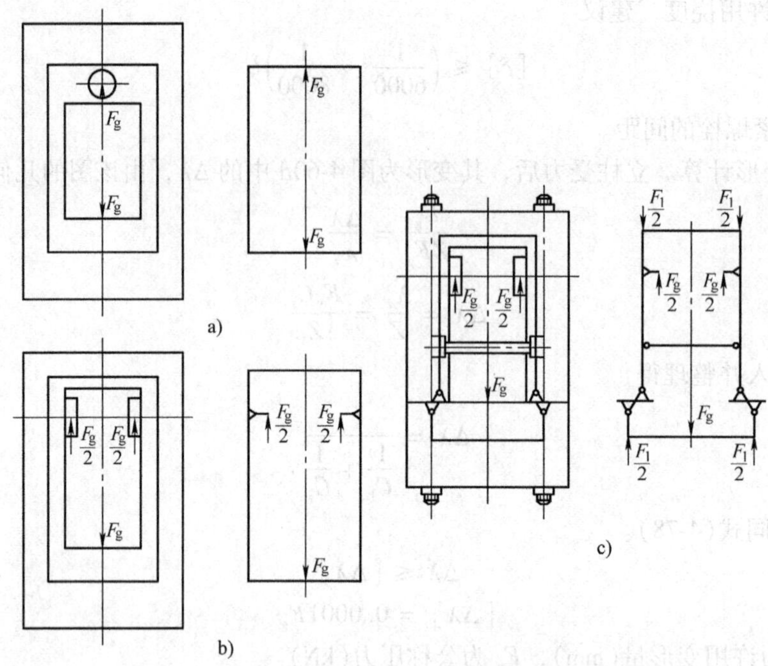

图 4-66 整体机身结构简图及计算简图

F_g—压力机公称压力 F_1—工作时拉紧螺栓力

图 4-67 为框架计算步骤简图，若按图 4-67b 切开，则可列出如下正则方程

$$\begin{cases}\Delta_{1F}+\delta_{11}X_1+\delta_{12}X_2=0\\ \Delta_{2F}+\delta_{21}X_1+\delta_{22}X_2=0\end{cases} \tag{4-100}$$

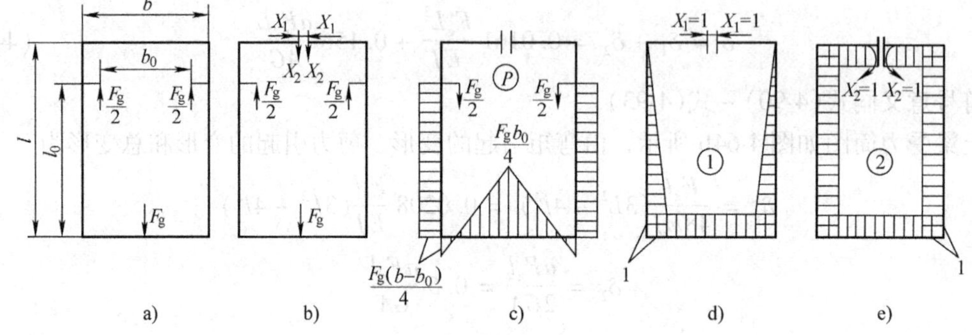

图 4-67 框架计算步骤简图

式中，X_1、X_2 为框架切口处的轴力和弯矩；δ_{11}、δ_{12}、δ_{21}、δ_{22} 为单位内力在切口处引起的位移和转角；Δ_{1F}、Δ_{2F} 是外载荷在切口处引起的位移和转角。

解式(4-100)，注意 $\delta_{12}=\delta_{21}$，得

$$\begin{cases}X_1=\dfrac{\delta_{12}\Delta_{2F}-\delta_{22}\Delta_{1F}}{\delta_{11}\delta_{22}-\delta_{12}^2}\\ X_2=\dfrac{\delta_{12}\Delta_{1F}-\delta_{11}\Delta_{2F}}{\delta_{11}\delta_{22}-\delta_{12}^2}\end{cases} \tag{4-101}$$

Δ_{1F}、Δ_{2F}、δ_{11}、δ_{22}可用图形互乘法求出。

$$\delta = \sum \frac{\omega_M M_c}{EJ} \tag{4-102}$$

式中，ω_M 为弯矩图面积；M_c 为弯矩图面积的形心所对应的单位力弯矩图上的弯矩值；E 为弹性模量；J 为截面惯性矩。

根据图 4-67c ~ 图 4-67e，可具体求出个变形数值

$$\Delta_{1F} = \frac{F_g}{4EJ_2}\left[(b-b_0)(2l-l_0)l_0 + \frac{J_2 lb}{2J_3}(b-2b_0)\right]$$

$$\delta_{11} = \frac{l^2}{EJ_2}\left(\frac{2}{3}l + \frac{J_2 b}{J_3}\right)$$

$$\delta_{12} = \frac{l}{EJ_2}\left(L + \frac{J_2 b}{J_3}\right)$$

$$\Delta_{2F} = \frac{F_g}{2EJ_2}\left[(b-b_0)l_0 + \frac{J_2 b(b-2b_0)}{4J_3}\right]$$

$$\delta_{22} = \frac{1}{EJ_2}\left[2l + \left(\frac{J_2}{J_1} + \frac{J_2}{J_3}\right)b\right]$$

式中，J_1、J_2、J_3 为上梁、立柱、底座的惯性矩；F_g 为公称压力；L、l_0、b、b_0 见图中有关长度尺寸。

求出内力 X_1、X_2 以后，即可按静定问题求出个截面的弯矩，即

$$M_1 = X_2$$

$$M_2 = M_1 + X_1(l - l_0)$$

$$M_3 = M_2 + F_g\left(\frac{b-b_0}{4}\right)$$

$$M_4 = M_3 + X_1 l_0$$

$$M_5 = M_4 - \frac{F_g b}{4}$$

其弯矩图如图 4-68 所示。

有了各截面的弯矩，即可算出各截面的应力。

上述是整体框架的应力计算。进行变形计算首先要计算框架各部分的变形，它包括底座由弯矩引起的变形 $f_{3\sigma}$、底座由剪力引起的变形 $f_{3\tau}$ 和立柱由于轴向拉力引起的变形 f_2，然后计算总的变形 f。

$$f_{3\sigma} = \frac{F_g b^3}{48EJ_3} + \frac{M_4 b^2}{8EJ_3} = \frac{b^2}{48EJ_3}(F_g b + 6M_4) \tag{4-103}$$

$$f_{3\tau} = \frac{\alpha F_g b}{4GA_3} \tag{4-104}$$

$$f_2 = \frac{F_g l_0}{2EA_2} \tag{4-105}$$

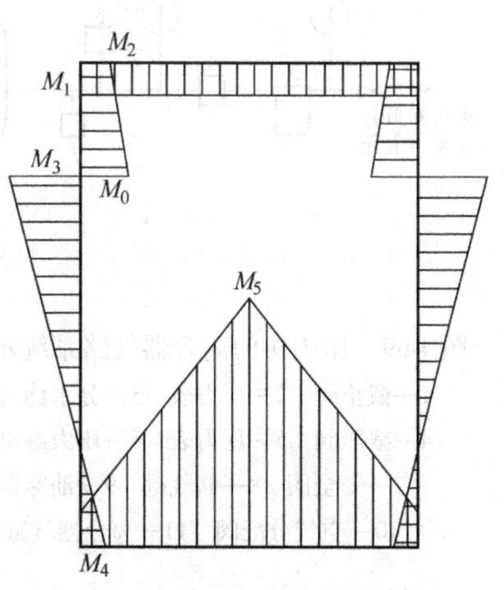

图 4-68　弯矩图

$$f = f_{3\sigma} + f_{3\tau} + f_2$$

式(4-103)～式(4-105)中，A_2、A_3 为立柱、底座的截面积；G 为剪切模量；α 为最大剪应力与平均剪应力的比值，见式(4-93)；其余符号见本节前述。

4.4　曲柄压力机的控制系统

在曲柄压力机离合器、制动器、气垫等部件动作的控制中，广泛采用了气动控制，这是由于气动控制具有动作迅速、反应灵敏、维护简单、使用安全和易于集中和远距离控制等一系列优点。

4.4.1　气路系统的主要元件

图 4-69 是某一压力机的离合器气路系统示意图。

1. 分水滤气器

它是为得到洁净、干燥的压缩空气所必须具备的一种基本元件。它的结构如图 4-70 所示，压缩空气由输入口进入后，即被引入旋风式分水器 1 中(在分水器上，按切线方向开有很多缺口——旋风叶子)，迫使压缩空气强力旋转，使空气中的水滴和污物飞溅到容器 3 的内壁，并随之流在容器底部。除去冷凝水分的压缩空气经过滤杯 2 后，从输出口流出，隔离罩 4 把容器上部和底部隔开，使底部水分重新混入压缩空气中。打开放水阀手柄 8，可将容器底部的积水和污物吹出。分水滤气器必须垂直安装，使放水阀向下。它的最大进气压力为 10×10^5Pa。

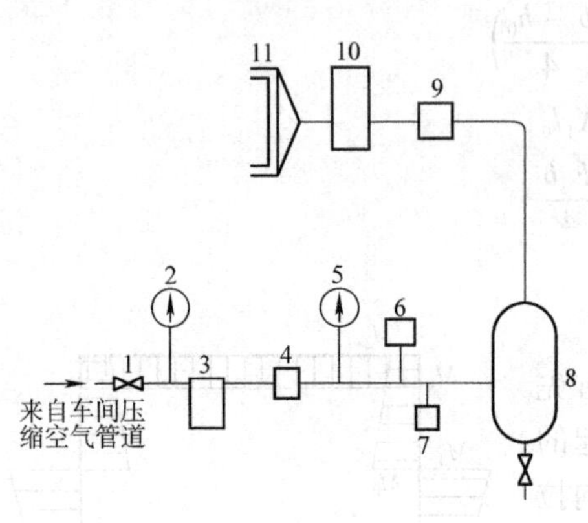

图 4-69　压力机的离合器气路系统示意图

1—截止阀　2—压力表　3—分水滤气器　4—减压阀　5—压力表　6—压力继电器　7—安全阀　8—储气罐　9—油雾器　10—空气分配阀　11—离合器气缸

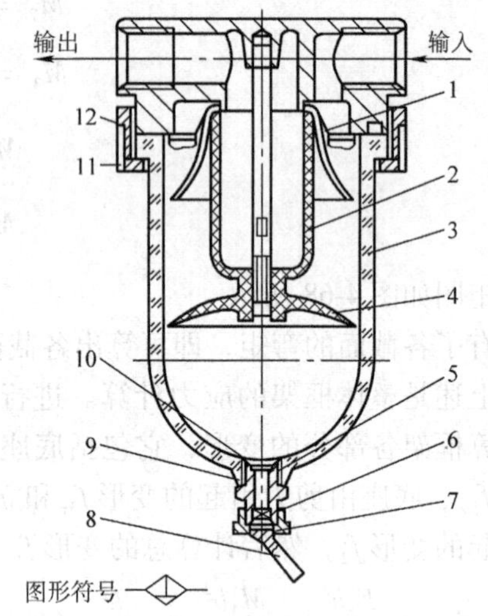

图 4-70　分水滤气器

1—旋风式分水器　2—过滤杯　3—容器　4—隔离罩　5—阀座　6、9、12—密封垫　7—接头　8—手柄　10—防水阀　11—圆螺母

2. 减压阀

它的作用是调节和保持空气管路系统中的空气压力，使出口的气压低于进口的气压，并

接近于一恒定值。图4-71是它的结构图，图中是平衡状态的情况。阀芯9用弹簧11支承在阀座上，此阀芯的上部装有阀杆8并与膜片7上的溢流阀座6相接触。当旋转手柄1使弹簧4和5的作用力大于弹簧11的压力时，阀芯下降，阀门升启，压缩空气经输入口进入，通过金属网除去尘埃污物，经阀口从输出口流出。与此同时，与输出道相通的膜片气室也进入压缩空气。当输出口的压缩空气压力大于一定值(略大于调整压力)时，作用在膜片及弹簧座的压力超过弹簧4和5的压力，于是膜片向上移动，阀杆和阀芯在弹簧11的压力下也向上移动，使阀的开口减小，因此输出口的气压下降。反之，如输出口气压低于一定值(略小于调整压力)时，那么弹簧4、5下压，并通过膜片和阀杆将阀口开大，这样，输出气压又再次升高。所以，输出口气压总是在调整压力附近作微小波动(波动量小于0.5×10^5Pa)。它的最大输入和输出压力分别为10×10^5Pa和6×10^5Pa。

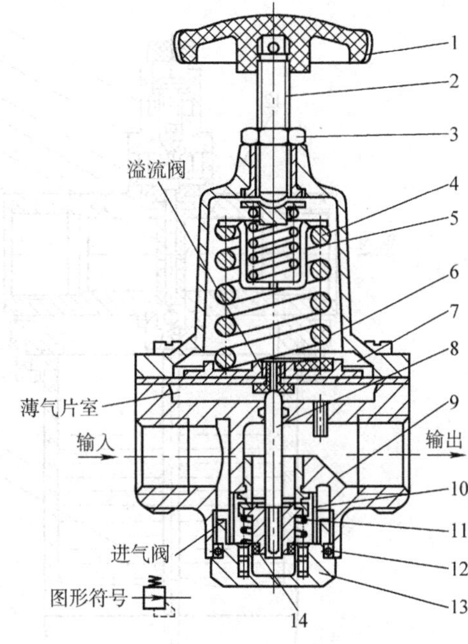

图4-71 减压阀

1—手柄 2—调节螺母 3—螺母 4—大弹簧 5—小弹簧 6—溢流阀座 7—膜片 8—阀杆 9—阀芯 10—软垫 11—弹簧 12、14—密封 13—螺塞

3. 油雾器

在气动装置中油雾器是为气动元件的润滑而装置的。它借助气体的动力，将润滑油喷射成雾状后，供给需要润滑的各类气动元件，如气缸、活塞以及各种控制阀等。

油雾器的结构如图4-72所示，压缩空气从输入口进入后，通过雾化管4上的进气口12，将截止阀13打开进入储油杯10的上部，并对油面施压。油即从吸油管11经单向阀14而进入视油器2的A腔中，滴入到雾化器的喷口处，此时油滴被高速流过的气体抽出，经雾化后，由压缩空气带至需要润滑的气动元件的摩擦表面上。供油量随气流量大小而变化，同时还可用节流阀来调节。这种油雾器的一个显著优点是能在工作时，即在进气状态下进行加油，因此特别适宜在自动线中采用。

油雾器进口压力最大为10×10^5Pa，其储油量分为0.25L和0.60L两种。

4. 压力继电器

压力继电器安装在各分支气路上，如在离合器、制动器的气路上。

图4-73为压力继电器的一种结构形式，图中底盖3上的孔接空气管道。当气路中的压力超过给定值时，通过膜片2抬起支柱5，支柱便与微动开关8的触头接触，从而接通电路。当气压低于给定值时，原来向上鼓起的膜片在弹簧4的作用下，恢复到平整位置，而支柱也随之下降，使它与微动开关脱离接触，这样就切断电路使离合器不能开动，保证压力机安全运转。压力继电器所控制的压力可通过旋转螺母7调节弹簧力来实现，使用的最大气压为6×10^5Pa。

5. 安全阀

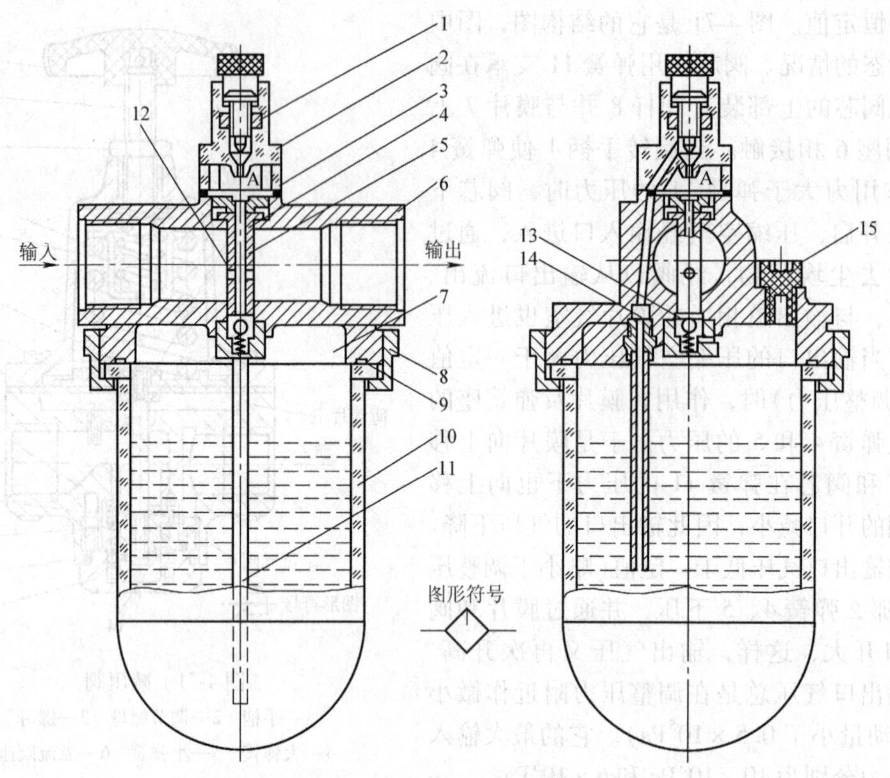

图 4-72　油雾器的结构图

1—节流阀　2—视油器　3—螺塞　4—导气雾化管　5—喷油口　6—本体　7—气腔　8—圆螺母　9—密封圈　10—储油杯　11—吸油管　12—进气口　13—截止阀　14—单向阀　15—加油塞

安全阀的结构示意图如图 4-74 所示。它的作用是使气路系统中的气压不超过一定值，以保证气路系统安全工作。当压力超过一定值时，安全阀被打开。当压力下降到一定值后，安全阀重新关闭。其控制的压力可通过调节螺钉 5 调节弹簧 6 的弹簧力来实现。在特殊情况下，也可用手柄 3 提起阀杆，使阀门排气。

6. 储气罐

为了防止在气路系统中气压波动，故在靠近工作气缸附近备有储气罐。储气罐的容积由各部分气缸所需要的空气量及允许压力波动量来确定。

7. 空气分配阀

它控制工作机构气缸的进、排气，起着分配压缩空气的作用。在离合器、制动器和拉深垫的气路中都有使用。下面介绍压力机上常用的两种电磁空气分配阀。

(1) 滑阀式电磁空气分配阀　其结构示意图如图 4-75 所示。当电磁铁 1 未通电时，阀杆 4 在弹簧

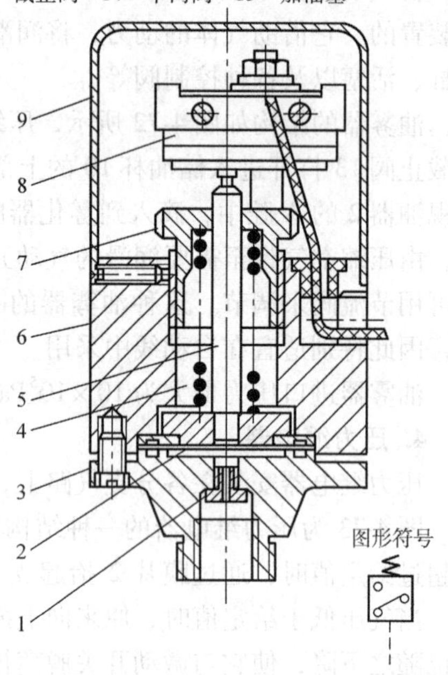

图 4-73　压力继电器

1—节流塞　2—膜片　3—底盖　4—弹簧　5—支柱　6—壳体　7—螺母　8—微动开关　9—罩

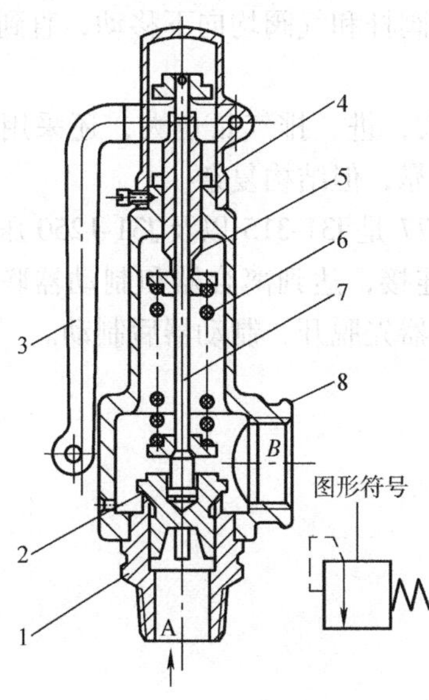

图 4-74 安全阀

1—阀座 2—阀芯 3—手柄 4—螺母 5—调节螺钉 6—弹簧 7—阀杆 8—阀体

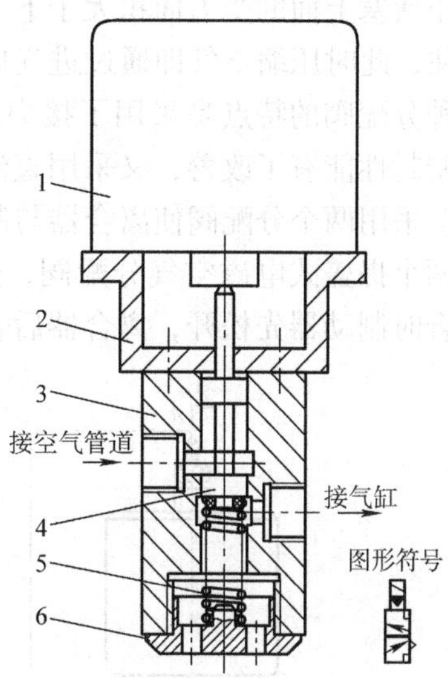

图 4-75 滑阀式电磁空气分配阀

1—电磁铁 2—阀座 3—阀体 4—阀杆 5—弹簧 6—阀盖

5 的作用下，处于上极限位置，切断进气通路，工作机构的气缸经阀盖 6 上的孔与大气相通。当电磁阀通电时，把阀杆向下推，气缸与进气管相同，压缩空气进入气缸。这种分配阀的特点是结构简单，但推动阀芯的力较小。又由于靠间隙密封，要求加工精度较高。

(2) 提盖式电磁空气分配阀 其结构示意图如图 4-76 所示，图示位置是电磁铁 1 断电时的情形。此时阀芯 4 在弹簧 2 的作用下，将进气孔 b 封闭，而打开排气孔道 a，这样接力缸 5 也就通过孔道 c 和 a 与大气相通，因此接力缸活塞 6 在压缩空气作用下向上移动，并通过阀杆 7 使气阀 8 堵住进气口 d 而打开排气口 e。这样气缸即可排气。相反，当气缸需要进气时，使电磁铁通电，把阀芯上提，于是堵住排气孔道 a 而打通进气孔道 b，这样接力缸中进

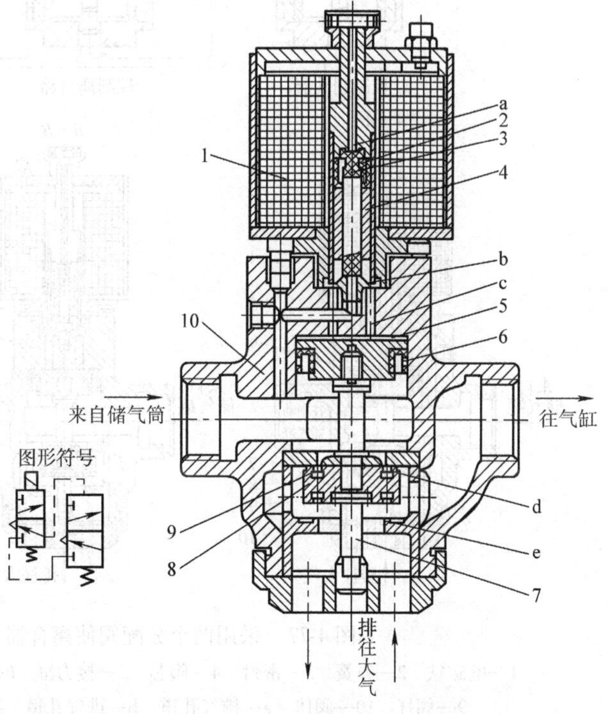

图 4-76 提盖式电磁空气分配阀

1—电磁铁 2—弹簧 3—密封 4—阀芯 5—接力缸 6—接力缸活塞 7—阀杆 8—气阀 9—密封圈 10—阀体 a—排气孔道 b—进气孔道 c—孔道 d—进气口 e—排气口

气。由于活塞上面的受力面积大于下面的，所以活塞、阀杆和气阀均向下移动，直到把排气口 e 堵住，此时压缩空气即通过进气口 d 进入气缸。

这种分配阀的特点是采用了接力缸，阀门可以较大，进、排气量也大，还采用了密封圈，使密封性能有了改善，又采用直流电磁铁，工作可靠，但结构复杂。

（3）采用两个分配阀使离合器与制动器联锁　图 4-77 是 J31-315 以及 J31-1250 压力机上采用的两个提盖式电磁空气分配阀，通过图示的管道连接，达到离合器和制动器联锁的目的。接合时制动器先松开，离合器后合上；制动时离合器先脱开，制动器后制动。

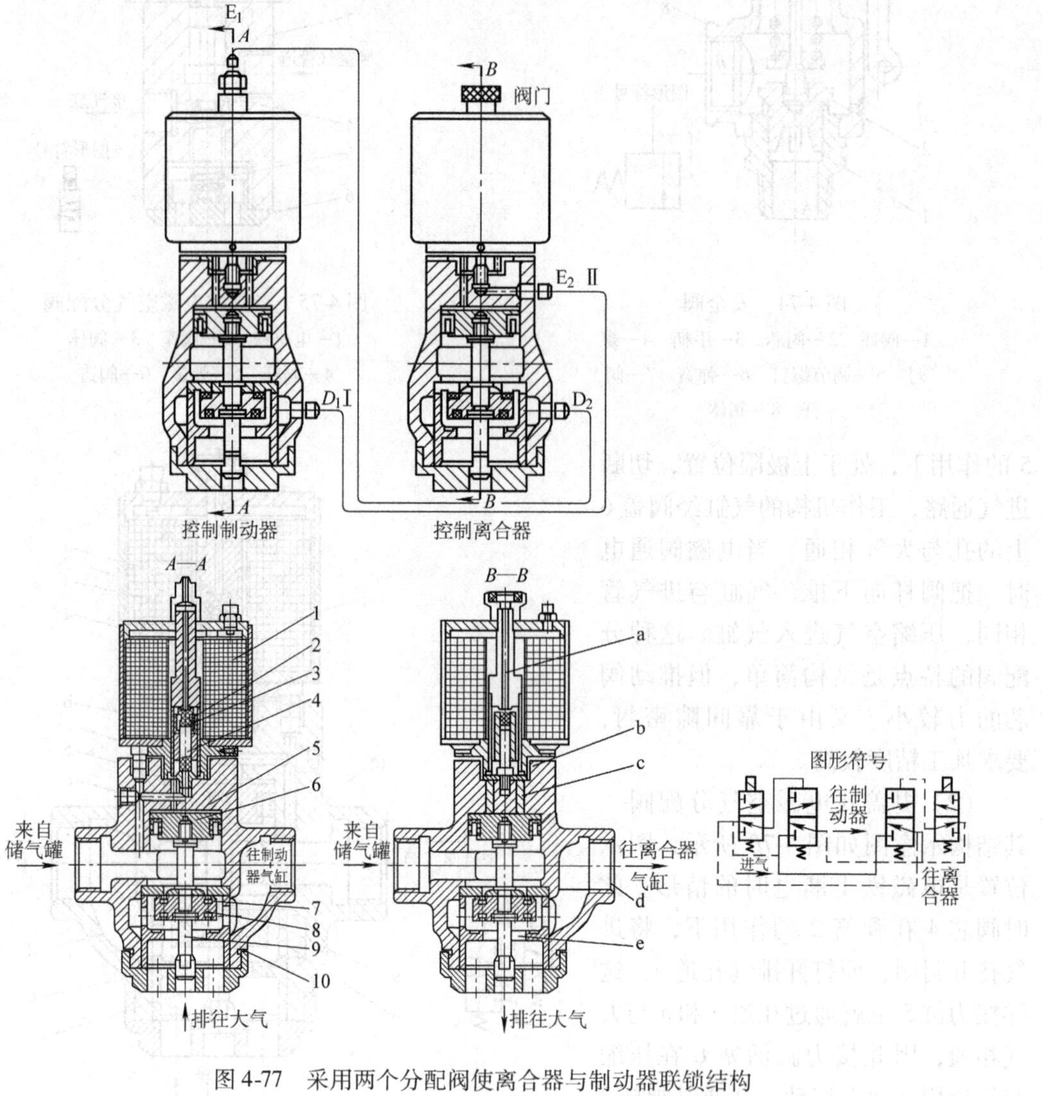

图 4-77　采用两个分配阀使离合器与制动器联锁结构

1—电磁铁　2—弹簧　3—密封　4—阀芯　5—接力缸　6—接力缸活塞　7—密封圈　8—气阀　9—阀杆　10—阀体　a—排气孔道　b—进气孔道　c—孔道　d—进气口　e—排气口

图中阀Ⅰ是接制动器的空气分配阀，阀Ⅱ是接离合器的空气分配阀。当两个阀的电磁铁都接通时，阀Ⅰ如上面所述先有压缩空气进入制动器，使制动器松开。此时，有一部分压缩空气经两阀之间的 D_1 和 E_2 管道进入阀Ⅱ的接力缸 5，这样使阀Ⅱ的阀杆 7 和气阀 8 下行，打开阀Ⅱ的进气口 d，使离合器气缸也接通压缩空气，离合器开始接合。显然，如制动器气

缸不先接通压缩空气，那么阀Ⅱ的气阀 8 无法下行，离合器也就不可能接合。

当需要制动时，使两个阀的电磁铁同时断电，这时两阀的阀芯分别将排气孔道 a 打开，并将进气孔道 b 堵住。由于阀Ⅱ接力缸的排气是直接由孔道 a 排出，而阀Ⅰ接力缸的排气要通过两阀之间管道 E_1、D_2 经阀Ⅱ的 e 口排出，这样阀Ⅱ就比阀Ⅰ作用较快，也就是说使离合器先脱开，制动器才制动，达到联锁的目的。这种联锁先后次序能保证，但对于不同压力机以及气路布置方式，使用情况就不一样，在有些压力机上显得动作太慢。由于协调性不好调节，使之在制动或结合时离合器与制动器的协调性不好，导致结合时电流显著升高，加快发热。

（4）双联电磁空气分配阀　图 4-78 是现今国外一些中大型压力机上广泛使用的双联阀，它是由两个提盖式气阀并联而成。图 4-79 是其原理图。图示位置是电磁铁断电时的情形。此时阀芯 8 在弹簧 6 的作用下处于下部位置，将进气口封闭。来自储气罐的压缩空气经相应的孔道进入接力缸 5，使接力缸活塞 4 及气阀 2 上移。离合器与排气孔接通，离合器即可排气。

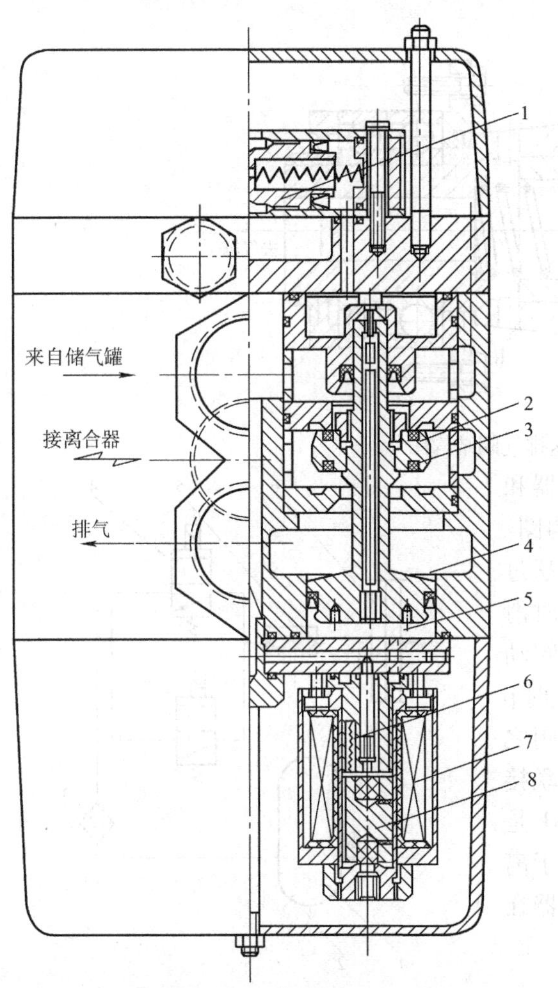

图 4-78　双联电磁空气分配阀

1—安全检测器　2—气阀　3—密封圈　4—接力缸活塞　5—接力缸　6—弹簧　7—电磁铁　8—阀芯

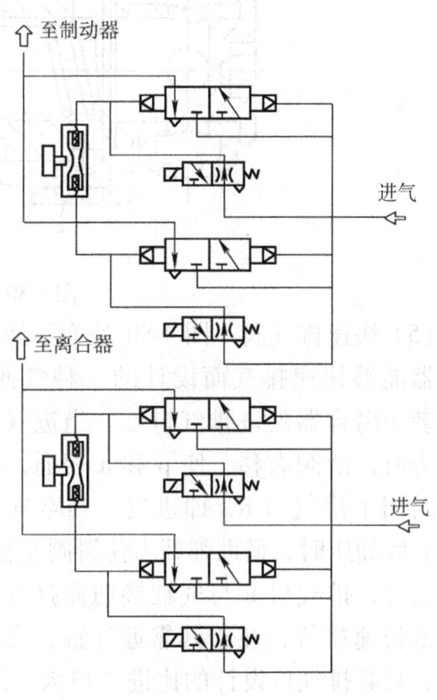

图 4-79　双联电磁空气分配阀原理图

相反，当电磁铁通电时，使阀芯上提，封闭了接力缸的进气孔道，而打开了接力缸的排气孔，接力缸排气。来自储气罐的压缩空气迫使气阀下移，将储气罐与离合器接通，离合器即可进气。当接力缸进气或排气时，经接力活塞的中心小孔使安全检测器1中的气缸部分也处于进气或排气状态。该双联阀具有两个特点：①每组阀用两个相同的阀并联而成，每个阀与安全检测器相连，在正常情况下，它处于平衡状态，若某阀发生故障，安全检测器失去平衡，向一端运动，触及限位开关，发出讯号报警；②在先导阀通道中有可调节的节流装置，在制动器部分，节流装置在制动气缸排气时起作用，在制动器气缸进气时不起作用。对于用到离合器上的双联阀节流装置则在进气时起作用，排气时不起作用，这就保证了在工作时制动器先脱开，离合器后接合，制动时离合器先脱开，制动器后制动。该阀利用节流装置调节离合器和制动器的动作协调性，非常便利。

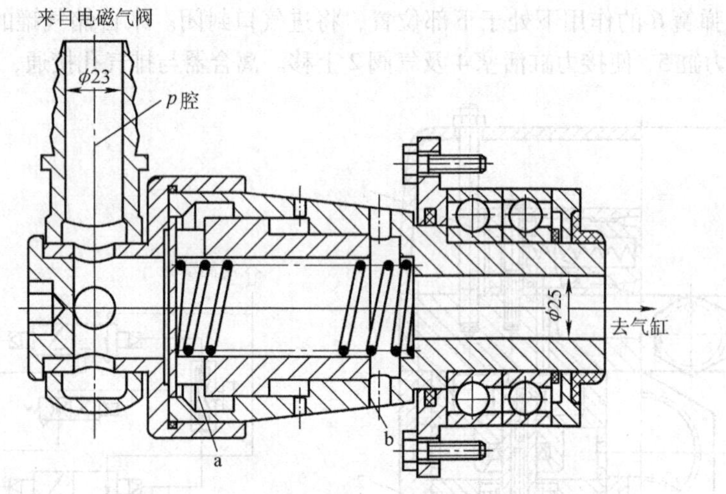

图4-80　快速排气阀结构图

（5）快速排气阀　图4-80是为了使离合器和制动器能够快速排气而设计的一种气阀结构图。该阀装于离合器的进排气口处。当进气压力超过弹簧力时，滑阀右移，使p和a相通，而此时滑阀却封闭了排气口b，即进气。当空气分配阀动作使p腔卸压时，借助弹簧力使滑阀左移，此时p和a断开，排气口b与气缸接通而排气。此阀之所以能快速排气，在于其靠近气缸，无需经联接管道，且其排气口设计的比进气口大。图4-81是使用快速排气阀时的气路系统原理图，使用于离合器与制动器刚性联锁的结构中，可使制动器在离合器排气时及时快速地制动。

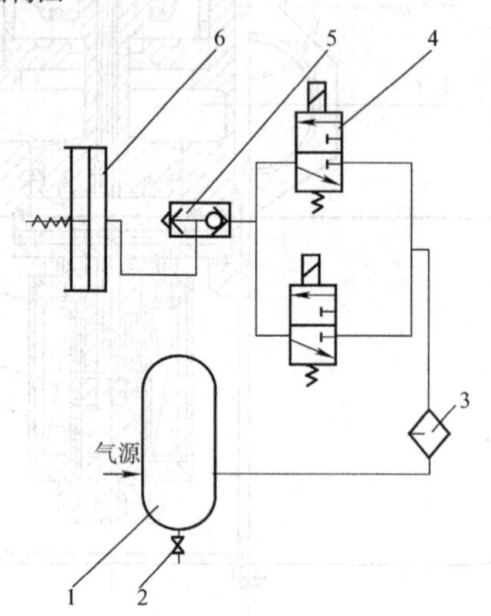

图4-81　使用快速排气阀时的气路系统原理图
1—储气罐　2—截止阀　3—油雾器　4—电磁气阀　5—快速排气阀　6—离合器

4.4.2　气路系统简图

图4-82是JA31-160B压力机的气路系统简图。因它的离合器和制动器采用机械联锁，而压力机

公称压力又不大，所以只采用了一个如图 4-75 所示的滑阀式电磁空气分配阀。

现将气路作如下简要介绍：从气源 1 来的压缩空气经截止阀 2 进入压力机气路系统，由分水滤气器 4 将压缩空气净化、干燥后，经减压阀 5 减压，分两路输出：一路经单向阀 12、平衡缸储气罐 14，进入平衡缸 15；另一路经过离合器储气罐 8、油雾器 9、空气分配阀 10，进入离合器气缸 11。由于该型压力机的离合器和制动器采用机械式联锁，而且压力机公称压力不大，所以在气路中只用了一个滑阀式电磁空气分配阀。对于需要进、排气流量大或需要用气阀实现离合器-制动器联锁的场合，则可选用其他形式的空气分配阀。压力继电器 6 的作用是：当管路中的空气压力低于允许值时，使电路断开，滑块立即停止运动，防止因气压过低摩擦离合器打滑而造成事故。安全阀 7、溢流阀 13 的作用是当系统的空气压力超过某一值时安全阀被打开将部分空气排入大气，保证了气路系统安全工作。

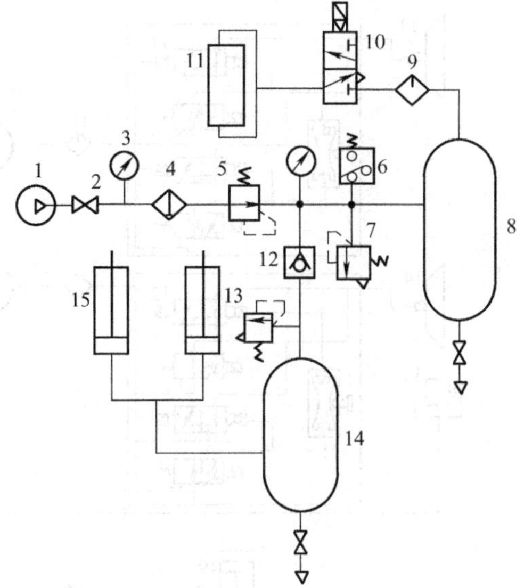

图 4-82　JA31-160B 压力机的气路系统简图

1—气源　2—截止阀　3—压力表　4—分水滤气器　5—减压阀　6—压力继电器　7—安全阀　8—离合器储气罐　9—油雾器　10—空气分配阀　11—离合器气缸　12—单向阀　13—溢流阀　14—平衡缸储气罐　15—平衡缸

图 4-83 所示为日本小松 E4S—800 压力机部分气路系统简图。该气路系统在离合器和制动器上采用了图 4-78 所示的双联电磁空气分配阀，并附有飞轮制动器气路、拉深垫气路、平衡缸气路、顶料气缸和快速夹紧气缸气路系统。

现将气路作如下简要介绍：由气源 1 来的压缩空气，经储气罐 8、截止阀 2、过滤器 3 和分水滤气器（自动放水）4，而通向四个空气控制阀 5 和两条气路管道。

1）经空气控制阀 5 中的减压阀 6、单向阀 7 分别到制动器储气罐 9 和离合器储气罐 10，然后经油雾器 17 后分别由双联电磁空气分配阀 11、12 控制制动器 13 和离合器 14。

2）经由空气控制阀 5 中的减压阀 6、单向阀 7 而控制顶料气缸 20。

3）经由空气控制阀 5 中的减压阀 6、单向阀 7 而至平衡缸储气罐 18，然后分别进入左右（2 个或 4 个）平衡缸 19 内。

4）经空气控制阀 5 中的减压阀 6、单向阀 7 到拉深垫储气罐 23，然后接通到拉深垫气缸内；另一路由气源处接到拉深垫闭锁缸储气罐 25，再经油雾器 17，与电磁分配阀 26 相接，电磁分配阀 26 控制拉深垫闭锁阀 27，拉深垫闭锁阀控制着闭锁缸上下腔的通断。

其他两条气路管道：①经由电磁分配阀 16 控制飞轮制动器 15；②经油雾器 17、电磁分配阀 21 控制快速夹紧气缸 22。

在中、大型压力机上设有移动工作台时，在气路系统上亦需设置相应的管道、电磁分配阀等控制其升降夹紧装置的气缸。若滑块的调节装置用空气式弹性联轴节时，则该装置亦需装设相应的气路控制系统。

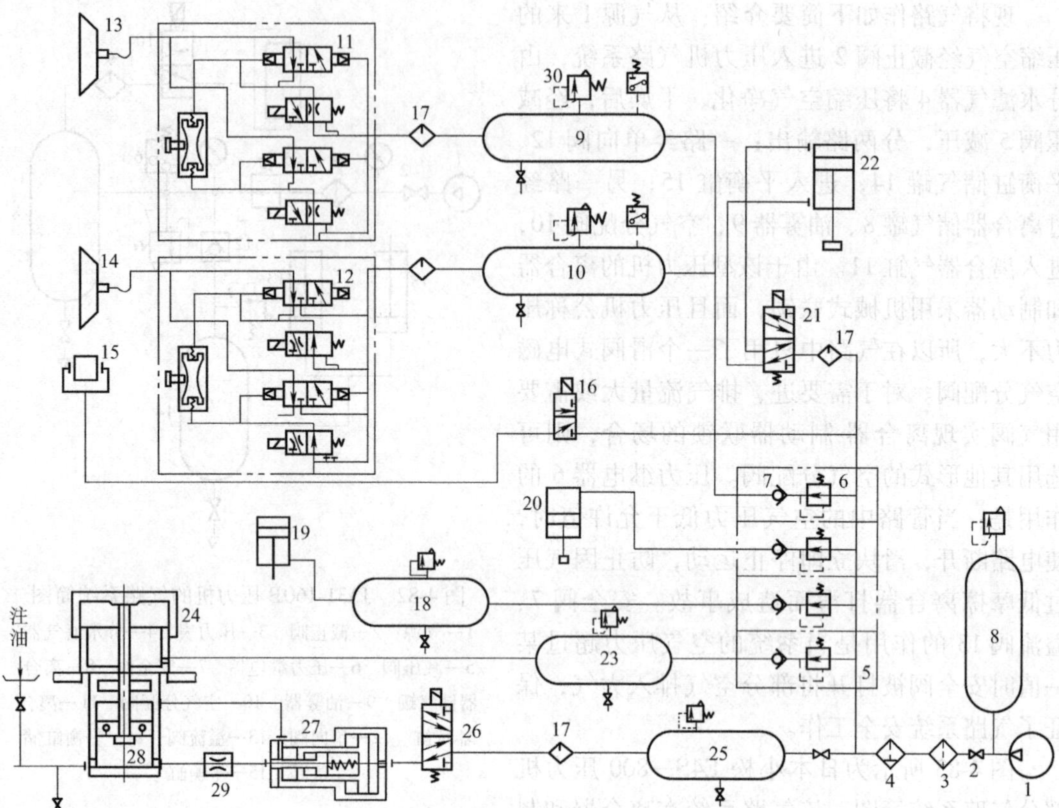

图 4-83　E4S-800 压力机部分气路系统简图

1—气源　2—截止阀　3—过滤器　4—自动放水分水滤气器　5—空气控制阀　6—减压阀　7—单向阀　8—储气罐　9—制动器储气罐　10—离合器储气罐　11、12—双联电磁空气分配阀　13—制动器　14—离合器　15—飞轮制动器　16、21、26—电磁分配阀　17—油雾器　18—平衡缸储气罐　19—平衡缸　20—顶料气缸　22—快速夹紧气缸　23—拉深垫储气罐　24—拉深垫　25—拉深垫闭锁缸储气罐　27—拉深垫闭锁阀　28—闭锁液压缸　29—节流阀

4.5　专用压力机的结构与原理

通用压力机能够完成冲孔、落料、弯曲和浅拉深等工艺，但对于某些工艺则需要专用压力机来完成。

目前我国生产的专用曲柄压力机有 J4 系列拉深压力机；J7 系列板料自动压力机；J8 系列精压、挤压压力机；J9 系列其他压力机；D1 系列平锻机；D2 系列热模锻压力机；D9 系列多工位模锻压力机；Z 类自动镦锻机等。

专用压力机的种类很多，在这一节中只介绍五种最常用的专用压力机的工作原理、特点及结构。它们是热模锻压力机、挤压机、平锻机、双动拉深压力机及数控步冲压力机。

4.5.1 热模锻压力机

热模锻压力机主要用于热模锻，采用热模锻压力机制造的模锻件，尺寸精度高，表面质量好，加工余量小，主要用于精密模锻、热挤压和锻件精整工艺等。

图4-84为热模锻压力机的工作原理及结构简图。

热模锻压力机的工作原理同通用压力机一样，都采用带、齿多级传动方式，曲柄滑块机构为工作机构，传动机构设有飞轮离合器和制动离合器。热模锻压力机的特点如下：

1）整体刚度高。刚度高是热模锻压机的主要特点，为了使毛坯更易充满模具型腔，提高锻件精度，减少机器变形，热模锻压力机采用加粗曲轴直径、缩短曲轴支撑间距、降低机身高度、加大机身截面以及采用短粗整体连杆、高刚度装模高度调整机构。

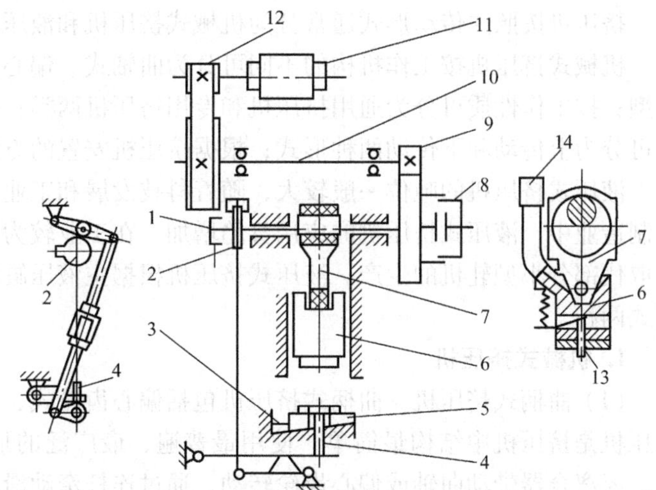

图4-84 热模锻压力机的工作原理及结构简图

1—制动器 2—凸轮 3—楔 4—下顶杆 5—楔形工作台 6—滑块 7—连杆 8—离合器 9—齿轮 10—传动轴 11—电动机 12—带轮 13—上顶杆 14—附加导轨

2）滑块抗偏载能力强。为了适应多模具型腔模锻，提高滑块抗倾斜能力，采用“象鼻”形的滑块，增加了滑块导向长度及连杆与滑块的支承宽度，如图4-84所示。

3）滑块行程次数高。滑块行程次数一般是35～110次/min，是通用压力机（同吨位）的6～8倍，以减少锻件与锻模的接触时间，延长模具寿命，减少毛坯温度的损失，利于锻件成形。

4）装有力量较强的上下顶料装置。采用顶出力较大的机械或液压式上下顶料装置，使模锻件的出模角度要低于2°（锤上3°～7°）以下，缩短了锻件与模具型腔接触时间。

5）离合器与制动器设于低速轴上。由于行程次数高，低速轴（如偏心轴）上的转速还很高。

6）具有脱出“闷车”装置。

由于热模锻压力机是刚性转动，滑块具有固定的下死点，当毛坯尺寸偏大、锻件温度偏低或调节失误时，刚性传动的热模锻压力机的滑块不能越过下死点而被卡在下死点前某一位置，这种现象就是“闷车”。压力机“闷车”后应及时将工作机构卸载，让机器脱出“闷车”状态。

目前，使压力机脱出“闷车”的常用办法有四种：

1）采用专用空压机，将离合器的进气气压提高1～1.2MPa，将电动机反转，很快接通离合器，利用飞轮惯量，使滑块反向退回，从而消除“闷车”。

2）用专用液压螺母预紧机身，通过液压螺母使机身卸载，便可消除卡死状态。

3）采用工作台降低的方法。对于楔形工作台调节机构，预先调节时，不能将工作台调到下极限位置，至少应留 5mm 以上的距离，供脱出“闷车”时下调工作台用。

4）压力机过载保护装置起作用，也能避免“闷车”。

4.5.2 挤压机

挤压机按照主传动形式通常分为机械式挤压机和液压式挤压机两大类。

机械式挤压机按工作机构的不同可分为曲轴式、偏心齿轮式、肘杆式和楔式等四种基本类型；按工作性质可分为通用挤压机和专用挤压机两类；视机械式挤压机传动部分设置的方式可分为上传动和下传动两种形式；根据挤压机安置的方法又有立式和卧式两类。

液压式挤压机的吨位一般较大，随着科技发展和工业生产规模的扩大，特别是在建筑型材制造业中，液压式挤压机的应用日趋增加。在工业较为先进和发达的国家，液压式挤压机可取代部分小型轧机的生产。液压式挤压机根据主液压缸的安装运动形式不同，分为立式和卧式两种。

1. 机械式挤压机

（1）曲柄式挤压机　曲柄式挤压机包括偏心齿轮式、正置曲柄式和偏心曲柄式。曲柄式挤压机是挤压机中结构最简单、使用最普遍、最广泛的形式，它由电动机驱动，通过带传动，经离合器带动曲轴或偏心齿轮转动，通过连杆牵动滑块作上下往复运动。滑块运动速度基本上按正弦曲线规律运动。生产中多采用结点负偏置的结构，以利用其急回特性，降低工作速度，使其更好地满足挤压工艺的要求。

采用正置曲柄式和偏置曲柄式结构时，滑块的位移—速度曲线变化不大。

（2）肘杆式挤压机　肘杆式挤压机根据传动机构连接形式的不同，分为压力肘杆式、拉力肘杆式和变形肘杆式三种基本形式。三种不同形式的肘杆式挤压机均是由电动机驱动带动传动系统，通过离合器带动偏心轮或曲轴转动，再由其拨动肘杆机构，牵动滑块作往复运动。肘杆式挤压机的挤压速度比曲柄式挤压机的运行速度要小 30%～40%，但滑块上允许承受的作用力要比曲柄式压力机大，挤压速度也较均匀，这对于提高制件质量和精度极为有利。当产生相同的作用力时，肘杆式挤压机比曲柄式挤压机承受的转矩要小 40%～50%，但获得公称压力行程的长度，肘杆式要比曲柄式小许多。若采用变形肘杆式传动机构，则可使肘杆式压力机的公称压力行程范围有所提高。

挤压同样长度的坯料时，拉力肘杆式加压时间最长，压力肘杆式次之，但是这两者的行程都比较短，所以只适合挤压较短的工件，变形肘杆式适合挤压较长的工件。

机械式挤压机具有如下特点：

1）模具冲头细长、单位压力大、易折断。

2）冲头与冷态毛坯接触时，易受冲击而损坏。

3）当毛坯尺寸不符，热处理和润滑不良时，易过载。

4）当挤压高度较高的杆件或筒件时，易将工件滞留在模具中。

5）工艺负荷图近似为矩形，需变形量大。

2. 液压式挤压机

液压式挤压机由主机、动力系统和操作控制部分组成。它的工作特点突出地表现为工作速度平稳且均匀，工作行程长，工作压力较为稳定，挤压接触速度小，冲击、振动和噪声都不大，工作空间大，便于实现设备和模具的安全保护。液压式挤压机的工作原理如图4-85所示。

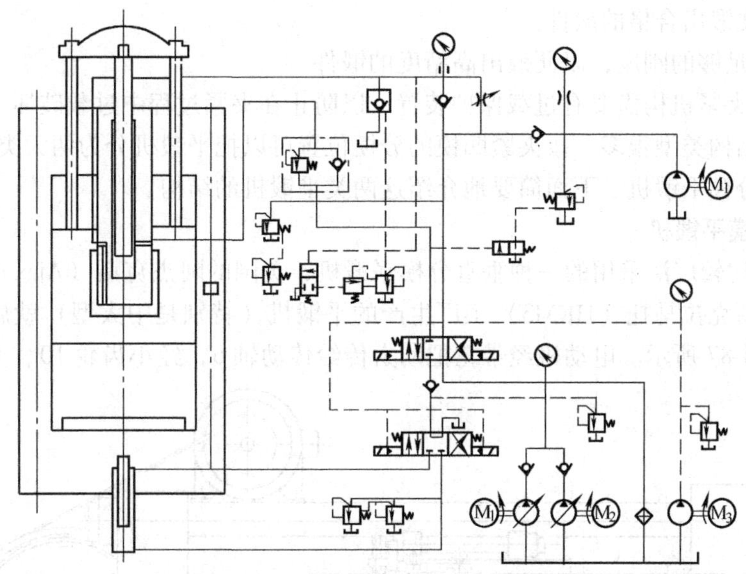

图4-85 液压式挤压机的工作原理

液压式挤压机的工作过程如下：首先通过快速充液达到一个较快的行程速度，使活动横梁带着上模或凸模尽快地接近毛坯，当模具与毛坯接触后，工作缸油压上升，达到一定压力后，转为满速、均匀挤压，挤压行程完成后，视工艺要求提供适当的保压阶段，然后使工作缸卸压，接着滑块回程，当模具退回到预定位置后，顶出器完成顶料动作，一次挤压过程结束。液压挤压机在工作压力、行程长度、挤压速度等方面都可以方便地调整，但与机械式挤压机相比，生产效率低，且形成位置控制不够准确。

对挤压机的要求有：

1）刚度要高。对偏心式挤压机，垂直刚度 $C_h=(28\sim35)\sqrt{F_g}$（kN/mm），对肘杆式挤压机 $C_h=38\sqrt{F_g}$（kN/mm）。

2）滑块导轨具有较高的导向精度。

3）具有缓冲装置。挤压速度在0.15～0.4m/s为好，为防止挤压速度过高，凸模接触被挤材料的速度骤降会产生冲击，需要在滑块内设置液气缓冲装置。

4）装有过载保护装置。

5）有顶出装置，其顶出力一般为10%～30%F_g。

6）有足够功率的电动机及合适的飞轮。

4.5.3 平锻机

平锻工艺特别适用于局部镦粗的长杆形锻件和带孔的零件。为了锻造这类零件，模具需要由两部分组成，即镦锻冲头和夹紧凹模。夹紧凹模首先把棒料夹紧，然后由镦锻冲头进行镦锻。最后冲头退回，凹模分开，取出锻件。一般锻件形状比较复杂，因此在同一副模具上有几个模具型腔，锻打几个工步，才能完成一个锻件。

由于平锻工艺有上述特点，因此，对平锻机提出下述要求：

1）需要有两套机构，分别带动镦锻冲头和夹紧凹模。这两套机构需要按照预定的运动规律运动，以便锻出合格的锻件。

2）需要有足够的刚度，以便锻出高精度的锻件。

3）凹模的夹紧机构需要有过载保护装置，以防止在夹紧过程中过载破坏。

平锻机的结构类型很多，按夹紧凹模的分模位置可以把平锻机分为两大类，即垂直分模平锻机和水平分模平锻机。下面简要地介绍这两类平锻机的结构。

1. 垂直分模平锻机

图 4-86 为比较广泛采用的一种垂直分模平锻机，美国的阿杰克斯（Ajax）、国民机器公司和前苏联的新克拉马托（HKM3）工厂生产的平锻机（特别是中大型）就属于此种类型，传动原理如图 4-87 所示。电动机经带轮把动力传给传动轴 6，经小齿轮 10、大齿轮 13 驱动

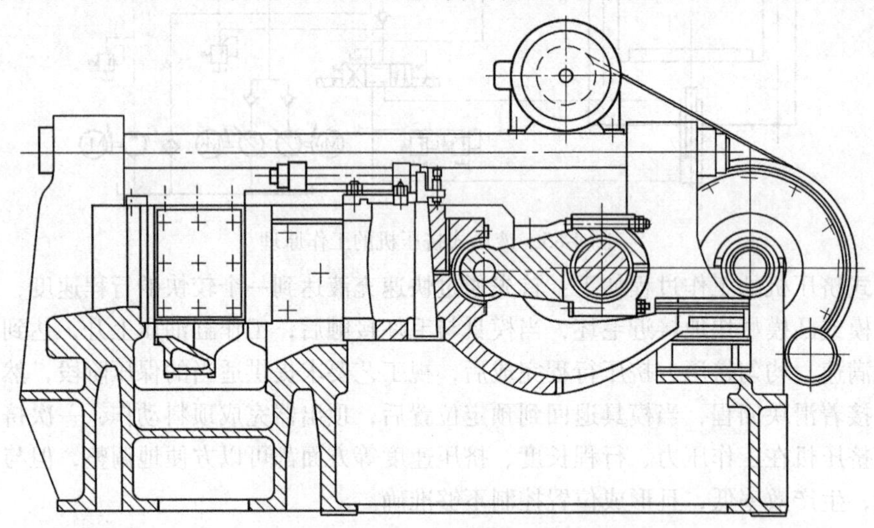

图 4-86　垂直分模平锻机结构图

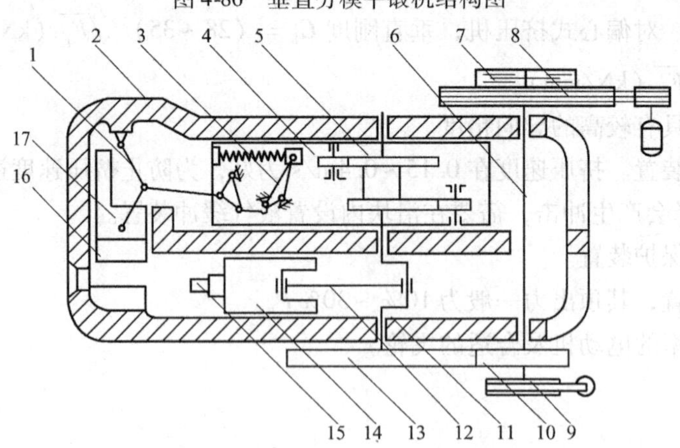

图 4-87　垂直分模平锻机传动原理图

1—夹紧机构　2—机身　3—过载保护装置　4—侧滑块　5—凸轮机构　6—传动轴　7—圆盘离合器　8—大皮带轮　9—带式制动器　10—小齿轮　11—曲轴　12—连杆　13—大齿轮　14—主滑块　15—冲头　16—凹模　17—夹紧滑块

曲轴11转动，再经连杆12带动主滑块14和冲头15运动，完成镦锻动作。在曲轴的另一端装有凸轮机构5，驱动侧滑块4作往复运动，通过夹紧机构1和夹紧滑块17带动凹模16运动，完成夹紧动作。夹紧凹模与镦锻冲头的运动配合是由凸轮轮廓的正确设计来达到的。机身2是一箱形结构，为一整体，并有纵向拉紧螺栓加固。主滑块为“象鼻”式，导轨面较长，以便提高精度。在侧滑块里装有过载保护装置3，当夹紧滑块过载时能起到保护作用。此外，尚有圆盘离合器7和带式制动器9，用来控制压力机的运动与停止。

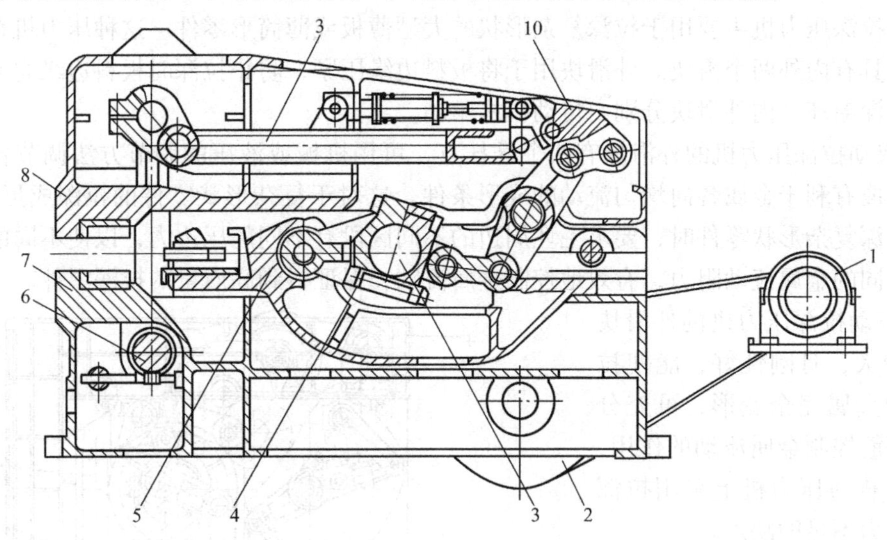

图4-88 水平分模平锻机结构图

1—电动机 2—大带轮 3—曲轴 4—连杆 5—主滑块 6—偏心调节机构 7—下机身 8—上机身（夹紧横梁） 9—夹紧机构 10—过载保护装置

2. 水平分模平锻机

图4-88为德国奥穆科公司生产的水平分模平锻机结构图，图4-89为传动简图。从图4-89可以看出，它也有两套工作机构。由电动机1、大带轮2、小齿轮3、大齿轮4驱动曲轴5旋转，通过连杆6、主滑块7进行镦锻工作。在连杆的尾端，带动夹紧机构11的一套连杆系统，驱动上机身（夹紧横梁）10摆动，完成夹紧动作。全部机构和部件均装在下机身9上。在夹紧机构中，装有一套过载保护装置12，防止夹紧时过载。在下机身内装有偏心调节机构8，用以调节夹紧凹模的夹紧程度。滑块做

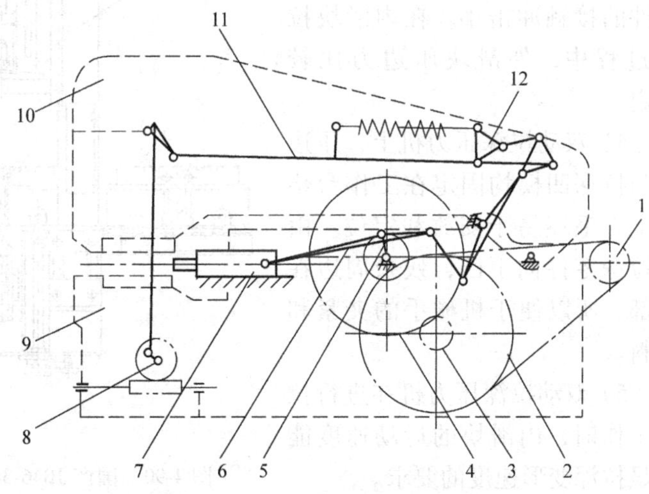

图4-89 水平分模平锻机传动简图

1—电动机 2—大带轮 3—小齿轮 4—大齿轮 5—曲轴 6—连杆 7—主滑块 8—偏心调节机构 9—下机身 10—上机身（夹紧横梁） 11—夹紧机构 12—过载保护装置

成“象鼻”式的，以提高精度。此外，尚装有摩擦离合器与制动器，用来操纵压力机。从传动原理和结构得知，它与垂直分模平锻机的区别在于分模面是沿水平方向的，模槽也按水平方向排列。因此工人操作比较方便，实现机械化与自动化比较容易，机身受力比较合理，重量较轻，故近年来这种形式的平锻机发展得比较快。

4.5.4 双动拉深压力机

双动拉深压力机主要用于拉深复杂形状的大型薄板或薄筒形零件。这种压力机在结构上的特点是具有内外两个滑块。外滑块用于将板料边缘压紧，防止拉深时板料边缘起皱；内滑块用于拉深毛坯。内外滑块分别由传动机构驱动。

1）双动拉深压力机的外滑块有四个悬挂点，可用机械或液压的调节方法调节各点的压边力，形成有利于金属各向均匀流动的成形条件。这对于复杂形状零件的拉深成形很重要。因为在拉深复杂形状零件时，要求毛坯周边的不同区段有不同的压边力，以使不同的变形区段得到不同的金属流动阻力，有效地控制金属流动，保证得到高质量的拉深零件。

2）双动拉深压力机的外滑块压边力较大，且刚性好，能使拉深筋处的金属完全变形，可充分发挥拉深筋控制金属流动的作用，以克服在普通压力机上采用拉深垫时压边力不足的缺点。

3）双动拉深压力机的外滑块开式压边时，外滑块已处于下死点位置，连杆机构处于共线位置，外滑块的速度接近于零，因此与零件的接触冲击小。在内滑块拉深过程中，外滑块压边力比较稳定。

4）双动拉深压力机上，压边模与拉深凹模均固定在工作台垫板上，毛坯易于安放和定位。由于拉深零件向下凸，残余周边在上部，所以便于机械手的夹紧和送料。

5）双动拉深压力机在进行拉深工作时，内滑块的运动速度能满足拉深变形速度的要求。

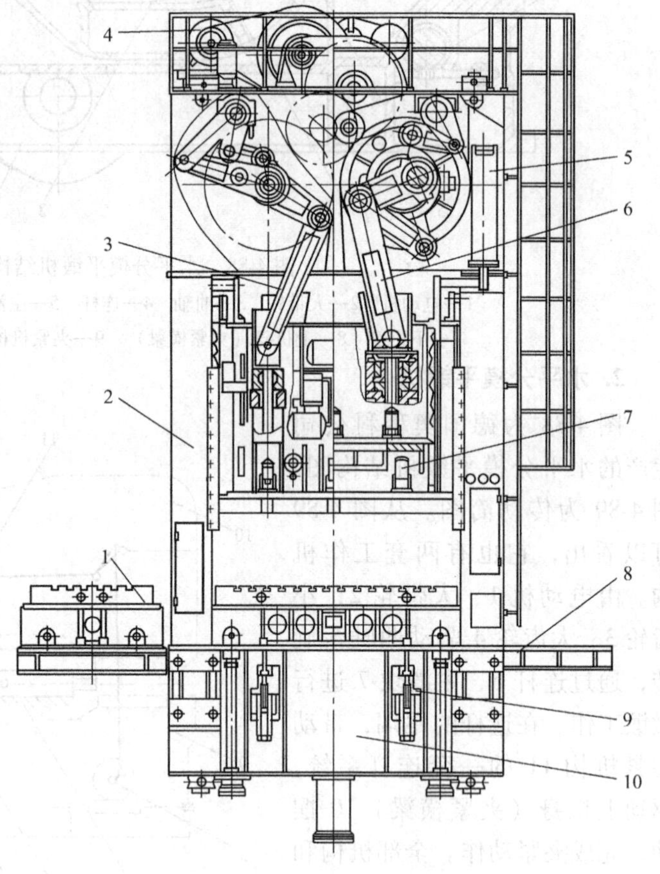

图 4-90 国产 JB46-315 型双点双动拉深压力机结构图

1—移动工作台 2—床身 3—外滑块机构 4—传动系统 5—滑块平衡缸 6—内滑块机构 7—快速夹紧机构 8—导轨 9—工作台锁紧机构 10—气垫

双动拉深压力机内外滑块的传动机构种类繁多，一般采用多连杆机构驱动。图 4-90 为国产 JB46-315 型双点双动拉深压力机结构图。图 4-91 为内、外滑块连杆机构传动图。

双动拉深压力机内滑块与外滑块的运动保持一定的关系，以满足拉深工艺要求。内、外滑块运动关系用工作循环图表示。

图4-92为内滑块由曲柄滑块机构驱动时的工作循环图，内滑块运动规律与通用压力机滑块的运动规律相同。外滑块用多杆机构驱动，作近似间歇运动。工作时，外滑块比内滑块提前10°~15°压住坯料，内滑块大约在$\alpha \leqslant 82°$时开始拉深，到$\alpha = 0°$时拉深结束。回程时，外滑块要比内滑块滞后10°~15°回程，其目的是使拉深件不致卡在凸模上。这样，外滑块的压紧角取100°~110°。当内滑块回到死点时，外滑块已越过自己的上死点向下走了一段距离，这段距离被称为导前行程量，约等于内滑块行程的0.1~0.15倍。"导前"能保证外滑块在下次工作行程时提前压住毛坯。"导前"量不能太大，以保证能从拉深模具中取出工件。双动拉深压力机也装有气垫，它的作用主要是在拉深结束和滑块回程时将零件从下模中顶出。因为在内滑块开始回程时，外滑块仍继续压着毛坯周边，拉深零件有可能在顶料力的作用下发生变形，所以气垫在拉深结束后仍继续向下移动1~2mm，使顶料器与零件脱离接触，只有在内滑块回程距离约等于零件高度时，气垫才开始顶料。

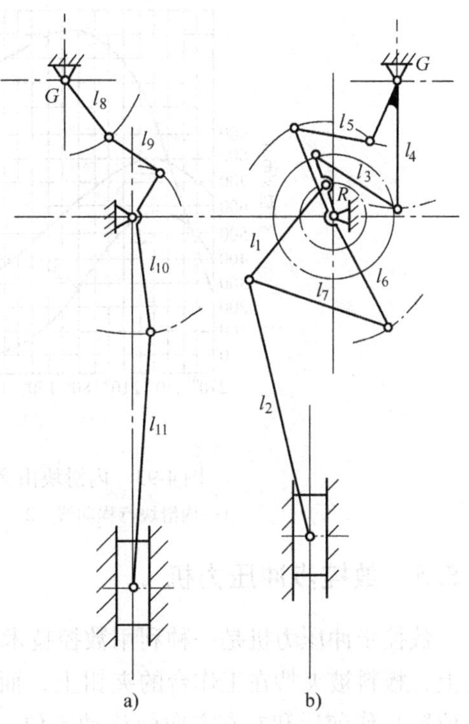

图4-91 内、外滑块连杆机构传动图
a）外滑块连杆机构 b）内滑块连杆机构

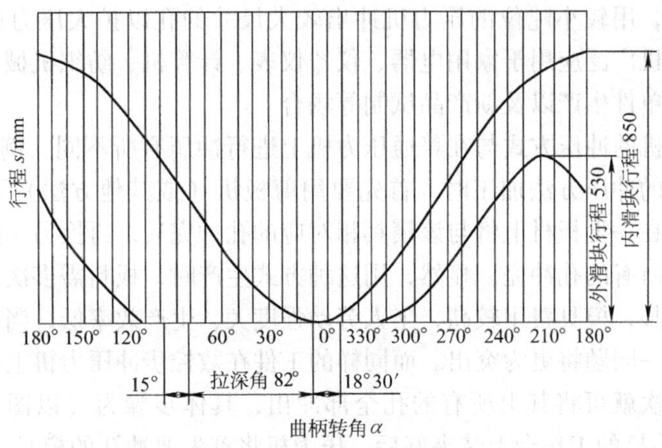

图4-92 内滑块由曲柄滑块机构驱动时的工作循环图

图4-93为内滑块由多连杆机构驱动时的工作循环图。由于采用了多连杆机构驱动内滑块，实现了匀速（或基本匀速）拉深和快速回程的目的，克服了用一般曲柄滑块机构驱动所出现的拉深速度大、不均匀、冲击振动大等问题。所以，现代双动拉深压力机的内滑块基本上采用多连杆机构驱动。

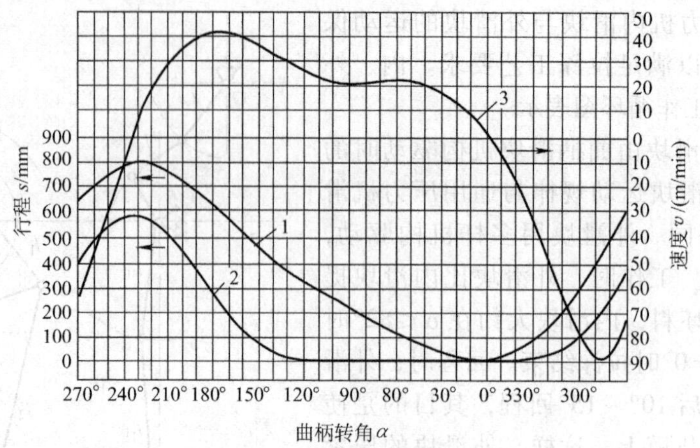

图 4-93　内滑块由多连杆机构驱动时的工作循环图

1—内滑块行程曲线　2—外滑块行程曲线　3—内滑块速度曲线

4.5.5　数控步冲压力机

数控步冲压力机是一种利用数控技术对板料进行冲孔或步冲加工的压力机。在这种压力机上，板料被夹持在工作台的夹钳上，而工作台可按程序规定相对于滑块中心（即模具冲裁位置）作前后和左右方向的移动定位，所用模具可用回转头（也叫转塔）自动调换，也可用手工快速换模，这样就能用单次冲裁或步冲冲裁的方法冲出各种形状和尺寸的孔，如圆孔、长孔、方孔、异型孔、圆周分布孔、栅格孔、直线或圆弧排孔等，也可冲出各种形状和尺寸的零件（包括各种异形件），甚至可进行冲百叶窗、内缘翻边这样的浅成形工序。用这种压力机冲压零件时，只需使用通用的冲头和凹模，并按零件图样编制出加工程序即可直接在压力机上进行生产，从而可大大地缩短生产周期，并可显著降低模具费用，同时还可利用压力机的步冲功能，用较小吨位的压力机冲出较大尺寸的孔以扩大压力机的加工范围。因此，数控步冲压力机广泛应用于家用电器、仪器仪表、计算机、纺织机械等行业中，尤其适用于中、小批量或单件生产以及新产品试制等场合。

数控步冲压力机的冲压方式与在普通压力机上进行冲压有所不同。例如，对图 4-94a 所示的零件，用常规的冲压方法加工时，首先要用剪板机（或其他方法）下料，然后在压力机上装一副模具，在一批板材上将与该模具相对应的孔冲完后，再换另一副模具，冲另一种孔，……，直至将所有的孔冲完。显然，用这种方式生产时，板料需多次上、下搬动，且压力机的换模时间较长，模具费用较高，工人劳动强度大，生产效率低，当产品批量较小或生产任务较急时，这一问题将更为突出。而同样的工件在数控步冲压力机上冲压时，板材只需在压力机上装夹一次就可将其上所有的孔全部冲出，具体步骤为（以图 4-94a 所示零件为例）：将板材在压力机的工作台上装夹好后，压力机将首先要冲孔的模具（此处是 ϕ6mm 冲孔模）移至滑块下，然后工作台按程序规定的方式和距离带动板材到冲孔位置依次冲孔，当一种孔冲好后，压力机将下一步要用的模具（此处是 ϕ4.5mm 冲孔模）移到模块下或用快速换模装置进行更换，移动工作台再次移动使模具对板料进行冲孔，……，直至冲压完成。对较大的孔或某些异型孔，则可利用压力机的步冲功能通过分步冲裁来完成加工（如图中的 ϕ240 孔和 250mm × 450mm 长孔等）。该零件的全部冲孔工序步骤及方式如图 4-94b

所示。

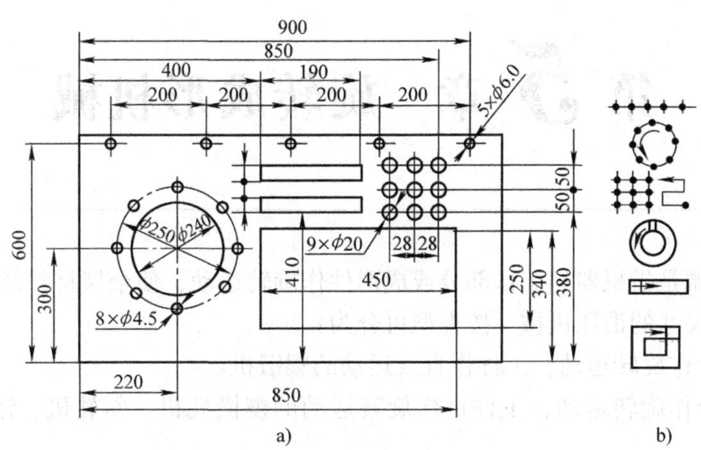

图4-94　数控步冲压力机的冲压方式

a）工件图　b）步冲压力机加工顺序

由此可见，数控步冲压力机采用了与传统冲压工艺截然不同的冲压方式：以大量典型、简单的标准单元模具（圆形、长形、方形等）来取代复杂的专用模具，且模具的重复利用率和使用频率均较高；工件各孔间的尺寸精度不是依靠模具的制造、安装精度来保证，而是靠工作台移动时的精确定位来实现；工件上需进行的各道工序不是一道道地单独完成（用不同的压力机及模具），而是一次连续完成；更换加工产品时一般无需制造新的模具，也不必对压力机进行大量的调整，而只需改变制造工件的软件程序即可。由此可见，数控步冲压力机对加工对象的适应能力很强，而所需的调整时间却很少，也就是说，这种压力机具有较强的柔性。因此，非常适合于多品种的中、小批量生产，已成为板料柔性制造系统（FMS）中的核心设备。

思　考　题

1. 曲柄压力机由哪几部分组成？
2. 开式机身和闭式机身各有什么特点，应用于什么场合？
3. 分析摩擦离合器-制动器和刚性离合器的工作原理，比较刚性和摩擦离合器的优、缺点。
4. 分析曲柄滑块机构的受力情况，说明压力机许用负荷的含义。
5. 压力机传动系统的传动级数及速比分配原则有哪些？

第 5 章　旋转成形机械

旋转成形机械是指机器的工作部分或成形件作旋转运动，使金属材料经过塑性变形而得到所需的形状和尺寸的锻压机械。按类型可分为：

1）工作部分作旋转运动，工件作直线运动的辊锻机。

2）工作部分作旋转运动，工件也作旋转运动的楔横轧机、斜轧机、辗环机、旋压机、卷板机。

3）工作部分作直线运动，工件作螺旋运动的径向锻造机。

4）工作部分作旋转运动并带有直线运动，工件被辗压成形的摆辗机。

5.1　辊锻机

5.1.1　辊锻机的工作原理

辊锻机是专用于辊锻工艺的一种锻造设备。辊锻机的工作原理是：坯料经过上下两根旋转方向相反的锻辊上安装的弧形辊锻模，沿轴线方向连续周期性地产生延伸变形以完成工艺要求，如图 5-1 所示。辊锻机的工作状态与轧机的工作状态有相似的地方，但最大的不同是，坯料经过轧机时，各瞬间的变形是相同的，而坯料经过辊锻机时，各瞬间的变形是不相同的。

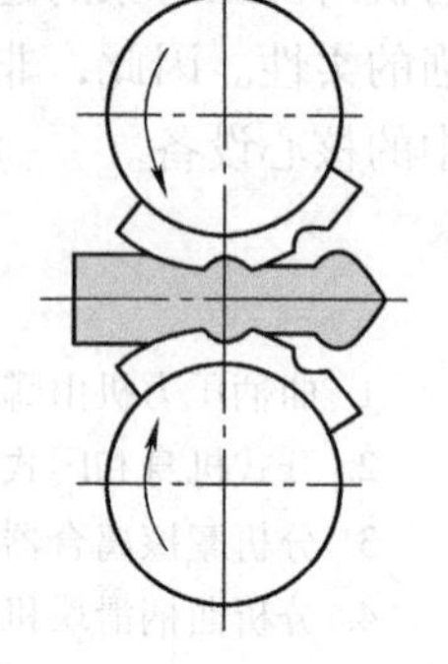

图 5-1　辊锻机的工作原理

5.1.2　辊锻机的分类

辊锻机按送料方式可以有卧式、立式和斜式；按锻辊的结构形式可以有悬臂式、双支承式和复合式；还有用途不同的通用辊锻机及专用辊锻机。

1. 卧式、立式与斜式辊锻机

一般辊锻机均采用水平方向送料，辊轴上下布置，称为卧式辊锻机。此辊锻机可以前后两边操作，进出料方便，适用于辊锻中小型毛坯及锻件，是现有辊锻机的主要结构形式。

当两锻辊左右水平布置，坯料沿垂直方向送入，这种辊锻机称为立式辊锻机，适用于辊锻特长的毛坯或锻件，如图 5-2 所示。

当对辊锻件有特殊要求时，将两锻辊中心线所在的平面与水平面呈 45°角布置，坯料由斜下方送入，辊锻后的锻件靠自重返回接料台。这种辊锻机称为斜式辊锻机，适合于流水线上工作，如图 5-3 所示。

2. 悬臂式、双支承式及复合式辊锻机

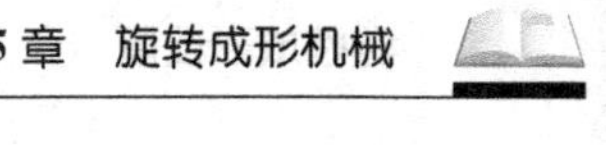

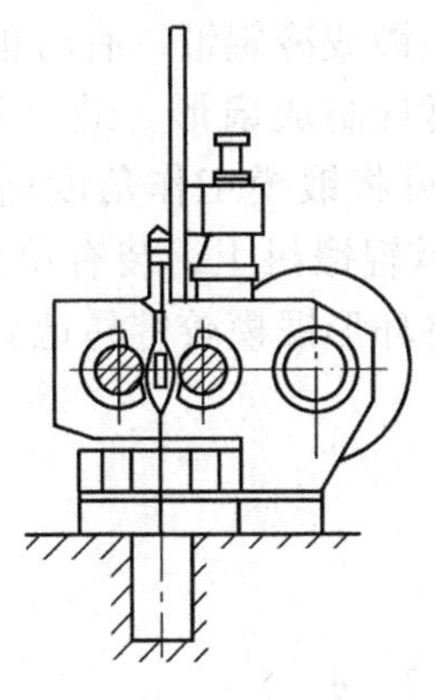

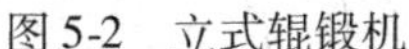
图5-2 立式辊锻机

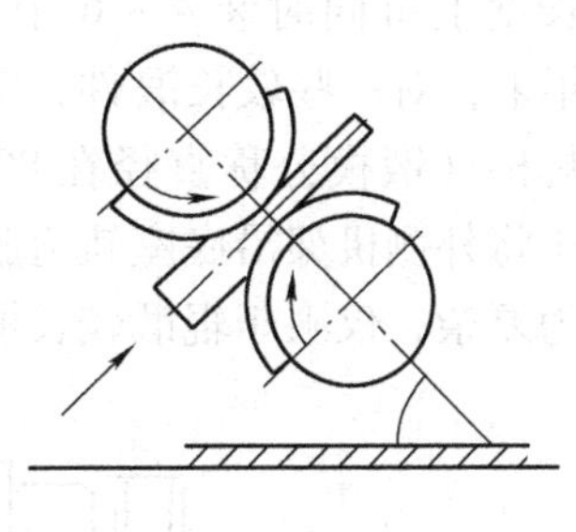
图5-3 斜式辊锻机

（1）悬臂式辊锻机 悬臂式辊锻机如图5-4所示。辊锻机的锻辊工作部分悬伸出机架外，便于装拆和更换锻模，特别适于环形模的装拆、更换。在相同锻辊直径条件下，比双支承辊锻机可以辊锻出更长的锻件，其原因是由于环形辊工作包角可以达到240°~270°。悬臂式辊锻机可以同时安装2~3个模膛的锻模，可以在机前、机左、机右进行灵活操作，可以完成坯料的拔长工序，但最适合于完成展宽工序。由于悬臂式辊锻机的刚性较差，故多用于制坯及模锻设备配套组成生产线。悬臂式辊锻机机架多采用铸铁材料铸造成整体或分开式。为了增加锻辊悬臂部分的强度与刚度，安装有特殊结构的拉杆装置，并装有轴承及调节机构，以适应锻辊的工作状况，构成双支承状态。

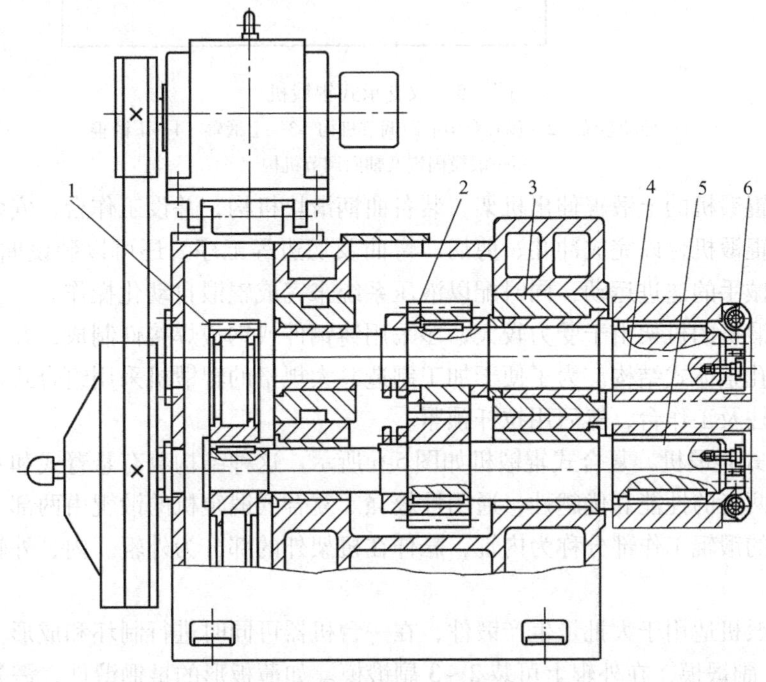

图5-4 悬臂式辊锻机

1—传动 2—长齿调节机构 3—偏心套中心距调节机构 4—上锻辊 5—下锻辊 6—锻模固定及调节机构

（2）双支承式辊锻机 双支承式辊锻机如图5-5所示。锻辊的工作部分是通过轴承支持在两直立的机架之间，锻辊具有较大的刚度，可用于成形辊锻或冷辊锻，有时也用于制坯。锻辊可用长度上可同时装4~6个模膛的锻模。通常将模具制成扇形，最大包角不超过180°。近年来，对一些较长锻件，需采用环形锻辊的，也可将锻模工作角度增大至270°。在一些大规格（锻模公称直径在800mm以上者）的双支承辊锻机上，装有单独的驱动机构，以便于将外侧机架沿底座轨道脱离两锻辊一定距离，将环形锻模较容易地套上或拆下。该结构较为复杂，仅限于辊锻较长锻件。

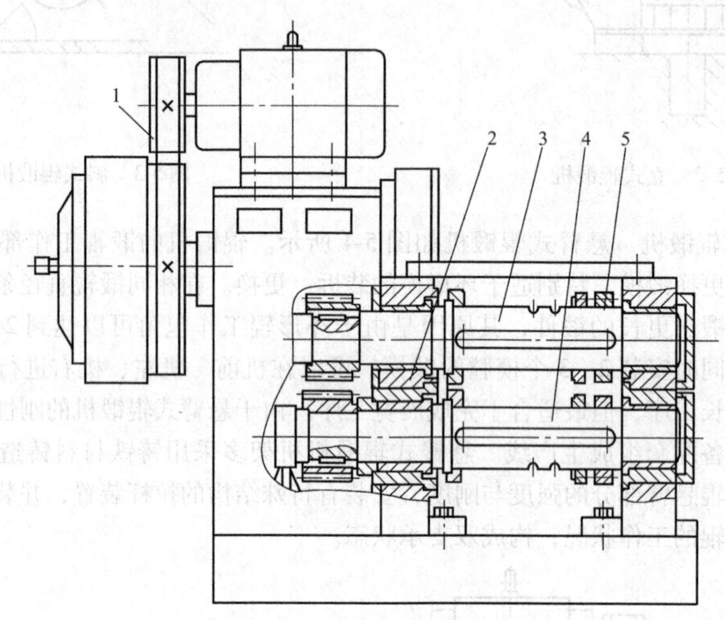

图5-5　双支承式辊锻机

1—传动系统　2—偏心套中心距调节机构　3—上锻辊　4—下锻辊
5—锻模固定及轴向调节机构

将双支承辊锻机的上锻辊伸出机架，装备曲柄滑块机构，并设工作台，安装模具，就可以成为多功能辊锻机，以完成冲孔、剪切、弯曲及切边等工序。还可以装设曲柄摇杆机构，以驱动辊锻机械手的送进运动，同时配以液压系统来完成辊锻自动化操作。

双支承辊锻机的机架由于受力较大，多采用铸钢件或钢板焊接件制成，并采用整体封闭式框架或双圆孔整体式结构。为了便于加工制造，大规格的辊锻机采用组合式框架结构，分成上横梁、立柱及工作台，然后用拉杆预紧。

（3）复合式辊锻机　复合式辊锻机如图5-6所示。这种结构兼有悬臂式和双支承式两者的特点，兼有两者的性能和优越性，通用性较强。复合式锻辊机的锻辊由两部分组成，在双支承机架之间的锻辊工作部分称为内辊，悬伸在机架外的部分为外辊。内、外辊由一套传动系统驱动。

复合式辊锻机适用于大批量生产锻件，在一台机器可同时进行制坯和成形工艺，在内辊上可安装3~4副锻模，在外辊上可装2~3副锻模。如薄板形的垦锄锻件，需先进行横向展宽，然后再进行纵向延伸的工艺，在此机上锻造最为合理。

复合式辊锻机结构紧凑，刚性好，可用于成形辊锻和冷精锻。

3. 通用辊锻机与专用辊锻机

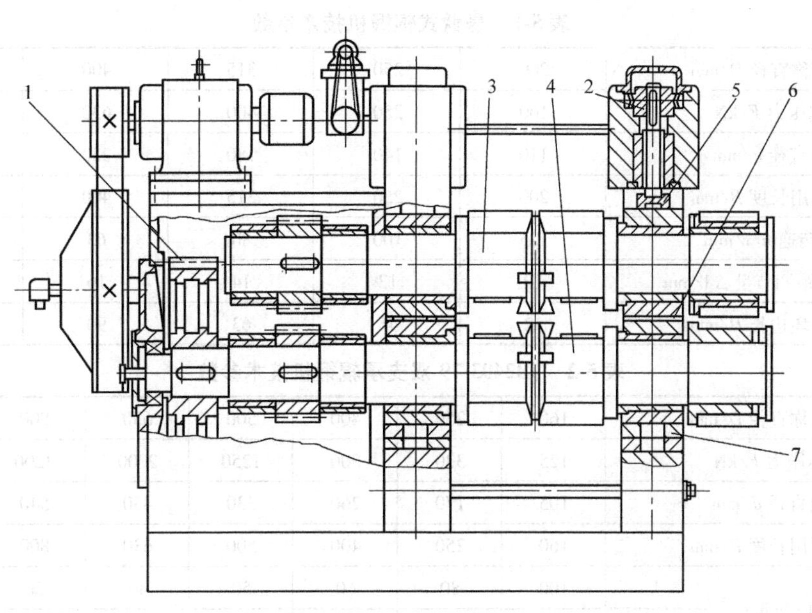

图5-6　复合式辊锻机

1—传动系统　2—压下螺杆中心距调节机构　3—上锻辊　4—下锻辊　5—保险机构　6—碟形弹簧　7—楔块

对于一般没有特殊工艺要求的毛坯或锻件，可以根据锻件的参数直接选用通用辊锻机，这样可以节约成本，提高效率。对于一些有特殊工艺要求，批量又大的坯料及锻件，就要专门为其研制高效率的专用辊锻机。

5.1.3　辊锻机的主要技术参数

辊锻机的主要技术参数为锻模公称直径 D、锻辊直径 d、锻辊可用长度 B、公称压力 F 和锻辊转速 n。

1）锻模公称直径 D 是指锻模的回转直径，是决定辊锻机尺寸与基本性能的主要参数，也是完成辊锻工艺要求，选用辊锻机的重要依据。例如通常将锻件的最大长度控制在锻模公称圆周长度（πD）的1/3之内来设计或选用设备。

2）锻辊直径 d 是指安装锻模处的锻辊直径。锻模厚度为 $(D-d)/2$，所以确定锻辊直径时，除考虑所传递的转矩外，还应考虑锻模的寿命。通常取 $d=D/1.5$。

3）锻辊可用长度 B 是指可供安装模具的长度，但不包括夹紧固定装置在内的锻辊轴向长度。通常 $B=D$。

4）公称压力 F 是指作用在两锻辊中间点上的最大允许负荷值，该参数也是设计或选用设备的重要依据。

5）锻辊转速 n 是指每分钟锻辊连续回转的转数。该参数与锻辊分模面上线速度 v 有直接关系，通常 $v=0.5\sim1.2\text{m/s}$。当该辊锻机作制坯辊锻时，其转速应尽可能地适应手工操作及下道工序的连续运作要求，v 取较大值。当该辊锻机做成形辊锻时，其转速要与送料装置相适应。送料位置要准确可靠，故 v 取较小值。

表5-1~表5-3是国产辊锻机的技术参数，如下表所示。

表 5-1 悬臂式辊锻机技术参数

锻模公称直径 D/mm	200	250	315	400	500
公称压力 F/kN	160	250	400	630	1000
锻辊直径 d/mm	110	140	180	220	280
锻辊可用长度 B/mm	200	250	315	400	500
锻辊转速 n/r/min	125	100	80	63	50
锻辊中心距调节量 ΔA/mm	10	12	14	16	18
可锻方坯边长 H/mm	32	45	63	90	125

表 5-2 JB2403-79 双支承辊锻机技术参数

锻模公称直径 D/mm		160	250	400	500	630	800	1000
公称压力 F/kN		125	320	800	1250	2000	3200	4000
锻辊直径 d/mm		105	170	260	330	430	540	630
锻辊可用长度 B/mm		160	250	400	500	630	800	1000
锻辊转速 n/(r/min)	Ⅰ	100	80	60	50	40	30	25
	Ⅱ	—	—	40	32	25	20	—
锻辊中心距调节量 ΔA 不小于/mm		8	10	12	14	16	18	20
可锻方坯边长 H/mm		20	35	60	80	100	125	150

表 5-3 复合式辊锻机技术参数

锻模公称直径 D/mm	内、外辊	630
公称压力 F/kN	内、外辊	160、100
锻辊直径 d/mm	内、外辊	400、320
锻辊可用长度 B/mm	内、外辊	800、320
锻辊转速 n/(r/min)	内、外辊	40、30
锻辊中心距调节量 ΔA/mm	内、外辊	30
可锻方坯边长 H/mm	外辊补偿量	±2
	内、外辊	80

5.1.4 辊锻机的结构

辊锻机主要由电动机、传动带、带轮、齿轮、离合器、制动器、锻辊及模具、锻模调整机构、机架构成。电动机的动力经传动带、齿轮减速器传递给锻辊。大带轮通常作为飞轮，并在其上装有离合器和制动器，用以实现辊锻机的手动、单动、连续循环运动的控制，同时保证了安全停机。

1. 辊锻机的机械传动系统

辊锻机的机械传动系统分整体式与分体式两种。

（1）整体式传动系统　整体式传动系统的特点是传动部分与机架部分紧密地结成一体，其典型结构又有三种。

1）锻辊间有多个齿轮传动，如图 5-7 所示。用增加两个中间齿轮来实现上下锻辊的同步转动。这种结构的锻辊中心距的调节量大，调整后所产生的齿侧向隙较小，不影响传动，且结构简单，装配维修容易。通用辊锻机多采用这种结构。

2）长齿齿轮传动，如图5-8所示。上下辊之间直接用一对加长齿型的齿轮啮合传动。这种齿轮的齿顶高系数为1.25m，齿根高系数为1.5m（m为齿轮模数），为了消除因锻辊中心距调整而产生的齿侧间隙变化，在主传动长齿轮的一侧附加一个模数相同的长齿齿轮，并以刚性或弹性的连接方式连接，以保证锻辊中心距调节后平稳传动。长齿齿轮传动可以节省一对中间传动齿轮，具有结构简单、锻辊中心距调节量大的优点。

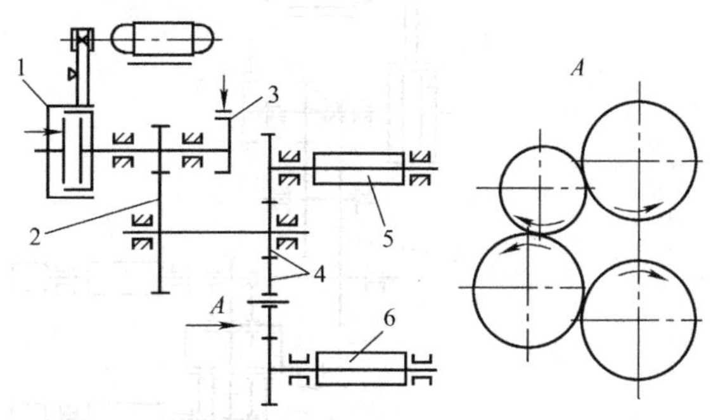

图5-7 多个齿轮传动系统
1—离合器 2—传动系统 3—制动器 4—中间齿轮 5—上锻辊 6—下锻辊

3）三连杆浮动齿轮传动，如图5-9所示。此传动系统是采用两个浮动齿轮连杆机构与锻辊上的主传动齿轮相啮合的形式。三连杆浮动齿轮传动系统能使锻辊中心距及角度都得到较大调整，操作方便，在大小规格的辊锻机上均可采用。

（2）分体式传动系统 分体式传动系统是将辊锻机的传动部分与机架锻辊部分采用刚性联轴器、齿形联轴器或万向联轴器等联接方式联接，基本与轧机相似。但有所不同的是辊锻机一般都装有飞轮，其工作状态是间隙性的，可充分发挥飞轮的蓄能作用。

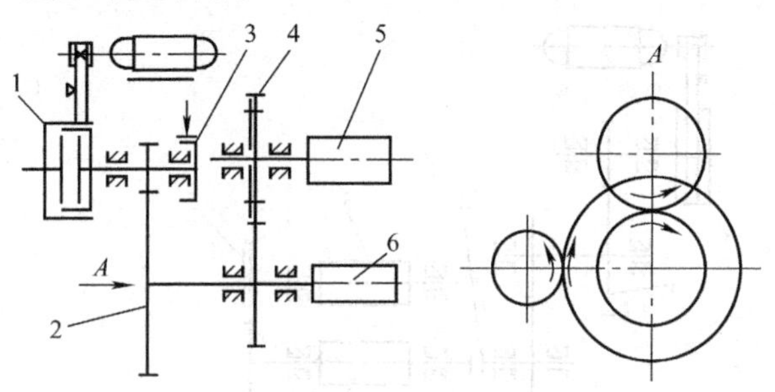

图5-8 长齿齿轮传动系统
1—离合器 2—传动系统 3—制动器 4—长齿齿轮传动 5—上锻辊 6—下锻辊

1）刚性联轴器传动系统如图5-10所示。减速器的出轴直接由刚性联轴器或齿形联轴器与锻辊连接。上、下辊由轴端齿轮啮合传动。这种传动形式简单，易于制造维修。通常不设离合器、制动器。锻辊中心距调节量小，模具对模困难，操作不方便。

2）万向节联轴器传动系统如图5-11所示。减速器出轴采用万向节与锻辊连接。锻辊中心距调节量大，设有离合器、制动器，结构简单，制造维修方便，调节操作方便。

2. 辊锻机的锻辊

锻辊是辊锻机的重要组成部分。模具所承受的辊锻力全部传递给了锻辊，锻辊本身还要传递辊锻力矩。锻辊的一般结构如图5-12所示。锻辊的工作部分是辊身，辊身上开有键槽用于安装模具。辊身上的轴肩用于模具的轴向定位。两端轴颈上安装支撑锻辊的轴承。锻辊的传动端用于安装齿轮或联轴器。

锻辊工作条件较为恶劣，工作时除承受交变载荷外，辊身部分还承受由模具传递过来的瞬间接触应力，容易受模具啃伤或压塌，因此锻辊应选择合适的材料及进行适当的热处理。

3. 辊锻机的辊锻模具固定

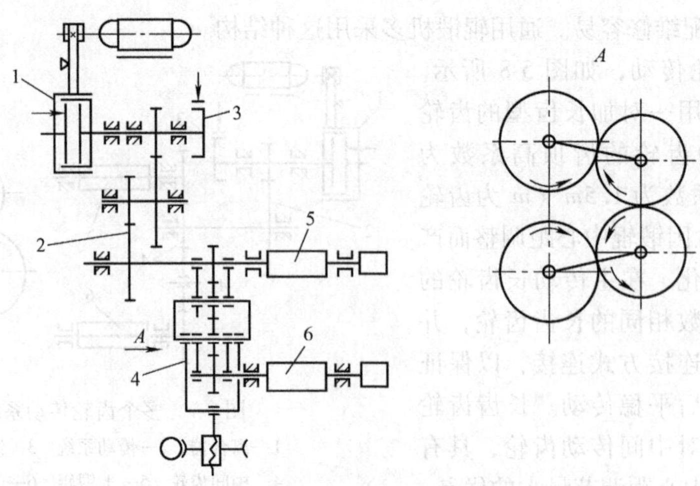

图 5-9　三连杆浮动齿轮传动系统

1—离合器　2—中间传动齿轮　3—制动器　4—浮动齿轮角度调节机构　5—上锻辊　6—下锻辊

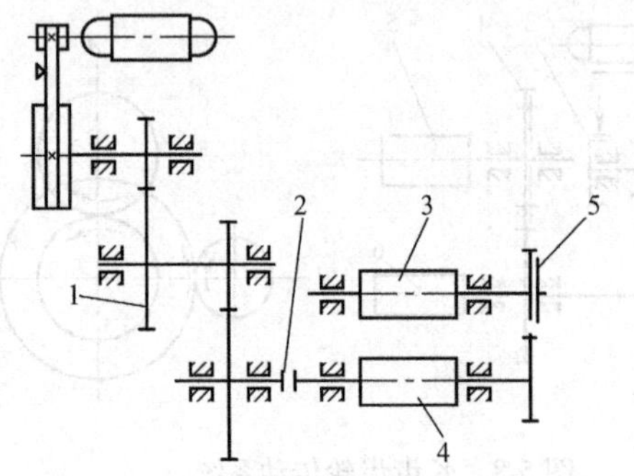

图 5-10　刚性联轴器传动系统

1—传动齿轮　2—刚性联轴器　3—上锻辊　4—下锻辊　5—角度调节机构

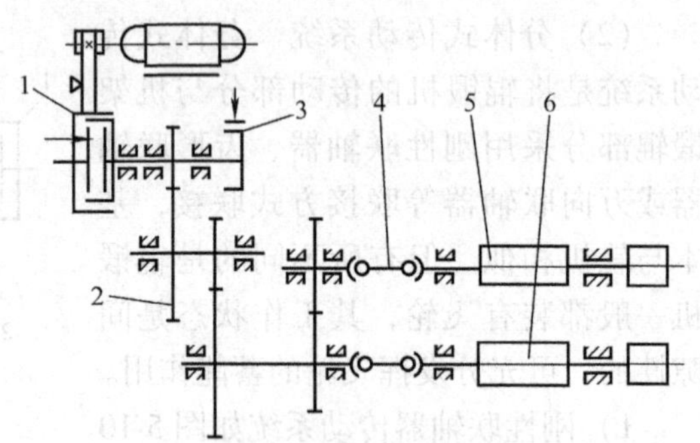

图 5-11　万向节联轴器传动系统

1—离合器　2—传动齿轮　3—制动器　4—万向节联轴器　5—上锻辊　6—下锻辊

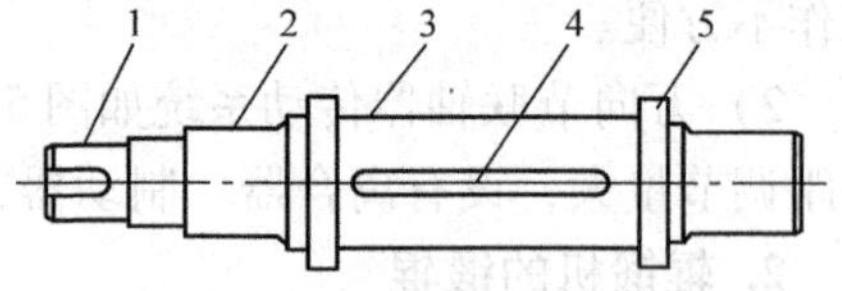

图 5-12　锻辊的一般结构

1—传动端　2—轴颈　3—辊身　4—键槽　5—轴肩

辊锻模的型槽复杂，工作状态为间歇性的，又极易磨损，使得型槽不能直接在锻辊上加工，而在扇形或环形的模块上加工出来后再固定在锻辊上。辊锻模在辊锻过程中要承受辊锻力并传递给锻辊，故要求辊锻模在锻辊上固定牢靠且易于拆装，结构简单紧凑，并能充分利用锻辊长度。辊锻模固定方式有如下几种：①扇形模用楔形压块固定；②扇形模凸凹模定位用压紧环固定；③整体模用键固定；④整体模用锥套固定；⑤扇形模用模套固定。

4. 辊锻模的调整

辊锻机上锻模的调整机构是必不可少的，因为经常会有一些模具在制造或安装中会出现一些误差，锻辊与轴承间有一定的径向或轴向间隙。另外辊锻过程中机架会产生弹性变形。

常用的调整机构有锻辊中心距调整、角度调整、轴向调整三种。

（1）锻辊中心距调整机构　主要有：①压下螺杆中心距调整机构；②偏心套中心距调整机构；③楔块调整中心距机构。

（2）锻模的角度调整机构　主要有：①调整套的角度调整机构；②轴套齿轮锻模角度调整机构；③三连杆浮动齿轮锻模角度调整机构。

5. 辊锻机的机身

辊锻机的机身由左右机架和底座组成，辊锻机工作时锻辊所承受的全部辊锻力要传递给机身，同时还承受由工艺力产生的轴向力和倾翻力矩，因此，机身要具有足够的强度与刚度。通常机身结构分为整体式（见图5-4机架）、组合式（见图5-5机架）和分置式（见图5-6机架）三种。

5.2　楔横轧机及斜轧机

5.2.1　楔横轧机及斜轧机的工作原理

1. 楔横轧机的工作原理

如图5-13所示，两个轴心线平行且带有楔形模具的轧辊作方向相同的旋转，带动两轧辊间的圆形坯料旋转，使坯料在楔形模具的作用下，实现直径缩小、轴向长度延长变形的机械设备。

2. 斜轧机的工作原理

如图5-14所示，两个轴心线相互交叉并带有螺旋模具的轧辊作方向相同的旋转，带动两轧辊间的圆形坯料旋转并向前运动，使得坯料在螺旋模具的作用下，实现直径缩小、轴向长度延长变形的机械设备。

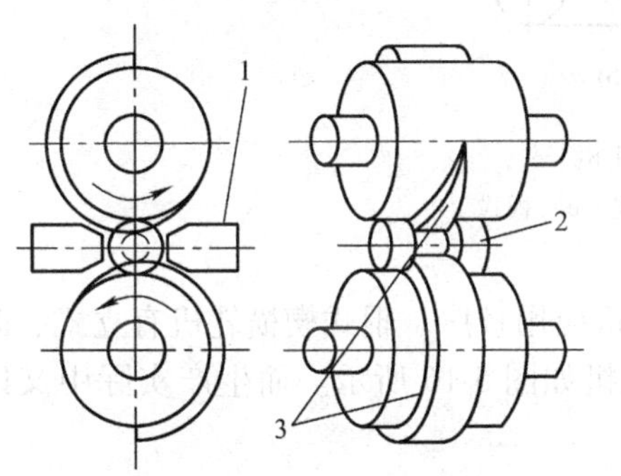

图5-13　楔横轧机的工作原理

1—导板　2—轧件　3—带楔形模具的轧辊

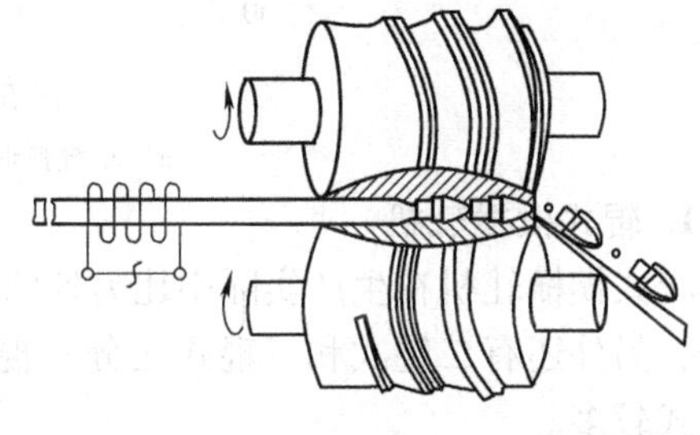

图5-14　斜轧机的工作原理

5.2.2　楔横轧机及斜轧机的工艺特点

1. 楔横轧机的工艺特点

楔横轧与切削加工或者一般锻造工艺相比，对于生产一些在长度上变断面的轴类零件，具有生产率高3~7倍、材料利用率高20%~30%、模具寿命高5~10倍、无冲击少噪声、工人劳动条件好等优点。但存在着模具尺寸大、加工制造较难、工艺调整复杂等缺点。

楔横轧机主要适用于生产批量大的轴类零件，特别是阶梯轴，如汽车、拖拉机、电机、纺织、兵器等设备上的轴类零件。另外楔横轧机还适用于模锻的预制坯工艺，如五金件的预制坯生产。

2. 斜轧机的工艺特点

斜轧与切削加工或一般锻造工艺相比，对于生产一些回转体零件，同样具有生产效率高5~10倍、材料利用率高20%~30%、模具寿命高3~7倍、无冲击少噪声、工人劳动条件好等优点。但也存在着模具设计、加工及工艺调整复杂等缺点。

斜轧机主要适用于生产批量大的回转体零件，如轴承钢球及滚子、球磨钢球及圆柱体等零件。另外三辊斜轧还可以生产高翼缘产品，如机床上的丝杠、齿轮滚刀毛坯、环形散热器等。

5.2.3 楔横轧机的分类

楔横轧机按其结构形式可分为辊式楔横轧机（立式双辊楔横轧机）、单辊弧形式楔横轧机、板式楔横轧机三种，如图5-15所示。

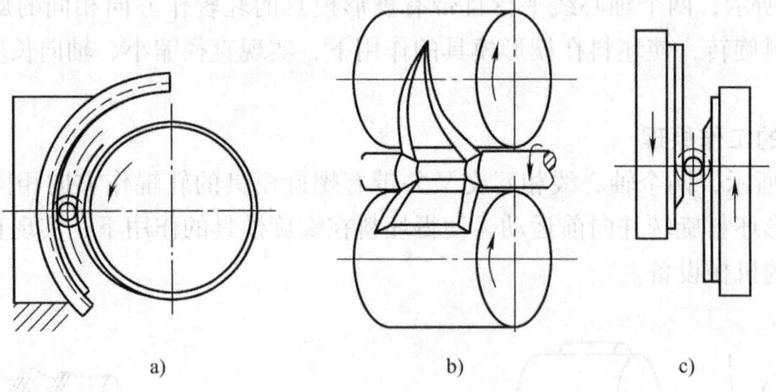

图5-15 楔横轧机
a）单辊弧形式 b）辊式 c）板式

1. 辊式楔横轧机

辊式楔横轧机在生产实际中比另外两种楔横轧机应用较广。辊式楔横轧机有立式、卧式之分，另外还有二辊式和三辊式之分，辊式楔横轧机如图5-16所示。而生产实际中又以二辊立式较多。

辊式楔横轧机具有如下特点：

1）生产效率高，通常6~25件/min。

2）轧制过程稳定，产品精度高。轧制件在喂入轧辊间后，还会有左右导板加以控制，有效防止了轧件歪斜。

3）能方便、准确地实现径向、轴向、相位角以及喇叭口的调整。

4）轧辊模型加工较困难。

5）辊式楔横轧机总体占地面积较大，而立式楔横轧机又比卧式楔横轧机要占地面积小些，进出料方便，故轧辊直径大于400mm时多采用立式楔横轧机。

6）三辊式楔横轧机具有产品精度高、轧件心部应力状态好、不易出现中心疏松缺陷、无导板等特点。但三辊轧制的轧辊最大外径受最小轧制直径限制，根据三个轧辊相接触，中心轧制件允许的最小直径 d_{min} 与轧辊可能的最大直径 D_{vmax} 的关系为

$$D_{vmax} = 6.46d_{min}$$

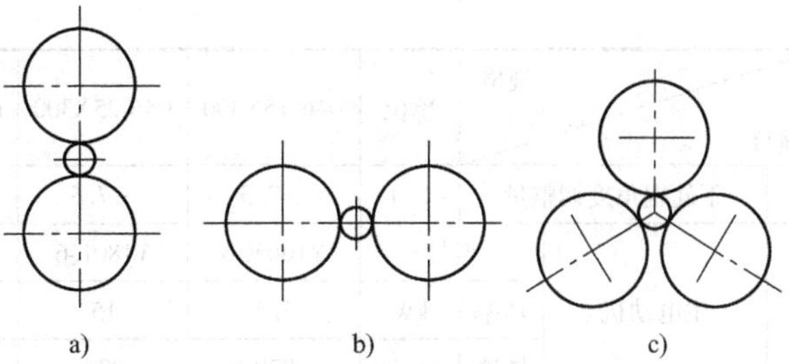

图5-16　辊式楔横轧机示意图

a）二辊立式　b）二辊卧式　c）三辊式

2. 单辊弧形式楔横轧机

单辊弧形式楔横轧机较辊式楔横轧机和板式楔横轧机的应用要少。由于它如下的特点决定它只适用于一些形状简单、尺寸小且对称的产品。

1）结构简单，体积小重量轻，造价低，不需要万向接轴和相位调整机构，只需驱动一个轧辊。

2）生产率高。

3）内弧形的模具加工制造困难。

4）轧制过程中轧制件绕轧辊作行星运动，无法加导板，故易出现轧件歪斜卡住的现象，特别是非对称件轧制。

5）模具的径向及喇叭口调整困难，使生产工艺不稳定。

3. 板式楔横轧机

板式楔横轧机与辊式楔横轧机单辊弧形式楔横轧机相比，最大的特点是模具制造容易。由于大部分采用液压驱动，也就具有结构简单、体积小、占地面积小、调整简单等特点。

由于板式楔横轧机为直线往复运动，单向工作，空行程返回，故生产率较低，一般为4~10件/min，主要适用于生产率要求不高，长度较大的产品。目前我国多用于五金行业花色手钳的制坯工艺。

4. 立式双辊楔横轧机

立式双辊楔横轧机有整体式结构和分体式结构之分。

整体式楔横轧机是指包括电动机、减速器、齿轮箱在内的传动部分与工作机构合为一体的布置形式。它具有结构紧凑、占地少的优点，用于制坯工艺便于加入到模锻生产线。其主要参数见表5-4。

表5-4　D46型辊式楔横轧机主要技术参数（整体式）

项目 \ 规格			单位	D46-15X300	D46-25X300	D46-35X400	D46-50X500	D46-70X700	D46-100X800
1	轧辊中心距		mm	315	400	500	630	800	1000
2	轧辊工作部分尺寸	直径	mm	250	320	400	500	630	800
		长度	mm	400	450	500	700	800	900
3	工件最大尺寸	直径	mm	15	25	35	50	70	100
		长度	mm	300	350	400	500	700	800
4	轧辊中心距调整量		mm	±8	±10	±12	±15	±20	±25
5	轧辊连续转速		r/min	15	15	14	12	12	10

（续）

<table>
<tr><th colspan="3">项目 ＼ 规格</th><th>单位</th><th>D46-15X300</th><th>D46-25X300</th><th>D46-35X400</th><th>D46-50X500</th><th colspan="2">D46-70X700</th><th colspan="2">D46-100X800</th></tr>
<tr><td>6</td><td colspan="2">下轧辊角度调整量</td><td>(°)</td><td>±7.5</td><td>±7.5</td><td>±7.5</td><td>±7.5</td><td colspan="2">±7.5</td><td colspan="2">±7.5</td></tr>
<tr><td rowspan="3">7</td><td rowspan="3">主电动机</td><td colspan="2">型号</td><td>Y160M-6</td><td>Y180L-6</td><td>Y200L-6</td><td>Y225M-6</td><td colspan="2"></td><td colspan="2"></td></tr>
<tr><td>功率</td><td>kW</td><td>7.5</td><td>15</td><td>22</td><td>30</td><td>55</td><td>75</td><td>75</td><td>90</td></tr>
<tr><td>转速</td><td>r/min</td><td>970</td><td>970</td><td>970</td><td>980</td><td colspan="2"></td><td colspan="2"></td></tr>
<tr><td>8</td><td colspan="2">机器质量（约）</td><td>kg</td><td>2500</td><td>3500</td><td>7000</td><td>12000</td><td colspan="2">21000</td><td colspan="2">38000</td></tr>
</table>

分体式楔横轧机是指工作机构与传动机构分开布置的形式。工作机构通过万向联轴器连接传动机构。这种轧机占地面积大，不适合在模锻生产线上制坯。但由于它具有寿命长，径向、轴向、相位角调整方便，轧机刚度大，便于维修等特点而被广泛应用。其主要技术参数见表5-5。

表5-5 H型辊式楔横轧机主要技术参数（分体式）

序号	项目 ＼ 规格		单位	H500	H630	H800	H1000
1	轧辊中心距		mm	520	660	800 ~ 850	980 × 1060
2	轧辊工作部分尺寸	直径	mm	500	630/700	810	1060
		长度	mm	450	500	700	800
3	工件最大尺寸	直径	mm	30	30/50	80	100
		长度	mm	400	450	600	700
4	轧辊相位调整量		(°)	±2	±2	±3	±3
5	轧辊连续转速		r/min	12/15	8/12/15	6/9/12	6/8/10
6	轧辊许用静力矩		kN·m	6×2	(13/20)×2	40×2	80×2
7	主电机	形式		交流	交流	交流	交流
		功率	kW	30	40	60	95
		转速	r/min	1000	1000	750	750
8	轧机质量（约）		kg	6000	9000	34000	45000

5.2.4 斜轧机的分类

按其机构形式可以分为穿孔式斜轧机、机床式斜轧机及钳式斜轧机三种基本类型。

1. 穿孔式斜轧机

穿孔式斜轧机是从轧制无缝钢管的斜辊式穿孔机发展而来的。它的电动机、减速机构、传动装置及工作机构是分别安装的，所以它具有设备重量大、占地面积大的特点。另外它还具有机器强度大、刚性好、使用可靠及调整维修方便等优点。穿孔式钢球斜轧机如图5-17所示。

穿孔式斜轧机主要用于轧制尺寸大、精度要求不高的产品。如球磨机用钢球、大尺寸轴承钢球及滚子，大尺寸异形零件，以及模锻制坯产品等。穿孔式钢球斜轧机的主要技术参数见表5-6。

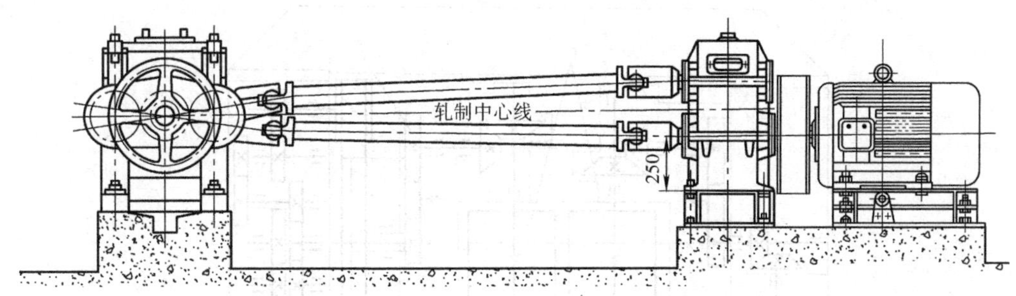

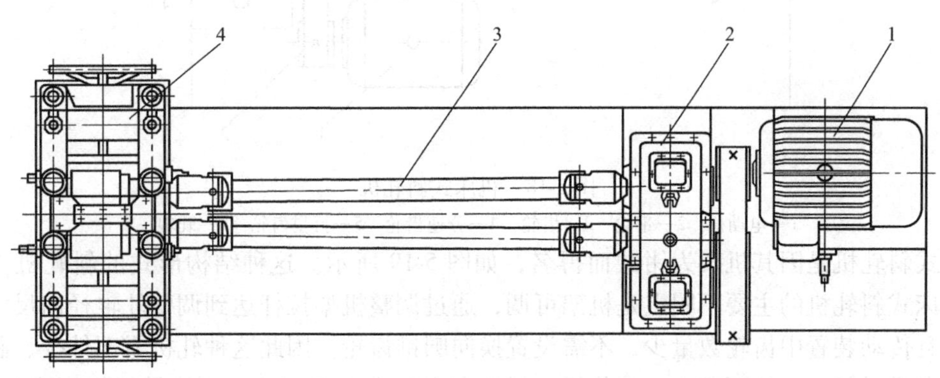

图 5-17　穿孔式钢球斜轧机

1—电动机　2—复合式减速机　3—万向节轴　4—工作机座

表 5-6　穿孔式钢球斜轧机主要技术参数

参数	ϕ30mm 钢球	ϕ60mm 钢球	ϕ75mm 钢球	ϕ100mm 钢球
轧制钢球直径范围/mm	6 ~ 35	41 ~ 62	41.5 ~ 78	62 ~ 104
坯料直径/mm	6 ~ 35	40 ~ 60	40 ~ 80	60 ~ 100
最大轧制压力/kN	100	250	600	1200
最大轧制转矩/（kN · m）	2 × 3	2 × 12	2 × 30	2 × 70
最大轧辊直径/mm	220	300	375	350 ~ 500
轧辊倾角/（ °）	0 ~ 8	0 ~ 7	0 ~ 7	0 ~ 7
轧辊转速/（r/min）	120，150，180	75	70	60
主电动机功率/kW	40	125	320	700
轧机质量（约）/kg	4500	12000	40000	75000

2. 机床式斜轧机

机床式斜轧机是从辊式无心磨床发展而来的。机床式斜轧机的电动机、减速机构、传动装置及工作机构都安装在一个机体内，如图 5-18 所示。机床式斜轧机结构紧凑，占地面积小，进出料方便，易于工人操作，精度高。但它也具有机器承载能力小、维修困难等缺点。

机床式斜轧机主要适用于轧制尺寸小、精度高的产品，还适用于温轧和冷轧，例如自行车用钢球、滚针等产品。

3. 钳式斜轧机

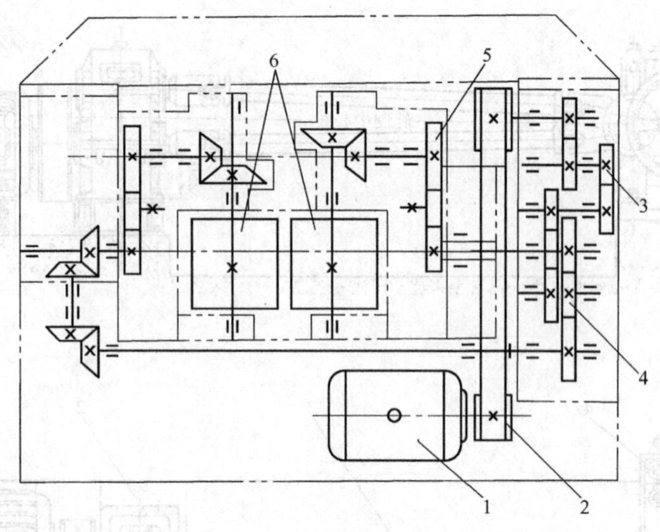

图 5-18　机床式斜轧机

1—电动机　2—带轮　3—齿轮　4—分速齿轮　5—行星齿轮　6—轧辊

钳式斜轧机是因其机架为钳式而得名，如图 5-19 所示。这种结构形式的斜轧机与穿孔式、机床式斜轧机的主要不同点是机架可调，通过调整机架拉杆达到调整轧辊径向尺寸的目的，而且传动装置中齿轮数量少，不需设置换向圆锥齿轮。因此这种轧机零部件少、制造容易、设备重量轻、占地面积小、造价低。但还存在进出料不方便，更换导板较困难的缺点。钳式斜轧机主要适用于冷轧小钢珠之类产品。

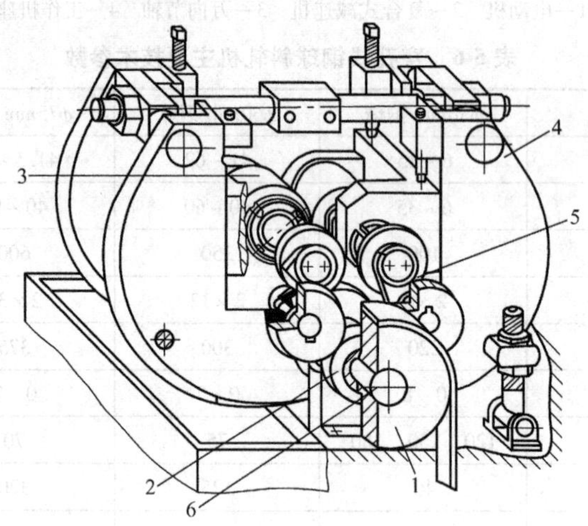

图 5-19　钳式斜轧机

1—带轮　2—传动齿轮　3—轧辊

4—C 形机架　5—连板　6—通轴

5.2.5　楔横轧机与斜轧机的主要结构

楔横轧机主要由传动系统、工作机架、轧辊、轧辊轴向调整机构、轧辊径向调整机构、轧辊相位角调整机构、左右导板装置组成。

斜轧机主要由传动系统、工作机架、轧辊、轧辊轴向调整机构、轧辊径向调整机构、轧

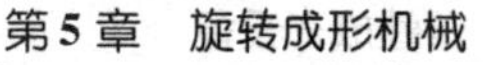

辊相位角调整机构、轧辊倾斜角调整机构、上下导板装置等组成。

1. 楔横轧机与斜轧机的工作机架

楔横轧机与斜轧机的工作机架是最重要的部件之一。因为轧辊和轴承座以及相应的调整机构都安装在机架上，机架要承受轧制力和轧制力矩，所以必须要有足够的强度和刚度，还必须方便拆卸、更换和调整其上的各零部件，才能有效地保证产品的精度。

常见的工作机架有卧式三种，如图5-20所示，立式四种，如图5-21所示。

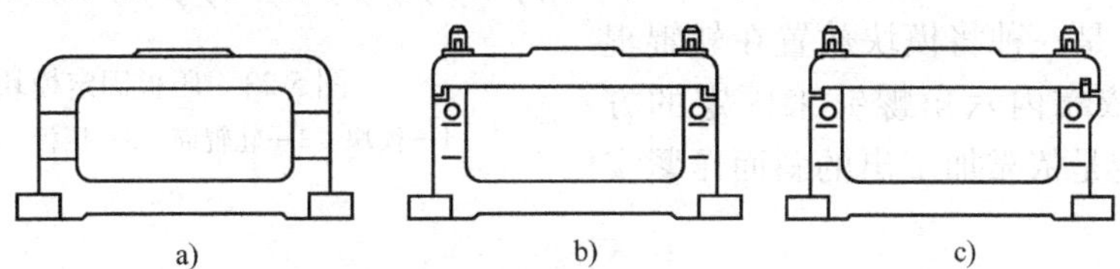

图5-20　卧式机架常见形式

a）闭式机架　b）开式机架　c）带钢楔的开式机架

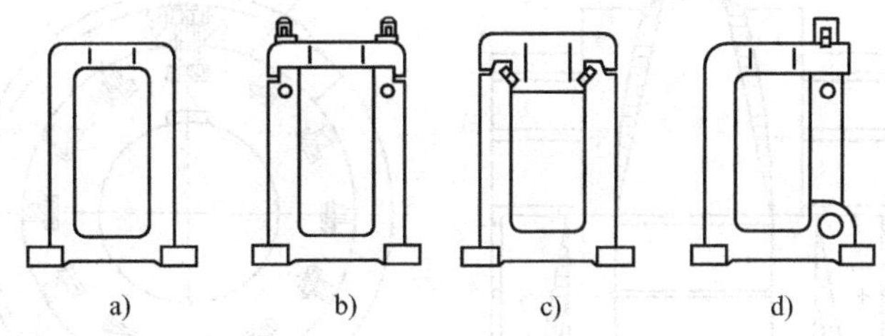

图5-21　立式机架常见形式

a）闭式机架　b）开式机架　c）带钢楔的开式机架　d）侧开式机架

闭式机架通常刚度大、制造方便，但更换轧辊受限，只能轴向更换，并限制了轧辊直径。

开式机架通常刚度不如闭式的大，但更换轧辊方便。除了可以轴向更换外，还可以从上面吊装更换轧辊。

带钢楔的开式机架是由机架盖与机身侧面打入钢楔，既保持了开式机架换辊的优点，又提高了开式机架的刚性，因此得到广泛应用。

侧开式机架主要用于整体式楔横轧机。由于机架上装了电动机及传动装置，不便打开机架上盖，所以采用侧开的办法换辊。

在现代轧机设计中，为使机架的刚度尽可能大，以提高产品精度，采用预应力机架和短应力线机架，如图5-22所示。

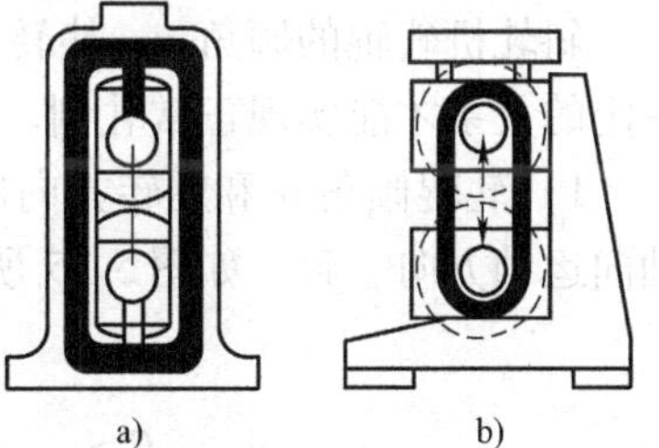

图5-22　预应力机架与短应力线机架

a）预应力　b）短应力线

预应力机架与普通机架相同，只是在机架未工作前就通过压下螺钉、螺母、轴承座、轴承、轧辊等加一个预应力，当工作时预应力与工作力合成，减小了机架变形。

短应力线机架是取消了承受轧制力的机架，依靠带螺纹的拉杆将上下两个轴承座连接起来，使应力线缩短，所以机架变形小。

2. 楔横轧机与斜轧机的轧辊

（1）楔横轧机的轧辊　楔横轧机的轧辊一般采用辊轴与模块分别加工、分别装配。这样模块可以做得较薄，节省模具材料，同时利于加工与安装。在模块局部损坏（切刀等部位易磨损）时，便于更换。

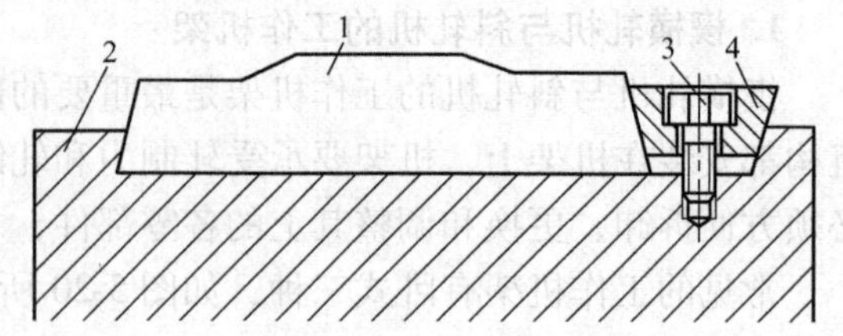

图 5-23　压板固定模块

1—模块　2—轧辊筒　3—压板　4—螺钉

轧辊上模具固定在辊轴上有两种常用方法。

1）图 5-23 是一种将模块放置在轧辊辊筒上，用压板依靠内六角螺钉来固定的方法。其轴向固定是依靠加工出的斜面压紧实现的。

2）图 5-24 是一种在轧辊辊筒上开出 T 形槽，通过 T 形槽用六角螺钉将模块固定在轧辊辊筒上，轧辊辊筒通过平键与轧辊轴联接。

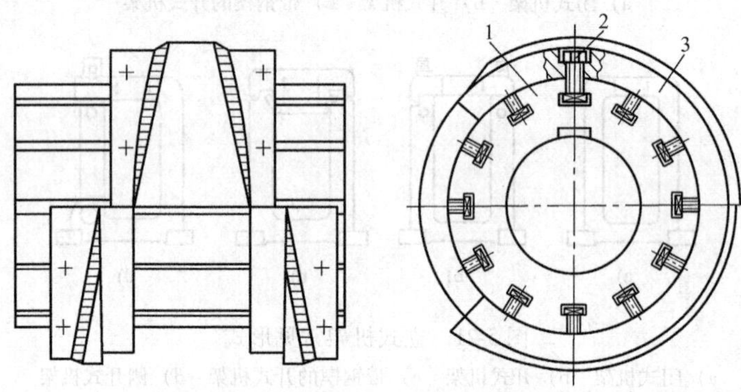

图 5-24　T 形槽螺钉固定模块

1—轧辊辊筒　2—螺钉　3—模板

（2）斜轧机的轧辊　斜轧机的轧辊通常做成空心套套在轧辊轴上，为的是便于分开加工、利于更换。因为斜轧机轧辊的使用周期较短，更换频繁，而且材料的性能要求不一。一般轧辊与轧辊轴大多采用间隙配合装配，当要求装配精度高时，轧辊内孔与轧辊轴采用锥面配合。

斜轧机轧辊的倾角 α、旋转方向与螺旋孔型的旋向（左旋、右旋），三者之间必须保证一定的关系才能实现正常轧制。

1）轧辊倾角 α 和旋转方向所决定的轴向运动应与轧辊螺旋孔型的旋向及旋向所决定的轴向运动方向一致。如图 5-25 所示，从箭头所示的入料方向看，若是右旋孔型轧辊，应该

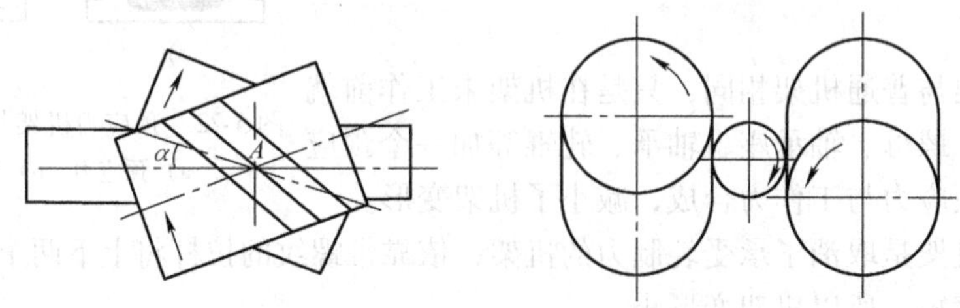

图 5-25　右旋孔型轧辊的倾斜方向与旋转方向

是左边的轧辊入口端高而向下倾斜，右边的轧辊入口端低而向上倾斜，轧辊的旋向为逆时针。如图5-26所示，从箭头所示的入料方向看，若是左旋孔型轧辊，应该是左边的轧辊入口端低而向上倾斜，右边的轧辊入口端高而向下倾斜，轧辊的旋向为顺时针。

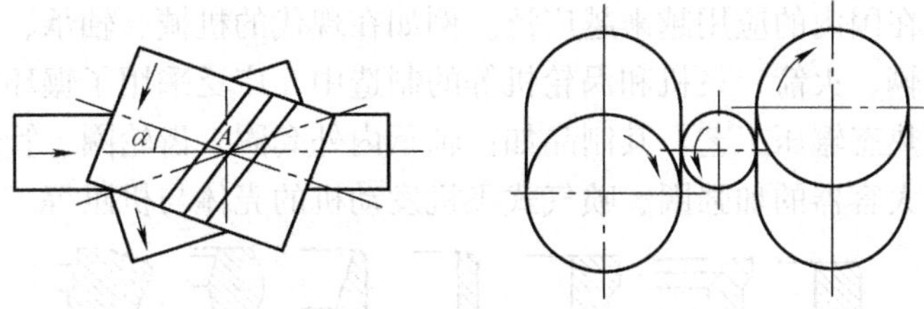

图5-26　左旋孔型轧辊的倾斜方向与旋转方向

2）轧辊通过摩擦带动轧制件的轴向运动速度应与轧辊螺旋孔型推动轧制件的轴向运动速度一致，即满足 $\alpha=\beta$ 的条件，β 为轧辊螺旋角度。

5.3　辗环机

辗环机又叫扩孔机，是在19世纪末最早由德国的蒂森机器公司瓦格纳工厂投入生产使用的一种制造无缝环形锻件的先进设备。目前国外最大的辗环机辗压力达40000kN，辗压工件最大直径达10m，轴向高度达4m。我国在20世纪50年代开始引进此项技术，并制造小型辗环机，用于热辗成形轴承内外套圈。20世纪90年代以后，此项技术得到了大力发展，工艺应用范围逐渐扩大，使冷成形辗环机及辗扩工艺接近世界水平。济南铸锻研究所研制的轴向-径向辗环机和武汉工业学院研制的 $\phi500$ 型齿轮坯辗环机都已采用微机控制。辗压成型汽车后桥从动齿轮轮坯的尺寸形状精度，已经达到世界水平。

5.3.1　辗环机的工作原理

辗环机的工作原理如图5-27所示，它是将冲有孔的环坯5套入直径比其稍小的芯辊3后，由主电动机传动带动径向辗压辊2旋转，由气压或液压驱动芯轴3作水平移动，使其接近环形坯料，并局部施压；在旋转过程中逐渐减小其截面面积，并最终成形。轴向辗压辊4用于支撑变形的环形件并控制环形件的高度及其端面对轴线的垂直度。径向辗压辊和芯辊的外形决定了成形件的截面形状。

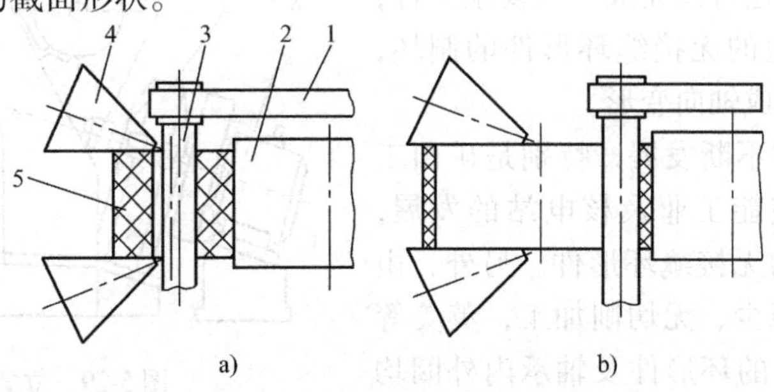

图5-27　辗环机的工作原理

a）初始辗压　b）辗压完毕

1—芯轴支架　2—径向辗压辊　3—芯辊　4—轴向辗压辊　5—环坯

5.3.2 辗环机的用途及分类

1. 主要用途

目前，辗环机在国内的应用越来越广泛。例如在现代的机械、轴承、汽车、拖拉机、起重运输机、机车车辆、火箭、飞机和涡轮机等的制造中，广泛采用了辗环机来完成厚壁环和筒形件的冷态或者热态辗压工艺。其制品如：轴承内外套圈、齿轮圈、管道法兰、起重运输机上的旋转轮圈、大容器的加强圈、喷气式飞机发动机的壳体与机匣等。

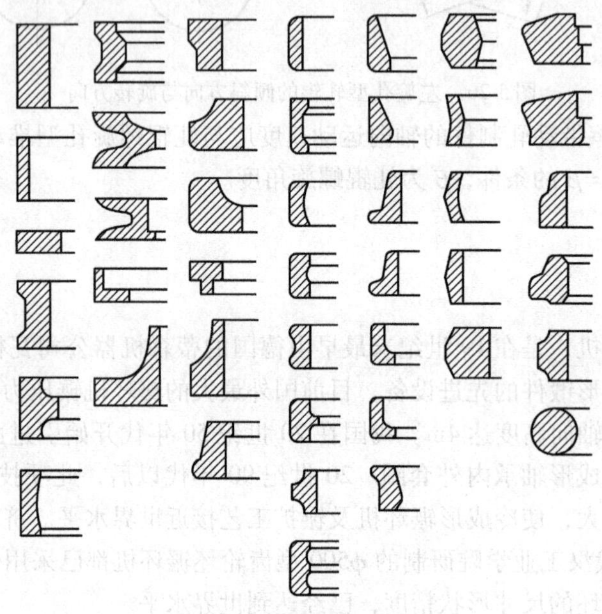

图 5-28 辗环产品的截面形状

辗环机可以辗压生产无缝环形件的直径范围为 40 ~ 10000mm，轴向高度为 10 ~ 4000mm，质量为 0.1 ~ 1500kg。其环形截面形状多种多样，图 5-28 所示为典型例子。辗环机要成形出这些截面环件，除需要相应的辗压模型外，在辗压前还需要在锻锤或者热模锻压力机、摆动辗压机、切边机等设备上进行制坯工序。另外，辗环机还可以完成一些复杂工件，如完成带有轴向薄边的无接缝环形件的制坯，再在摆动辗压机上完成轴向变形。

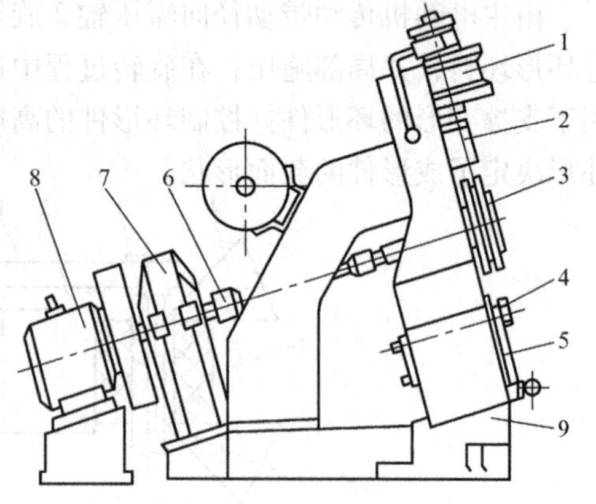

图 5-29 立式辗环机

1—气缸 2—滑块 3—辗压轮 4—芯辊 5—托料板 6—万向节 7—减速器 8—电动机 9—机身

随着现代工业的不断发展，特别是矿山工业、海上采油业、核能工业及核电站的发展，越来越需要特大型的无接缝环形件。另外，由于精密冷辗可以实现少、无切削加工，英美等国在航空工业上使用的环形件及轴承内外圈均采用冷辗压工艺制造。美国通用电气公司制造了 CF6 型飞机发动机上的 7 种不同尺寸和断面形状的环形件，外形公差达 ±0.01mm，直径公

差为±0.127mm，节约了30%的金属材料。英国FormFlo公司冷辗的轴承套圈，外圈直径公差为±0.01mm，内圈可达±0.052mm，圆度外圈为0.009mm，内圈为0.015mm，表面粗糙度为0.1μm，可节约金属材料31%。

2. 辗环机的分类

辗环机有三种分类，即按机架的安装形式、辗压辊的形式和完成工艺的不同形式分类。

按机架的安装形式分为立式、卧式两种。一般情况，当零件辗环外径小于400mm时，为操作方便，多采用立式辗环机或倾斜式辗环机，对于零件辗环外径大于400mm时多采用卧式辗环机，如图5-29、图5-30所示。

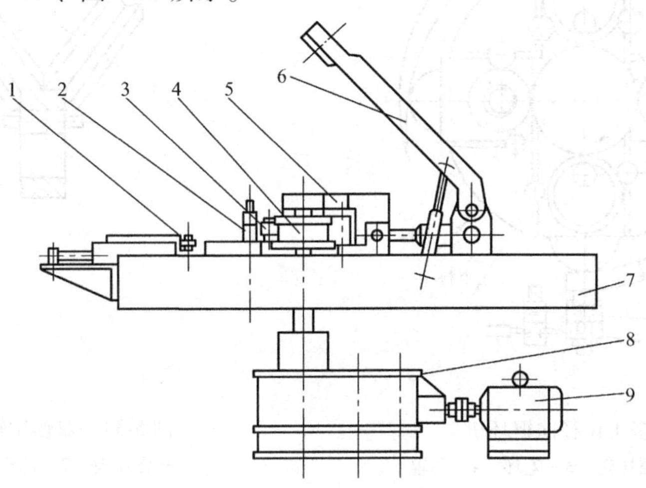

图5-30　卧式辗环机

1—测量辊　2—芯辊　3—抱辊　4—辗压轮　5—辗压轮上支撑
6—芯辊上支撑　7—机身　8—减速器　9—电动机

按辗压辊的形式分为径向辗环机和轴向-径向辗环机两种。径向辗环机可以是立式的，也可以是卧式的。轴向-径向辗环机多是卧式的，如图5-31所示。径向辗环机还有一种是多

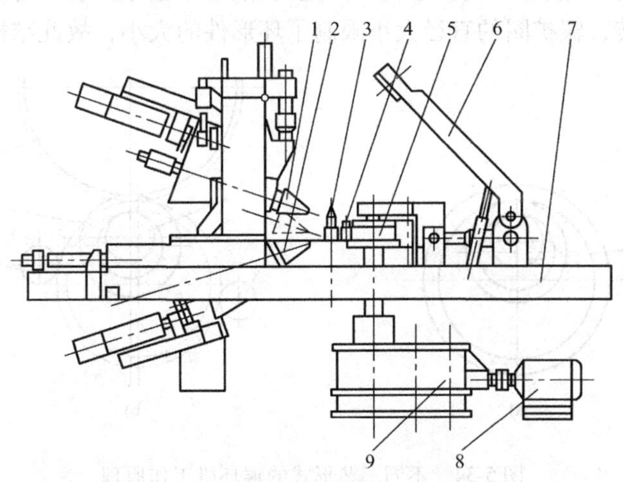

图5-31　轴向-径向辗环机

1—上端面辊　2—下端面辊　3—芯辊　4—抱辊　5—辗压轮
6—芯辊上支撑　7—机身　8—电动机　9—减速箱

工位径向辗环机，如图 5-32 所示，主要用来制造大批量的小型环件。另外还有一种轴向-径向辗环机是采用双辗压轮，又称为双辗压轮辗环机，主要是用来制造大批量小环件的专用设备，如图 5-33 所示。

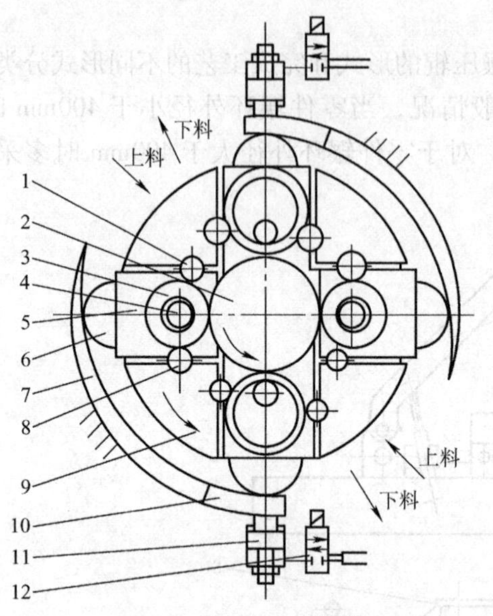

图 5-32　多工位径向辗环机

1—信号辊　2—辗压轮　3—毛坯　4—芯辊　5—滑块　6—滚轮　7—固定导板　8—推力辊　9—工作台　10—活动导板　11—液压缸　12—电磁阀

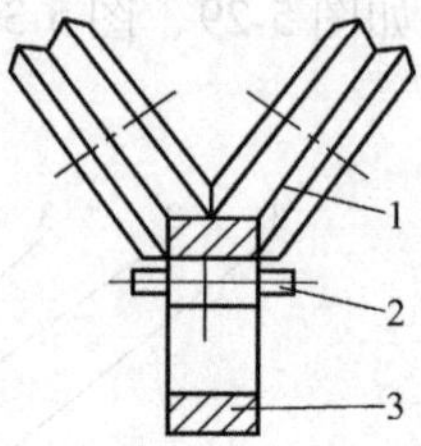

图 5-33　双辗压轮辗环机

1—辗压轮　2—芯辊　3—工件

按完成工艺的不同形式可分为闭式辗环机和开式辗环机。闭式辗环机的工作原理如图 5-34a 所示。冲有小孔的热态环坯在芯辊与内空的辗扩圈之间被辗压成形。工作中环件、芯轴和辗扩圈同向旋转，辗扩圈的直径大小限制了环形件的大小，故此结构辗环机较少采用。

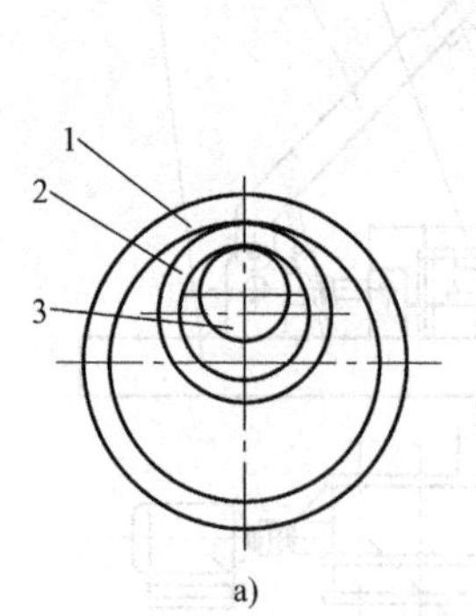

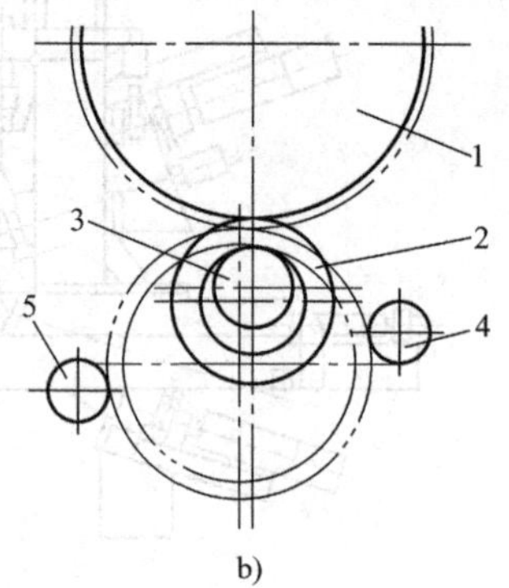

图 5-34　不同工艺形式的辗环机工作原理

a）闭式　b）开式

1—辗压辊或辗压圈　2—环坯　3—芯辊　4—导向轮　5—控制轮（发讯装置）

开式辗环机结构简单，是一种最常用的结构形式，尤其在小规格辗环机上广泛采用。其

工作原理如图5-34b所示。冲有小孔的环坯同样在芯辊与辗压辊之间被辗压成形。但辗压辊的旋转方向与芯辊和环坯不同，且环形件的直径大小不受辗压辊直径限制，而是由与环件外径接触的控制轮控制外径大小，由导向轮导向并校正后被辗压成正圆形状。

5.3.3 辗环机的主要技术参数

辗环机的技术参数反映了辗环机的工艺能力、应用范围和生产效率，是正确选用辗环机的主要依据。

1. 辗压力 F

辗环机的辗压力是指滑块带动辗压辊，以一定速度接触环形坯料，并与芯辊一同对环坯施压产生一定压下量，环坯所受到的总压力。

辗压力的计算公式为

$$F = A_c p \tag{5-1}$$

式中，A_c 为接触面投影面积；p 为接触面投影面积上单位面积平均压力。

1）径向辗压的接触面投影面积为

$$A_c = BL \tag{5-2}$$

式中，B 为辗压辊和芯辊与环坯接触的轴向宽度；L 为变形区接触弧形投影长度。

在径向辗压的正常操作范围内，假定辗压辊和芯辊与环件接触弧形与其投影长度相等，如图5-35所示，可以得出

$$\tan\alpha = \frac{L}{R_1 - x_2} \quad \sin\alpha = \frac{L}{R_1} \quad \cos\alpha = \sqrt{1 - \frac{L^2}{R_1^2}}$$

可得到

$$\tan\alpha = \frac{L}{R_1}\frac{1}{\sqrt{1 - \frac{L^2}{R_1^2}}}$$

那么

$$\frac{L}{R_1 - x_2} = \frac{L}{R_1}\frac{1}{\sqrt{1 - \frac{L^2}{R_1^2}}}$$

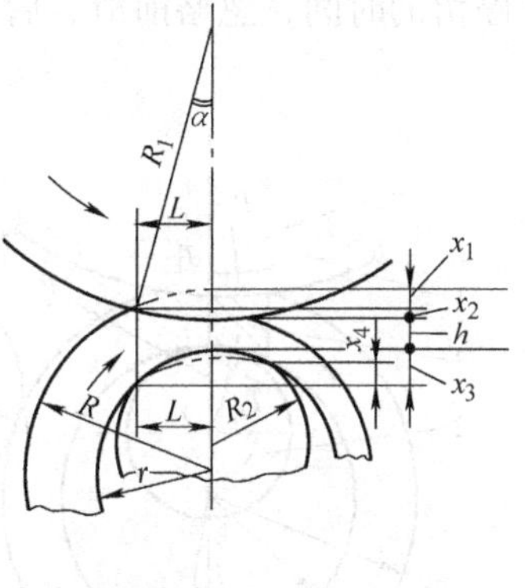

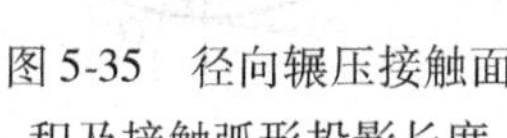

图5-35 径向辗压接触面积及接触弧形投影长度

由于 $R_1 >> x_2$，所以忽略 x_2^2，将上式整理后得

$$2x_2 = \frac{L^2}{R_1}$$

同理

$$2x_1 = \frac{L^2}{R} \quad 2x_3 = \frac{L^2}{R_2} \quad 2x_4 = \frac{L^2}{r}$$

由于

$$\Delta h = x_1 + x_2 + x_3 - x_4$$

$$2\Delta h = 2x_1 + 2x_2 + 2x_3 - 2x_4$$

因此有

$$L = \sqrt{\frac{2\Delta h}{\frac{1}{R_1} + \frac{1}{R_2} + \frac{1}{R} - \frac{1}{r}}} \tag{5-3}$$

2）轴向辗压的接触面投影面积为

$$A_c = \pi(R^2 - r^2)(0.4\sqrt{Q} + 0.14Q)\left(1.01 - 0.31\frac{r}{R}\right) \tag{5-4}$$

式中，Q 为相对进给量，$Q = \frac{\Delta h_1}{2R\tan\gamma}$，$\gamma = \frac{1}{2}(180° - \beta)$，其中，$\Delta h_1$ 为单面辊单辊压下量，β 为端面辊锥顶角。

（由于轴向辗压实际相当于环形件的摆动辗压，故采用摆动辗压的计算式。）

3）接触面投影面积上单位面积平均压力为

$$p = n_v n_\sigma \beta \sigma_s \tag{5-5}$$

式中，n_v 为变形速度影响系数；n_σ 为应力状态系数；β 为罗德系数，辗环近似于平面应变 $\beta = 1.15$；σ_s 为材料热辗时的塑性变形抗力。

① 变形速度影响系数 n_v。变形速度影响系数 n_v 是变形速度 $\dot{\varepsilon}$ 的函数。径向辗环中变形速度为

$$\dot{\varepsilon} = \frac{\mathrm{d}\varepsilon}{\mathrm{d}t} = \frac{\mathrm{d}h}{h}\frac{1}{\mathrm{d}t} \approx \frac{\Delta h}{h}\frac{1}{t} \tag{5-6}$$

式中，h 为工件瞬时径向厚度，$h = R - r$；Δh 为工件瞬时径向压下量；t 为金属材料在变形区停留的时间，忽略前滑、后滑的影响，$t = \frac{L}{v_1}$。

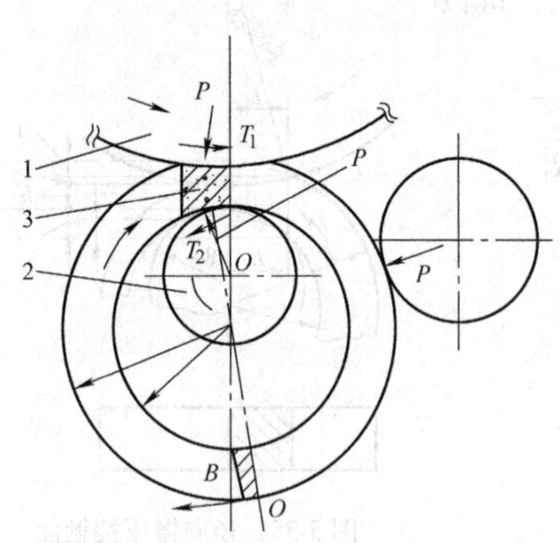

图 5-36　径向辗压环件的受力状况

1—辗压轮　2—芯辊　3—塑性变形区

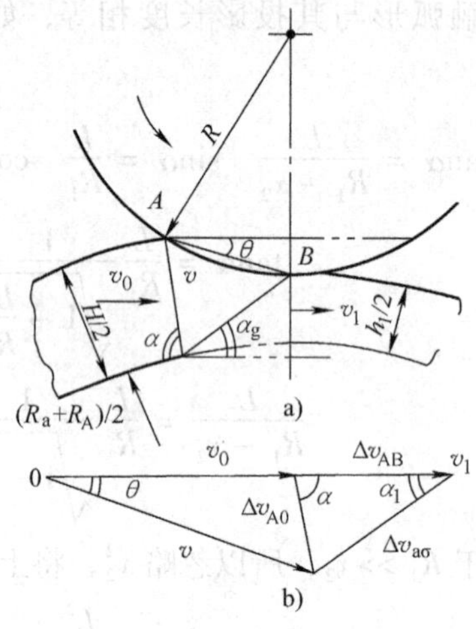

图 5-37　径向辗压时外变形区的速度间断线和速端图

② 径向辗压的应力状态系数 n_σ

径向辗压时，环件的受力情况如图 5-36 所示。为简化计算，首先忽略轴向变形，假定辗环为平面应变；确定环件内外变形区的分界面为半径等于$\frac{1}{2}(R - r)$ 的环面，且投影面瞬间单位面积平均压力相等；用弦长代替弧长，单三角形单元推导应力状态系数的上限解。外变形区的速度间断线和速端图如图 5-37 所示，经运算整理的应力状态系数 n_σ 为

$$n_\sigma = \frac{p}{2K} = \frac{h_0}{4L}\left\{1 + \frac{1}{h_0}\left[4L^2 - 4Lh_1\left(\frac{2L}{h_0 + h_1} - \frac{\sigma_0}{2K}\frac{2L\Delta h\sqrt{1 + B^2}}{h_0 h_1 + h_1^2}\right)\right.\right.$$

$$+ h_1^2\left(\frac{2L}{h_0 + h_1} - \frac{\sigma_0}{2K}\frac{2L\Delta h\sqrt{1 + B^2}}{h_0 h_1 + h_1^2}\right)\Big]$$

$$+ \left[1 + \left(\frac{2L}{h_0 + h_1} - \frac{\sigma_0}{2K}\frac{2L\Delta h\sqrt{1 + B^2}}{h_0 h_1 + h_1^2}\right)^2\right]$$

$$+ \frac{\sigma_0}{2K}\sqrt{1 + B^2}\left[\frac{2L}{h_0} + \frac{\Delta h}{h_0}\left(\frac{2L}{h_0 + h_1} - \frac{\sigma_0}{2K}\frac{2L\Delta h\sqrt{1 + B^2}}{h_0 h_1 + h_1^2}\right)\right]\Big\} \tag{5-7}$$

经曲线拟合，上式可简化为

$$n_\sigma = \frac{p}{2K} = \frac{h}{2L} + \frac{2L}{h}\left(0.25 + \frac{\sigma_0}{2K}\right) \tag{5-8}$$

式中，$B = \dfrac{L}{2R_1}$；$h = \dfrac{1}{2}(h_0 + h_1)$；$2K = \sigma_s$；$\sigma_0$ 为变形区切向端面承受环抗缺口张大的张力。

n_σ 与 L/h 的关系如图 5-38 所示。

径向辗压时，塑性变形区会切向伸长，就是增大缺口环的缺口，而塑性变形区以外的部分组成的缺口环就得变形，它抗变形的力就给塑性变形区的出、入口形成压力。假定环件不产生轴向扭曲，而在对面形成塑性铰链。忽略轴向变形的影响，设轴向厚度为 1，可得弯矩为

$$M_w = 2K\left[\frac{1}{4}(R^2 - r^2) - \left(\frac{N}{4K}\right)^2\right] \tag{5-9}$$

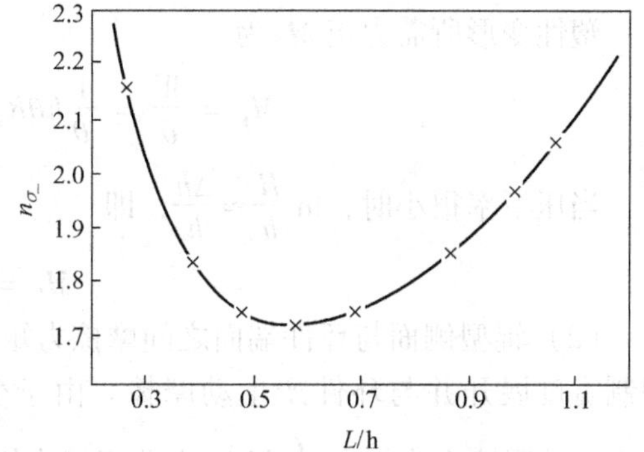

图 5-38 $(R+r)/(R-r) = 0.7363$ 时，$n_\sigma = \dfrac{p}{2K}$ 与 L/h 的关系曲线

式中，K 为材料抗剪塑性应力；$2K = \sigma_s$；N 为纵向应力，$N = (R - r)B\sigma_0$，$B = 1$。

形成的弯矩 M_w 为

$$M_w = \frac{1}{2}\sigma_0(R - r)(R + r) \tag{5-10}$$

将 $N = (R - r)\sigma_0$ 代入式（5-29）并和式（5-30）联立解得

$$\frac{\sigma_0}{2K} = \sqrt{\left(\frac{R + r}{R - r}\right)^2 + \frac{R + r}{R - r}} - \frac{R + r}{R - r} \tag{5-11}$$

那么式（5-8）可写为

$$n_\sigma = \frac{p}{2K} = \frac{h}{2L} + \frac{2L}{h}\left(0.25 + \sqrt{\left(\frac{R + r}{R - r}\right)^2 + \frac{R + r}{R - r}} - \frac{R + r}{R - r}\right) \tag{5-12}$$

③ 轴向辗压的应力状态系数 n_σ。轴向辗压就是环件的摆动辗压，应力状态系数为

$$n_\sigma = 1 + \frac{\sigma_0}{2K} + \frac{mR}{h}\left[0.7Q^2 + \left(0.591 + 0.078\frac{r}{R}\right)Q + 0.4853\frac{r}{R} + 0.0987\right] \tag{5-13}$$

式中，h 为环件的轴向高度；m 为塑性变形摩擦因子（$0 \leqslant m \leqslant 1$），它与接触摩擦因数 μ 和变形区状态系数有关。

2. 辗压电动机功率 N

辗环电动机功率与其驱动转矩有关，电动机轴的驱动转矩包括

$$M = M_f + M_\mu + M_o + M_e + M_d \tag{5-14}$$

式中，M_f 为辗压时塑性变形需要的力矩；M_μ 为辊型侧面与环件端面之间的摩擦力矩；M_o 为推力辊力矩；M_e 为机械效率引起的附加力矩；M_d 为惯性矩，稳定辗压时 $M_d = 0$。

（1）塑性变形需要的力矩 M_f　辗压轮以力 F 辗压环件时，环件的径向厚度由 H 减到 h，相当于把一个单位体积 $dV = A(H-h) = Adh$ 推离一单位距离 dh 做了功，即 $dW = Fdh$，$F = A_c p$，A_c 为接触面投影面积，$A_c = \frac{V}{h}$，V 为塑性变形区的体积。辗压力 F 所做的功为

$$W = \int dW = -\int_H^h F dh = \int_h^H A_c p dh = \int_h^H \frac{V}{h} dh = Vp\ln\frac{H}{h} \tag{5-15}$$

忽略前滑和后滑的影响，环形件变形的体积就是辗压轮辗压过的体积如图 5-39 所示，那么

$$V = h\theta R_1 B \tag{5-16}$$

$$W = h\theta R_1 Bp\ln\frac{H}{h}$$

塑性变形所需力矩 M_f 为

$$M_f = \frac{W}{\theta} = \frac{1}{\theta}h\theta R_1 Bp\ln\frac{H}{h} = hR_1 Bp\ln\frac{H}{h} \tag{5-17}$$

当压下率很小时，$\ln\frac{H}{h} \approx \frac{\Delta h}{h}$，即

$$M_f = R_1 Bp\Delta h \tag{5-18}$$

（2）辊型侧面与环件端面之间摩擦力矩 M_μ　型槽辗压时，若金属充满型槽，型槽侧面限制宽度展开并与环件产生动摩擦。由于变形区为塑性状态，故单位面积上的摩擦力为 $\mu_1\sigma_s$，总摩擦力为 $\mu_1\sigma_s\int_s dA$，由此摩擦力矩为

$$M_\mu = 2\sigma_s\mu_1\left(1 + \frac{R_1}{R}\right)\int\rho dA \tag{5-19}$$

式中，μ_1 为型槽侧面与环件端面间滑动摩擦因数，钢与钢取 $\mu_1 = 0.15$；ρ 为摩擦面上微小面积 dA 到瞬心的距离。

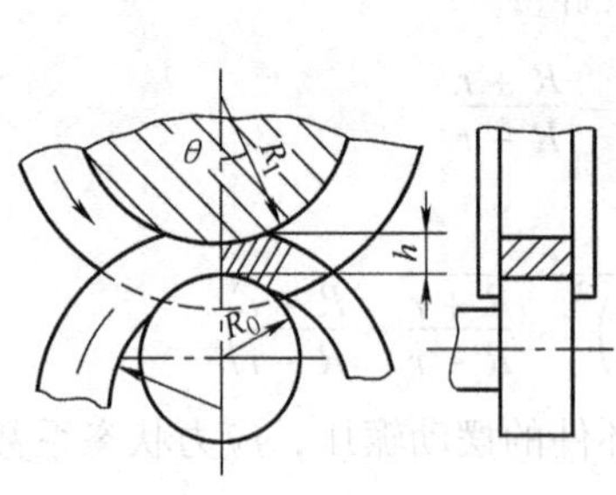

图 5-39　辗压轮辗压过的体积

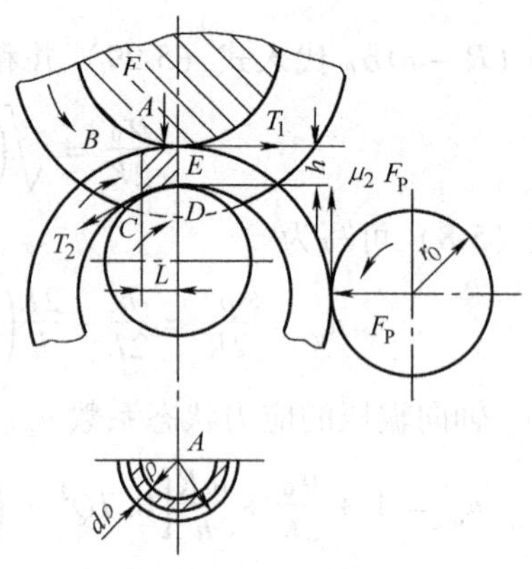

图 5-40　接触摩擦面及其换算面积

因型槽侧面限制塑性变形区的金属轴向流动，所以侧压接触面积限在塑性变形区的侧面 $BCDE$ 区域，如图 5-40 所示。假定它相当于半径 r 的半圆，$\rho dA = \rho\pi\rho d\rho = \pi\rho^2 d\rho$，由此

$$\int \rho \mathrm{d}A = \int \pi \rho^2 \mathrm{d}\rho = \frac{1}{3}\pi r^3 \tag{5-20}$$

接触摩擦面积 $BCDE$ 近似为矩形，$A = Lh$，经代换得

$r = \sqrt{\frac{2}{\pi}Lh}$，代入上式得

$$\int \rho \mathrm{d}A = \frac{1}{3}\pi r^3 = \frac{\pi}{3}\left(\frac{2}{\pi}Lh\right)^{3/2}$$

那么

$$M_{\mu} = 2\sigma_s \mu_1 \left(1 + \frac{R_1}{R}\right)\int \rho \mathrm{d}A = 1.064\left(1 + \frac{R_1}{R}\right)(Lh)^{3/2}\mu_1 \sigma_s \tag{5-21}$$

（3）推力辊力矩 M_o　立式辗环机和多工位辗环机上的推力辊以及卧式辗环机上的抱辊，对环坯的作用力应当小于等于成品件的弯曲力，即塑性铰链力。此力过大会把环形件夹扁，过小会使环形件摆动而不能稳定辗压，故推力辊作用力 F 为

$$F \leqslant \sigma_o B(R - r) = \sigma_s \left(\sqrt{\left(\frac{R + r}{R - r}\right)^2 + \frac{R + r}{R - r}} - \frac{R + r}{R - r}\right)B(R - r) \tag{5-22}$$

推力辊力矩 M_o 为

$$M_o = \mu_2 \left(1 + \frac{R}{r_o}\right)\sigma_s \left(\sqrt{\left(\frac{R + r}{R - r}\right)^2 + \frac{R + r}{R - r}} - \frac{R + r}{R - r}\right)B(R - r) \tag{5-23}$$

式中，μ_2 为滚动摩擦因数，钢与钢取 $\mu_2 = 5 \times 10^{-4}$；r_o 为推力辊半径。

辗压消耗功 W 与转矩的关系为

$$W = M\theta = M\omega t$$

式中，ω 为辗压轮的角速度，$\omega = \frac{2\pi n}{60} = 0.1047n$；$n$ 为辗压轮转速（r/min）。

因此电动机功率 $P(W)$ 为

$$P = \frac{W}{t} = M\omega = 0.1047nM = 1.047 \times 10^4 Mn \tag{5-24}$$

表5-7、表5-8是现有国产辗环机的主要技术参数。

表5-7　径向辗环机主要参数

参数 \ 型号		立式机			卧式机	
		D51W160	D51W250	D51W350	D52-630	D52-1000
径向轧制力/kN		60	98	155	500	800
轧环外径/mm		160	250	350	220～630	350～1000
轧环高度/mm		35	50	85	160	250
轧制线速度/(m/s)		2～2.5	2.1	2.2	1.3	1.3
电动机功率/kW		18.5	37	75	110	200
外形尺寸	长/mm	2200	2890	4050	5230	7500
	宽/mm	1650	1900	1800	1900	2200
机器质量/kg		2800	6500	10000	28000	4500

表 5-8 轴向-径向辗环机主要参数

参数 \ 型号		D53K-800	ZDS-052	D53K-2000	D53K-3000	D53K-3000A	D53K-3500
径向轧制力/kN		1250	2000	2000	2000	2000	2000
轴向轧制力/kN		1000	1250	1250	1250	1600	1600
轧环外径/mm		350~800	400~1800	400~2000	400~3000	400~3000	500~3500
轧环高度/mm		60~300	80~500	70~500	80~500	60~700	60~500
轧制线速度/(m/s)		1.3	1.3	1.3	1.3	0.4~1.6	0.4~1.6
主电动机功率	径向/kW	280	500	500	500	2×315	2×280
	轴向/kW	2×160	2×160	2×160	2×160	2×315	2×220
外形尺寸	长/mm	10000	12700	14600	15500	16200	15500
	宽/mm	2500	3600	3500	3600	3200	3600
机器质量/kg		95000	150000	165000	220000	235000	220000

5.3.4 辗环机的主要结构

辗环机主要由机身、滑块、辗压轮、芯辊、测量辊、抱辊、托料板、气缸或液压缸、气动系统或液压系统、电动机、减速器等构成。通常，滑块、辗压轮、芯轴、测量辊、抱辊、托料板、气缸或液压缸装在机架上，而电动机、减速器、气动系统或液压系统、操作系统等都装在地基基础上。立式径向辗环机多采用主传动带辗压轮作旋转运动，气动系统控制气缸推动滑块并且带着辗压轮沿导轨作径向辗压进给运动；卧式辗环机多采用液压系统控制的液压缸推动滑块带着芯辊作径向进给运动，主电动机传动只是带动辗压轮作旋转运动。下面介绍辗环机的主要结构。

1. 主滑块

主滑块通常由厚钢板焊接而成，具有较大的刚度。上面装有气缸或液压缸，以及装有芯辊的芯辊支座。图 5-41 所示为卧式辗环机的主滑块部件。辗压轮的支座固定在机身上，与液压缸的柱塞缸刚性连接成一体。液压缸与滑块刚性连接。液压缸的前后腔分别通过管接头与液压系统连接。芯辊支架是在环坯套入芯辊之后，紧扣在芯辊上面锥端的，借助支架侧面的锁紧滚轮紧压支架在机身的滑块上，使芯辊支架不会在芯辊受力时与芯辊脱开。芯辊上端和下端都是滚动轴承，可随动作旋转运动。螺母起固定芯辊作用，旋下时可进行芯辊更换。

当工作时，辗压轮在电动机、减速器的带动下作旋转运动，液压系统的压力油经柱塞缸上 a 口进入柱塞缸（主液压缸），同时充液箱的大量液体通过缸底 b 口为柱塞缸充液，在柱塞作用下，滑块带动芯辊沿两侧的四个导轨空程快速滑动，当芯辊接触到环坯后，冲液箱停止充液，系统压力逐渐升高至工作压力时，开始对环坯加力辗压。

2. 定心机构

辗环机一般都要设定心机构，特别是大型环件其定心机构是必需的。定心机构的作用主要是保证辗环机的初始阶段定心轮牢固可靠地贴于环坯表面，以防止环形坯因预成形的不圆度而产生跳动。另外，定心机构还应保证辗环在最后阶段将大而薄的环件扶正，并精辗成正圆形状。

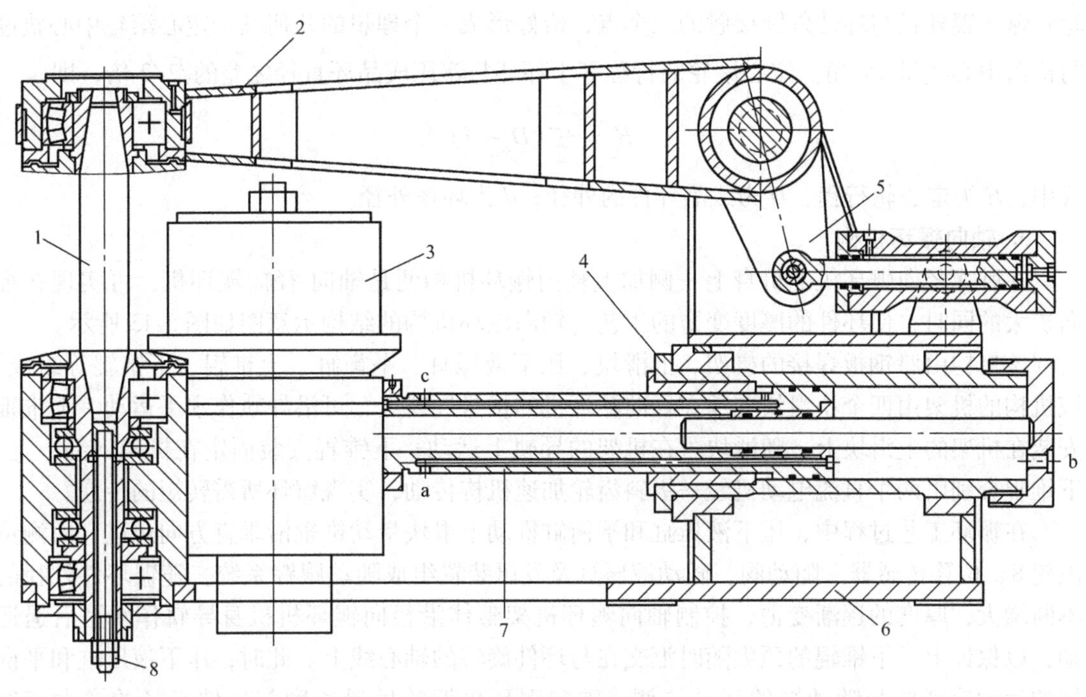

图5-41　卧式辗环机的主滑块部件

1—芯辊　2—芯辊支架　3—辗压轮　4—液压缸　5—锁紧装置　6—主滑块　7—柱塞缸　8—螺母

定心机构通常由数控系统控制实现调整定心滚轮的位置及用来平衡环件增大时扩张力的作用力，使环形件达到所要求的尺寸，并精辗达到一定的几何精度。

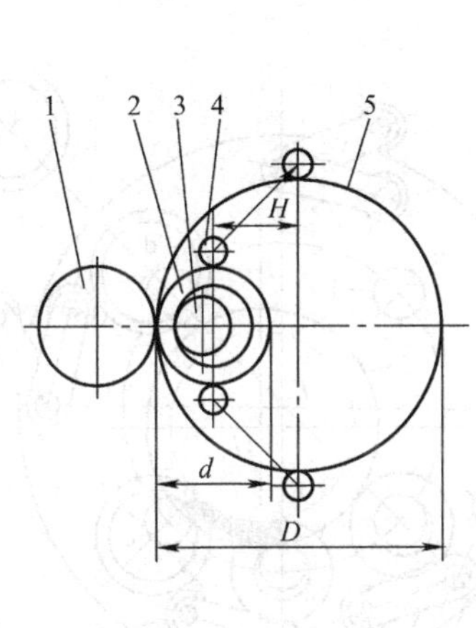

图5-42　定心滚最佳位置

1—辗压轮　2—环坯　3—芯辊

4—定心滚轮　5—成品环形件

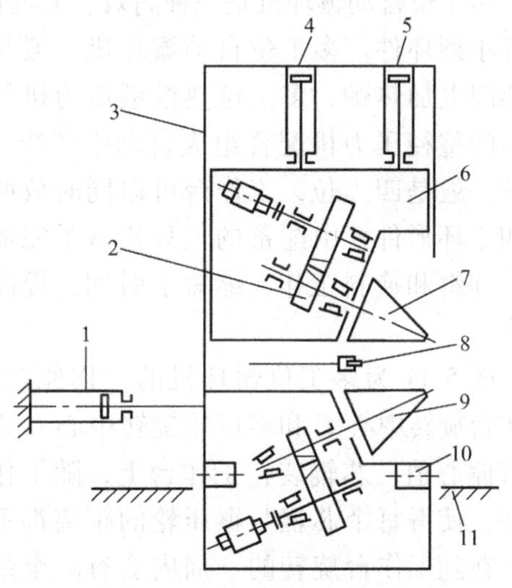

图5-43　轴向辗环机构的结构示意图

1—随动液压缸　2—斜齿轮　3—机架　4—平衡缸　5—压下液压缸　6—上滑块　7—上锥辊　8—测量滚轮　9—下锥辊　10—小滑块　11—床身导轨

定心滚轮的最佳理想位置如图5-42所示。定心滚轮设在环形件外径的两侧，两定心滚轮及辗压辊外径与环件外圆接触的三个点，恰好形成一个理想的几何圆。定心滚轮中心轨迹与机器中心线呈45°角。定心滚轮的行程等于环坯与辗压成品环直径之差的$\sqrt{2}/2$倍，即

$$H = \frac{\sqrt{2}}{2}(D - d)$$

式中，H为定心轮行程；D为成品环件的外径；d为环坯外径。

3. 轴向辗环机构

在卧式径向辗环机的机身上一侧加上轴向辗环机构便是轴向-径向辗环机，可实现在径向扩大的同时，使环件的厚度变薄的工艺。轴向辗环机构的结构示意图如图5-43所示。

该机构由厚钢板焊接的机架、上滑块、压下液压缸、平衡缸、上锥辊、下锥辊等组成。该机构的机架由四个小滑块支承在径向辗环机的机身导轨上，可沿导轨作水平运动。上锥辊安装在机架的上滑块上，随滑块可在机架的导轨上运动；下锥辊安装固定在机架下部，上、下锥辊分别由两个直流电动机经一级斜齿轮加速机构传动，实现辗环所需转矩的传递。

在辗环工艺过程中，压下液压缸和平衡缸推动上滑块带动锥辊沿垂直方向送进，由测量滚轮8、位移传感器、随动阀、随动液压缸及发讯装置组成随动跟踪系统，随辗环件外径的不断增大，厚度的逐渐变薄，控制轴向辗环机架整体沿径向辗环机机身导轨作水平后退运动，以保证上、下锥辊的顶尖随时汇交在与环件旋转的轴心线上。此时，压下液压缸和平衡缸的运动速度要与随动缸的运动协调，轴向辗环机架的后退速度与环件直径的增大速度一致。

5.3.5 多工位自动辗环机

多工位自动辗环机是一种高效、大批量自动出产环形件的机器设备，多用来生产如轴承环等小型环件。多工位自动辗环机一般与棒料感应电加热炉、多工位热模锻压力机及辗环后的整径压力机配合组成自动生产线。多工位一般是四工位，工作台可以同时放两个或四个环形件，由配备的三只机械手完成上料、卸料和换料工作，缩短了时间，提高了效率。

图5-44为多工位辗环机的工作原理图。工作台旋转中心F和辗压轮旋转中心G之间具有偏心值。芯辊装在工作台上，随工作台旋转，使得每个芯辊与辗压轮的距离都不相同，在随工作台旋转的一周内会有一个最大和最小距离，就是利用芯辊与辗压轮之间这个距离的变化来实现辗压环件工艺的。

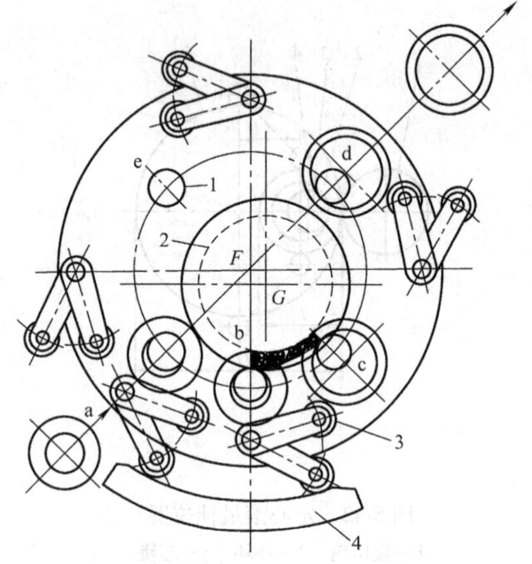

图5-44　多工位辗环机的工作原理
a—上料位置　b—辗压开始　c—辗压完毕
d—卸料位置　e—换料位置
1—芯辊　2—辗压辊工作面　3—导向轮　4—导板

工作时，环形件由机械手在a处送进，工作台开始旋转，环形件转至b处时，芯辊与辗压轮之间的距离逐渐缩小，使得芯辊工作面和辗压轮的工作面与环形件接触，环形

件随芯辊由 b 处到 c 处时，芯辊与辗压轮之间的距离达到最小，环形件被辗压变形，这一区间被称为辗扩区。辗扩区的大小及辗压环厚度是由工作台中心与辗压轮中心的偏移量及辗压轮的直径和芯辊在工作台上中心圆的直径决定的。至此，初次辗压过程结束，工作台停止旋转。安置在 a、d、e 处的机械手分别进行上料和卸料，然后工件继续旋转。但经过初次辗压的环形件并不是在工作台旋转到 d 处就由机械手取下，而是当工作台旋转到 e 处时，才由机械手取下，但并不放下，而是与工作台一起继续旋转 90°，到 a 处时，机械手才将手中初辗压过的环形件套入旋转到 e 处的另一个芯辊上。工作台继续旋转，环形件在 b 处到 c 处间再次进行精辗压。当工作台第二次旋转到 d 处时，机械手才将环形件取下，全部辗扩过程结束。

当然，在实际的多工位自动辗环机工作时，四个工位是都有工件的，只是将初次辗压环件与二次精辗环件交错放置，使得工作节拍均匀有序，同样机械手的工作节拍也是如此。

多工位自动辗环机配有的三只机械手是上料机械手、卸料机械手和换料机械手。其中，上料和卸料机械手需要作转动动作，而换料机械手则不需要作转动动作。

机械手通常都固定在多工位辗环机的机身上，由升降缸、夹钳缸、夹爪、撞块及转动齿轮等组成。由于换料机械手不需要作转动动作，故在结构上缺少转动齿轮。图 5-45 所示为上料和卸料机械手的结构。

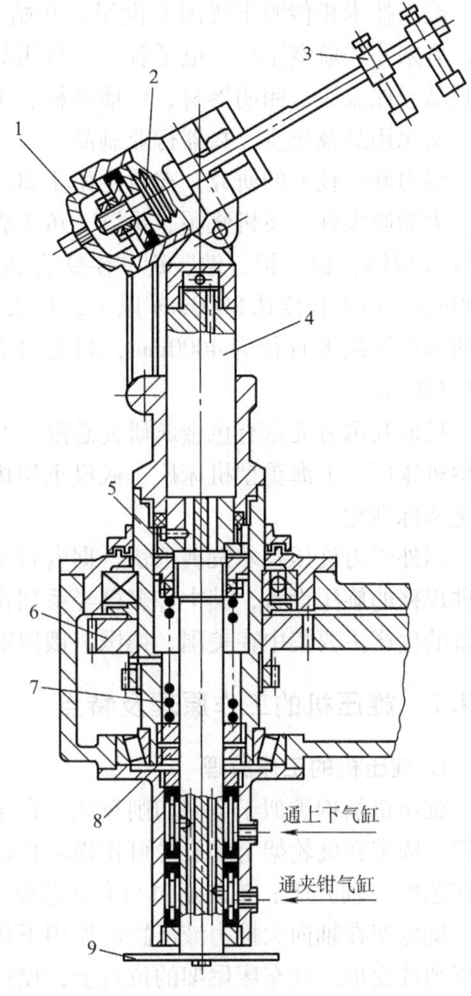

图 5-45 上料和卸料机械手的结构

1—夹钳缸 2—碟形弹簧 3—夹板 4—活塞 5—升降缸 6—齿轮 7—弹簧 8—调节螺母 9—撞块

主电动机接通后，上料机械手从上料台上取料，换料机械手和卸料机械手同时作夹料动作。当上料机械手取料后，工作台旋转 90°后停止转动，上料机械手将环坯套入芯辊，工作台再次旋转，这时便进入正常的配有机械手的多工位辗环机的循环工作状态。

驱动机械手旋转的齿轮与工作台驱动装置的齿轮啮合，其速度比为 2∶1，工作台旋转 90°时，机械手则旋转 180°。

图 5-45 中调节螺母 8 用来调节弹簧 7 的弹力，碟形弹簧 2 的作用力由垫片调节。

5.4 旋压机

旋压机是一种少、无切削的先进压力加工设备，主要适用于各种薄壁空心回转体金属零件的塑性成形，是旋压工艺专用设备。

旋压技术相传源于我国8世纪，开始一些手工艺人用普通旋压技术制造陶器坯、宫灯等，后来一些航空工厂、电子管厂、日用品厂才开始较多采用手工普通旋压生产铝制品、搪瓷制品、保温瓶、照明器材、广播器材、工艺美术品、机械、化工、电器零件、压力容器封头、文化用品及航空、兵器行业制品。

强力旋压技术的研究，在我国始于20世纪60年代。主要的旋压制件包括喷气发动机机匣、火箭筒零件、飞机浆帽、头罩、鱼雷壳体、各种导弹封头、喷管、化肥罐等。强力旋压材料包括钨、钼、钽、锆、铌、β-钛合金及超高强度钢等。强力旋压的制件最大直径达2500mm，最大长度达8000mm以上，最大旋压力为600kN。据资料介绍，国外可强力旋压出的筒形件最大直径为4000mm，封头最大直径为8000mm，板料的长度和宽度为7500mm和9100mm。

目前我国有北京有色金属研究总院、北京航空工艺研究所、西安重型机械研究所、青海重型机床厂、上海重型机床厂、武汉重型机床厂等单位研究和制造了旋压设备，但还没有系列化和标准化。

国外强力旋压技术发展很快，据资料统计报告，在技术先进的国家，已研制出大约两百多种规格的旋压设备，其中许多已经系列化，但在机器的形式和尺寸上还没有标准化。旋压设备的生产主要集中在美国、德国、俄罗斯、日本、意大利、英国和瑞士等国家。

5.4.1 旋压机的工作原理及特点

1. 旋压机的工作原理

旋压机结构类似于金属切削车床。在车床大拖板的位置，设计成带有纵向运动动力的旋轮架，固定在旋轮架上的旋轮可作横向移动；与主轴同轴连接的是一芯模（轴），旋压毛坯套在芯模（轴）上；旋轮通过与套在芯模（轴）上的毛坯接触产生的摩擦力被动旋转；同时，旋轮架在轴向大推力液压缸的作用下作轴向运动。此时，旋轮对坯料表面加压实施逐点连续塑性变形。在车床尾架的位置上，设计了与主轴同一轴线的液压缸控制的尾架，尾架对套在芯模（轴）上的坯料端面施加轴向推力。

2. 旋压机的一般特点

旋压成形有普通旋压成形和强力旋压成形两种。根据工艺不同有普通旋压机和强力旋压机两种。不改变坯料厚度，只改变坯料形状的旋压机叫普通旋压机；既改变坯料厚度，又改变坯料形状的旋压机叫强力旋压机。一般来说，轻型旋压机（包括普通旋压机和强力旋压机）都具有与普通车床相似的结构特点，但为了满足一些旋压成形的要求，对于大型旋压机，特别是强力旋压机则具有如下特点：

（1）刚度大　旋压机的机身、主轴及传动系统、旋轮座等都采用较粗大的结构，笨重的工作台，粗大的导轨和壁厚肥大的箱体及支承架以减小机床的弹性变形和振动，保证成形质量。

（2）旋轮座可平稳无级调速　旋轮座需要具有足够的纵向和横向拖动力，以克服来自工件的较大轴向和径向分力，因此，旋轮座的纵向、横向进给机构多采用液压传动或机械液压联合驱动。

（3）采用多个旋轮　普通旋压机较多用一个旋轮，辅助成形轮则为多个。强力旋压机

的旋轮数目多采用2~3个，以平衡其径向分力，减小主轴和芯模的弯曲挠度与跳动，改善主轴承受力状况。但轻型强力旋压机也可只采用一个旋轮。

（4）主轴具有足够的传动扭矩和功率　为满足工艺要求和在较高转速下承受一定的扭矩，要保证恒扭矩或恒功率调节。

（5）主轴采用重型滚动轴承　为使旋压工作时承受旋轮和尾架液压缸产生的较大工作力，主轴采用滚动轴承，并对其进行良好的冷却与润滑。

（6）尾顶压紧力大　为防止毛坯相对于芯模转动和提高主轴等转动部分的刚度，尾顶具有足够的压紧力。

（7）旋轮的控制　旋轮的横向进给多采用液压仿形控制和数码控制，以满足加工任意形状的回转体空心件的动作完成及精度要求。

5.4.2　旋压机的分类及技术参数

1. 旋压机的分类

目前旋压机还没有系列化和标准化，因此国内外分类还不统一，大致有轻型、中型、重型之分。一般旋压力在100kN，适于加工中小型、薄壁和软质材料零件的旋压机为小型旋压机；一般旋压力在100~400kN，适于加工各种形状的零件和长管件的旋压机为中型旋压机；一般旋压力在400kN以上，适于加工大型零件的旋压机为重型旋压机。具体还有如下分法：

（1）按成形特性分类

1）普通旋压机。普通旋压机可以有成形旋压机、扩径旋压机、缩径旋压机、卷边旋压机、翻边旋压机、接缝旋压机等。

2）强力旋压机（有单轮、双轮、三轮、多轮之分）。

3）与其他加工工艺联合的旋压机。

（2）按主轴方位分类　可分为立式旋压机（小型、重型旋压机多为立式的）和卧式旋压机（中型旋压机多为卧式的）。

（3）按机身结构分类　可分为机床型旋压机、轧机型旋压机、压力机型旋压机和特殊型旋压机。

（4）按旋轮数量分类　可分为单轮旋压机（由于单轮旋压机工作时受力情况不好，故只用于轻型和个别中型旋压机上。但单轮旋压机开敞性好，旋轮调整灵活、简便，适合粗短零件加工及较小吨位的旋压机。普通旋压机均为单轮的）、双轮旋压机（双轮有两种结构形式：①将两个旋轮分别装在各自的旋轮座上单独驱动或通过电气和液压联合控制它们同步工作；②将两个旋轮水平装在一个龙门架上，采用单独的机械机构进行横向进给调整或用液压缸通过液压仿形装置分别控制，也可采用一个旋轮由液压缸的活塞杆连接和驱动，另一个旋轮装在与该液压缸体相连的横向拖板上，以便于自动调心，适于加工细长的管材）、三轮旋压机和多轮旋压机。

（5）按驱动方式和控制方式分类　可分为人力、机械仿形、液压仿形、数控及自动编程录返和示教/录返等旋压机。

2. 旋压机的技术参数

表5-9为国内外已制造出的旋压机的主要技术参数。

表 5-9 国内外旋压机主要技术参数

机床型号			PX-1	SY-3	SY-4	SY-6	XC-550	XC-700	QX-3	W029
机床型式			单轮鞍座卧式	双轮鞍座卧式	双轮鞍座卧式	双轮鞍座卧式	双轮鞍座卧式	双轮鞍座卧式	三轮框架卧式	双轮鞍座卧式
床面上中心高/mm			350	630	400	750	550	700	880	1250
顶尖距/mm			—	2500	3100	2800	2020	2650	7000	—
电动机功率/kW	主轴		5.5	75	55	125	22	30	75	320
	液压系统		4	13	13	43	—	—	—	30
主轴转速/(r/min)			200～1100（6级）	16～630（9级）	63～400（9级）	16～400（无级）	20～630（无级）	45～555（无级）	16～350（无级）	10～100（无级）
工作力/kN	旋轮座	纵向	20	200	200	400	100	130	300	60
		横向	20	200	200	400	80	100	250	60
	尾顶力		10	150	150	280	55	65	150	60
进给速度/(mm/min)	旋轮座	纵向	0-942	单轮 0～700 双轮 0～350	单轮 10～1000 双轮 10～500	8～295	2～278 4～600	10～250 100～700	—	200
		横向	3000	3000	—	—	—	—	—	—
	尾架		1500	2000	上缸 700 下缸 10～8000	393	—	—	—	240
行程/mm	旋轮座	纵向	800	1200	2700	1400	1100	1100	6000	2700
		横向	350	250	400	320	310	320	2500	500
	尾架		400	1200	2050	2200	650	750	750	—
加工范围/mm	最大直径		—	1200	800	750	1300	1600	600	2500
	最大厚度		11	12	12	20	15	20	25	—
机床外形尺寸/mm×mm×mm			2735×1685×1340	7200×5000×2200	7700×4000×1520	10041×5780×2960	3500×3820×2180	11100×4900×2350	17175×5794×2215	1435×9400×3320
机床质量/kg			—	35000	300	125000	21000	—	90000	276000
备注			瓦房店防爆电器厂制	上海重型机床厂制	上海重型机床厂制	上海重型机床厂制	西安重型机械研究所	—	西北有色金属研究院	武汉重型机床厂制

机床型号	QX63-20	Flotura12	Floturn80	Hydrospin42	Hydtospin75	Hyfford120	Autospib1020	Autospin5060
机床型式	三轮框架卧式	单轮卧式	三轮立式	双轮卧式	双轮立式	双轮立式	双轮卧式	双轮卧式
床面上中心高/mm	640	—	—	—	—	—	254	610
顶尖距/mm	3460	—	—	—	—	—	457	1400

（续）

机床型号			QX63-20	Flotura12	Floturn80	Hydrospin42	Hydtospin75	Hyfford120	Autospin1020	Autospin5060
电动机功率/kW	主轴		75	11.2	150	15/35（两种）	262	447.6	3.73	22.371
	液压系统		16.8	—	—	—	—	—	7.457	11.19
主轴转速/(r/min)			80～630（无级）	403～2611（8级）	24～125	10～45（恒扭矩）45～500（恒功率）	8～141（恒扭矩）141～283（恒功率）	3～300	600～2350（4级）	120～1600（11级）
工作力/kN	旋轮座	纵向	400	18	68	52	1020	793.8	9.07	49.90
		横向	200	18	79.6	52	1140	—	6.8	40.82
	尾顶力		100	9	—	—	900	567	6.12	27.22
进给速度/(mm/min)	旋轮座	纵向	1000	1835	356	508	510	—	—	—
		横向	3000	—	—	889	—	—	—	—
	尾架		2000	—	—	—	—	—	—	—
行程/mm	旋轮座	纵向	2000	—	—	—	2540	—	304.8	609.6
		横向	1200	—	—	—	1070	—	152.4	254
	尾架		700	—	—	—	—	—	304.8	609.6
加工范围/mm	最大直径		300	457	2000	—	1910	3048	—	—
	最大厚度		20	—	—	—	—	—	—	—
机床外形尺寸/mm×mm×mm			9680×4810×2635	—	—	—	—	—	1727.2×609.6×1524	3550×1295.4×2133.6
机床质量/kg			39500	—	—	—	—	240000	1270	7030
备注			青海重型机床厂制	美国	美国	美国	美国	美国	美国	美国

5.4.3 旋压机的主要结构

旋压机主要由机身、主轴箱、旋轮座、尾架等主要部件组成。

1. 机身

旋压机机身一般由铸件或钢板制成，是旋压机的重要受力件之一。它必须满足一定的刚性要求，以减小机床工作时的振动和变形。旋压机的机身多采用米字形加强肋使整个机身形成一个半封闭状态的盆形件，以增强其抗拉、抗压强度及抗扭能力。

2. 主轴箱

旋压机的主轴箱是输出旋转运动及传递扭矩和功率的传动装置。一般除少数专用旋压机外，主轴回转运动都需要变速，因此，旋压机的主轴箱都带有一个变速箱，主轴箱和变速箱可分可合。在大多卧式旋压机中，两者都是合在一起的。但当主轴为机械有级变速而变速范围较宽时，机器整体体积就显得庞大，这时两者采取分开形式。另外在开式旋压机中，主轴箱和变速箱一般也是分开的。

旋压机的变速可以是有级的和无级的，目前两种皆有使用。但从旋压工艺的特点和要求来看，无级变速较为理想，所以目前采用无级变速机构的较多。有级变速机构多采用齿轮作分级变速的齿轮变速箱；无级变速机构多采用机械、电力、液压等变速机构。由于无级变速机构的变速范围有限，所以，即使在具有无级变速机构的旋压机中也往往配齿轮变速机构来扩大变速范围。

旋压机的主轴箱除输出扭矩带动工件旋转外，有时还需同时作轴向运动，因此，在轴线上装有进给装置，使机器工作时主轴能作旋转和轴向进给的复合运动。图5-46所示的三轮三柱悬臂式旋压机就是这种主轴箱可移动式旋压机。

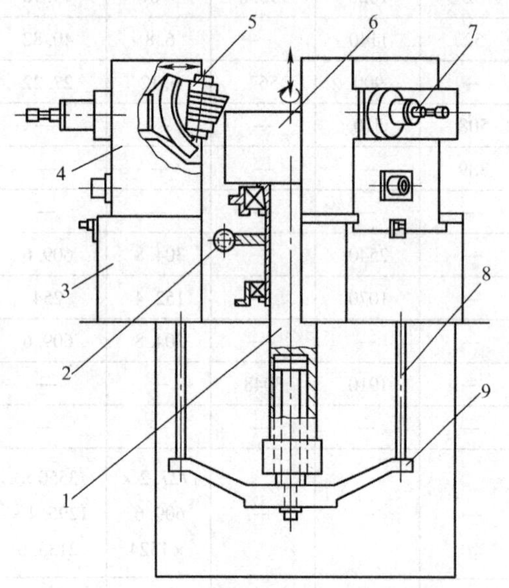

图5-46　三轮三柱悬臂式旋压机

1—主轴　2—主轴变速机构　3—机身　4—旋轮座　5—旋轮　6—芯模　7—液压缸　8—连杆　9—支架

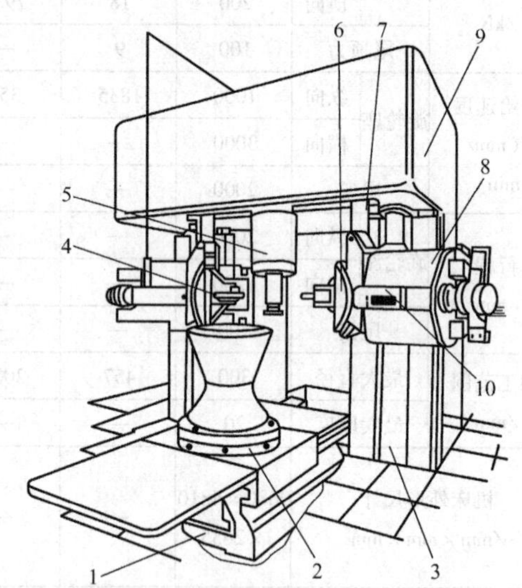

图5-47　双轮鞍座式旋压机

1—导轨　2—主轴　3—立柱　4—旋轮　5—尾架　6—旋压头　7—液压缸　8—纵滑块　9—上横梁　10—横滑块

主轴箱体的长和宽都应该大于中心高，以保证其稳定性，通常取中心高的1.5倍。主轴箱还应采取能够承受一定作用力的推力轴承和径向轴承。

为使主轴箱的动态刚性增加，通常箱体具有足够的刚度并与机身牢固连接。只有在一些立式旋压机中为便于装卸芯模和工件，也有将主轴箱设计制作成可移动式的。图5-47所示的双轮鞍座式旋压机就是这种。另外，应该将推力轴承设计得尽量靠近主轴前端，还应使主轴系统的重心在前端径向轴承的30～50mm之内。

3. 旋轮座

旋压机的旋轮座是为了装夹旋轮并使旋轮按照工艺要求实现旋轮的横向、纵向进给及快速行程，即完成旋压成形的基本运动循环的主要部件之一。旋轮座的好坏对旋压机的应用范围、旋压精度、生产率高低和使用方便程度都有直接的影响。因此，设计旋轮座时，一定要在满足工艺要求的情况下，合理选择旋轮座的数目、结构、布局及安装调整控制方式等，同

时，还应该使旋轮座整体具有足够的刚度，以保证必要的加工精度和避免振动的产生。

旋轮座的结构形式有很多种，从结构和运动方式来分，大致可分为鞍座式、框架式、转盘式和转臂式四种。

1）鞍座式旋轮座是通用型旋压机采用的结构，这种旋轮座具有较大的灵活性与通用性，适用于单件或小批量生产各种形状的零件，其结构与一般仿形车床的刀架溜板相似，安装在主轴的一侧（单旋轮）或两侧（双旋轮）。旋轮座可相对于机身作横向、纵向和旋转运动。

鞍座式旋轮座制造容易，便于安装。但因为机身和旋轮导轨承受较大的径向力及力矩，使旋轮座的导轨面上单位压力加大，而磨损较快。

2）框架式结构可以克服鞍座式结构的缺陷，特别是刚性大大提高。框架式结构有开式和闭式之分。

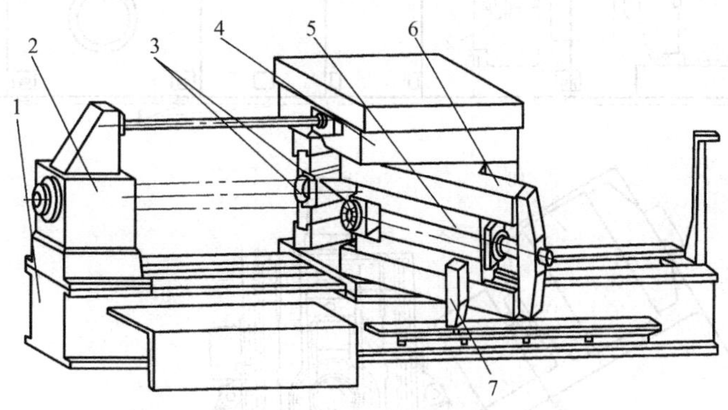

图5-48 双轮框架式旋压机

1—机身 2—主轴箱 3—旋轮 4—框架 5—横滑块 6—旋轮座 7—仿形块

闭式框架式旋轮座采用刚性很强的框架来安装旋轮。旋轮有对称布置的双旋轮框架式，还有常见的沿工件圆周方向等分均布和不等分分布的框架式旋压机。图5-48所示为双轮框架式旋压机，图5-49所示为三轮均布框架式旋压机。在三轮均布框架式结构中，由于旋轮均布且同装于刚性很强的框架中，所以当旋轮同步进给时，产生的三个径向旋压分力的合力为零，框架处内力平衡，机身稳定，刚性好。另一种开式框架结构的旋压机如图5-50所示，是一种立式管材旋压机。旋轮座由三个单独箱形的机构组成。它们沿芯模圆周方向呈120°均布于底座上。在三个横向进给液压缸轴线的水平面上，用三根伸缩拉杆将它们连接起来。在底座上，再用挡板限位。这种三旋轮座是组合形式的，可以沿各自的底座导轨作较大的径向调整。显然，这种开式结构的刚性不如闭式的好。

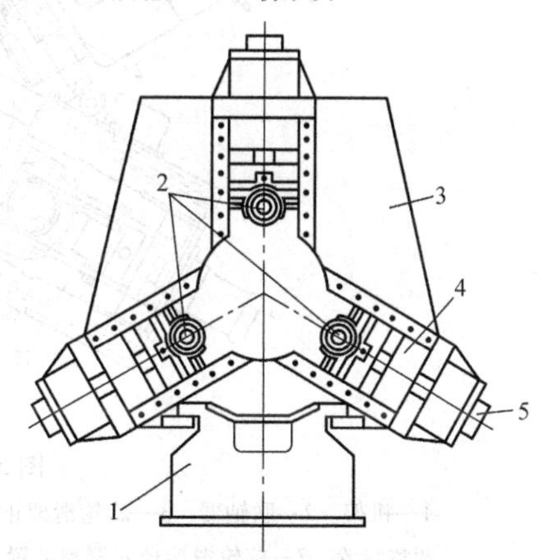

图5-49 三轮均布框架式旋压机

1—机身 2—旋轮 3—框架 4—缸体 5—液压缸

3）转盘式旋轮座如图5-51所示。这种结构与普通车床的自定心卡盘相似，三个旋轮安装在三个爪上。旋轮的调整采用楔块式间隙调整机构。

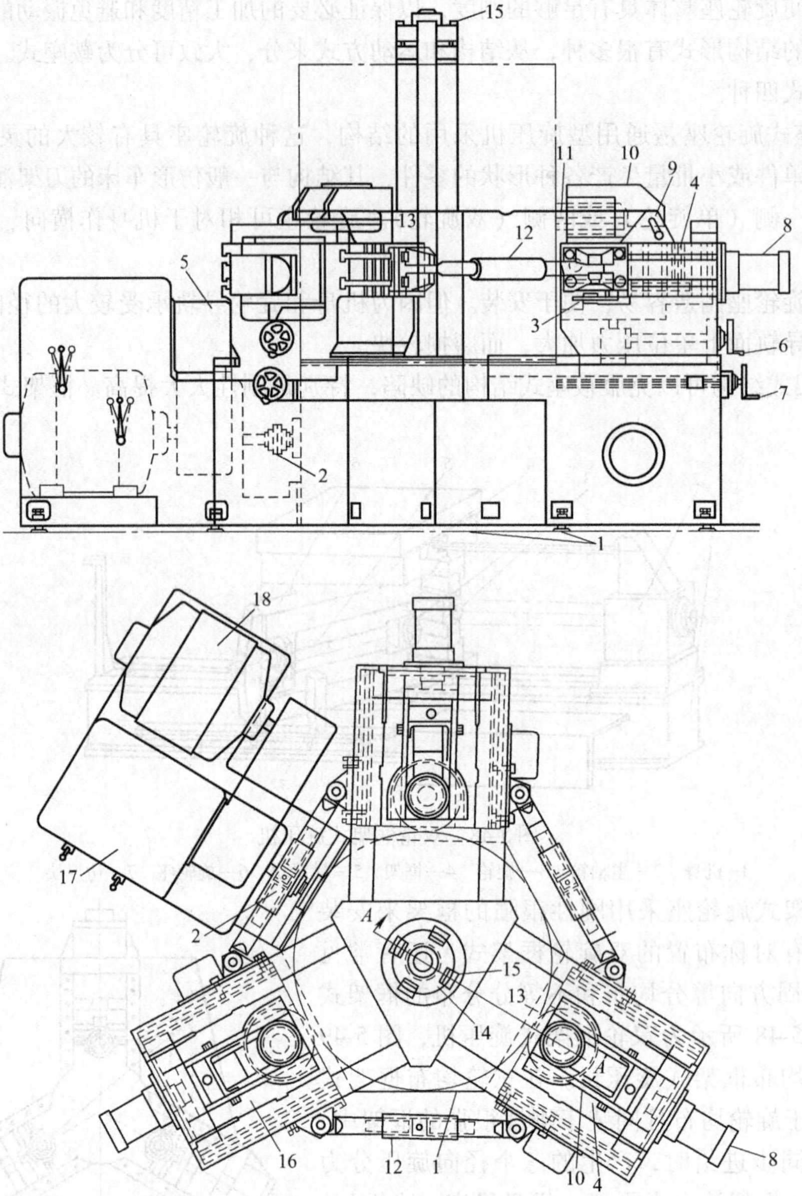

图 5-50 立式管材旋压机

1—机架 2—联轴器 3—旋轮滑架止动器 4—旋轮滑架 5—主轴传动装置 6—旋轮滑架垂直调整装置 7—旋轮滑架径向调整装置 8—旋轮液压进给装置 9—旋轮轭调整装置 10—旋轮轭 11—组合旋轮 12—拉杆 13—组合旋轮 14—主轴 15—键（拉杆） 16—旋轮滑架底座 17—齿轮箱 18—传动电动机

4）转臂式旋压机如图 5-52 所示。这种旋压机的旋轮座是一个可绕水平轴线摆动的转臂，转臂上装有旋轮驱动液压缸，控制旋轮的进给尺寸。转臂的摆动由两个套筒型液压缸驱动，不需要笨重的机身和旋轮座导轨。

4. 尾座

尾座通常用来将毛坯紧紧顶在芯模端面上，使得旋压过程中毛坯、芯模随同主轴一起旋转，保证旋压顺利进行。因此，尾座应有足够的刚度和适当的运动速度，以减少辅助时间。

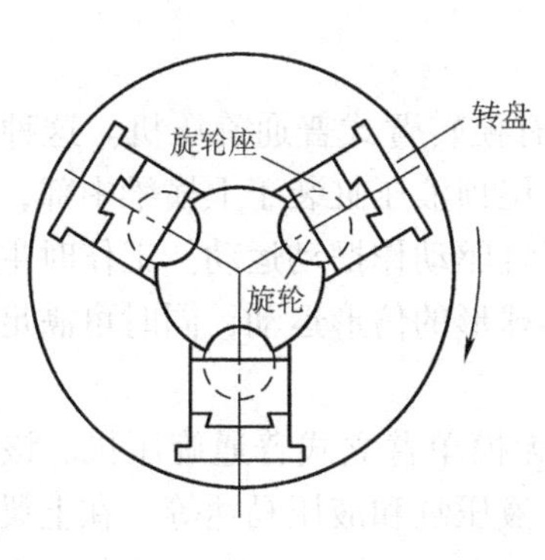

图5-51 转盘式旋轮座

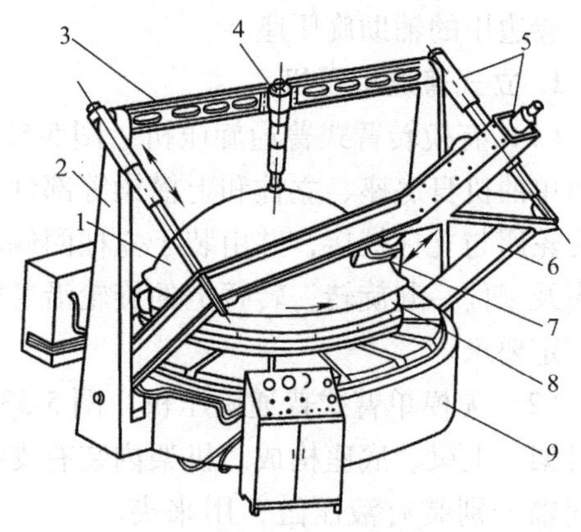

图5-52 有模转臂式旋压机

1—工件 2—立柱 3—上横梁 4—尾顶液压缸 5—液压缸 6—旋轮座 7—旋轮 8—芯模 9—机身底座

所有通用型旋压机、封头旋压机和部分管材旋压机等都有尾座。但当管材反旋时，有的不用尾座，有时也只用于顶紧芯模。对其他旋压法如普通旋压的扩旋和缩旋等，也可用于安装内旋轮、芯模等工具。

对尾座的要求有如下几点：

1）尾座的压紧缸要有足够的压紧力，使顶紧块、毛坯和芯模之间产生足够大的摩擦力和摩擦力矩，以防止毛坯在旋压过程中发生转动或偏移。同时，因尾座承受较大轴向力（单轮工作时还受到很大的径向力和较大的倾翻力矩），因此尾座长度不应小于中心高的1.5倍。

2）尾座的移动液压缸与坯料顶紧缸一般分开设置。移动缸装在下层，可快进快退，移动到位后与机身锁紧，还可以采用高效率的自动液压锁紧机构。坯料顶紧缸装在上层，用来压紧坯料。其轴线应保证与主轴轴线有良好的同轴度，一般不超过0.05mm。坯料顶紧缸活塞杆的伸出长度一般为300~400mm，以免发生弯曲和振动。

3）尾座坯料顶紧缸活塞杆的移动速度应该可变，即快速空程然后慢速接近坯料，旋压工作完毕后快速回程。

4）旋压过程中，尾座的锁紧非常重要。这就要求除液压系统油压稳定外，采用一些起保险作用的锁紧机构是非常重要的。

5）工件太长时，为缩短机身长度有时将尾座设计成能够侧向退出偏离主轴轴线或垂直向上偏离主轴轴线的两种形式。后一种适于框架式旋压机。

5.4.4 普通旋压机

普通旋压是以弯曲变形为主仅改变工件形状而壁厚几乎不减薄的旋压方法。普通旋压可以成形出球形、半球形、椭圆形、曲母线形、杯形、锥形及变截面台阶的薄壁回转体。还可以成形其他工艺方法难以成形或不能成形的钛、锆、钴、钨、钼等稀有金属零件。

普通旋压机由于其工艺特性决定刚性、功率、旋压力都比强力旋压机小，转速和进给速度要高，而且旋压能做多工步单向或任意往复运动。普通旋压机上还备有防皱背压轮及供切边、卷边用的辅助旋压座。

1. 立式普通旋压机

（1）有模转臂式普通旋压机　图5-52所示为一台有模转臂式普通旋压机。这种旋压机由简单的机身底座、立柱和上横梁等部件构成。该机的尾顶液压缸装于上横梁中部，转臂式的旋轮座与立柱铰接，并由装于立柱两侧的套筒型液压缸驱动作摆动运动。工作时主轴带动芯模及工件一起旋转，转臂上的旋轮沿芯模摆动实现半球形的仿形运动，同时可满足旋转攻角恒定要求。

（2）无模单臂式普通旋压机　图5-53所示为一台无模单臂立式普通旋压机。该机机身由机架、上梁、底座构成。机架内装有支撑梁、滑板、液压缸和液压马达等。在上梁和底座上同轴分别装有液压缸，用来夹紧工件。旋压机工作时，自由旋转的工件被带有动力的旋轮压紧并旋转，逐渐旋压成所需形状。旋轮的轨迹由液压缸和液压缸控制的支撑梁和滑板的移动来确定，当支撑梁下降，同时滑板左移时，旋轮使工件边缘弯曲变形。这种旋压机结构简单，易于调整，可用两步成形法加工容器封头。由于滑板可以转动，因此易于加工其他旋压机难以加工的超薄板料。

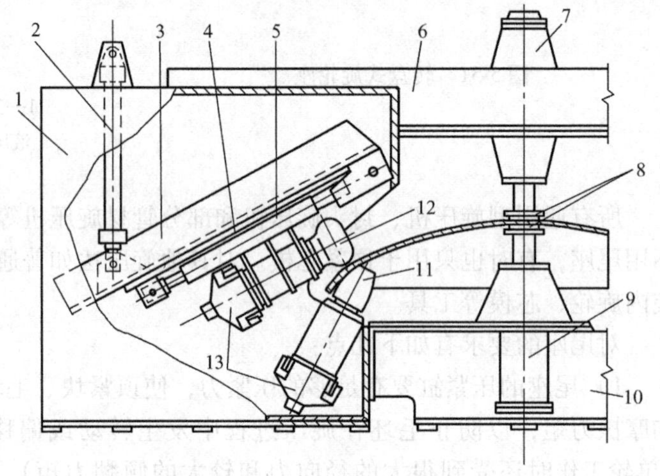

图5-53　无模单臂立式普通旋压机

1—机架　2、5、7、9—液压缸　3—支撑液压缸　4—滑板　6—上梁　8—夹紧器　10—底座　11—内旋轮　12—外旋轮　13—液压马达

2. 卧式普通旋压机

（1）单轮鞍座卧式普通旋压机　单轮鞍座卧式普通旋压机如图5-54所示。该机由机身、主轴变速箱、主轴、旋轮座、尾座和靠模台等构成，是典型的机床型旋压机结构。主轴采用机械变速机构，旋轮座可在360°范围内调整旋轮的安装角，具有双坐标仿形系统。该系统由操

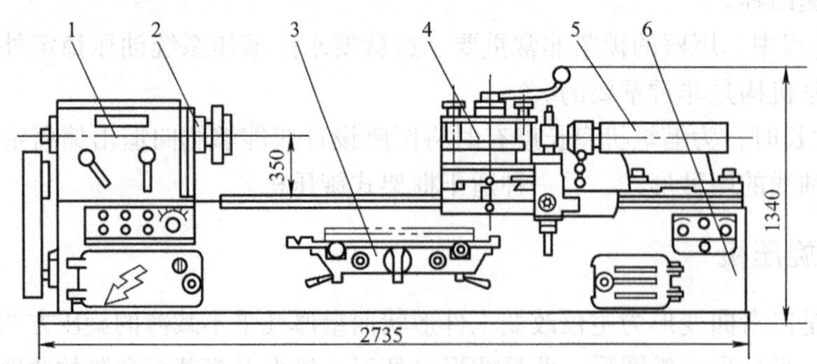

图5-54　单轮鞍座卧式普通旋压机

1—主轴变速箱　2—主轴　3—靠模台　4—旋轮座　5—尾座　6—床身

纵手柄、感压阀、换向阀、随动阀和靠模触销等组成。靠模台装在机身中部的正面。机身后侧装有位置可调的切边刀架。操作者可用万向手柄操纵仿形仪使旋轮按预定的方向运动，以实现旋压工作。

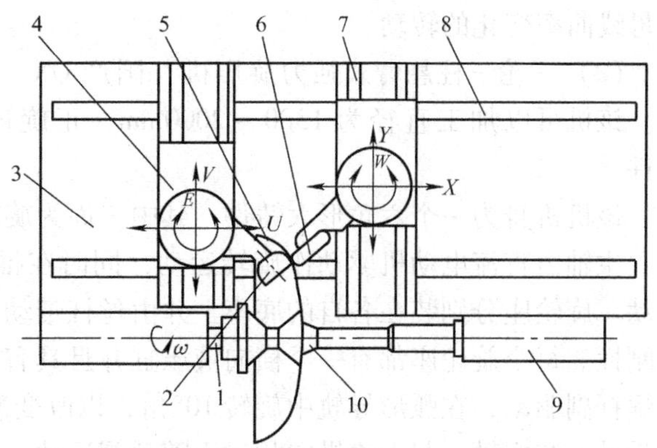

图5-55 无模双轮卧式普通旋压机

1—主轴 2—内旋轮 3—机身 4—旋轮座 5—工件 6—外旋轮 7、8—导轨 9—尾顶液压缸 10—夹紧器

（2）无模双轮卧式普通旋压机 图5-55所示为无模双轮卧式普通旋压机。该机的双轮为内旋轮和外旋轮，它们均有三个坐标轴，使得旋轮可自由地作上下、左右和垂直运动。工作时，由计算机数控和自适应系统控制，以确保最佳攻角、间隙和进给比。尾顶液压缸与主轴同轴向安装，并保证足够的压紧力。坯料一次装夹便可以高精度、高效率地旋压出各种形状的中、小型中等厚度及薄壁封头。

5.4.5 强力旋压机

强力旋压是在普通旋压的基础上发展起来的。强力旋压不但改变工件的形状，同时也减薄其厚度，可以说是一种塑性成形过程。正因为如此，强力旋压机的机身、主轴、旋轮座和尾座等主要受力部件都应具有足够的刚度，旋轮座也具有足够的纵向和横向拖动力。在大、中型强力旋压机中常采用双轮和三轮对称配置结构，以平衡其径向分力，使芯模和主轴轴承的受力均衡，以减小芯模的挠度和跳动，保证了工件的精度。强力旋压机的主轴传动功率偏大，尾顶液压缸压紧力因此也需较大，以整体提高传动部分的刚性。有些旋压机还具有恒线速度和恒进给率，以保证在旋制大小端直径相差较大的锥形和曲母线空心件时的质量。

1. 立式强力旋压机

立式旋压机具有占地面积小，芯模不会因为自重而变形，装卸工件方便等优点。但由于其地基复杂，厂房高，旋轮行程不够大和多旋轮工作时开敞性差等原因，所以立式强力旋压结构多用于重型旋压机上。

（1）双轮鞍座式强力旋压机 美国赫福特公司制造的重型双轮鞍座式旋压机如图5-47所示。该机具有与龙门式切削车床相似的龙门机身。采用闭式框架结构，刚性好，旋轮选用鞍座式旋轮座可以沿着机身导轨作纵向移动，具有方便装卸芯模及工件的特点，但受到行程短的限制，该机只适用于旋制各种直径变化较小和长度较短的大型工件。该机可加工直径和高度均不超过1520mm的工件，可使25mm厚的不锈钢板毛坯一次旋薄50%，并保证直径与壁厚精度不超过±0.075mm。

该机主轴电动机功率为50kW，主轴采用液压马达驱动，转速为10～400r/min，双旋轮配置可以在轴向和径向加压力1000kN，进给速度为0～1524mm/min。当加工工件直径变化时，旋压速度不变。尾座安装于机身框架上方，向下可以产生900kN压力和向下产生450kN的拉力。

该机采用电液随动装置控制旋轮的径向移动和垂直移动，并作倾斜成不同的角度、随工件母线曲率变化的转动。

（2）三轮三柱悬臂式强力旋压机　国产 QX－2 型三轮三柱悬臂式旋压机如图 5-46 所示。该机可以加工直径为 1300～2000mm，正旋最大长度为 1100mm，反旋为 2200mm 的工件。

该机机身为一个六角形大铸件，其中三面为旋轮座，一面为电动机，另两面为操作者位置。主轴由直流电动机驱动作旋转运动，同时在推力为 700kN 的液压缸驱动下作轴向往复运动。旋轮座分别装在各自的底座上并由丝杠带动作横向调整。旋轮座间用伸缩杆连接以增强刚性。每个旋轮座都有一个横向液压缸并且具有仿形系统，旋压力为 600kN。旋轮座可以由蜗杆副驱动，在弧形导轨中旋转 10°角，以改变旋轮攻角。靠模支架通过连杆由主轴液压缸带动，与主轴一起沿着纵向相对于随动阀运动。

2. 卧式强力旋压机

卧式强力旋压机与立式强力旋压机相反，具有占地面积大、刚性好、适于加工特长工件的特点，但是芯模易因自重而变形。卧式强力旋压机的旋轮座大多安排在主轴线四周相对位置上，其进给运动由旋轮座的移动来实现。此结构多用于中型旋压机。

（1）双轮框架式强力旋压机　美国 Lodge Shiply 公司制造的大型双轮框架式强力旋压机如图 5-48 所示。该机刚性好，运动平稳，可以加工最大直径为 1780mm、长度为 2000mm 的工件。

该机的机身为一个整体铸件，各部件间采用伸缩拉杆连接，以消除在工作时产生的应变，使机身只承受因工件转动而产生的扭转负荷。拉杆装置还使工件易于装卸。主轴采用空心结构，由 112kW 直流电动机驱动，可实现功率不变时转速为 80～320r/min，转矩不变时转速为 200～400r/min。旋轮压力为 310kN。两框架式旋轮座分别安装有一个液压马达，使旋轮在接触坯料前就具有一定的工作转速，以防止开始接触工件时损伤工件或旋轮。在旋轮座上还装有四个液压推动的卸料器，用于脱卸芯模上已加工好的工件。控制旋轮的两个随动触销分别装在两个可调的导轨上。工作时可以使用一个旋压头进行工作，也可以使用两个旋压头同时工作，还可以使用两个旋压头先后工作。

（2）三轮均布框架式强力旋压机　国产 QX-20 型三轮均布框架式强力旋压机如图 5-49 所示，它是典型卧式结构，也是现代筒形件加工的主要结构形式之一。该机可以加工直径为 50～300mm 的工件。

该机主轴采用 75kW 的可控硅恒功率无级调速电动机，配置齿轮变速机构，可以得到 80～240r/min、210～630r/min 两挡转速。

该机旋轮座采用框架式三旋轮呈 120°均布的结构形式，旋轮座框架由三角形整体铸钢制成。旋轮纵向推力为 600kN，横向推力为 300kN，纵向速度由电液比例调速阀控制并有数字显示。三旋轮的横向运动采用二次仿形系统控制。多道次旋压时，可以利用主仿形阀下部的六工位转鼓机构预先调好各道次的间隙。另外，还设有反跟踪装置。

该机尾座可以侧向退出，以缩短机身长度，并且可以在电动机、丝杠的带动下作纵向运动。尾座推力为 200kN。该机在旋轮框架前盖板上设有爪式卸件器以利于卸件。

该机的二次仿形机构较简单，由于取消了带间隙的传动链，对仿形精度有利。目前为了进一步提高仿形精度，这种结构形式的旋压机多采用数控旋轮装置。

5.4.6 特种旋压机

特种旋压机是为加工某些特殊零件，如筒形件收口、带轮等而设计制造的专用旋压设备，具有特殊结构，以完成特殊工艺。特种旋压机专业性强、机械化和自动化程度高，适用于单一、少品种和大批量零件生产。

1. 立式特种旋压机

(1) 双轮三梁四柱式特种旋压机　双轮三梁四柱式特种旋压机如图5-56所示，主要专用于加工厚度较小的一、二、三槽及劈开式单槽带轮。

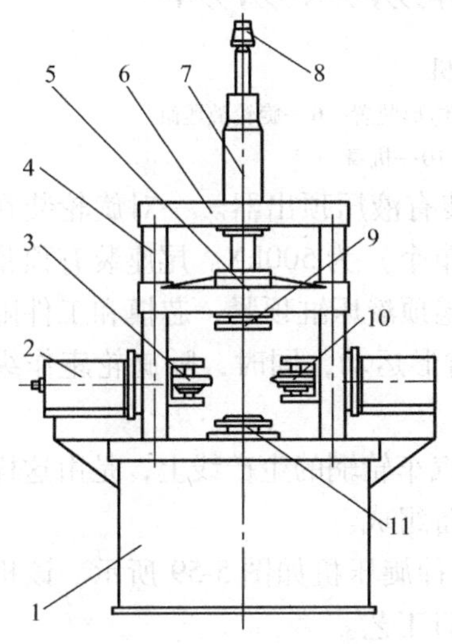

图5-56　双轮三梁四柱式特种旋压机

1—机身底座　2—旋轮座　3、10—旋轮　4—导柱　5—滑块　6—上横梁　7—尾顶液压缸　8—限位块　9—上压头　11—主轴

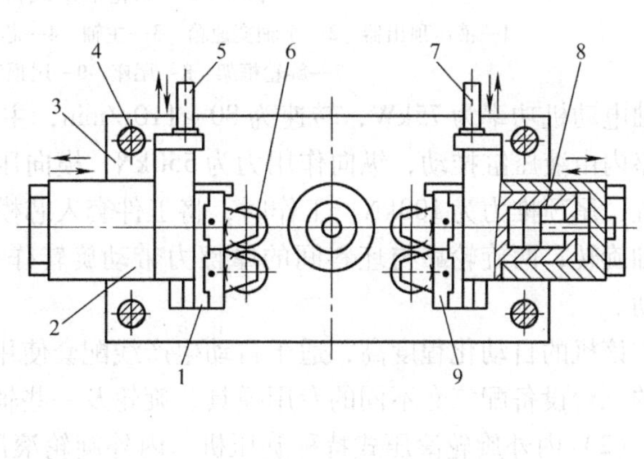

图5-57　四轮三柱式特种旋压机

1、9—旋轮座　2、5、7、8—液压缸　3—机身底座　4—导柱　6—旋轮

该机由上横梁、底座与四根圆柱形导柱构成一整体框架机身。主轴传动系统装于底座内，尾顶液压缸装在上横梁上，尾顶液压缸的活塞杆与滑块连接，两个旋轮装在底座面上。工作时，滑块在尾顶缸的推动下沿着导柱向下移动。两旋轮分别完成预成形和校正工步，主轴和芯模承受较大的力矩。上压头的机械限位装置可以用内偏心轮代替分瓣模。

(2) 四轮三柱式特种旋压机　四轮三柱式特种旋压机如图5-57所示。该机专用于加工带轮，特别是多槽或厚度较大的带轮设备。

旋轮座可以作前后左右移动，四个旋轮的工作顺序可以任意组合。当旋压多槽或厚度较大的带轮时，旋轮必须成对工作以抵消径向力。因为上缸力大，无机械限位，故在加工二、三槽轮时，必须采用内瓣模。

2. 卧式特种旋压机

(1) 双轮框架式特种旋压机　图5-58所示为德国Leifeld公司制造的AFM600型双轮框架式特种旋压机。该机为生产加工汽车轮辋的专用设备。

该机由机床式整体机身、变速箱、旋轮座和尾座等部件构成。机身的中心高为600mm，

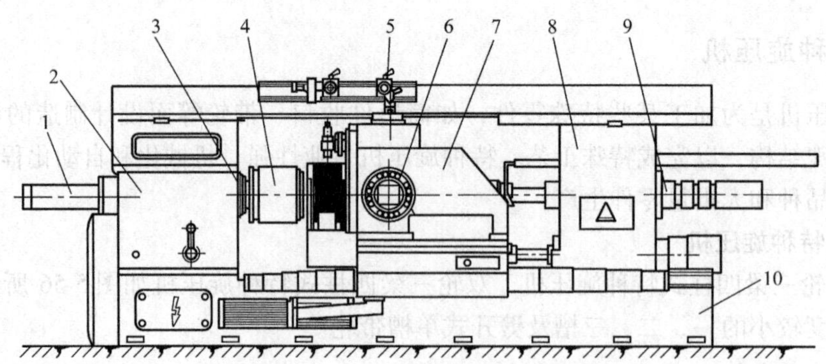

图 5-58 双轮框架式特种旋压机

1—液压顶出器 2—主轴变速箱 3—主轴 4—芯模 5—仿形装置 6—旋轮液压缸 7—旋轮框架 8—尾座 9—尾顶液压缸 10—机身

主轴电动机功率为 75kW，转速为 80 ~110r/min，主轴内装有液压顶出器。一对旋轮装在旋轮座内由液压缸推动，纵向作用力为 550kN，横向压力（单个）为 500kN。尾座装有顶紧液压缸，尾顶推力为 100kN。工作时，将工件套入芯模，由尾顶液压缸顶紧，芯模和工件随着主轴旋转，两旋轮靠与坯料间的摩擦力带动旋转作径向仿形运动，同时，随旋轮座作纵向运动。

该机的自动化程度高，适于自动生产线配套使用。在汽车轮辋的生产线上，是由这样类似的三台设备配三套不同的专用模具、旋轮及一些辅助设备组成。

（2）内外旋轮滚压式特种旋压机 内外旋轮滚压式特种旋压机如图 5-59 所示。该机是自带加热系统、主要适用于变形程度较小的大型工件的收口工艺。

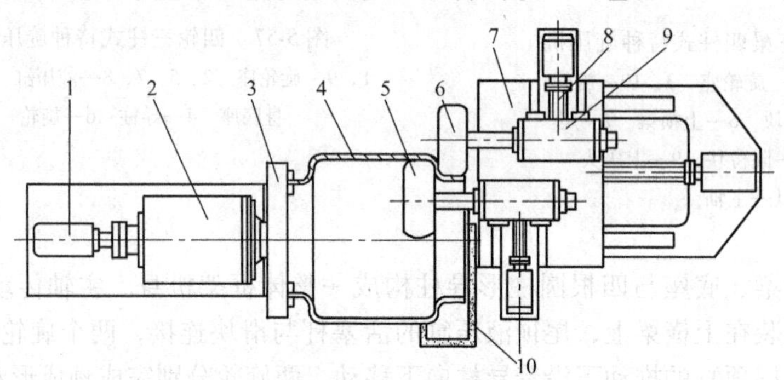

图 5-59 内外旋轮滚压式特种旋压机

1—主轴 2—主轴轴承 3—回转盘 4—工件 5—内轮 6—外轮 7—支架 8—丝杠 9—旋轮座 10—C 形加热炉

该机由主轴轴承、转盘、旋轮座和 C 形加热炉等部件组成。结构简单，调整范围大，各旋轮座均可以前后左右移动。工作时，工件装于转盘上随主轴带动一起旋转。同时，工件需变形区域被 C 形加热炉加热，内外旋轮前进加压于工件之上使之变形。

5.5 径向锻造机

顾名思义，径向锻造机就是对轴类件沿直径方向进行锻造的机器。它是专用于径向锻造工艺的专用设备，属于少、无切削加工的先进锻造设备之一。径向锻造机自20世纪50年代出现以来，由于其具有锻造效率高、自动化程度高，节省锻件材料，锻件质量好，工装简单和适用性强等优点，得到生产企业的认可和大力发展。目前奥地利GFM公司的径向锻造机系列，打击力为150~25000kN，可锻造棒料直径为20~850mm，可锻造坯料长度最大到10000mm。我国目前能够生产的径向锻造机打击力为1000~2000kN，可锻造棒料直径为80~160mm，可锻坯料最大长度为2500mm。

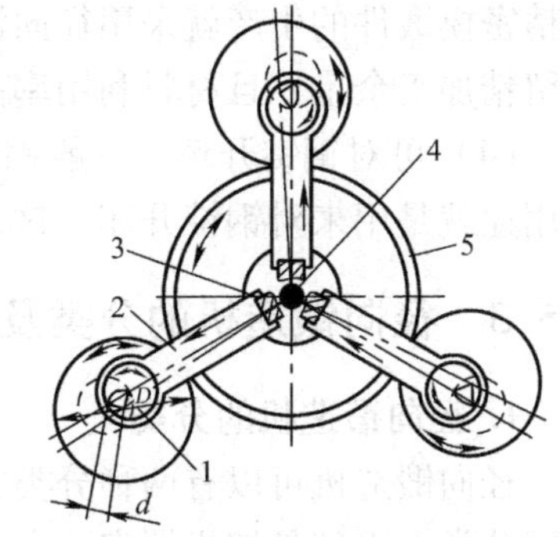

图5-60 径向锻造机的工作原理
1—偏心轴 2—连杆 3—锤头 4—锻件 5—偏心套调节齿轮系统

5.5.1 径向锻造机的工作原理

在垂直于锻件轴线的平面内，均匀地分布几个锤头（二、三个或多个）。电动机的动力通过传动装置、偏心轴、连杆和滑块机构传递给锤头（锻模），以极高的频率（锤头数乘以每分钟锻打的次数）锻打锻件，完成相应的工艺。锻打过程中锻件作进给运动的同时作旋转运动，也就是工件相对锤头作螺旋运动，径向锻造机的工作原理如图5-60所示。

5.5.2 径向锻造的工艺特点及用途

1. 径向锻造的工艺特点

（1）节能 径向锻造属多锤头高频率锻造工艺，是坯料在螺旋运动中得到延伸的工艺过程。由于锤头高频率和多向对锻件的作用，使每次锻件的变形量较小，即多个锤头单次作用下金属的变形抗力降低，减小了变形功。所以就相同工艺而言，在径向锻造机上完成所需设备的力要小，耗能要少。

（2）模具寿命高 与其他锻造设备如锻锤或压力机相比，径向锻造机在锻造时锤头与热锻件的接触时间要短，高速运动的锤头使锻打区周围的空气流有利于模具寿命的提高。

（3）锻打振动小 由于锤头相对较小且相对运动，故径向锻造机在锻打时振动较小，故不需要建立庞大的基础，工人劳动环境好。

（4）锻件质量好 由于径向锻造机的锻打过程是对锻件的多方向同时受压，锻件宽度方向不发生变形，避免了心部产生裂纹，最适宜于高合金及超高合金轴类件锻造。

（5）锻件精度高 同样是棒料，径向锻造机的锻制件要比轧钢机轧制件的公差小一半左右。

（6）便于实现自动化 现代化结构的径向锻造机配有机械化、自动化装置，用以控制工艺过程，可实现多台设备一人控制。

2. 径向锻造的主要用途

（1）用于难熔金属材料的锻造 径向锻造机采用多个锤头，沿坯料径向几个方向同时锻打，使金属坯料在变形时处于多向压应力状态，有利于提高金属的塑性，因此径向锻造机不仅适用于一般金属材料的锻造，而且也适用于高强度、低塑性的高合金钢锻造。尤其适用于难熔金属如钨、钼、铌等及其合金材料的开坯和锻造。

（2）用于热锻、温锻及冷锻 径向锻造机的工作特性，使得无论是热锻、温锻还是冷锻，锻件表面质量和内部组织都较好。采用芯棒或无芯棒可进行旋转体空心零件的锻造，如各种气瓶、火药喷管的缩颈、冷锻枪管的来复线及弹膛等零件。

（3）可用于模锻件制坯　径向锻造机除可锻造轴类零件外，还可为模锻件制坯。如叶片精密模锻件的生产就采用径向锻造机制坯，然后在模锻机上模锻。此工艺的锻件精度高，只留精加工余量，且材料利用率高，生产效率高。

（4）可对钢锭开坯　一般钢锭的开坯都是在液压机或锻锤上进行的，径向锻造机的另一用途就是用来对钢锭开坯，这是一种专用径向锻造机。

5.5.3　径向锻造机的分类及主要技术参数

1. 径向锻造机的分类

径向锻造机可以有两种分类方法。一种是按适用范围分类，另一种是按坯料送进方向的不同分类，也就是按机器安装方式分类。

（1）按适用范围分类

1）专用于锻造各种实心轴类的台阶或锥度轴零件的径向锻造机。其结构特点是没有芯棒机构，只能完成空心管类零件的自由缩颈工艺。

2）除用于锻造各种实心轴类台阶轴或锥度轴外，还可锻造圆孔和一定形状内孔零件的径向锻造机，其结构特点是有芯棒机构。

（2）按坯料送进方向分类

1）立式径向锻造机。将坯料沿垂直方向送进，锤头沿水平方向对坯料进行打击。这种机器高度尺寸偏大，适于锻造较短的轴类零件，一般坯料长度为1000mm左右，直径约为90mm。其特点是占地面积小，有利于坯料的送进，坯料被径向锻造后不易弯曲变形，热锻时，易于氧化皮的清理，机器结构紧凑。

2）卧式径向锻造机。将坯料沿水平方向送进，锤头在垂直于水平方向对坯料进行打击。与立式径向锻造机相比，这类径向锻造机高度尺寸小，不需要较高厂房，易于实现自动上、下料。由于设备均在地面以上安装，故维修、安装方便，适用于长轴类锻件的锻造。这类径向锻造机的优点是可锻造长度显著增加，最长可锻工件长度为10000mm，可锻坯料直径到850mm，每个锤头最大打击力到2500kN，打击次数2000次/min。其特点是占地面积较大，对锻造长轴的大型卧式径向锻造机需增设托料机构、锻件导向装置等，机构也较复杂。但目前由于长轴件的需求量增加，卧式径向锻造机得到广泛应用。

2. 径向锻造机的主要技术参数

径向锻造机的主要技术参数为锤击速度、径向压下量、轴向送进速度、夹头转速和锻造温度。

（1）锤击速度　锤击速度是指锤头在单位时间内移动的距离，也就是单位时间内锻件在直径方向的缩减量。通常径向锻造机在设备负荷许可的情况下，锤击速度尽量选用较快速度，使锻件与锤头接触时间短，提高模具寿命，可锻时间延长，另外可提高生产效率，但当锻造高合金钢材料时，锤击速度不能太快。因锤击速度太快时，由于热效应作用，被锤部分温升较大，易于超出锻件的始锻温度，影响内在质量。当锻造空心件时，锤击速度也不能太快，因锤击速度太快，可使坯料在变形时沿径向压缩较多，而轴向延伸变小。还有当锤击速度太快时，锤头与锻件接触时间少，锤头带走的热量少，使壁厚有所增加。一般建议选用锤

击速度为4~7m/s为宜。

（2）径向压下量　径向压下量是指锤头一次进给时，锻件在直径上的绝对缩减量。径向压下量与设备打击力大小，锻件材料、锤击速度、轴向送进速度和锻件表面质量有关。在设备负荷允许和满足锻件表面质量的前提下，应选用较大的径向压下量。较大的径向压下量可以减少工步，提高生产率，同时对减少锻件尾部凹坑有利，不利的是锻件会出现螺旋形脊椎纹，会影响锻件表面质量。这种现象在锻打小直径锻件时较为明显。因此，对于径向锻造机选用多大的径向压下量要作具体分析，要结合锤击速度和轴向送进速度而定。当材料的变形抗力大，会影响压下量时，应当选用较大的径向压下量，同时配以较低的锤击速度和轴向送进速度。

（3）轴向送进速度　轴向送进速度是指单位时间内夹头移动的距离。轴向送进速度的大小与生产率高低及锻件表面质量有关。当选用较大的轴向送进速度时，可显著缩短机动时间，提高生产率。所以一般情况下，在相同的技术参数下，较低的轴向送进速度要比较高的轴向送进速度下锻出的锻件表面质量要好。

轴向送进速度不同也会影响锻件直径尺寸公差。当锻造变形抗力较大的金属材料和温度较低的金属材料时，若轴向送进速度大，则锻出的锻件直径偏差大，反之小。因此，在一般情况下，每个锻件应尽可能地保持用相同的轴向送进速度锻打。但在特殊情况下，如由于某种原因锻造温度已经很低，为保证锻件直径尺寸公差，应调整轴向送进速度到适合的值进行锻打。另外，选用轴向送进速度时，还应考虑到径向压下量、锻件转速及设备能量的大小等。径向压下量小、锻件转速大，就可以选用较大的轴向送进速度，反之选用较小的轴向送进速度。但当设备能量较小时，尽管径向压下量和锻件转速允许，也不能选用较大的轴向送进速度。

锤头锻打力为1600kN的径向锻造机的轴向送进速度建议按以下数值选用。

热锻时，一般工步取2~3m/min；精整工步取1~1.5m/min。温锻时，取0.3~0.5m/min。冷锻时，取0.06~0.2m/min。

（4）夹头转速　径向锻造机的夹头转速就是锻件每分钟的转速。一般为每分钟十几转到几十转。夹头转速影响锻件的表面质量和生产率。

径向锻造机工作时，锤头每锻打一次，锻件转动一角度。因此，锤头在锻件上留下的锤痕将互相错移一个角度。由于采用圆弧面锤头并采用多锤头锻打，因而径向锻造机的锻造外圆，实际上是不很明显的接近圆形的多边形。多边形的边数就是某一横截面在圆周上的锤痕数，它是由锤头的打击次数和夹头转速决定的。在锤头打击速度一定时，夹头转速决定锻件边数，而与锻件直径无关。夹头转速对锻件外表面质量的影响，就在于它对锻件边数的多少起决定性作用。锻件边数越多，越接近圆形，外表面越光滑，表面质量越高。

径向锻造机的夹头转速与轴向送进速度有一定的比例关系。一般来说，为保证锻件外形效果，夹头转速低，采用的轴向送进速度就不能大，因此生产率就降低。所以在选择夹头转速时，应视锻件技术要求，在保证锻件外表面质量的前提下，尽量选用较高的夹头转速，以采用较大的轴向送进速度，从而提高生产率。但有的径向锻造机只设一种夹头转速，为了保证锻件质量，又要满足生产率要求，就应选择合适的轴向送进速度。

对于热锻直径较小的锻件，夹头转速的选用不能过高，否则将有可能扭弯锻件。

（5）锻造温度　径向锻造机在进行锻造时，锤头与锻件的接触时间极短，锤头带走的热量很少，所以一般锻件的终锻温度较高。在确定坯料锻造温度范围时，对于常见钢材，可以只考虑始锻温度，而不需要考虑终锻温度。

在设备能力及其他技术参数允许的情况下，始锻温度可比一般锻造工艺低100～150℃，这样可使终锻温度也低些，有利于锻件力学性能和表面质量的提高。表5-10为奥地利GFM公司径向锻造机技术参数。表5-11为国产径向锻造机技术参数（辽阳锻压机床厂生产）。

表5-10 奥地利GFM公司径向锻造机技术参数

型号	SX02	SX04	SX06	SX10	SX13	SX16	SX20	SX25	SX32	SX40		SX55	SX65	SX85
结构钢、工具钢和高速钢原料的最大尺寸，高合金和特殊合金取较小值/mm	φ20	φ40	φ60 □50	φ100 □90	φ130 □115	φ160 □140	φ200 □175	φ250 □220	φ320 □290	φ400 □350	φ400 □350	φ550 □480	φ650 □570	φ850 □750
可锻棒料最小尺寸/mm				φ30 □35	φ35 □40	φ40 □15	φ50 □50	φ60 □60	φ70 □70	φ80 □80	φ80 □80	φ100 □100	φ120 □120	φ140 □140
锻矩形的 最大宽度/mm 最小高度/mm 边长最大比例				80 16 1:5	100 20 1:5	120 20 1:6	150 25 1:6	180 30 1:6	240 40 1:6	300 50 1:6	300 50 1:6	360 60 1:6	420 70 1:6	510 85 1:6
原料具有最大尺寸，其压缩比为4:1时的生产率 结构钢(kg/h) 高合金钢(kg/h)					1000 750	1600 1200	2500 1900	4000 3000	6000 4500	10000 6000	10000 6000	16000 10000	20000 18000	30000 20000
可锻坯料最大长度/mm				5000	6000	8000	10000	10000	10000	10000	10000	10000	10000	10000
每个锤头打击力/kN	150	500	800	1250	1600	2000	2600	3400	5000	6500	8000	10000	14000	25000
打击次数/次/min	2000	1500	1300	900	700	580	480	390	310	270	270	200	180	125
直径调节范围/mm	15	25	35	60	80	100	135	170	210	260	260	300	350	550
夹头 高速运行速度/(mm/s) 喂料速度/(mm/s)	500 10～100	500 10～100	500 10～100	500 10～100	500 10～100	500 10～100	500 10～100	500 10～100	500 10～100	500 10～100	500 10～100	500 10～100	500 10～100	500 10～100
锻造用电动机功率/kW	15	30	45	110	160	200	250	320	500	600	800	1200	1700	3000
设备安装总功率 一个夹头/kW 两个夹头/kW	30	50	83	180 190	240 260	300 330	390	510	700	1050	1250	1800	2300	4000

表5-11 国产径向锻造机技术参数

型式	型号	可锻坯料最大直径/mm	可锻坯料最大长度/mm	每个锤头打击力/kN	主电动机功率/kW	机器外廓尺寸(长×宽×高)/mm×mm×mm
立式	D63-80	80	1000	1000	51.5	2256×1800×9090
	D63-120	120	1500	1500	101.8	2800×2400×11819
卧式	D65-100	100	1000~2000	1250	90	8718×4300×3120
	D65-125	125	2000	1600	100	8258×2800×2720
	D65-160	160	2500	2600	240	15157×7175×3400

5.5.4 径向锻造机的主要结构

径向锻造机主要由主传动箱、锻造箱、机身、夹头、径向送进机构、尺寸机构、芯棒装置以及定心机构等组成。

1. 主传动箱

径向锻造机的主传动箱由主电动机、传动带、带轮、齿轮组等组成。主要作用是将主电动机的运动和能量通过带传动系统和齿轮传动系统传递给锻造箱的偏心轴。通常主传动箱与锻造箱设计在一起，以使整体结构紧凑。

2. 锻造箱

径向锻造机的锻造箱由偏心轴、双滑块机构和反压机构等组成。通常锻造箱体与主传动箱体用螺栓联接装配为一体。图5-61是双滑块机构形式锻造箱的1/4局部结构图。主电动机的运动和能量通过传动箱传动系统带动锻造箱的四根偏心轴旋转。偏心轴转动后又通过双滑块机构使主滑块作往复运动，最后带动锤头打击锻件。双滑块机构具有导向长、精度高、刚性好的特点，滑块进行纯往复打击动作，锻件变形受力合理。

锻造箱内设的偏心套反压机构的工作原理是：高压油通过液压缸，推动活塞齿条，带动扇形齿轮机构，最终施加给偏心套一定值的力矩。该力矩的方向应与锤击时使偏心套受力后旋转的方向相反，以消除偏心套承力面的间隙，从而减少打击时的振动，消除了锤头位置后移的可能性。

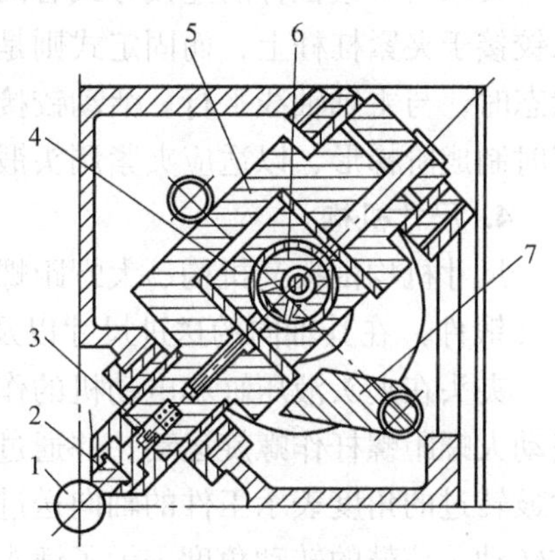

图5-61 双滑块机构形式锻造箱的1/4局部结构图
1—坯料 2—锤头 3—楔铁 4—小滑块 5—滑块 6—偏心轴 7—偏心套

锤头2的更换是通过拉出锤头拉杆中的楔铁3进行的，这种方式迅速便捷。通过锤头的径向送进机构，拉动四个偏心套旋转以实现四个锤头同时调整行程位置的目的。

3. 夹头

夹头是坯料的夹持机构，可在径向锻造机机身的导轨上作往复运动，夹钳夹持着的坯料又可作旋转运动，联合构成坯料在锻造工艺过程中的螺旋运动。

夹头体的往复运动由液压系统驱动。夹紧锻件的动作是由压缩空气系统完成。夹钳的旋转运动是由电动机经蜗杆减速机构带动完成。

过去夹头在旋转过程中的暂停是由主轴旋转的弹簧式缓冲机构完成的，即在锤头锤击锻件的一瞬间，锻件短时间被锤头抱住，夹头停止转动。但带动夹头转动的电动机仍在旋转，这时夹层里的径向缓冲弹簧被压缩。当锤头退回离开锻件时，缓冲弹簧将能量释放，使夹头恢复转动。此时夹头的转动速度要高于正常的转动速度，以弥补锻件被锤头抱住时一瞬间所滞后的角度。夹头的旋转实际上不是匀速转动。

近年来在夹头的结构上有了较大改进，将过去主轴旋转的弹簧式缓冲机构改为现在的制动式间歇式转动机构。图 5-62 为夹头制动式间歇传动原理图。

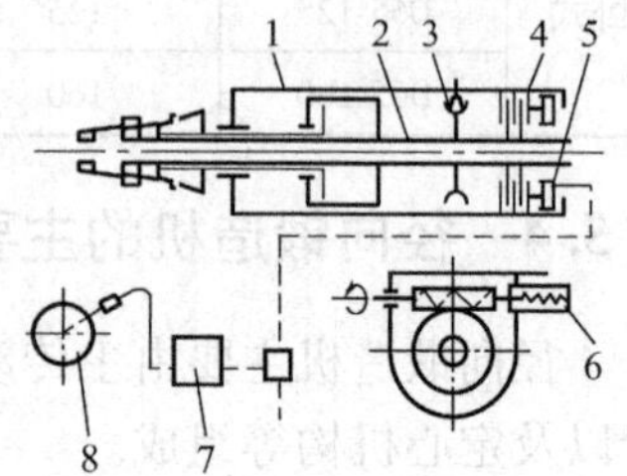

图 5-62　夹头制动式间歇传动原理图

1—夹头体　2—主轴　3—蜗杆传动　4—制动器　5—制动液压缸　6—缓冲弹簧　7—控制中心　8—凸轮

凸轮装在驱动锤头运动的偏心轴上。当偏心轴转动进入打击角度时，凸轮碰撞发讯装置发出信号给控制中心，打开控制阀，使压力油进入尾部的摩擦式制动器液压缸内，使之处于制动状态。此时主轴停止转动，而驱动装置的蜗杆产生轴向串动，压缩端部弹簧。当偏心轴转过打击角度后，制动器松开，缓冲弹簧复位，蜗杆带动主轴转过一个角度。一般情况下，锤头每打击一次，夹头主轴转过的角度为 7° 左右。在打击较快的情况下，信号的发出比锤头的打击稍超前一个角度，以弥补信号传递过程中的时间损失。

在采用大压缩量锻造时，主轴旋转的弹簧机构会使弹簧缓冲压缩量过大而被损坏，另外还给预热锻较大的转矩，容易造成锻件扭曲，锻件截面小的话会更加不利。而制动式间歇式转动机构的最大优点就是能够适应大压缩量的锻造。

夹头上的夹爪通常为整体式，也有制成镶块式的。镶块式的仅在与锻件接触处镶以耐热合金。

夹爪与夹紧杠杆的连接方式有两种，即活动铰接式和固定式。活动铰接式是用销轴将夹爪铰接于夹紧杠杆上，而固定式则是将夹爪用螺栓固定于杠杆的安装平面上，该平面在夹紧状态时，与主轴轴线平行。活动铰接式适用于坯料直径变化较大的夹紧状况，而固定式夹爪有时制成阶梯形，以适应夹紧调头锻打的锻件及夹紧已经锻打过的细径部分的这两种情况。

4. 尺寸机构

尺寸机构由拨叉机构、大螺距螺杆、锥齿轮副及尺寸鼓等组成。尺寸机构是用以控制夹头（锻件）在其轴向的送进尺寸以及锤头径向送进尺寸的机构。

夹头在夹头液压缸和电动机的作用下作轴向和旋转复合运动，夹头的运动通过拨叉机构拨动大螺距螺杆作螺旋运动，并通过安装在螺杆端部的锥齿轮副使一个尺寸鼓转动，这个尺寸鼓转过的角度表示工件的轴向送进尺寸位置。通过锥齿轮副和绳轮使锻造箱上另一个尺寸鼓转动，该鼓的转动角度表示了锤头径向送进尺寸位置。

对于大批量生产，控制尺寸的鼓轮制成固定撞块的专用尺寸鼓，有利于节省时间，避免出现错误，并能保证多批产品尺寸的一致性。当产品更换时，只需更换尺寸鼓即可。

5. 芯棒装置

径向锻造机上设置芯棒装置的作用就是在锻打空心管子前将芯棒插入锻件内部，使其内部尺寸形状满足要求。在锻打完毕后再将芯棒拔出。

芯棒开始以慢速前进，当其端部进入空心锻件的端部以后，便快速插入，当锻造完毕后

拔出芯棒。拔芯棒时需用较大拔出力，当抽动之后，力就会降低，随后快速拔出。芯棒的动作由程序控制。

芯棒在高温状态下工作，强度容易发生变化，因此，芯棒内需通入冷却水。芯棒的冷却水通道直径较小，应该相应提高冷却水的压力，以获得较好的冷却效果。

5.5.5 立式径向锻造机

立式径向锻造机由本体、液压系统、电气控制系统及辅助系统组成。

立式径向锻造机的工作原理如图5-63所示。径向锻造机本体自下而上分为三部分，即传动箱、锻造箱、床身。

处于本体底部的传动系统将电动机的运动和能量经带传动、齿轮传动分别传递到锻造箱中几副偏心轴5上，经连杆1带动滑块及锤头2作同步往复运动。

锻造箱里一般装有3～6套偏心轴、连杆及滑块系统。它们被设置在与锻件垂直的平面内，错开并均匀安装排列着。偏心轴安装在与之错开一个偏心距离e的偏心调整套机构中，该偏心调整套机构安装于锻造箱中。在锻打台阶轴或锥度轴时，为了得到不同的锻件直径，就需要使偏心轴能在旋转时改变偏心轴轴线的位置，这就是偏心调整机构完成的锤头径向送进动作。偏心调整机构的工作是通过卧式往复运动的液压活塞带动其装于前端的齿条，通过中间小齿轮，再经锻造箱中的行星环形齿轮驱动偏心套下部齿轮，使偏心套转动，从而使装在偏心套里的心轴产生轴心位移，以实现锤头径向送进运动。

锤头径向送进的最终位置及锻件在其轴向的送进，分别用调整水平控制鼓和垂直控制鼓上的定位挡块位置来实现。水平与垂直控制鼓之间采用一对速比为1的弧齿锥齿轮联系起来。控制鼓的转动和分度均由程序控制盘经步进选线器电液阀按预选动作进行程序自动控制。

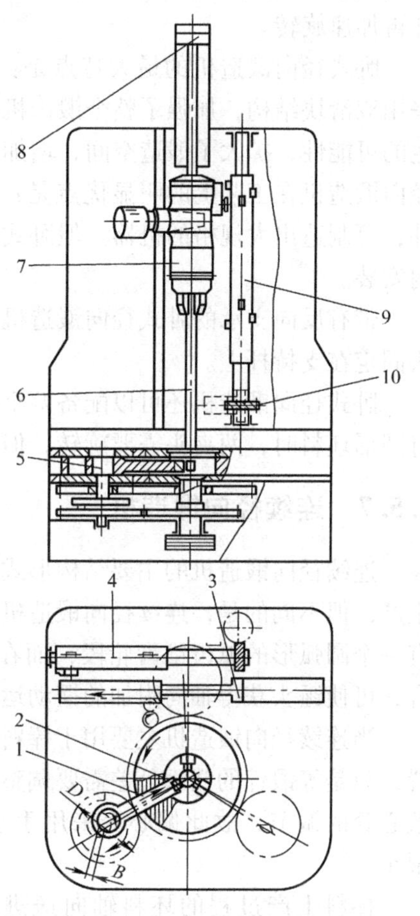

图5-63 立式径向锻造机的工作原理

1—连杆 2—锤头 3—水平液压缸 4—锤头水平控制鼓 5—偏心轴 6—坯料 7—夹头 8—夹头液压缸 9—垂直控制鼓 10—弧齿锥齿轮

5.5.6 卧式径向锻造机

卧式径向锻造机的组成除主传动箱、锻造箱和床身外，还有锤头调节机构、夹紧装置、上下料机械手、液压供油系统和操作系统，如图5-64所示。

主电动机带动传动箱将动力经十字联轴器传给锻造箱，使锤头产生打击能量。紧靠在一起的传动箱和锻造箱的前后配一个或两个夹头，与夹头对称的配一个或两个定心装置和托料支架装置。

卧式径向锻造机工作时，工件一面旋转，一面作轴向运动，锤头作径向打击。在锤头打击工件的瞬间，锤头将工件抱住，此时，径向锻造机上的“弹簧缓冲器”或“多频率制动器”起作用，夹头旋转压缩弹簧或多频率制动器瞬间制动而使工件停止转动。锤头松开后，工件再加速旋转。

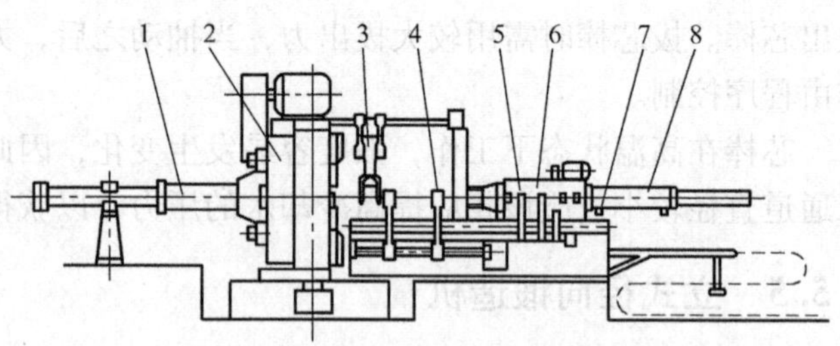

图 5-64　卧式径向锻造机
1—反向支承　2—主传动箱　3—上料机械手　4—下料机械手　5—尺寸机构　6—夹头　7—液压系统　8—芯棒装置

卧式径向锻造机的最大特点是：采用双滑块结构，加强了整个锻击机构的强度，取消了薄弱的拨叉摆盘机构，减少了事故发生的可能性，扩大了锻造空间，增加了防氧化皮的可靠性，易于实现机械化和自动化。卧式径向锻造机在工艺上的明显优点是：锻件的可锻长度显著增加，可锻出 10000mm 以上的长件，可制造出大规格的机器。但卧式径向锻造机最大缺点是占地面积大，不适宜在高大厂房内安装。

带有反向支承的卧式径向锻造机可以锻打细而长的锻件，根据锻件的情况可加一个支承头固定在支持杆上。

卧式径向锻造机还可以配备两个夹头，当需要两个方向锻造锻件时，可提高生产率。锻打圆形坯料时，两夹头需要旋转，但锻打方形、异形截面坯料时，两夹头则不需要旋转。

5.5.7　连续径向锻造机

连续径向锻造机的主要结构形式与普通锻造机基本一致，主要适用于钢锭的开坯和棒料生产，但不同的是，连续径向锻造机的锤头有沿进料方向的摆动运动，即在内滑块的背面装有一个圆弧形的弧齿锥齿轮段，而在外滑块的相应部分也装有一个内弧齿锥齿轮段与之啮合，可使锤头获得轴向附加的摆动运动。

当连续径向锻造机主要用于棒料生产时，在锻造过程中不需要自动调整偏心套的偏心位置，只是等锻件的截面公差需要调整到许可范围或锤头磨损后需补偿锤头磨损量时，才进行偏心套的调节，故此偏心套采用手动调节，调节范围很小。

棒料生产过程的坯料轴向送进，不是采用夹头，而是采用送料辊。送料辊是采用液压马达驱动，无级变速。因锤头与坯料接触的时间短，送料速度与锻打频率可以不一致，误差约为 ±25%，不会对锻件造成影响。这种送料辊不会在送料过程中旋转。

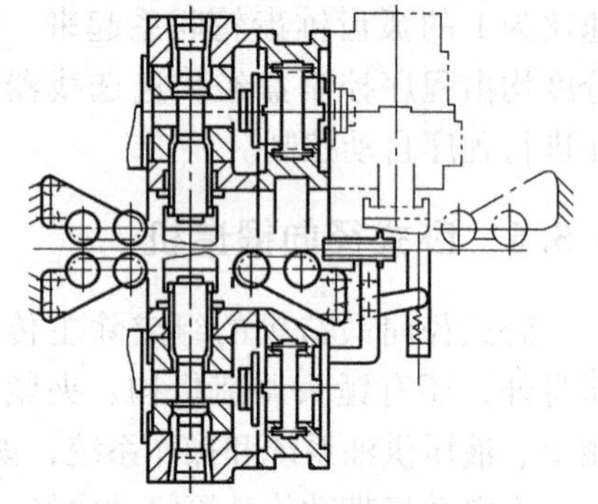
图 5-65　一个传动箱上装配两个锻造箱机构图

连续径向锻造机上锻造的坯料一般都很长，不允许转动，该锻造机的锤头分为两组，当一组锤头向心打击时，另一组锤头则背离坯料向外退出。两组锤头的驱动曲拐旋转相位差 180°，正好实现了对锻件的交替轮番打击。这两组锤头可以有 6 ~ 8 个，每组 3 ~ 4 个

锤头均装在一个锻造箱内。每一打击瞬间，3~4个锤头同时对锻件加力，对坯料心部变形非常有利，不易出现裂纹。为避免材料表面生成纵向毛刺，两组锤头的包角有一定的重合量。

连续径向锻造机可以在一个传动箱上装配两个锻造箱，如图5-65所示，这样可大大提高锻造比，最大达8:1，生产率也可得到极大提高。有一台这样的锻造机与10架轧钢机组成的一条棒料生产线，可将连铸方坯料锻打成棒料，生产出的棒料公差小，可以替代冷轧或粗车过的棒料使用。

5.6 摆动辗压机

5.6.1 摆动辗压机的工作原理

摆动辗压机的工作原理是：具有锥形的上模固定在摆头上，而摆头轴线与机器主轴中心线相交成γ角。当主轴旋转时，摆头同上模作摆动运动。毛坯置于固定在滑块上的下模中，滑块在送进液压缸的推动下一起向上运动，当毛坯接触到摆动的上模时，毛坯就在上下模之间产生塑性变形。摆动辗压机的结构特点是有两个运动副，一个为推动滑块作直线往复运动的液压传动系统，一个为使上模作摆动运动的机械传动系统，它们的合成运动是一个螺旋运动。

5.6.2 摆动辗压机的分类

1）按机身轴线位置来分，将机身轴线设计成垂直于水平面和平行于水平面两种形式，由此可将摆动辗压机分为立式和卧式两类。立式摆动辗压机是国内外最常见的一种摆动辗压机，它操作方便，受力情况较好，占地面积小，适用范围广，易于实现机械化和自动化。卧式摆动辗压机一般来说滑块行程较立式摆动辗压机长，主要用于摆动辗压汽车、拖拉机半轴，车床主轴等长轴类锻件。

2）按摆头结构形式不同分为滚动轴承式和滑动轴承式（包含静压轴承式）两种。滚动轴承式采用推力球轴承和向心球轴承分别承受偏心载荷所引起的轴向力和径向力，结构比较简单，并且容易采购。这种结构的摆动辗压机的缺点是辗压时的整个摆动辗压变形力仅由几个相邻的轴承滚珠承受，滚珠产生弹性变形，接触应力骤增，摩擦力大大增加。尤其是球面滚柱轴承的自定位性能使得滚柱和滚道产生相对位移，不仅使偏角变化，而且由于摩擦发热，使轴承严重失油，加速磨损，造成振荡和噪声。

滑动轴承式采用半球形滑动球头和球头座承受偏心载荷所引起的轴向力和径向力，机构简单、紧凑，承载力大，使用寿命长。但加工制造复杂，热辗时会出现卡死现象，所以冷辗加工多采用此结构。

静压轴承式摆头主要由偏心套、带柄的半球体及球座等组成。球座用球墨铸铁制成，其上开设有几个均匀油腔及相应的封油面和回油槽，油腔与一套液压系统连接，在机器一侧安置有相应的螺旋槽毛细管节流器，由液压系统来的液压油经节流器进入静压油腔，然后又经封油面至回油槽，最后由管道返回油箱。这种摆头结构的摩擦阻力小，对于偏心载荷有很强的适应性，同时还具有良好的吸振性能，减少摆动辗压时振动对机架的影响。但是由于内外球面加工困难，摆动辗压过程中接触压力绕摆辗轴线呈周期性变化，油膜的位置及球座与球头之间的间隙亦呈周期性变化，给建立和保持恒定液压造成困难。另外，在热辗压或温辗压时要特别注意对球头的冷却，否则容易因热膨胀而卡死。

3）按机身结构形式可分为组合式和整体式两种。国产立式摆动辗压机大多为整体机身，波兰 PXW 型摆动辗压机亦为整体机身。圆形滑块安装在机身的大圆形导筒内，在整个滑块行程范围内都由机身大圆形导筒导向，只为装拆模具和送出料开设了尽可能小的窗口。它的优点是整机刚度较好，结构紧凑，装配容易，重量轻。瑞士 Schmid 公司在波兰 PXW 型摆动辗压机的基础上作了改进和发展，将整体机身改变成组合机身。当滑块向上运动时，没有机架本身的大圆导筒导向，只是在滑块上增加了四个导柱插入机身的导孔之中，以保证导向精度，其结构也比较复杂，对机身零件加工的要求高，装配复杂。

4）按摆动辗压工艺过程中锥体模的运动形式分为三类。

① 锥体模自转并直线运动进给，工件作旋转运动（图 5-66）为Ⅰ型。摆头只作倾斜自转而不摆动，锥体模在工件端面上滚动。Ⅰ型摆动辗压机摆头只作转动，不摆动，其轨迹为一条线。属于这类机器的有德国的轴向模轧机（AGW 型）、美国的 Orbital Mill、俄罗斯的端面锥齿轮热辗压机等。Ⅰ型摆动辗压机结构简单，采用普通轴承，广泛应用于热辗压成形。

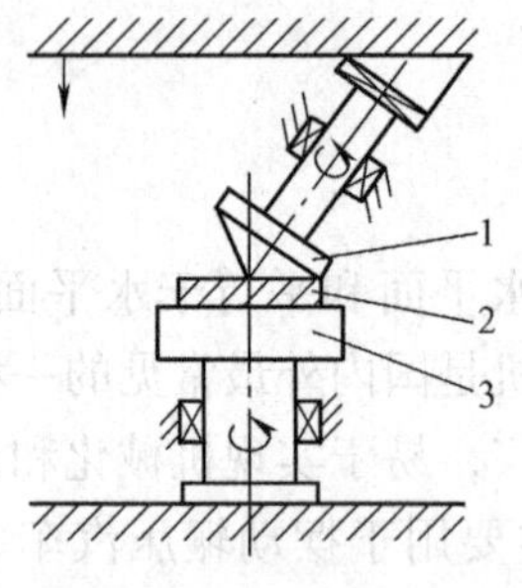

图 5-66　Ⅰ型摆动辗压机

1—摆头　2—工件　3—模具

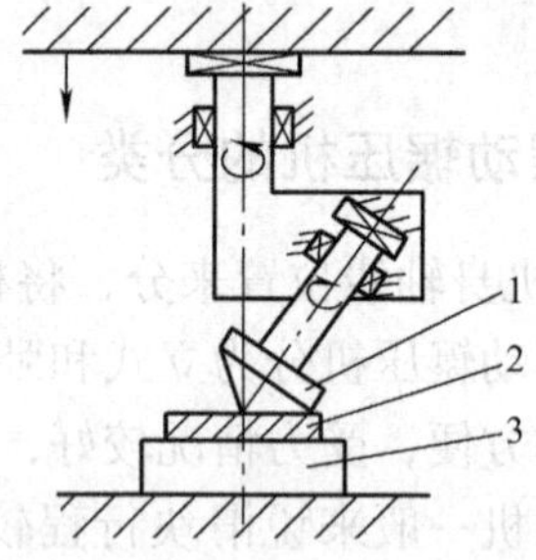

图 5-67　Ⅱ型摆动辗压机

1—摆头　2—工件　3—模具

② 锥体模摆动 + 自转、章动 + 自转或公转 + 自转，工件直线运动进给（图 5-67）为Ⅱ型摆动辗压机。这种摆动辗压机是Ⅰ型到Ⅱ型的过渡型，作为摆辗铆接机是成功的。由于结构复杂，轴承寿命低，用于热辗成形则需要频繁维修，在冷、热成形中已不再使用。

③ 锥体模摆动、章动、公转无自转，固定工件的模具随滑块沿床身轴线方向移动实现进给运动（图 5-68），这是Ⅲ型摆动辗压机。其轨迹为多种，采用双偏心筒、球头轴承、有限转装置，结构复杂。属于这类机器的有波兰的 PXW 型、瑞士的 T 型，用于冷、温成形。

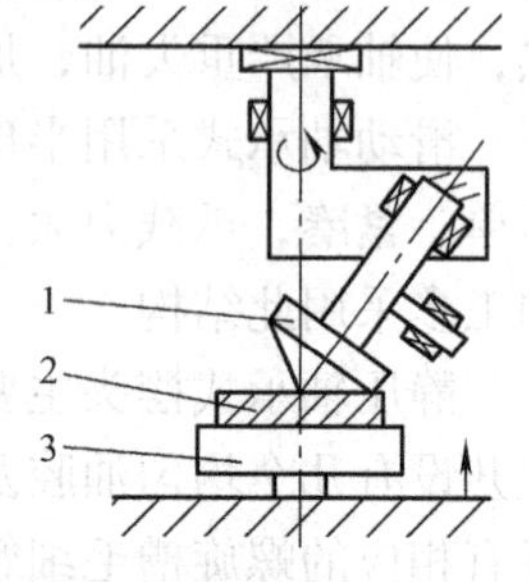

图 5-68　Ⅲ型摆动辗压机

1—摆头　2—工件　3—模具

5）按用途不同分为锻造摆动辗压机和铆接摆动辗压机（也称摆动铆接机）两类。锻造摆动辗压机主要用于冷辗、温辗和热辗各类锻件。摆动铆接机具有许多优点，铆接力小（为传统铆接力的

8%~9%），可以使得热铆变冷铆，节能；无振动，噪声小；铆接质量高，时间短，还可以通过改变摆头倾角 γ 的大小而改变塑性变形区的深度，达到调节铆接松紧程度，实现不同要求的铆接（如链条、钳子需要铰链铆接，桁架需要固定铆接）。所以摆动铆接得到了广泛应用。

5.6.3 摆动辗压机的主要技术参数

摆动辗压机的主要技术参数有摆动辗压力、摆头倾角、摆头转速、每转送进量和摆头驱动电动机功率等。

1. 摆动辗压力 F

摆动辗压力可按下式确定

$$F = pA_{触}$$

式中，$A_{触}$ 为接触面积，$A_{触} = \lambda A_{毛坯}$，$A_{毛坯}$ 为在辗压时的上表面积，λ 为接触率；p 为平均单位压力，$p = K\sigma_s$，σ_s 为材料在一定温度下的屈服应力，即真实应力，K 为试验得到的系数。

冷辗时，波兰马尔辛尼克教授建议取 $K = 1.5 \sim 1.9$，自由辗压时 $K = 1.5 \sim 1.7$，局部辗压时 $K = 1.5 \sim 1.9$。我国某些学者试验指出，在闭式辗压时其值要大于2。关于面积接触率的计算公式较多，常采用波兰马尔辛尼克教授提出的公式

$$\lambda = 0.45\sqrt{\frac{s}{2R\tan\gamma}} \tag{5-25}$$

式中，s 为每转送进量（mm/r）；R 为毛坯原始半径（mm）；γ 为摆头倾角（°）。

我国假定锥面与螺旋面相交求出的面积接触率为

$$\lambda = 0.3\sqrt{\frac{s}{2R\tan\gamma}} + 0.11\left(\frac{s}{2R\tan\gamma}\right) \tag{5-26}$$

2. 摆头倾角 γ

摆头倾角的大小直接影响到接触面积系数的大小，影响到机器的轴向压力和功率大小，进而影响到机器效率和工件质量。根据辗压方法不同，γ 角的选用不同。γ 角小时金属轴向流动较大，γ 角大时则金属径向流动较大。冷辗时，由于变形抗力较大，因而需要总的变形力也较大，为减少摆辗力和偏心力矩，使电动机转矩不至于很大，冷辗时一般均选取较小的进给量 s 和较小的摆角 γ，通常取 $\gamma = 1° \sim 2°$。热辗时，由于变形抗力为冷辗时的十分之几，所以摆辗力也仅为冷辗时的十分之几。但随着温度的降低，变形抗力增大，将使工件不易充满模膛，同时也降低了模具寿命。因此热辗时希望尽量缩短辗压时间。当增大 γ 角，在 s 一定的条件下，可使辗压次数减少，对缩短辗压时间有利，热辗时一般取 $\gamma = 3° \sim 5°$。铆接时为了加快金属径向流动 γ 角常取 $4° \sim 5°$。

3. 摆头转速 n

摆头转速 n 不仅影响到摆动辗压机的生产效率和摆头电动机的功率，而且影响到摆动辗压机的轮廓尺寸和摆动辗压件的质量。在摆头转速低的情况下，可以延长辗压时间。一般情况下，为了提高生产率可使摆头的转速高些，但对于大吨位的摆动辗压机，就要增大电动机功率，增大机架刚度，否则在增大摆头转速的情况下，会使机架受力恶化，振动加大，机器容易发生故障，也使成形件的表面粗糙度增大。热辗一般取 $n = 30 \sim 300$r/min 为宜。

目前有增大转速的趋势，高转速能缩短摆动辗压成形时间，使坯料在模具型腔中滞留时

间缩短，对延长模具使用寿命也有好处，在国外有 $n=600\text{r/min}$ 的摆动辗压机，大大提高了生产率。

4. 工件每转进给量 s

每转进给量的大小直接关系到设备吨位及摆头电动机功率的大小，关系到锻件质量的好坏和生产率的高低。在圆柱件摆动辗压变形研究中发现，当辗压力与工件每转进给量 s 均较小时，就会产生“蘑菇效应”，同时伴有锻不透现象发生，会影响锻件质量，硬度分布也不均匀。因此，为了保证锻件的质量，就必须保证有足够的辗压力，也就是要有足够的每转进给量 s，使塑性变形区发展到工件整个高度，消除“蘑菇效应”现象。一般选择 s 时应使计算面积接触率 λ 值所形成的弧长 $\alpha \geqslant$ 工件高度 H，使其达到均匀变形，工件每转进给量 s 的最小值按下式计算

$$s_{\min} = \frac{H^2}{4R}\tan\gamma \tag{5-27}$$

式中，H 为辗压件高度（mm）；R 为辗压件半径（mm）；γ 为摆头倾角（°）。

在设备吨位允许的情况下，应尽量增大 s 值，一般选取 $\lambda=0.20\sim0.23$，常用的摆动辗压机取工件每转进给量 $s=0.2\sim2\text{mm}$。

5. 摆头驱动电动机功率

摆头驱动电动机功率是摆动辗压设备的主要参数之一。摆辗力使得摆辗件变形所做功与电动机驱动摆头回转所做功之和构成了工件的变形功。国内推荐的计算公式如下

$$P = 127.5\times10^{-8}\frac{Fn}{\eta}\sqrt{D s\cos^{-1}\left(1-\frac{2S}{D\tan\gamma}\right)} \tag{5-28}$$

式中，F 为机器的实际吨位（kN）；n 为摆头实际转速（r/min）；D 为工件最后直径（mm）；γ 为摆头倾角（°）；S 为每转进给量（mm/r）；η 为传动部分总效率。

5.6.4 摆动辗压机的结构

摆动辗压机通常是由机身、摆头、滑块、液压缸和机械传动系统等五部分组成。

1. 机身

摆动辗压机的机身多采用框架式结构。这种机身又可分为整体式和组合式两种。整体式机身加工装配工作量较多，但需要大型加工设备，运输也比较困难。组合式机身由上、下横梁，左右立柱和四根拉紧螺栓等组成，上、下横梁和立柱通过拉紧螺栓组成一个整体。为防止各部分之间的相对错移和精确定位，采用圆形或方形的定位销在水平面的两个方向定位。圆形定位销是在装配后配钻的，而方形定位销是在装配前加工好的销孔，待装配后打入定位销。组合式机身的加工运输都比较方便，国产卧式摆动辗压机大多数采用这种结构。

2. 摆头

摆头是摆动辗压机所特有的，是实现摆动辗压工艺的关键部件，它决定摆动辗压机的使用性能。摆头的结构不同，其运动轨迹也有所不同。

（1）摆头结构　根据摆头上轴承形式不同，分为滚动轴承式、滑动轴承式和静压轴承式摆头三种。

滚动轴承式摆头如图 5-69 所示。它的结构特点是在摆头上安装一个上端为水平面，下端与水平面呈 γ 角的斜盘，以实现摆动运动。当传动部分带动摆轴 1 旋转时，斜盘 4 随着旋

转，而安装在斜盘偏心孔内的模座5便带动上模6产生摆动运动。该结构的优点是结构简单，容易加工制造，维修方便，功率消耗较小。但需要选择合适的轴承，一般多采用推力向心球面滚子轴承。

滑动轴承式摆头如图5-70所示。这种结构特点是在摆头上装有一个或内外两个偏心套和一个滑动球头3，偏心套上端与机器主轴相连，内有一偏心孔，其轴线与偏心套的轴线相交成γ角，滑动球头的尾柄部分嵌入到偏心孔中，于是滑动球头的轴线与机器主轴线也形成γ角，滑动球头3另一端与球面衬套2相配合。当主轴旋转时，偏心套跟着旋转，于是滑动球头带动上模产生摆动运动。当装有两个偏心套并以不同的转向和转速组合时，就会实现摆头多轨迹运动。该结构的优点是传递载荷较大，结构简单、紧凑，寿命长。

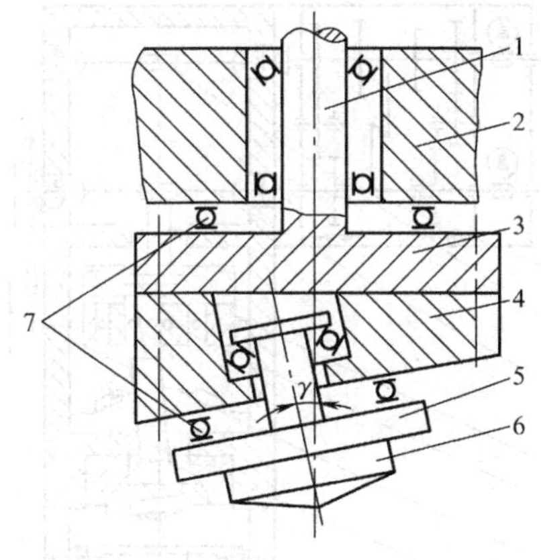

图5-69 滚动轴承式摆头
1—摆轴 2—上横梁 3—摆轴盘 4—斜盘 5—模座 6—上模 7—推力轴承

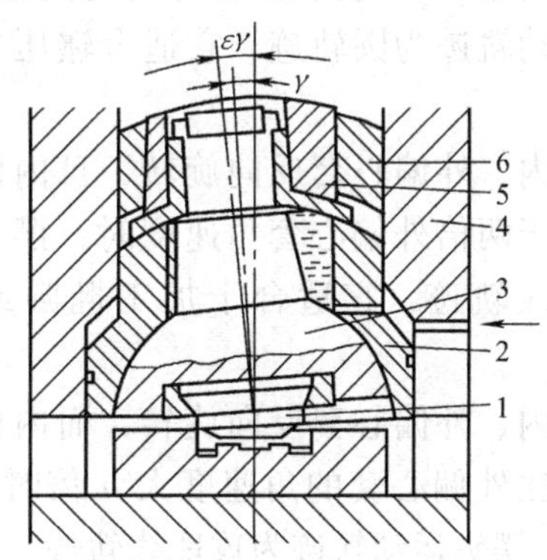

图5-70 滑动轴承式摆头
1—上模 2—球面衬套 3—滑动球头 4—机架 5—内偏心套 6—外偏心套

静压轴承式摆头如图5-71所示。该结构特点是在滑动球头和球面衬套之间建立一层静压油膜，用以承受全部摆动辗压力，以保证两者之间在相对运动时处于完全液体摩擦的润滑状态下。

（2）摆头的运动轨迹 摆头的运动轨迹不仅对金属流动和充填影响很大，而且对电动机功率及设备刚度等均有影响，特别是对形状不规则锻件的成形影响更大。摆头运动轨迹有四种，即圆轨迹、螺旋线轨迹、玫瑰线轨迹和直线轨迹如图5-72所示。

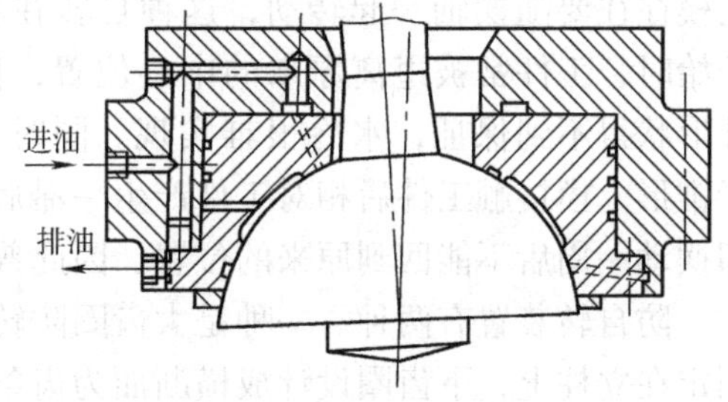

图5-71 静压轴承式摆头结构

摆动辗压机可以设计成只有一种运动轨迹，也可以同时具有几种运动轨迹。单一运动轨迹的机器结构简单，制造维修方便，供大批量生产的摆动辗压机多采用单一运动轨迹。我国制造的摆动辗压机大多数是单一运动轨迹，而且多是圆轨迹。只有摆辗铆接机才采用玫瑰线轨迹。波兰PXW100AAb型摆动辗压机可在一机上实现四种运动轨迹，其工作原理如图5-73所示，球头尾柄装在内偏心套的偏心孔内，靠内外偏心套同向或反向、同速或不同速旋转时产生四种不同运动轨迹。

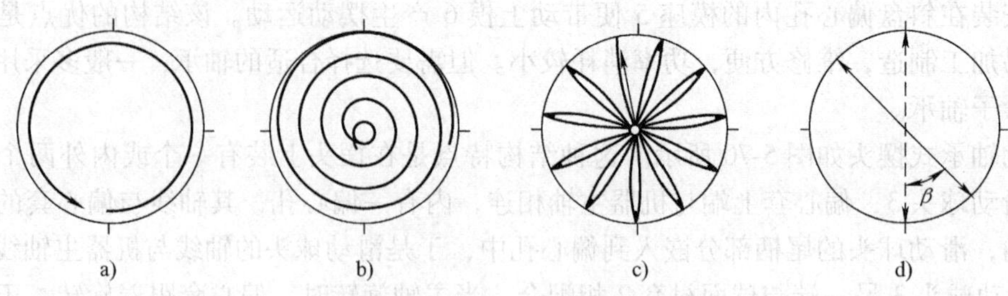

图 5-72　摆头四种运动轨迹

a）圆轨迹　b）螺旋线轨迹　c）玫瑰线轨迹　d）直线轨迹

当内偏心套与外偏心套同向同速旋转时，摆头运动轨迹为圆轨迹，它适合辗压各种圆形工件。

当内、外偏心套反向旋转，且内偏心套角速度等于两倍外偏心套角速度时，摆头运动轨迹为直线轨迹，它适合于加工椭圆或长轴类工件。

当内、外偏心套反向旋转，而内偏心套的角速度比外偏心套的角速度大 n 倍时（1.2 倍例外），摆头运动轨迹为玫瑰线轨迹。

当内、外偏心套同向转动，且外偏心套转速大于内偏心套时，摆头运动轨迹为螺旋线轨迹，它适合加工具有不同直径台阶的工件。

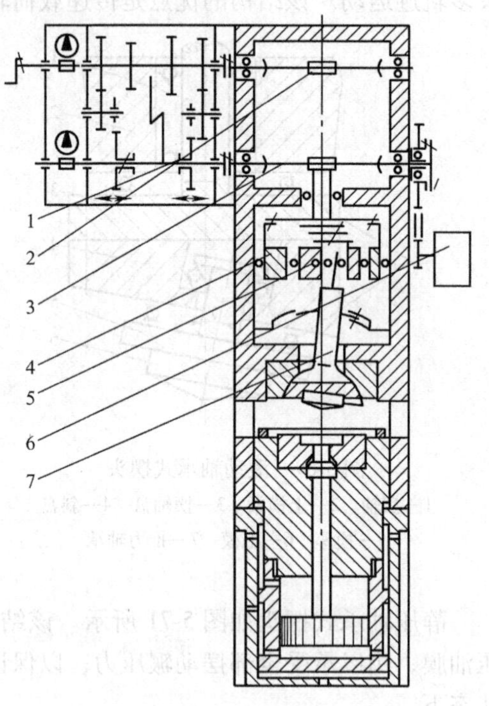

图 5-73　PXW100AAb 型摆辗机工作原理图

1—变速箱　2—第二级蜗轮　3—第一级蜗轮
4—外偏心套　5—内偏心套
6—电动机　7—摆头

（3）防止摆头自转装置　摆动辗压时，为了得到高质量的锻件和使上模具有良好的冷却和润滑，要求上模只作线滚动，而不允许有自转。但是由于受轴承摩擦力的作用，在空转时，上模往往要随摆轴一起转动，这种自转在辗压开始时，工件常被甩离原来的中心位置，使工件形状得不到保证，水冷很难实现。同时，由于锥形上模接触工件后相对工件产生一滞后角，即摆动一周后不能回到原来的位置，因此普通摆动辗压机上均装有防自转装置。

防自转装置有两种。一种是大齿圈防转装置，采用筒形的上齿圈固定在斜盘上，下齿圈固定在立柱上，下齿圈设计成横断面为齿条形的平面锥齿，而上齿圈下端为一锥齿轮，其分度圆锥角的余角等于摆头倾角，其节锥线应与锥形上模的母线在同一平面内。另一种防自转装置是拨杆机构，如图 5-74 所示。这种结构的防转杆安装在球头或摆头模座上，挡板固定在机架上，防转滚轮在挡板之间滚动。该结构和大齿圈相同，它既可在空转时防止摆头自转，也可在辗压时防止上模滞后，以保证上下模在任何时候均不产生相对错位。

3. 滑块

滑块是一个传递力的部件，它将液压缸的推力传递给工件，使之产生塑性变形。滑块上端通过梯形槽和螺钉与下模固定在一起，滑块下端和液压缸中的活塞杆连接，滑块四周与导轨配合。工作时滑块在液压缸活塞杆的推动下沿导轨作上下往复运动。滑块分为箱形滑块和圆形滑块。

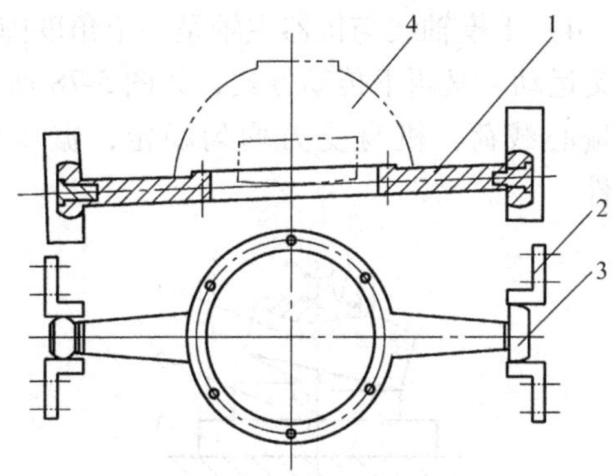

图5-74 拨杆防转装置

1—防转杆 2—挡板 3—滚轮 4—球头

箱形滑块通常采用灰铸铁或球墨铸铁浇铸而成，也可采用焊接结构。为了保证导向精度，在箱形滑块的四个角上设有导向面，以便和机身的导轨互相滑动配合。导轨和滑块的导向面应保持一定的间隙，一般为0.1mm左右，视机器精度与工作力大小而定，而且这个间隙要能够进行调整，它是靠一组推拉螺钉来实现的。

为保证导向精度，滑块的导向面要有足够的长度，即滑块要做得足够高，滑块高度与宽度的比值一般都大于1，可选1.08～1.32之间。因为在导向间隙相同的情况下，导向面越长，滑块行程的垂直度越好，机器的精度越高。

由于摆动辗压机滑块在圆周方向上承受交变载荷作用，其频率和摆头转速相同，因此有人把滑块做成圆形滑块。圆形滑块具有的优点是：圆形滑块导轨在圆周方向上刚性一致，变形和受力都相同；圆形滑块与导轨的接触面积要比箱形滑块大，因而磨损小；圆形滑块与导轨制造时容易保证精度，安装调试方便；圆形滑块导轨只有一个圆筒，容易紧固。因此，圆形滑块导轨很适合摆动辗压机，但缺点是间隙不能调整，磨损后不易修复，只能采用在圆形导轨上面镶套的方法来解决，比较麻烦。为保证圆形滑块导轨正常工作，需要在滑块与导轨之间加设一导向平键，以保证不发生相对转动。同时，滑块与导轨间要设有内外防尘罩，以保证滑块与导轨间的清洁。

4. 液压缸

根据摆动辗压机的结构要求，可以分为柱塞式液压缸和活塞式液压缸两种。柱塞式液压缸又分简单液压缸和复合液压缸两种。复合液压缸用以实现液压顶料。

5. 传动系统

摆动辗压机螺旋运动的传动方式有以下几种：

1）摆头作匀速旋转，即上模均匀摆动，下模带动毛坯作等速或变速直线送进运动。这是一种分别传动形式，如图5-75所示。这种传动形式结构简单，维修方便，容易实现。国内外摆动辗压机大多数采用这种形式，但这种传动形式机身受交变偏心载荷作用，受力复杂。

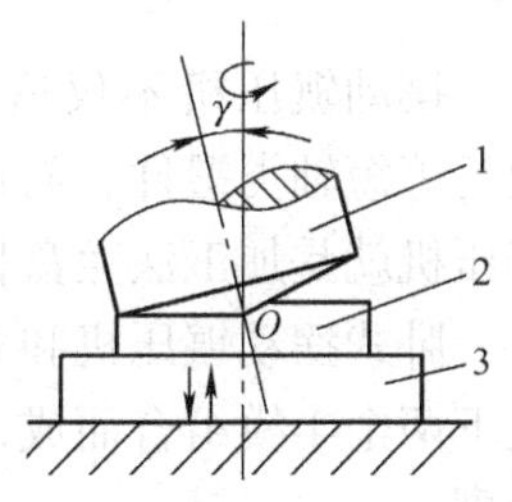

图5-75 摆头作匀速旋转

1—上模 2—毛坯 3—下模

2）下模固定不动，上模不仅作均匀摆动，同时又作上下往复送进运动，如图5-76所示。这种传动形式较第一种传动形式复杂，需要增加花键轴和花键套等零件。但它结构比较紧凑，适合小型摆动辗压机。国内外小型摆动铆接机大部分采用这种传动形式。

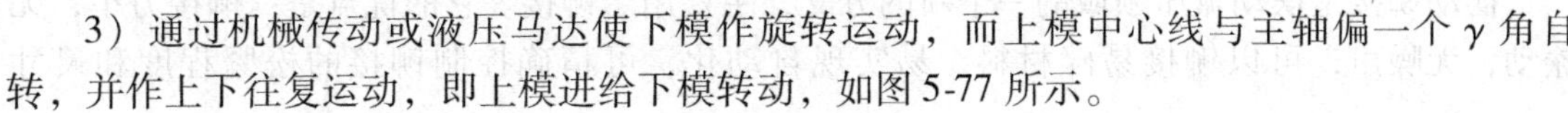

3）通过机械传动或液压马达使下模作旋转运动，而上模中心线与主轴偏一个γ角自转，并作上下往复运动，即上模进给下模转动，如图5-77所示。

4）上模轴线与机器主轴呈一个角度固定不动，靠工件摩擦或机械驱动自转，而下模作螺旋运动，又叫下传动方式，如图 5-78 所示。该种传动方式可以消除由于摆动而产生的交变偏心载荷，机身受力均匀稳定，辗压件精度高，不需要防转装置，可以辗压非对称锻件。

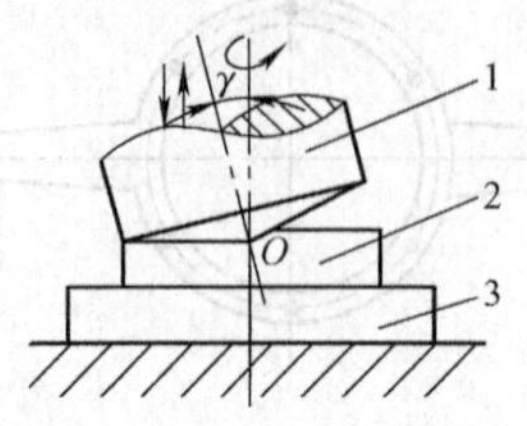

图 5-76　上模作复合运动

1—上模　2—毛坯　3—下模

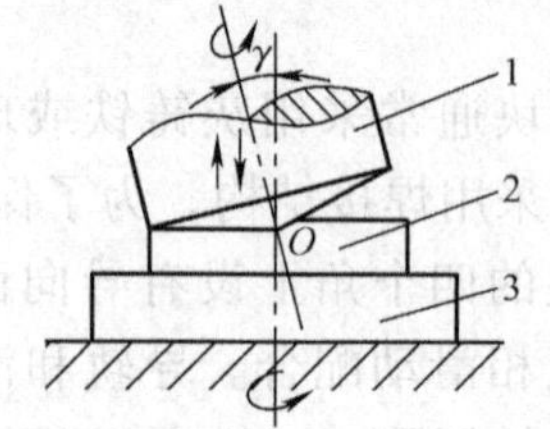

图 5-77　上模进给下模转动

1—上模　2—毛坯　3—下模

从上述传动方式可以看出，摆动辗压必须有两个运动副，即旋转运动副和直线运动副。这两个运动副可以用同一个能源来实现，也可以分别用两个不同的能源来实现。

通过高压油泵使液压缸送进和液压马达旋转来实现上述两个运动，结构简单，速度可调，是一种较好的传动形式。通过电动机带动一系列机械传动系统使摆轴旋转，滑块直线送进的结构较复杂，困难较多。

以上是利用一个能源产生两种运动的传动形式，这两种传动形式目前应用的较少。国内外摆动辗压机大多数采用分别传动的形式来实现，即用液压或气压传动实现送进运动，用机械传动实现摆动。

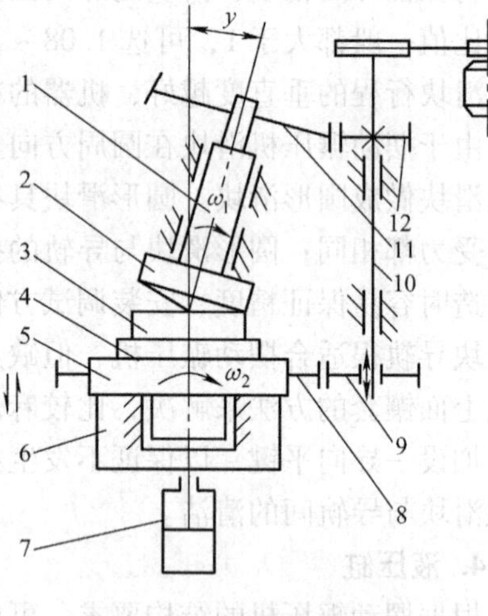

图 5-78　下传动方式示意图

1—摆轴　2—上模　3—工件　4—下模　5—工作台　6—滑块　7—送进液压缸　8、9、11、12—传动齿轮　10—旋转轴

5.6.5　卧式摆动辗压机

摆动辗压机不仅适合加工饼盘类、圆环类、法兰类等短轴类锻件，而且适合加工法兰盘长轴类锻件，如汽车、拖拉机后半轴等，卧式摆动辗压机就是加工法兰盘长轴类锻件的专用设备。

卧式摆动辗压机和立式摆动辗压机的主要区别是上下机架变为左右机架，它的凹模是由上下两个半模组合而成，它比立式摆动辗压机多一个能使上半凹模作上下往复合模运动的运动副。

我国的卧式摆动辗压机主要是用来加工各种汽车和拖拉机的后半轴及车床主轴。

5.6.6　摆动铆接机

摆动铆接是摆动辗压领域的一个新的分支，主要用于铆接。它的优点是：铆接力小，无振动，无噪声，可以铆接易碎材料，易实现自动化，可精确控制铆接的松紧程度和尺寸

精度。

根据摆头的运动轨迹不同摆动铆接机分为圆轨迹和玫瑰线轨迹两种。

1. 圆轨迹摆动铆接机动力头结构（图5-79）

花键套把电动机轴和花键摆轴连接在一起，它在活塞杆内只旋转不移动。花键摆轴下端用螺纹和铆接头固定在一起。当电动机起动后，通过花键套和花键摆轴带动铆接头摆动，同时，活塞杆在液体或气体压力的推动下带动花键摆轴和铆接头向下运动，摆杆接触铆钉即开始铆接。活塞向下位移由限位螺母控制，尺寸精度可达0.02mm。如果末端加工成齿轮轴，它可和几个齿轮轴啮合，因而一个花键摆轴可带动几个铆接头同时铆接，此摆动铆接机称为多头摆铆机。

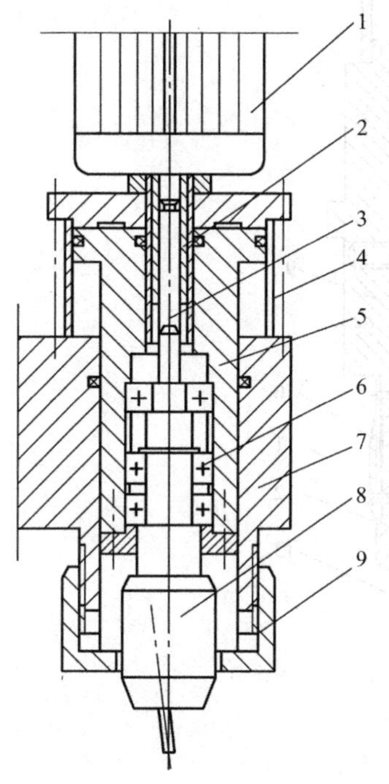

图5-79 圆轨迹摆动铆接机动力头结构

1—电动机 2—花键套 3—花键摆轴 4—气缸 5—空心活塞杆 6—轴承 7—机身 8—铆接头 9—限位螺钉

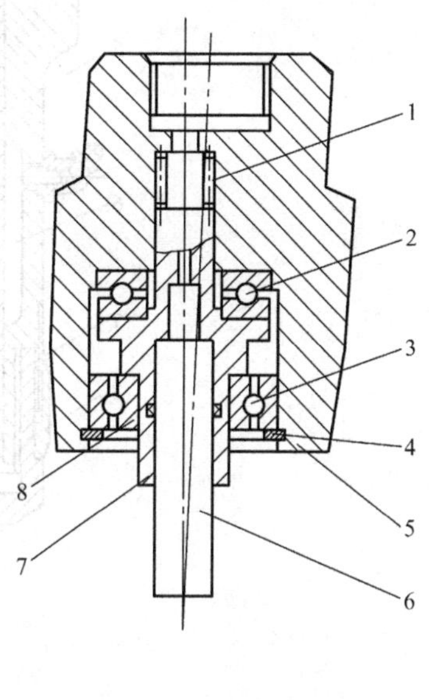

图5-80 摆动铆接头

1、2、3—轴承 4—弹簧挡圈 5—铆接头壳体 6—摆头模具 7—空心轴承 8—胶圈

摆动铆接机动力头既可作为一个独立的部件安装在生产线上任何一个位置上单独使用，也可和机架组合在一起构成台式摆动铆接机。

根据铆接件铆钉位置和数量不同，在一台摆动铆接机上安装一个或几个动力头，在机架上可垂直放置，也可水平放置，或与水平呈一定角度，既可单面铆接，也可双面铆接。铆接时既方便又易实现自动化。

摆动铆接头是动力头的重要组成部分，如图5-80所示。它由铆接头壳体5、空心轴承7、摆头模具6、轴承1、2、3及弹簧挡圈4等组成。它可随时装卸更换。

2. 玫瑰线轨迹摆动铆接机动力头结构（图5-81）

当电动机通过花键套带动花键轴旋转时，与花键轴固定在一起的偏心套同时旋转，并带

动齿轮轴绕 O 轴公转，由于外齿轮同内齿轮相互啮合，因此外齿轮还绕自心作自转，而圆柱中心 B 便形成玫瑰线轨迹。活塞和活塞杆在液压或气体压力作用下向下运动，因此同活塞杆连接在一起的所有零件也随之往下运动，直至铆接模接触铆钉，并铆接完毕为止。

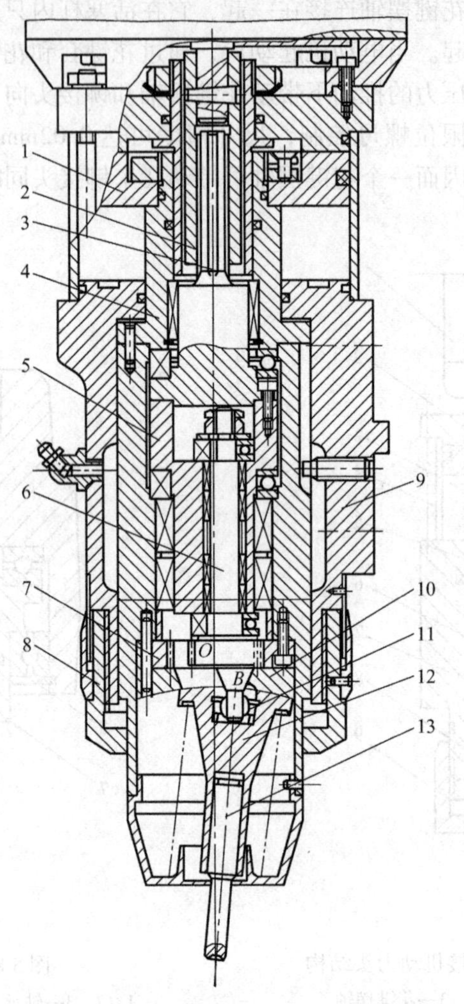

图 5-81　玫瑰线轨迹摆动铆接机动力头结构

1—活塞　2—花键套　3—花键轴　4—活塞杆　5—偏心套　6—齿轮轴　7—内齿轮　8—调节螺母　9—机架　10—球形座　11—关节轴承　12—球形摆杆　13—铆模

思 考 题

1. 旋转成形设备通常指哪些设备？
2. 旋转成形设备具有哪些特点？
3. 试述各种旋转成形设备所加工工件的特点。

第 6 章　塑料成型机械

一般来说，能将高分子聚合物树脂加工成型为塑料制品的机械都称为塑料成型机械，因此，塑料成型机械主要是为塑料制品的加工成型服务的。随着塑料工业的迅速发展，塑料成型机械也得以相应的发展。塑料成型机械是塑料工业的组成部分，是完成塑料制品生产的重要手段，也是衡量塑料工业技术水平高低的标准之一。由此可见，塑料成型机械的完善程度和潜力的发挥，对提高塑料制品质量、提高劳动生产率、降低产品成本、改善劳动条件、加强安全生产以及实现新工艺等都具有重要作用。

由于塑料产品种类很多，生产中所使用的成型机械实际上是多种多样的。现仅就常见的典型成型机械加以阐述，如挤出机、注射机等。

6.1　塑料挤出机

挤出成型在塑料成型加工中占有很重要的地位，几乎所有的热塑性塑料都可以用挤出成型法加工。挤出成型的产品种类很多，如管材、型材、板材、薄膜、中空制品等。挤出机除用于挤出制品外，还可用于塑料的混合、造粒塑化等。

6.1.1　挤出成型过程及挤出机组组成

1. 挤出成型过程

（1）挤出成型过程　如图 6-1 所示，挤出成型是这样进行的：将塑料从料斗加入到料筒中，随着螺杆的转动将其向前输送，塑料在向前移动的过程中，受到机筒的加热、螺杆的剪切和压缩作用，使塑料由粉状或粒状逐渐熔融塑化成为粘流态，塑化后的熔料在压力的作用下，通过分流板和一定形状的口模，成为截面与口模形状相仿的高温连续体，最后冷却定型为玻璃态，得到所需的具有一定强度、刚度、几何形状和尺寸精度的等截面制品，再按要求将其卷取成卷（软制品）或按一定尺寸切断（硬制品）便可得到所需制品。

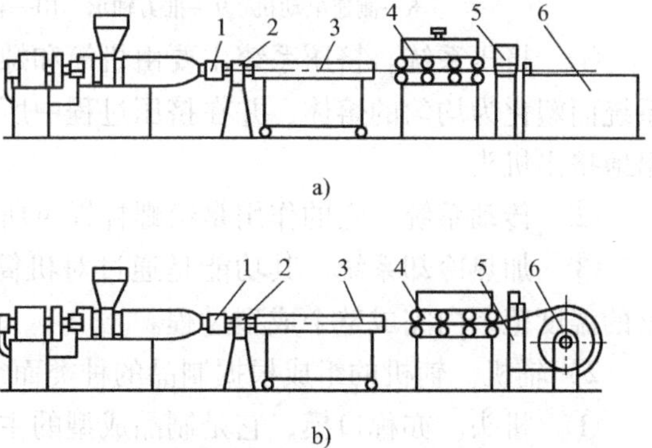

图 6-1　挤出成型过程（挤管）

a）硬管　b）软管

1—机头　2—定型　3—冷却　4—牵引

5—切割　6—卷取（或堆放）

（2）挤出机组　一台挤出成型设备一般由主机（挤出机）、辅机和控制系统组成，统称为挤出机组。

1）主机。主机（挤出机）主要由挤压系统、传动系统和加热冷却系统三部分组成，如图 6-2 所示。

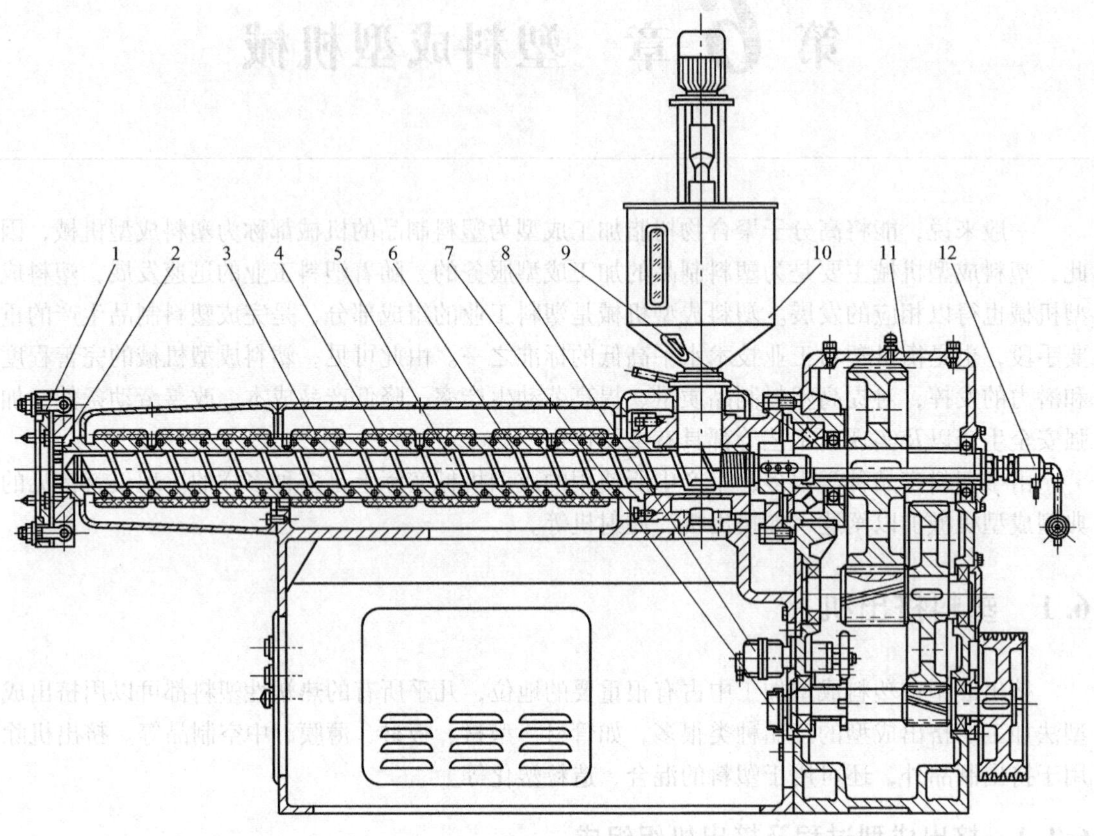

图 6-2　挤出机主机结构图

1—机头连接法兰　2—过滤板　3—冷却水管　4—加热器　5—螺杆　6—机筒　7—液压泵　8—测速电动机　9—推力轴承　10—料斗　11—减速箱　12—螺杆冷却装置

① 挤压系统。挤压系统主要由机筒和螺杆组成，是挤出机的关键部分。塑料通过挤压系统而塑化为均匀的熔体，并在挤压过程中所建立的压力下，被螺杆连续地定压、定量、定温地挤出机头。

② 传动系统。它的作用是给螺杆提供所需的扭矩和转速。

③ 加热冷却系统。其功能是通过对机筒（或螺杆）进行加热和冷却，保证在工艺要求的温度范围内完成整个成型过程。

2）辅机。辅机的组成根据制品的种类而定，一般由以下几部分组成，如图 6-1 所示。

① 机头。亦称口模，它是制品成型的主要部件，熔融塑料通过它获得一定的几何截面和尺寸。

② 定型装置。它的作用是将从机头中挤出塑料的既定形状稳定下来，并对其进行精整，从而得到更为精确的截面形状、尺寸和光亮的表面。

③ 冷却装置。由定型装置出来的塑料在此得到充分的冷却，获得最终的形状和尺寸。

④ 牵引装置。用来匀速地牵引制品，并对制品的截面尺寸进行控制，使挤出过程稳定进行。

⑤ 切割装置。可将连续挤出的制品切成一定的长度或宽度。

⑥ 卷取装置。其作用是将软制品（薄膜、软管、单丝等）卷绕成卷。

3）控制系统。它是由电器、仪表和执行机构组成。根据自动化水平的高低，可控制主机和辅机拖动电动机、驱动液压泵、液压（气）缸和其他各种执行机构按所需的功率、速度和轨迹运行，以及检测、控制主辅机的温度、压力、流量等参数，最终实现对整个挤出机组的自动控制和产品质量的控制。

2. 挤出机的分类与型号表示

（1）国产塑料挤出机分类　随着挤出机用途的增加，出现了各种挤出机，其分类方法很不一致。例如：按螺杆数目的多少，可分为单螺杆挤出机和多螺杆挤出机；按螺杆的有无，可分为螺杆挤出机和无螺杆挤出机；按可否排气，可分为排气挤出机和非排气挤出机；按螺杆在空间的位置，可分为卧式挤出机和立式挤出机等。生产中常用的是卧式单螺杆非排气式挤出机，这里将以此作为重点来介绍。

（2）型号表示与主要技术参数　我国生产的塑料挤出机的主要参数已标准化。一些国产挤出机的主要技术参数见表6-1。

表6-1　国产挤出机的主要技术参数

型号	螺杆直径 D/mm	螺杆长径比 L/D	螺杆转速 n /（r/min）	生产能力 Q /（kg/h）	主电动机功率 P/kW	加热功率 E /kW	加热段数	机器中心高度 H/mm
SJ—30/20	30	20	11～100	0.7～6.3	1～3	3.3	3	1000
SJ—30/25B	30	25	15～225	1.5～22	5.5	4.8	3	1000
SJ—45/20B	45	20	10～90	2.5～22.5	5.5	5.8	3	1000
SJ—65/20A	65	20	10～90	6.7～60	5～15	12	3	1000
SJ—65/20B	65	20	10～90	6.7～60	22	12	3	1000
SJ—Z—90/30	90	30	12～120	25～250	6～60	30	6	1000
SJ—90/20B	90	20	14～72	30～90	2.4～24	16	4	1000
SJ—120/20D	120	20	8～48	25～150	18.3～55	37.5	5	1100
SJ—Z—150/27	150	27	10～60	60～200	25～75	71.5	6	1100
SJ—65/20DL	65	20	10～100	10～70	0～17	12.5	3	1000
SJ—150/20DL	150	20	7～42	200	25～75	72	6	1100

表中字母为汉语拼音的缩写，其中“SJ”表示塑料挤出机，“Z”表示造粒机，“W”代表喂料机，数字代表螺杆直径和长径比，“A”和“B”表示机器结构或参数改进后的标记（机型）。例如SJ—150表示螺杆外圆直径为150mm的塑料挤出机。

挤出机的工作性能特征通常用以下几个主要技术参数表示：螺杆直径D（mm）：指螺杆的外圆直径；螺杆的长径比L/D：指螺杆工作部分长度与外圆直径比；螺杆的转速范围n_{min}～n_{max}（r/min）；主螺杆的驱动电动机功率P（kW）；挤出机生产能力Q（kg/h）；机筒的加热功率E（kW）；机器的中心高度H（mm）：指螺杆中心线到地面的高度；机器的外形尺寸：长×宽×高（mm×mm×mm）。

6.1.2 挤出过程分析

塑料之所以能进行成型加工，是由其内在依据所决定的。由高分子物理学可知，高聚物一般存在着三种物理状态：玻璃态、高弹态和粘流态。在一定条件下，这三种物理状态可以相互转化。根据试验研究，在挤出加工时物料自料斗落入机筒变成熔体从机头挤出，温度、压力、粘度等发生变化，使物料出现了三种不同的物理状态；经历了几个职能区，即固体输送区、熔融区和熔体输送区（均化区）。

常规全螺纹螺杆的三个职能区如图 6-3 所示。由图可见，固体输送区通常限定在自加入到料斗开始算起的几个螺距中，在该区，物料向前输送并被压实，但仍以固体状态存在。进入熔融区后，一方面由于螺纹深度减小使物料进一步被压缩，另一方面在机筒外部加热和螺杆剪切、摩擦热的作用下，物料开始熔融。至熔融区末端，物料全部熔融而进入熔体输送区，在该区熔体将进一步均匀塑化，并使其定量、定压、定温地挤出机头。

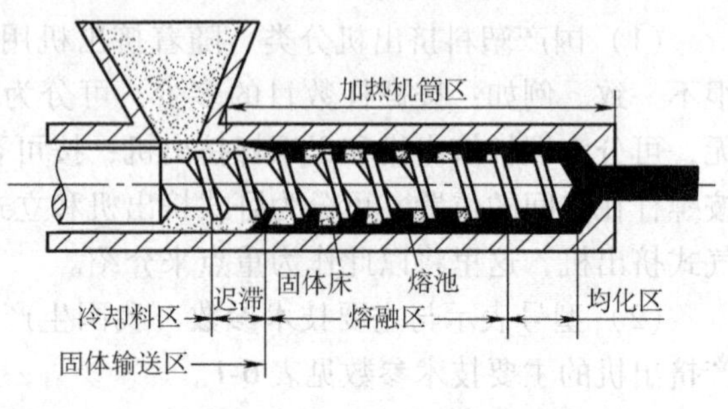

图 6-3 挤出过程简图

6.1.3 挤出机结构与参数选用

图 6-2 所示的是单螺杆挤出机，它是由挤压系统、传动系统和加热冷却系统三部分组成，现对组成单螺杆挤出机的这三个主要部分的机构和有关参数的选取进行介绍。

1. 挤压系统

挤压系统是挤出机的最重要部分，常常被人们称为挤出机的心脏，它主要由螺杆和机筒组成。塑料就是在这里由玻璃态转变为粘流态，然后通过口模和辅机而被成型为制品的。按挤出机的不同用途，挤压系统可配置排气装置、调压装置、换网装置、多机头用挤出分流装置以及静态混合器和计量泵等。这里将分别介绍螺杆和机筒的结构及有关参数。又由于分流板与螺杆有一定联系，加料装置与机筒密切相关，故将它们也放在这里介绍。

（1）螺杆　螺杆是完成塑料塑化和输送的关键零件。挤出机的生产率、塑化质量及动力消耗等都主要取决于螺杆的性能。螺杆可分为常规螺杆和新型螺杆。

1）常规螺杆的结构及参数。所谓常规螺杆是指从加料段到均化段为全螺纹的三段式结构的螺杆。生产中最常用的常规螺杆有（螺距不变而螺槽深度变化的）渐变型螺杆和突变型螺杆两大类。渐变型螺杆是指由加料段较深螺槽向均化段较浅螺槽的过渡，是在一个较长的螺杆轴向距离内完成的。而突变型螺杆的上述过渡是在较短的螺杆轴向距离内完成的。渐变型螺杆对物料的剪切作用较小，且对大多数物料能提供较好的热传导，因此多用于软化温度范围较大的非结晶型塑料。突变型螺杆由于压缩段较短［(3～5) D］，有的只有 (1～2) D，对物料能产生较大的剪切作用，故适用于粘度较低、具有突变熔点的结晶型塑料，如尼龙、聚烯烃等。对于高粘度塑料易引起局部过热，不宜使用。在选用螺杆时，除螺杆形式外，还需考虑螺杆的各主要参数。

① 螺杆直径。这是一个重要参数，挤出机规格用它来表示。螺杆直径已标准化，我国

挤出机标准所规定的螺杆直径系列为（单位 mm）：20、30、45、65、90、120、200、250、300。应根据所加工制品的断面尺寸、加工塑料的种类和所要求的生产率来选用一定直径的螺杆。一般生产率要求越高、制品断面尺寸越大，螺杆的直径越大。如果用大直径的螺杆生产小截面的制品，不仅不经济，而且使工艺条件难于掌握。制品截面积的大小和螺杆直径的经验统计关系列于表 6-2 中，供选用时参考。

表 6-2　螺杆直径与挤出制品截面积之间的关系

螺杆直径/mm	30	45	65	90	120	150	200
硬管直径/mm	3 ~ 30	10 ~ 45	20 ~ 65	30 ~ 120	50 ~ 180	80 ~ 300	120 ~ 400
吹膜折径/mm	50 ~ 300	100 ~ 500	400 ~ 900	700 ~ 1200	~ 2000	~ 3000	~ 4000
挤板宽度/mm	—	—	400 ~ 800	700 ~ 1200	1000 ~ 1400	1200 ~ 2500	—

② 螺杆的长径比。它也是螺杆的一个重要参数。当其他条件不变时，加大长径比，等于增大螺杆长度，物料在机筒中所经的路程增大，使塑化更充分更均匀，有利于提高制品质量。但是对热敏性塑料，过大的长径比易造成塑料停留时间过长而产生热分解，并且长径比增大后螺杆和机筒的加工制造及安装都困难，功率消耗增大，容易因螺杆自重弯曲而使机筒和螺杆端部间的间隙产生不均匀现象，甚至可能刮磨机筒，影响挤出机的寿命。因此长径比的选取应根据加工塑料的性能、所需产品质量和生产率的要求来确定。一般对难加工的塑料、塑化质量要求较高或挤出质量较高的情况，选用较大的长径比。目前螺杆的长径比多为 20、25、28、30，国外已出现长径比达 60 的螺杆。

③ 螺杆的分段。普通螺杆一般分为加料段、压缩段、均化段。物料在螺杆中的挤出过程实际上都经历了固体输送、熔融和均化的过程。

a. 加料段。它的作用是将固态物料压实并输送给均化段，因此，输送能力是它的核心问题。加料段的输送能力应与后两段熔融和均化能力相一致。为了提高输送量可通过在机筒加料段开纵向沟槽和加工出锥度来实现，另外螺杆表面摩擦因数越小，机筒的摩擦因数越大，则输送量越大，因此螺杆表面加工质量要求较高。加料段的长度占螺杆全长的比例，对非结晶型塑料约为 10% ~25%，对结晶型塑料约为 30% ~65%。

b. 压缩段。其作用是进一步压实物料，排除气体并使物料熔融。在这一段，由于气体被排除，物料熔融后密度增加以及在压力作用下物料被压缩，使物料的密度有所增大，这就需要补偿其体积变化以保证物料到达均化段时具有足够的致密度。因此应有足够的压缩比，压缩比与物料的性质、制品的情况等因素有关，一般根据经验选取。

对于压缩段的另一个设计要求是压缩段应有一定的长度，以使螺槽的体积变化与物料的熔融速率相适应。目前国内对压缩段长度多以经验的方法确定。根据一般经验，对于非结晶型塑料，压缩段约占螺杆全长的 55% ~65%；对于结晶型塑料约为（1 ~4）D 不等。

c. 均化段。它的作用是将来自压缩段的熔料相混合，使其温度、密度和粘度达到均匀，并且定压、定量、定温地输送到机头。均化段的螺槽深度和长度是两个重要参数，螺槽深度应和压缩段的熔融能力相匹配。如果螺槽深度过大，使其潜在的熔料输送能力大于熔料能够充满的能力，压缩段未熔的物料有可能进入该段，残留的固相碎片若得不到进一步均匀塑化而挤入机头，就会影响制品质量。反之，若螺槽太浅则熔料受到的剪切过大，会使熔料温度升高，甚至过热分解。均化段长度对生产影响也较大，长度增大，可使物料均化时间延长，有利于物料的均匀混合，但过长会使加料段和压缩段在螺杆全长中所占比例变小，且对热敏性塑料易引起过热分解。这两个参数一般靠经验确定。对于非结晶型塑料均化段长度约取螺杆全长的 22% ~25%；对于结晶型塑料则为螺杆全长的 25% ~35%。而槽深一般取为 (0.02~0.06) D。

④ 螺杆头部结构。当熔料从均化段螺槽进入机头流道时，料流由螺旋带状流动急剧改变为直线流动。因此应选择合理的螺杆头部形状，以使物料尽可能平稳地从螺杆进入机头，避免产生涡流，使局部滞留受热时间过长而产生分解。

螺杆头部的结构形式有多种，如图 6-4 所示。应用较广的是图 6-4a、图 6-4b 两种，图 6-4c、图 6-4d 多用于挤出流动性好的塑料，图 6-4e、图 6-4f 多用于流动性差及热敏性塑料，图 6-4g 和图 6-4h 由于具有不对称的头部有助于防止物料因滞留而分解，图 6-4i 多用于挤出粘度大、导热性不良或有明显熔点的塑料，而图 6-4j 能使物料借助头部的螺纹向前移动，多用于挤电缆。

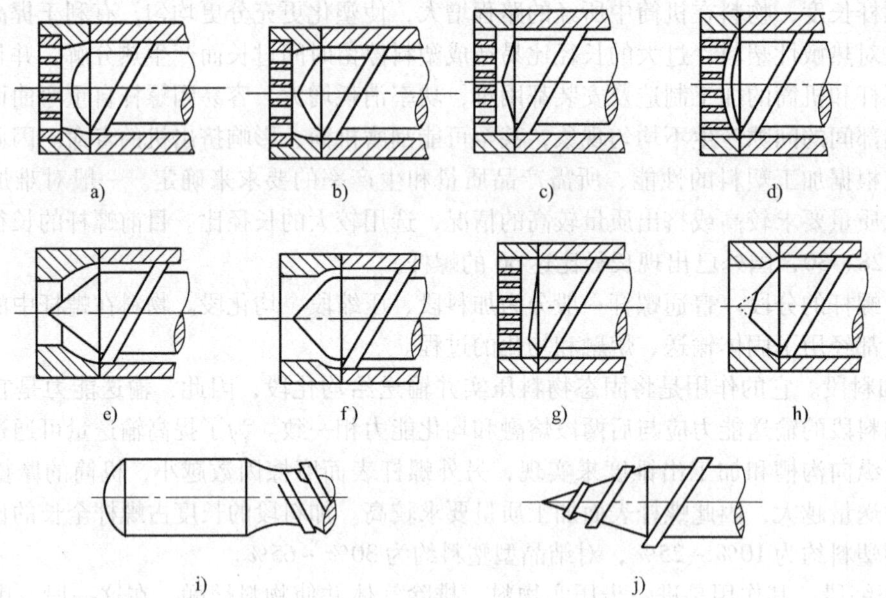

图 6-4 常用的螺杆头部结构形式

a）球体 b）球体－流线型锥体 c）大圆锥 d）扇形体 e）锥体 f）圆柱-锥角 g）歪头 h）截锥体 i）鱼雷体 j）带螺纹锥体

影响螺杆工作性能的还有螺杆与机筒的间隙、螺纹的断面形状、螺纹的线数等，在选用时也应根据具体的生产情况确定。

2）新型螺杆。常规的全螺纹三段式螺杆由于具有结构简单、制造容易等特点，在生产中获得广泛的应用。但随着塑料工业的发展，对生产也提出了更高的要求。由于常规螺杆存在着固体输送效率低、熔融效率低且不彻底、塑化混炼不均匀及对一些特殊塑料的加工工艺过程不适应等缺点，使其不能充分满足生产的要求。生产中也常用提高螺杆转速和机筒温度、增大长径比、改进加料段结构等方法来改善常规螺杆的工作性能，但效果不显著。

为了克服上述缺点，人们对挤出过程进行了更深入的研究，在大量试验和生产实践的基础上，开发了各种新型螺杆。这些螺杆在不同的方面和不同程度上克服了常规螺杆所存在的缺点，已引起了人们的重视并获得了广泛的应用。下面对几种新型螺杆的工作原理作一简单

的介绍。

①　分离型螺杆。分离型螺杆的特点是在压缩段设置一条附加螺纹，称之为副螺纹，其外径小于主螺纹，从而将原螺槽一分为二，一条与加料段相通（固体螺槽），另一条与均化段相通（熔体螺槽），由于主副螺纹螺距不等，使熔体螺槽逐渐变宽，至均化段时达到整个螺槽宽度，而固体螺槽变窄最后为零。当固体床开始熔融时，已熔物料可从副螺纹与机筒间的间隙进入熔体螺槽，而未熔粒子则不能进入。从而将已熔物料与未熔物料尽早分离，促进了未熔物料的熔融。分离型螺杆示意图如图6-5a所示。

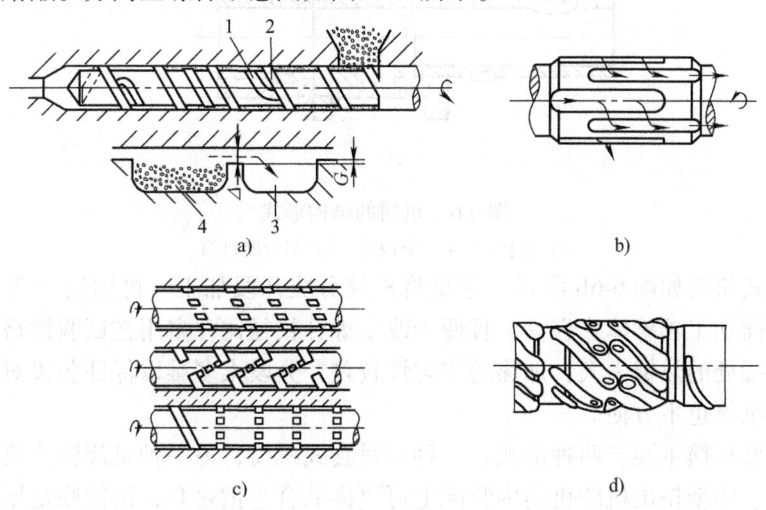

图6-5　几种新型螺杆

a）分离型螺杆　b）屏障型螺杆的屏障段　c）销钉螺杆　d）DIS螺杆

1—副螺纹　2—主螺纹　3—液相槽　4—固相槽

②　屏障型螺杆。屏障型螺杆是在普通螺杆的某一部位设置屏障段，使未熔的残留固体不能通过，以达到使残留固体彻底熔融和均化的一种新型螺杆。它是由分离型螺杆变化而来的，但加工比分离型螺杆容易。由于在多数情况下，屏障段都设置在靠近螺杆的头部，故又称为屏障头。图6-5b是一种常用的直槽屏障型螺杆的屏障段。

③　分流型螺杆。分流型螺杆是在普通螺杆的某一部位设置分流元件（如销钉或沟槽、孔道等），将螺槽内的料流多次分割，以改变物料的流动状况，从而促进熔融、增强混炼和均化的一类螺杆。图6-5c、d所示的是销钉螺杆和DIS螺杆，它们是分流型螺杆的代表。

除此以外，还有组合螺杆、波状螺杆、静态混炼器等，此处不作介绍。

（2）机筒　机筒和螺杆共同组成了挤压系统，其主要任务是完成物料塑化和输送。和螺杆一样，机筒也是在高温、高压、严重磨损和一定的腐蚀条件下工作的。此外，机筒上还要开加料口，设置加热冷却系统以及安装机头。因此，机筒是挤出机中仅次于螺杆的重要零部件。

1）机筒的结构形式。机筒可分为整体式、分段式和双金属机筒等。

①　整体式机筒如图6-6a所示。这种结构是在整体坯料上加工出来的，其特点是：长度大，加工要求比较高；在制造精度和装配精度上容易得到保证，也可以简化装配工作；便于加热冷却系统的设置和装拆，而且机筒受热均匀。缺点是要求有较高的加工制造条件，且内表面磨损后不易修复。

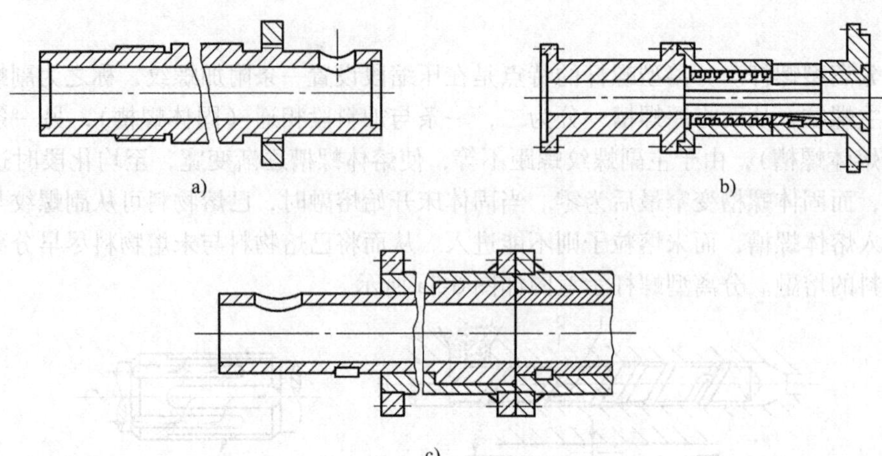

图 6-6　机筒的结构形式

a）整体式　b）分段式　c）双金属机筒

② 分段式机筒如图 6-6b 所示。它是将机筒分成几段加工，再用法兰或其他形式连接起来。这种机筒加工较整体式容易，且便于改变螺杆长径比，多用在试验性挤出机和排气挤出机上，但连接处的热损失大，加热的均匀性较差，分段太多难以保证各段对中，加热冷却系统的设置和维修也不方便。

③ 双金属机筒主要有两种形式：一种是衬套式机筒，另一种是浇铸式机筒。衬套式机筒一般是在大、中型挤出机的机筒内装配上可更换的合金钢衬套，机筒则是用碳素钢或铸钢材料。浇铸式机筒是在机筒内离心浇铸一层约 2mm 厚的合金层，然后研磨到所需要的机筒内径尺寸。双金属机筒的特点是节约贵重材料，磨损后易更换，使用寿命长。双金属机筒的结构形式如图 6-6c 所示。

2）加料口。加料口的结构必须与物料的形状相适应，应能使物料从料斗顺利地加入机筒而不产生“架桥”现象。加料口的形状有很多种，有圆形、方形，也有矩形的。一般情况下多用矩形的，其长边平行于机筒轴线，长度约为轴杆直径的 1.3～1.8 倍。当采用机械搅拌强制加料时多采用圆形的加料口。图 6-7 为常用加料口的断面形状。其中图 6-7a 适用于带状料，不适于粒料和粉料。图 6-7c 和图 6-7e 多用于简易式挤出机，图 6-7b、图 6-7d 和图 6-7f 三种类型应用较多。其中图 6-7f 最常用，其一壁垂直地与机筒圆柱面相交，另一壁下方倾斜 45°，加料口中心线与螺杆轴线错开 1/4 机筒直径。设计时还应考虑加料口是否适合设置加热装置，是否有利于清理，是否便于在此段设置冷却系统等问题。

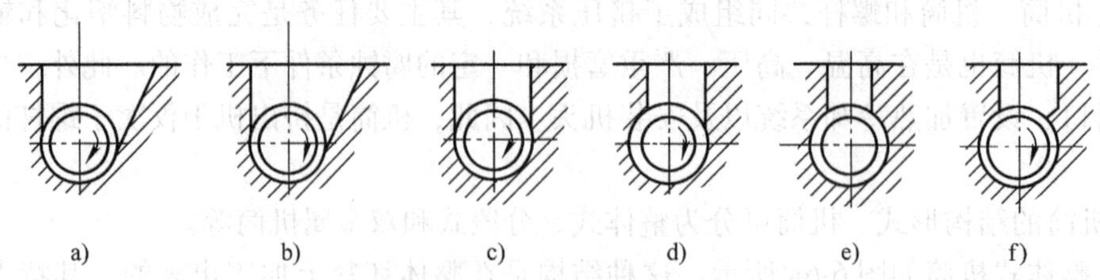

图 6-7　常用加料口的断面形状

3）机筒和机头的连接方式。连接方式的选择不仅要考虑结构简单、加工制造方便和夹紧可靠，还必须做到机头装拆方便。图 6-8 所示是目前常用的几种连接方式，其中图 6-8a 由于拆装机头快速方便，应用较广，但结构复杂；图6-8b是螺钉连接，结构简单，但拆装较慢；图6-8c拆装机头快，多用于小型挤出机；图6-8d拆装也较快。

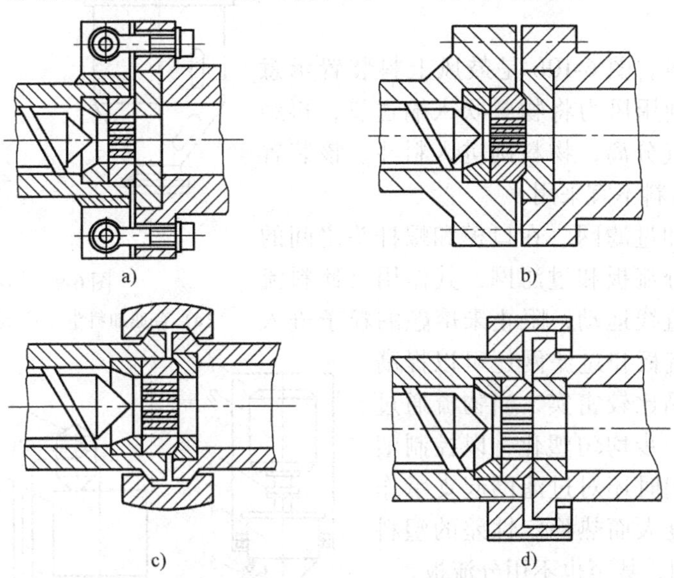

图6-8　机筒与机头的连接方式

a）铰状螺纹连接　b）螺钉连接　c）剖分连接　d）冕形螺母连接

（3）加料装置　加料装置的作用是给挤出机供料，它一般由料斗部分和上料部分组成。加料装置设计得好坏，对挤出机产量、制品质量、生产自动化以及劳动条件等都有直接的影响。

理想的加料装置应具备如下条件：供料均匀，不会产生“架桥”现象；料斗要有一定的容量，上料可以自动进行；设有计量装置，使料斗内料位保持一定的高度；带有预热装置，能对物料起到预热干燥作用；带有抽真空装置，能排除物料中所含的水分和气体。

1）加料方法。加料方法有重力加料和强制加料两种。

①　重力加料。物料靠自身重量进入机筒。最简单的重力加料装置只有一个加料斗，如图6-9a所示。料斗能容纳1h左右使用的物料，物料是由人工上料。料斗底部有活门，以便调节进料量和停产时切断料流。为了观察料斗内的物料储量，侧面装有视镜。料斗上部有盖子，以免灰尘进入和防潮。这种加料装置一般只用于小规格的机台上。

②　强制加料。强制加料是在料斗中设置搅拌器或螺旋桨叶等装置，使料斗中的物料强制进入挤出机。采用强制加料有利于克服“架桥”现象，并对物料有压填作用，能保证加料均匀。图6-9b为一种强制加料装置，加料螺旋的转动是由螺杆的传动装置带动的，加料螺旋的转速与螺杆转速相适应，因而加料量可以适应挤出量的变化。这种装置还设有过载保护装置。当加料口堵塞时，螺旋就会上升而不会将塑料硬往加料口中挤，从而避免了加料装置的损坏。

2）上料方法。上料指的是将松散物料加到料斗中的过程。上料方法有弹簧上料、鼓风上料等方式。

①　弹簧自动上料。弹簧自动上料装置如图6-10a所示，它是由电动机、弹簧、软管、进料口等组成。电动机带动弹簧转动，物料被弹簧推动而提升，当物料到达送料口时，由于

重力作用而进入料斗。弹簧自动上料的能力取决于弹簧的转速、弹簧的外径和节距、弹簧外径与软管内壁的间隙。

② 鼓风上料。图 6-10b 是鼓风上料装置示意图。鼓风上料是利用风力将物料吹入输送管，再经旋风分离器将空气分离，物料则进入料斗。该装置只适用于粒料，粉料不宜采用。

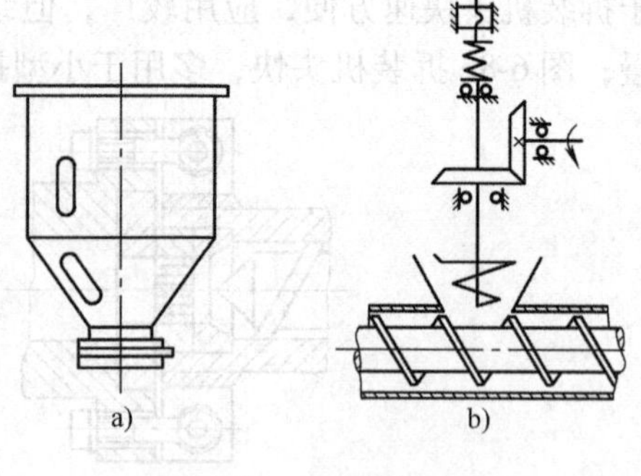

图 6-9　加料装置

a）普通加料斗　b）螺旋强制加料装置

（4）分流板和过滤网　在口模和螺杆头之间的过渡区经常设置分流板和过滤网，其作用是使料流由螺旋运动变为直线运动，阻止未熔融的粒子进入口模。此外，分流板和过滤网还可以提高熔体压力，使制品比较密实，当物流通过孔眼时，得以进一步均匀塑化，以控制塑化质量。分流板同时还对过滤网起支承作用，但在挤出粘度大而热稳定性差的塑料时一般不用过滤网，甚至也不用分流板。

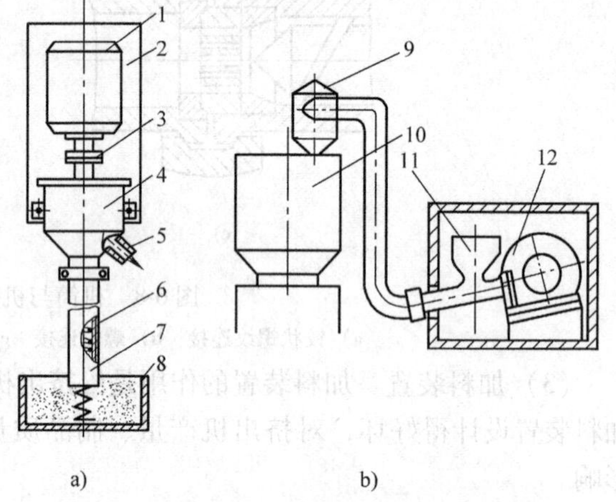

图 6-10　自动上料装置

a）弹簧自动上料装置　b）鼓风上料装置

1—电动机　2—支撑板　3—联轴器　4—铅皮筒　5—出料口　6—弹簧　7—软管　8—机筒　9—旋风分离器　10—料斗　11—加料器　12—鼓风机

分流板有各种形式。目前使用较多的是结构简单、制造方便的平板分流板，如图 6-11 所示。板上孔眼的分布原则是使流过它的物流流速均匀。因机筒壁阻力大，故有的分流板中间的孔分布疏，边缘的孔分布密；也有的分流板边缘孔的直径大、中间孔的直径小。孔眼多按同心圆周排列，也可按同心六角形排列。孔眼的直径一般为 3 ~ 7mm，孔眼的总面积约为分流板总面积的 30% ~ 50%。分流板的厚度由挤出机的尺寸及分流板承受的压力而定，根据经验取为机筒内径的 20% 左右。孔道应光滑无死角，为便于清理物料，孔道进料端要倒出斜角。分流板多用不锈钢制成。

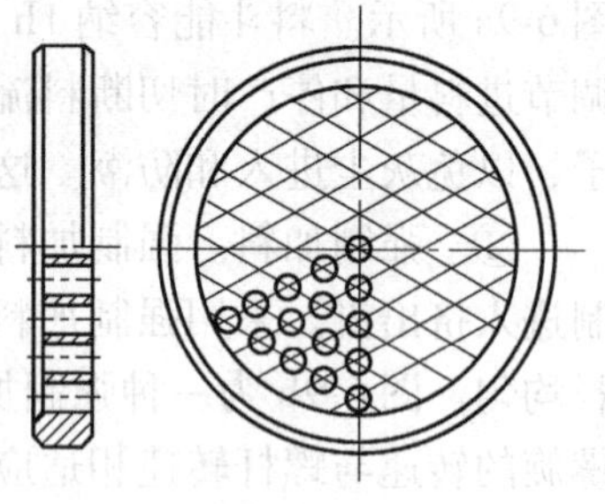

图 6-11　平板分流板

2. 加热和冷却系统

由前述挤出过程可知，温度控制是挤出过程得以进行的必要条件之一，挤出机的加热冷却系统就是为保证这一必要条件而设置的。通过加热或冷却调节机筒中的物料温度，使其保持在加工工艺所要求的范围内，从而保证制品的质量。因此，在挤出机上一般都设有加热冷却装置以及测量、控温装置等。

塑料在挤出过程中得到的热量有两个来源：一个是机筒外部加热器供给的热量；另一个是塑料与机筒内壁、塑料与螺杆以及塑料之间相对运动所产生的摩擦剪切热。前一部分热量是由加热器的电能转化而来；后一部分热量由电动机给螺杆输入的机械能转换而来。这两部分热量所占比例的大小与螺杆和机筒的结构形式、工艺条件、物料的性质等有关，也与挤出

阶段（如起动阶段、稳定运转阶段）有关。另一方面，为使塑料能连续地从料斗进入机筒，加料口处要进行冷却。在螺杆的加料段，因为螺槽较深，固体尚未熔融，产生的摩擦热较小，主要靠外部加热来提高料温。在均化段物料已是温度较高的熔体，而且螺槽较浅，产生的剪切摩擦热量较多，有时不但不需要加热器供热，还需冷却器冷却。在压缩段，物料受热情况是上述两种情况的过渡状态。因此，挤出机机筒的加热和冷却是分段设置的。

（1）挤出机的加热系统 挤出机的加热方法通常有三种：液体加热、蒸气加热和电加热。其中电加热用得最多。蒸气加热已很少用，这里不作介绍。

1）液体加热。液体加热的原理是将液体（水、油、有机溶剂）加热，再由它们加热机筒。温度的控制可以用改变恒温液体的流率或改变定量供应的液体温度来实现。这种加热方法的优点是加热均匀稳定，不会产生局部过热现象，温度波动较小。但加热系统比较复杂，热滞较大，有的液体还易分解出有毒气体，故应用不是很广泛。

2）电加热。目前挤出机上应用最多的是电加热，主要有电阻加热和电感应加热两种。

电阻加热是用得最广泛的加热方法，其原理是利用电流通过电阻较大的导线产生大量的热量来加热机筒和机头。电阻加热具有装置外形尺寸小、质量轻、安装方便等优点。这种加热方法包括带状加热器、铸铝加热器和陶瓷加热器等。图6-12所示为铸铝加热器，其结构是将电阻丝装于铁管中，周围用氧化镁粉填实，弯成一定形状后再铸于铝合金中，将两瓣铸铝块包到机筒上通电即可加热。

电感应加热是通过电磁感应在机筒内产生涡流，涡流在机筒中遇到电阻就产生热量，从而对塑料进行加热。电感应加热器如图6-13所示。它与电阻丝加热相比具有如下优点：有较大的温度灵敏性；加热均匀，温度梯度小；加热时间短，效率高，比电阻加热约省电30%；使用寿命长。不足之处是：加热温度受感应线圈绝缘性能限制，径向尺寸大，不宜在大型挤出机上使用；另外其成本高，装拆也不方便。以上问题使电感应加热方法受到限制。

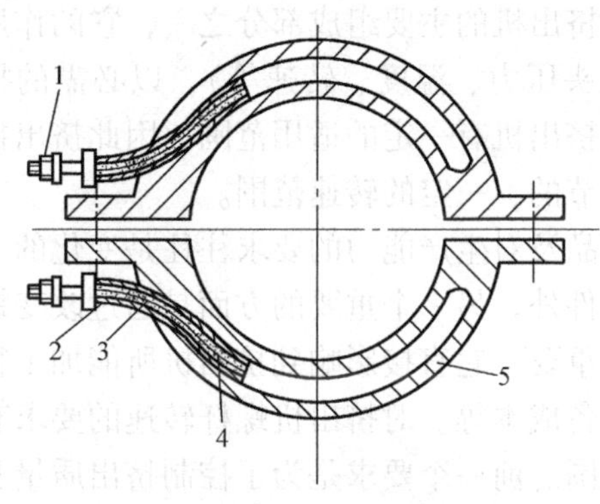

图6-12 铸铝加热器

1—接线柱 2—钢管 3—电阻丝
4—氧化镁粉 5—铸铝外壳

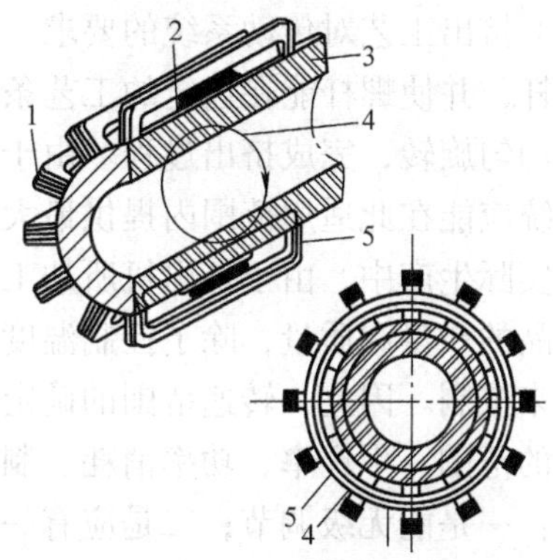

图6-13 电感应加热器

1—硅钢片 2—冷却剂 3—机筒
4—感应电流 5—线圈

（2）挤出机的冷却系统 挤出机设置冷却系统是为了保证塑料在工艺要求的温度条件下完成挤出成型过程。挤出过程中经常会产生螺杆回转，其生成的摩擦剪切热比物料所需要的热量要多，这会导致机筒内的物料温度过高，如不及时排出过多的热量，会引起物料（特别是热敏性塑料）分解，有时也会使成型难以进行。为此，必须对螺杆和机筒进行冷却。在料斗座和加料段等部位设置冷却系统的目的就是为了加强固体物料的输送作用。

1）机筒的冷却。现代挤出机的机筒都设有冷却系统。机筒的冷却方法有风冷和水冷。风冷主要采用空气。从冷却的效果来看风冷比较柔和，但冷却速度较慢。从设备成本来看，由于需配备鼓风机等设备，故其成本高。另外风冷系统体积庞大，冷却效果受外界气温的影响。水冷通常采用自来水，因此所用装置简单。水冷速度较快，但易造成急冷，而且水一般未经软化，水管易出现结垢和锈蚀现象，从而降低冷却效果，故完善的水冷系统所用水应经过化学处理。水冷一般用于大型挤出机。

2）螺杆的冷却。冷却螺杆有两个目的。一是为了提高固体的输送率。固体的输送率与物料对螺杆摩擦因数和物料对机筒的摩擦因数有关，即机筒与物料的摩擦因数越大，物料与螺杆的摩擦因数越小，越有利于固体物料的输送。除了在机筒加料段内壁开设纵向沟槽，降低螺杆表面粗糙度可以达到目的外，还可以通过控制螺杆和机筒的温度来实现。这是因为在温度降低时固体塑料的摩擦因数较小，从而可获得大的固体输送率。其二是为了控制制品的质量。经验证明，若将螺杆的冷却孔深入到均化段进行冷却，则物料塑化效果好，可以提高制品质量，但挤出量会降低，而且冷却水的温度越低，挤出量越低，这是因为冷却均化段螺杆会使接近螺杆表面的物料变得胶粘，不易流动，相当于减少了均化段螺槽深度，有的螺杆冷却长度可以调节，以适应不同要求。

3）料斗座的冷却。挤出机工作时，进料口的温度不能太高，否则在进料口处易结块形成“架桥”现象，使物料不能顺利加入机筒。为此，在挤出机料斗座部分应设有冷却装置。这不仅可以使进料顺利，而且还能阻止能量传至推力轴承和减速箱，从而保证挤出机的正常工作。

为了保证挤出机工作时的温度适宜、稳定，充分发挥加热、冷却系统的作用，挤出机还设有温度监测装置和控温装置，以准确测定和控制挤出机各段的温度并减少其波动，保证产品的质量和生产率。

3. 传动系统

（1）挤出工艺对传动系统的要求　传动系统是挤出机的主要组成部分之一，它的作用是驱动螺杆，并使螺杆能在选定的工艺条件下（如机头压力、温度、转速等），以必需的扭矩和转速均匀旋转，完成挤出过程。由于一定规格的挤出机有一定的适用范围，因此挤出机的传动系统应能在此适用范围内提供最大扭矩和可调节的、一定的转速范围。

在实际生产中，由于挤出机所加工的材料、制品及对生产能力的要求往往是变化的，要控制产品的产量和质量，除了控制温度、压力等条件外，另一个重要的方面是通过改变螺杆的转速来控制。因此，转速范围的确定及其控制很重要，它直接影响到挤出机所能加工物料和制品的范围、生产率、功率消耗、制品质量、设备成本等。对挤出机螺杆转速的要求有两个方面：一是能无级调节；二是应有一定的调节范围。前一个要求是为了控制挤出质量及与辅机配合一致；后一个要求是为了使挤出机适应各种加工情况（指不同的物料制品）而提出的。对大多数通用挤出机来说，调速比在6:1以下，小规格挤出机的调速范围要大些，专用挤出机的调速范围则要小些。

传动系统还应满足如下要求：传动安全可靠、使用寿命长、过载保护可靠、传动效率高、安装和维修方便。

（2）传动系统的组成和常用的传动系统　传动系统一般由原动机、调速装置（大多为原动机本身）和减速器组成。

原动机有电动机和液压马达。电动机中常用的是交流换向器电动机、直流电动机等。上

述原动机都可直接进行调速。调速装置一般有两种类型，即有级调速和无级调速，有级调速在挤出机中已很少采用。减速器目前多为齿轮减速器，蜗轮减速器应用较少，因为它的效率较低。

由上述原动机、变速器和减速器组成了各种挤出机的传动系统。目前国内常见的有：

1）三相换向器电动机和普通（立式或卧式）齿轮减速箱组成的传动系统。这种传动系统运转可靠，性能稳定，控制维修都较简单。但由于调速比大于3:1后，电动机体积显著增大，成本相应提高，故我国挤出机大都采用调速比为3:1的换向器电动机。若调速范围不足时，可采用与有级调速装置联合使用的方法来扩大。

2）直流电动机和一般（立式或卧式）齿轮减速箱组成的传动系统。直流电动机的调速范围较宽，最大的调速范围可达16:1。近几年来，晶闸管控制的整流-调速系统在挤出机上得到应用，它具有体积小、重量轻、效率高、可以简化结构等特点。国外很多挤出机采用这种系统。我国生产的SJ—65/20B、SJ—45/20B就是采用这种系统。这种系统的另一个优点是当主辅机速度需要准确配合时，比较容易实现自动化。

3）液压马达和交流感应电动机配合实现无级调速在近几年得到了一定的应用。它的传动特性软，起动惯性小，可起到对螺杆的过载保护作用。若用低速大扭矩液压马达直接传动螺杆，则可简化传动装置。

6.1.4 挤出机辅机

在整个挤出机组中，主机固然是很重要的组成部分，其性能的好坏对产品的产量和质量有很大影响，但没有机头、辅机的配合，也不能生产出制品来。如果机头和辅机性能不好，也难得到产量高、质量好的制品。机头和辅机是挤出机组的重要组成部分。有关机头的内容由“塑料成型模具”课介绍，此处仅就辅机的有关问题予以介绍。

辅机的作用是将从机头连续挤出并已获得初步形状和尺寸的高温熔体通过冷却，并在一定的装置中定型下来（或将由机头挤出的型坯吹胀、牵伸再冷却定型下来），再通过进一步冷却，使之由高弹态最后转变为室温下的玻璃态，而获得合乎要求的制品或半制品。

辅机种类很多，如图6-14所示，根据成型制品工艺过程的不同，可由不同装置组成，但一般由以下几个基本部分组成：冷却定型（吹胀）装置—冷却装置—牵引装置—切割装置—卷取（堆放）装置。

当然，除了以上几个基本组成部分外，根据不同制品的要求，还可以加入其他组成部分。

辅机的性能对产品质量和产量的影响也很大。塑料经过辅机时要经历物态变化、分子取向以及形状和尺寸的变化。这些变化是在辅机提供定型、温度、速度、力和各种动作的条件下完成的。定型不佳、冷却不均匀、牵引速度不稳定都会影响制品的质量和产量。

辅机一般按生产的制品进行分类，如挤管辅机、吹膜辅机、吹塑中空制品辅机、挤板辅机、拉丝辅机等。

6.1.5 其他类型挤出机

由于挤出机具有连续生产、生产能力大、设备简单、劳动强度低等优点，所以在塑料加工工业中得到了广泛的应用。随着生产的发展，国内外对塑料挤出机的结构性能不断加以改进，出现了各种不同类型的挤出机。目前除了常用的普通挤出机外，还有排气式挤出机、双

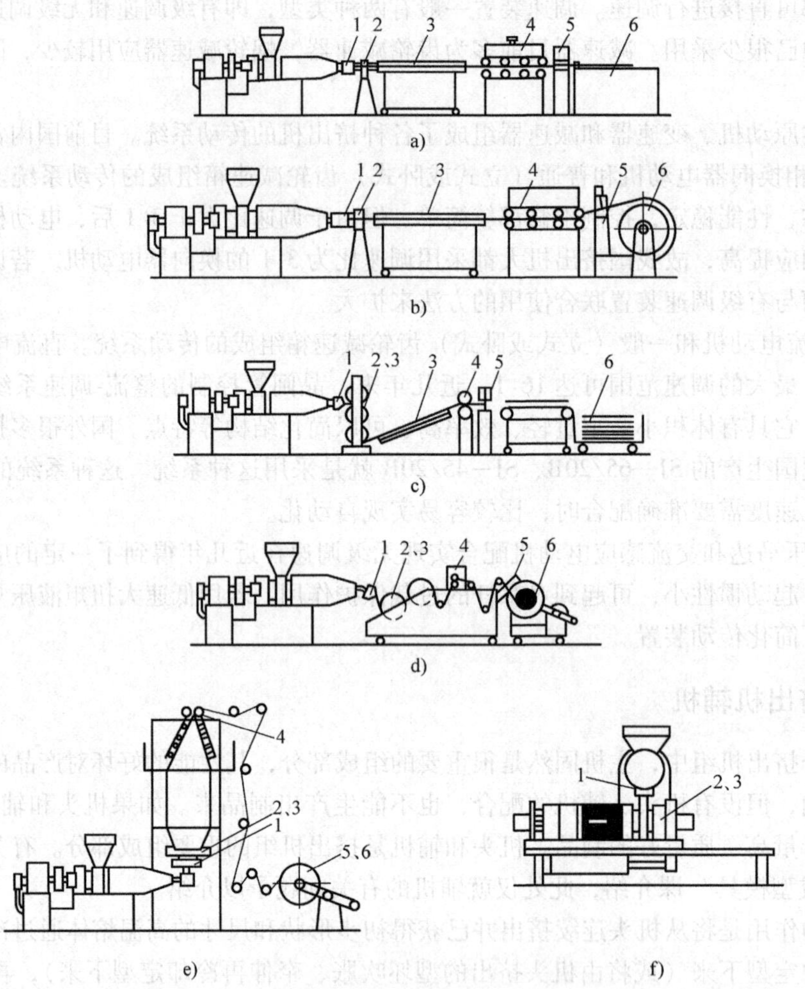

图 6-14 挤出机辅机的种类
a）挤硬管 b）挤软管 c）挤板 d）挤膜 e）吹塑薄膜 f）吹塑中空制品
1—机头 2—定型 3—冷却 4—牵引 5—切割 6—卷取（或堆放）

螺杆挤出机、行星齿轮挤出机、双级挤出机等其他类型挤出机。

6.2 塑料注射机

塑料注射机是将热塑性塑料或热固性塑料利用塑料成型模具制成塑料制件的主要成型设备。注射成型能一次成型出形状复杂、尺寸精确和带有嵌件的塑料制品，生产效率高，易于实现自动化。所以塑料注射成型机是目前塑料成型设备中增长最快、产量最高、应用最广的塑料成型设备。

6.2.1 注射机的结构组成及其工作过程

1. 注射机的结构组成

注射机通常由注射装置、合模装置、液压传动系统、电气控制系统等组成，如图 6-15

所示。

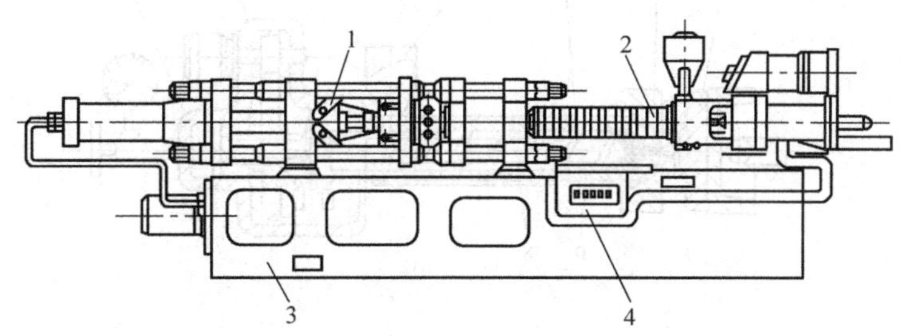

图 6-15　塑料注射机的基本组成

1—合模装置　2—注射装置　3—液压传动系统　4—电气控制系统

（1）注射装置　使塑料均匀塑化成熔融状态，并以足够的速度和压力将一定量的熔料注射进模具型腔的系统。

（2）合模装置　也称锁模装置。保证注射模具可靠地闭合，实现模具开、合动作以及顶出制件的系统。

（3）液压和电气控制系统　保证注射机按预定工艺过程的要求（如压力、温度、速度和时间）和动作程序准确有效工作的系统。

2. 注射机的循环工作过程

每台注射机的动作程序不尽相同，但从它所需完成的工艺内容来看，一般可分为四个过程。现以螺杆直射式注射机为例说明，如图 6-16 所示。

（1）加料塑化　塑料粒料从料斗落入机筒，随着螺杆的旋转被螺槽强迫向前输送。在塑料沿着机筒向前输送的过程中，由于机筒的外部加热器加热和旋转螺杆的剪切作用，导致塑料温度升高，逐步从玻璃态转变成粘流态，达到完全塑化状态。螺杆不断旋转，塑料不断向机筒前端输送而塑化。此时由于喷嘴关闭，熔融塑料聚积在机筒前段迫使螺杆在旋转的同时直线后退。当塑化量达到预定量时，螺杆停止旋转，加料塑化过程结束。

（2）合模注射　塑化结束，合模装置动作，将模具闭合和锁紧。同时，注射座前移，使喷嘴和模具的流道贴紧对准后，注射缸动作，推动螺杆按要求的压力和速度向前移动，将熔料注入模具型腔。

（3）保压冷却　注射结束后，需要一段保压时间，即螺杆仍对熔料施以一定的压力，以防止模具型腔中的熔料反流，并向模具型腔内补充因制品冷却收缩所需的物料。此时，螺杆有少量前移。保压结束后进行冷却，使塑料由粘流态回复到玻璃态，进而硬化定型，获得具有一定尺寸和形状的制品。

（4）开模顶出　模具内的制品冷却定型后，开模，由顶出机构顶出。

6.2.2　注射机的分类与基本参数

1. 注射机的分类

近年来，注射机发展很快，类型不断增加，注射机的分类方法较多。目前使用较多的分类方法为按注射机外形特征分类，主要根据注射装置的螺杆（或柱塞）轴线与合模装置的模板运动轴线的排列方式不同进行分类。

（1）卧式注射机　其注射装置的螺杆轴线和合模装置的运动轴线重合并水平排列。其

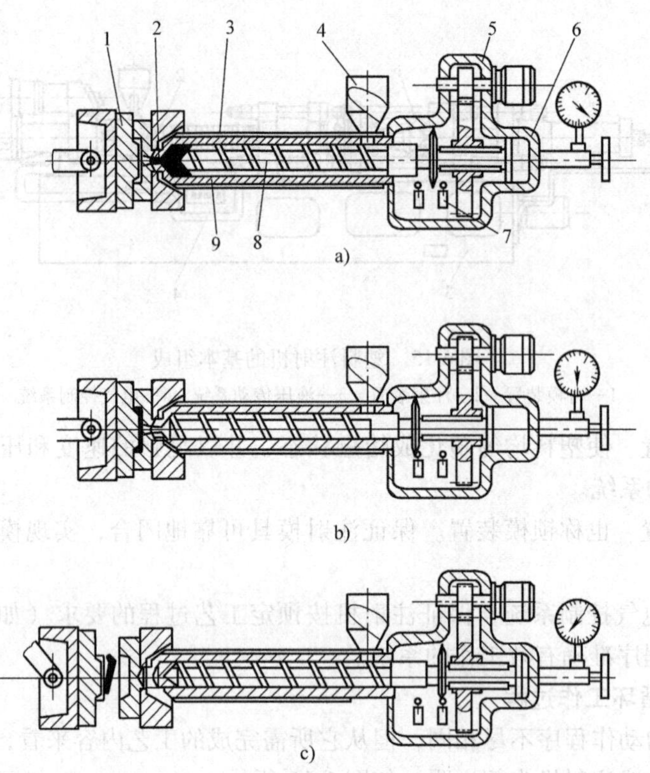

图6-16　注射成型工艺过程

a）合模注射　b）保压冷却硬化　c）预塑、开模顶出制件

1—模具　2—喷嘴　3—加热圈　4—料斗　5—螺杆传动系统

6—注射液压缸　7—行程开关　8—螺杆　9—机筒

特点是：机身低，厂房高度要求低，安装稳定性好，便于操作和维修；制品顶出后可以利用自重自动落下，容易实现全自动操作；但设备占地面积大。因其所具有的优点，卧式注射机应用广泛，对大、中、小型都适用，是目前国内外注射机的最基本形式。

（2）立式注射机　它的注射装置轴线与合模装置的模板运动轴线重合并垂直排列。其特点是：占地面积小；模具拆装方便；成型制品的嵌件易于安放。但制品顶出后常需用人工取出制品，不易实现自动化；因机身较高，设备的稳定性较差，加料及维修不便，因此该结构主要用于注射量在60cm^{3}以下的小型注射机上。

（3）角式注射机　其注射装置轴线和合模装置运动轴线相互垂直排列。其优缺点介于立、卧两种注射机结构之间，在大、中、小型注射机中均有应用。因其注料口在模具分型面的侧面，因此特别适合于成型中心不允许留有浇口痕迹、外形尺寸较大的制品。

2. 注射机的型号规格

注射机型号规格的表示方法各国不尽相同，国内也没有完全统一，但主要有注射量、锁模力、注射量与锁模力同时表示等三种。

（1）注射量表示法　注射量表示法是用注射机的注射容量表示注射机的规格，以标准螺杆注射时的80%理论注射量表示。我国早期的注射机较多采用注射量表示法，它比较直观，规定了注射机成型制件的体积范围。但注射容量与加工塑料性能和状态有着密切的关系，所以注射量表示法也不能全面反映机器规格的大小。如XS—ZY—125，125表示注射机

的注射容量为 $125cm^3$，XS—ZY 中 X 表示成型、S 表示塑料、Z 表示注射、Y 表示预塑式。

（2）锁模力表示法　锁模力表示法是以注射机合模装置的最大锁模力表示设备规格。此法表示的数值不会受其他条件改变而变动，能直观地反映出制件的最大投影面积。但是，锁模力表示法并不直接反映注射制件体积大小，故用起来不方便。

（3）注射量与锁模力共同表示法　注射量与锁模力是从成型制品重量与成型面积两个主要方面来表示设备的加工能力，因此比较全面合理，也是国际上通行的规格表示法。这种表示法用锁模力作分母，注射量作分子来表示注射机的规格（注射量/锁模力）。

3. 注射机的主要参数

注射机的主要参数有注射量、注射压力、注射速率、塑化能力、锁模力、模板移动速度及合模装置的基本尺寸等。这些参数是设计、制造、购置和使用注射机的依据。

（1）注射量　注射量也称公称注射量，是指在对空注射的条件下，注射螺杆或柱塞作一次最大注射行程时，注射装置所能达到的最大注射量。注射量在一定程度上反映了注射机的加工能力，标志着能成型的最大塑料制品，因而经常被用来表征机器规格的参数。注射量一般有两种表示方法，一种是以聚苯乙烯为标准，用注射出熔料的质量（单位 g）表示，另一种是用注射出熔料的容积（单位 cm^3）表示。我国注射机系列标准采用后一种表示方法。系列标准规定有（单位 cm^3）16、25、30、60、125、250、350、500、1000、2000、3000、4000、6000、8000、12000、16000、24000、32000、48000、64000 等规格的注射机。

（2）注射压力　为了克服熔料流经喷嘴、流道和型腔时的流动阻力，螺杆（或柱塞）对熔料必须施加足够的压力，称为注射压力。注射压力的大小与流动阻力、制品的形状、塑料的性能、塑化方式、塑化温度、模具温度及对制品精度要求等因素有关。

注射压力的选取很重要。注射压力过高，制品可能产生毛边，脱模困难，影响制品的光洁度，使制品产生较大的内应力，甚至成为废品，同时还会影响到注射装置及传动系统的设计。注射压力过低，则易产生物料充不满模具型腔，甚至根本不能成型等现象。目前国产注射机压力一般为 105～150MPa。由于注射制件大量用于工程结构零件，并且这类制件结构复杂、形状多、精度要求高，所选材料多为中、高粘度，所以注射压力有提高的趋势。

（3）注射速率（注射时间、注射速度）　注射时，为了使熔料及时充满型腔，除了必须有足够的注射压力外，熔料还必须有一定的流动速度。描写这一参数的量为注射速率、注射速度或注射时间。

所谓注射速率、注射速度、注射时间可用下面二式定义：

$$q=\frac{V_c}{\tau}$$

$$v=\frac{s}{\tau}$$

式中，q 为注射速率（cm^3/s）；V_c 为公称注射量（cm^3）；τ 为注射时间（s）；v 为注射速度（m/s）；s 为注射行程（m），即螺杆移动距离。

可见，注射速率是将公称注射量的熔料在注射时间内注射出去，单位时间内所达到的体积流率；注射速度是指螺杆或柱塞的移动速度；而注射时间即螺杆（或柱塞）射出一次公称注射量所需要的时间。

注射速率、注射速度或注射时间的选定很重要，直接影响到制品的质量和生产率。注射速率过低（即注射时间过长），制品易形成冷接缝，不易充满复杂的模具型腔。合理地提高注射速率，能缩短生产周期，减小制品的尺寸公差，能在较低的模具温度下顺利地获得优良的制品，特别是在成型薄壁、长流程制品及低发泡制品时采用高的注射速率，能获得优良的制品。因此目前有提高注射速率的趋势。1000cm^3 以下的中小型螺杆式注射机的注射时间通常为 3～5s，大型或超大型注射机也很少超过 10s。但是，注射速率也不能过高，否则塑料高速流经喷嘴时，易产生大量的摩擦热，使物料发生热解和变色，模具型腔中的空气由于被急剧压缩产生热量，在排气口处有可能出现制品烧伤现象。一般说来，注射速率应根据工艺要求、塑料性能、制品形状及壁厚、浇口设计以及模具的冷却情况来选定。

为了提高注射制件的质量，尤其对形状复杂制品的成型，近年来发展了变速注射，即注射速度是变化的，其变化规律根据制件的结构形状和塑料的性能决定。

（4）塑化能力　塑化能力是指单位时间内所能塑化的物料量。显然，注射机的塑化装置应该在规定的时间内，保证能够提供足够量的塑化均匀的熔料。塑化能力应与注射机的整个成型周期配合协调，若塑化能力高而机器的空循环时间太长，则不能发挥塑化装置的能力，反之，则会加长成型周期。目前注射机的塑化能力有了较大的提高。

（5）锁模力　锁模力是指注射机的合模机构对模具所能施加的最大夹紧力。在此力的作用下，模具不应被熔融的塑料顶开。锁模力同公称注射量一样，也在一定程度上反映出机器所能制出制品的大小，是一个重要的参数，所以有的国家采用最大锁模力作为注射机的规格标称。

（6）模板移动速度　模板移动速度是反映注射机工作效率的参数，它直接影响到成型周期的长短。为了使模具在闭合时平稳和开模顶出制品时不致损坏制件，要求模板慢行。但为了提高生产率，缩短空行程时间，在某一阶段又要求模板快速运行，因此，在注射机的一个工作循环过程中，模板的移动速度通常是变化的，即在开模时由慢到快，闭模时由快到慢。同时要求速度变换的位置也能够调节，以适应不同制品的生产需求。目前国产注射机的模板移动速度，快速为 30～35m/min，慢速为 0.24～3m/min。

（7）合模装置的基本尺寸　合模装置的基本尺寸直接影响到注射机所能加工塑料制品的范围，如制品的最大面积和高度。实际上就是决定了所能使用模具的外形尺寸，它包括模板尺寸、拉杆间距、模板间最大开距、动模板行程、模具的最小厚度和最大厚度等。

为适应不同闭合高度的模具，一般注射机都设有调节模板间距离的调模装置。

6.2.3　注射装置

注射装置是注射机上集加料、加热、塑化和注射于一体的装置，它是注射机上一个非常重要的组成部分。在注射成型工艺过程中，注射装置应满足下列基本要求：①在一定的时间内，将一定数量的塑料塑化成组分和温度均匀的熔料，②根据成型制品的要求，以一定的压力和速度将熔料注入模具型腔，③对注入模具型腔内的熔料进行保压和冷却补缩。

目前，能满足上述要求的注射装置主要有柱塞式、螺杆预塑式和柱塞预塑式三种，其中以往复螺杆预塑式注射装置使用得最多，其次是柱塞式。

1. 注射装置的组成和动作过程

下面简要介绍柱塞式注射装置和螺杆预塑式注射装置的组成和动作过程。

（1）柱塞式注射装置的组成和工作原理　图 6-17 所示为 XS-Z-60 注射成型机的柱塞式

注射装置。其工作原理如下：塑料落入加料装置5的计量室7中，当注射液压缸活塞向前移动时，推动柱塞前移，把机筒最前端的熔料通过喷嘴注入模具型腔。同时与之相连的传动臂9带动计量室7也一起前移，从而将计量室内的塑料推入机筒的加料口。注射完毕后，柱塞在液压缸活塞的带动下后退，刚落入加料口的塑料进入机筒。同时，计量室7在注射液压缸活塞的带动下回到料斗下面，料斗中的塑料又落到计量室内。当注射液压缸活塞带动柱塞作下一次注射时，柱塞把机筒中的粒料向前推移，机筒前端已塑化的熔料被注入模具型腔，同时计量室内的料又落入加料口。注射动作反复进行，粒料在机筒中不断前移。在前移过程中，由于外加热器3和分流锥2的作用，使塑料逐步由玻璃态向粘流态转变，最后达到完全塑化状态，在柱塞的推动下，通过喷嘴1注射到模具型腔内。

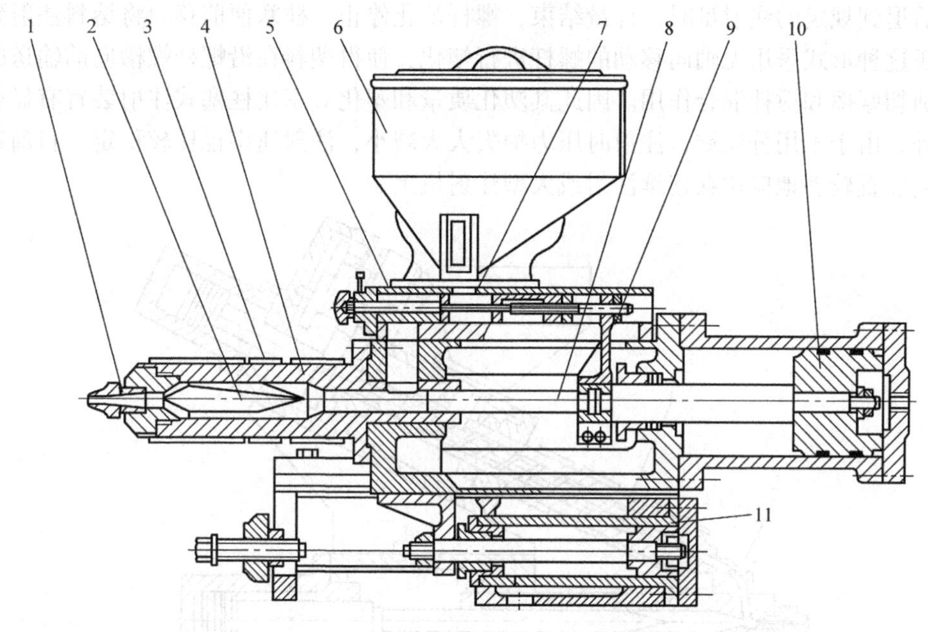

图6-17 XS-Z-60柱塞式注射装置

1—喷嘴 2—分流锥 3—加热器 4—机筒 5—加料装置 6—料斗 7—计量室 8—注射柱塞 9—传动臂 10—注射活塞 11—注射座和移动液压缸

柱塞式塑化装置的塑化方式是利用外加热使塑料熔融塑化，这显然会使机筒内的塑料形成一定的温度梯度，而塑料的导热性能差，故与机筒接触处的塑料温度和与分流锥接触处的塑料温度是不同的，这会造成塑化不良和温度不均匀。

对于柱塞式注射装置，提高塑化能力主要依靠增加机筒直径和长度来达到。这是因为根据热传导原理，对于热的长筒体，单位时间内自机筒壁传给物料的热量与机筒温度和物料温度之差及传热面积（即机筒直径和长度的乘积）成正比，而与料层厚度成反比，但加大机筒直径和长度都会加剧塑化和温度不均的现象。可见柱塞式注射装置塑化能力的提高受到限制，故其塑化能力较低，从而限制了机器注射量的提高。因此，这种塑化装置一般用于小型注射机上。其次，柱塞式塑化部件的注射压力损耗大。这是因为，粒状塑料在柱塞的推力作用下，首先被压实成柱，然后被分流锥分开，物料进一步受到压缩，这自然要有一定的压力损失。另外，物料熔融前后，流经机筒、分流锥、喷嘴时要克服一定的阻力，也要损失一部分压力。

(2) 预塑式注射装置的组成和工作原理　对塑料的塑化和熔料的注射分开进行的注射装置统称为预塑式注射装置。它在注射前将已塑化的一定量的熔料存放到机筒的前端，然后再由柱塞或螺杆将储存的熔料注入模具型腔。根据预塑方法和排列方式的差异，预塑式注射装置主要有柱塞预塑式、螺杆预塑式和往复螺杆预塑式等几种形式。下面主要讲述螺杆预塑式和往复螺杆式注射装置的结构和原理。

1）螺杆预塑式注射装置。螺杆预塑式是利用螺杆挤出装置作为预塑装置。由于螺杆的旋转，将料斗中落下的粒料送往机筒中，并塑化成为熔融状态送入注射机筒 3 内（图 6-18），注射机筒中的注射柱塞 4 在物料的压力作用下后移，柱塞后移的距离决定一次的注射量。当后退到规定的注射量时，计量结束，螺杆塑化停止，柱塞便前移，将熔料注射到模具中。由于这种形式采用无轴向移动的螺杆进行塑化，使得塑料在沿螺杆螺槽向前输送的过程中产生剪切摩擦和搅拌混合作用。因此其塑化质量和塑化效率比柱塞式注射装置有显著的提高。另外，由于不用分流锥，注射时压力损失大大减小，注射速率也比较稳定。目前这种形式的注射装置较多地应用在连续注射或大型注射机上。

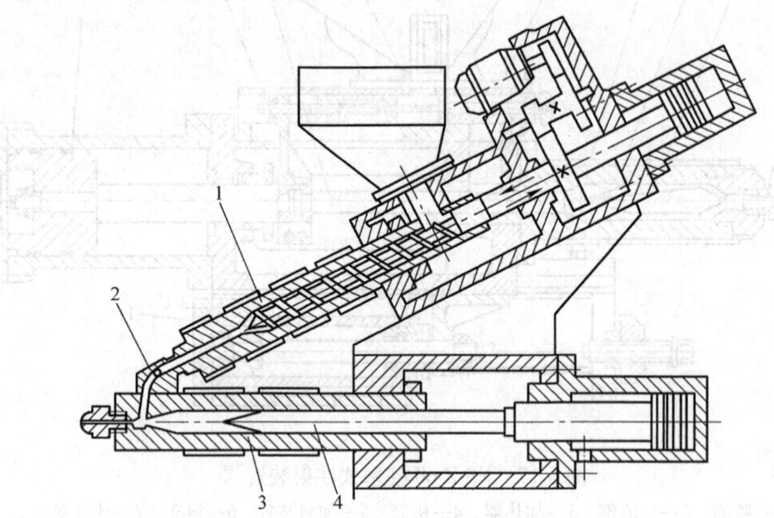

图 6-18　螺杆预塑式注射装置

1—预塑机筒　2—单向阀　3—注射机筒　4—注射柱塞

这种形式的注射装置分别由螺杆和柱塞实现塑化和注射这两个功能。由于增加了一个机筒，结构比较复杂庞大，机筒清理不够方便，在预塑机筒和注射机筒连接的单向阀 2 处易引起熔料滞留而分解。为防止熔料的“漏流”，柱塞和机筒的配合精度要求较高，这对机器的制造和使用都带来了一定的困难。

2）往复螺杆预塑式注射装置。严格地讲往复螺杆预塑式注射装置应称为螺杆一线式或一线螺杆式。它是将螺杆预塑方式的预塑化螺杆与注射螺杆合并为一根螺杆。这是目前应用最广泛的结构形式。

图 6-19a 为往复螺杆预塑式注射装置的结构原理图。螺杆、机筒和螺杆传动装置等都安装在注射座上，而注射座在注射座液压缸的带动下可沿底座的导轨往复运动，使喷嘴贴紧或撤离模具。另外，为了便于拆换螺杆和清理机筒，在底座中部设有一个回转装置，使注射座

能绕其转轴旋转一个角度，如图 6-19b 所示。

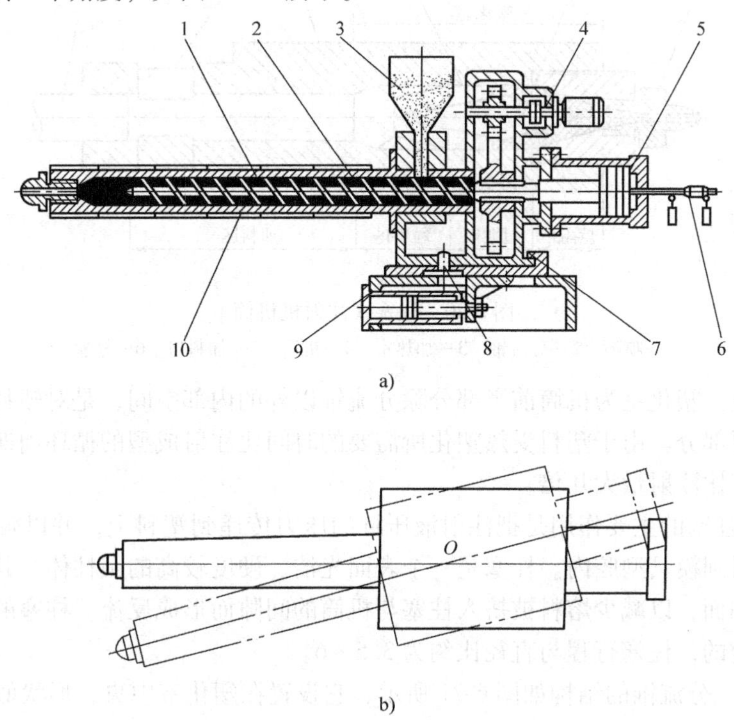

图 6-19　往复螺杆预塑式注射装置

1—机筒　2—螺杆　3—料斗　4—螺杆传动装置　5—注射液压缸　6—计量装置　7—注射座　8—转轴　9—注射座移动液压缸　10—加热圈

往复螺杆预塑式注射装置的工作原理如下：塑料从料斗 3 落入机筒 1 的加料口，由于螺杆 2 的旋转，使其一边混炼，一边沿着螺槽向前输送。在机筒的加热和旋转螺杆的摩擦剪切作用下，逐步转变成熔融状态。随着螺杆的不断旋转，机筒前端贮积的熔料越来越多，压力越来越大。螺杆在熔料压力的作用下，边旋转边后退。当螺杆后退到一定距离即螺杆前端的熔料达到所需的注射量时，撞击行程开关（计量装置 6），螺杆便停止旋转和后退。当确认模具闭合锁紧后，注射液压缸 5 动作，推动螺杆前移，以一定的速度和压力将熔料注入模具型腔内。由于这种注射装置在加料塑化时，螺杆边旋转边后退，在注射时又前移，所以称为往复螺杆式注射装置。

往复螺杆预塑式注射装置塑化质量好，速度快，注射压力损失小，预塑计量准确，螺杆的拆装和清理容易，广泛用于各类注射机。

2. 注射装置的主要零部件

（1）柱塞式注射装置的主要零部件

1）机筒。它是一个外部受热、内部受压的高压容器。它既要完成对塑料的塑化，又要完成对塑料的注射，因此对它的耐温、耐蚀、耐磨损以及热惯性等方面的要求都比较高。根据机筒不同部位作用的不同，可将它分成加料室和塑化室，如图 6-20 所示。

①　加料室。柱塞在推料时占据机筒的运行空间。加料室应该具有足够的落料空间，使散状的塑料方便地加入。为了保持良好的加料条件，加料口附近要设冷却装置。

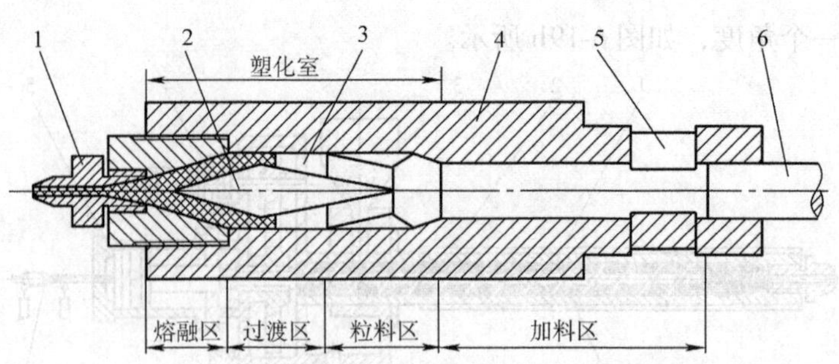

图6-20　柱塞式注射机机筒

1—喷嘴　2—分流锥　3—加热室　4—机筒　5—加料口　6—柱塞

② 塑化室。塑化室为机筒前半部分除分流锥以外的内部空间，是对塑料加热并实现其物态变化的重要部分。由于塑料受热塑化所需要的时间比注射成型的循环周期长几倍，因此塑化室的容积应比注射量大几倍。

2）柱塞。柱塞的主要作用是把注射液压缸的压力传递到塑料上，并以较快的速度将一定量的熔料注射到模具型腔内。柱塞是一个表面光洁、硬度较高的圆柱体，其头部做成内圆弧或大锥度的凹面，以减少熔料被挤入柱塞与机筒的间隙而形成反流。柱塞的行程和直径是根据注射量确定的，柱塞行程与直径比约为3.5～6。

3）分流锥。分流锥的结构如图6-21所示，它设置在塑化室中央，形状似鱼雷，故又称鱼雷体。分流锥的表面与加热机筒内壁形成均匀分布的薄浅流道，分流锥上有数根翅翼，与加热机筒的内径采用H7/h6配合，机筒的部分热量通过翅翼传给分流锥。所以，当塑料进入加热室时，就形成了一个较薄的塑料层，同时受到加热机筒和分流锥两方面的加热，从而提高了塑化能力，改善了塑化质量。

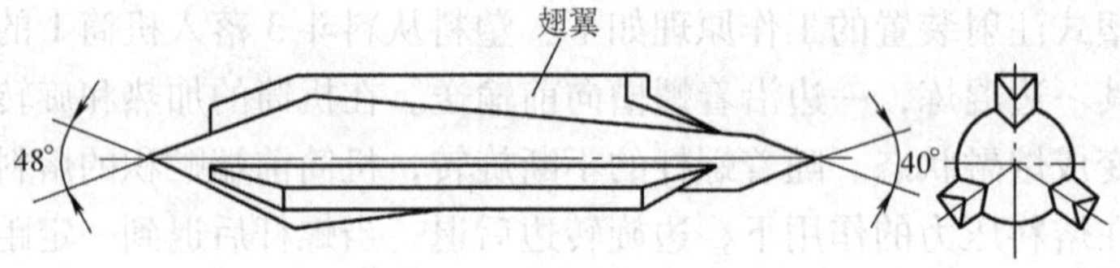

图6-21　分流锥结构

分流锥的结构除了具有光滑的流线外，它与塑化室之间的流道要逐渐收缩，以形成一个压缩比来适应塑料在塑化室内密度逐渐增大的要求。为了使熔料在塑化室内的流动比较稳定，分流锥的两端都应有一定的锥度，且靠近喷嘴处一端的锥度较靠近进粒料区一端的锥度要大些。

（2）螺杆式注射装置的主要零部件　螺杆式注射装置主要由螺杆、机筒、喷嘴等组成。在螺杆的不断旋转过程中，塑料可实现物理状态的转变而成为粘流态，最后被注入模具型腔。因此，注射装置部件是完成均匀塑化、定量注射的核心部件。

1）螺杆。注射机螺杆和挤出机螺杆相比，二者有很多相似之处，也可分为加料段、压缩段和均化段三部分，每段的功能作用以及长径比、压缩比、渐变度等技术参数的意义，基本上也与挤出机螺杆相同，但由于注射机和挤出机的操作条件、成型工艺等的不同，螺杆的结构有所区别。

① 螺杆的结构形式。和挤出机螺杆一样，注射机螺杆的结构也有渐变螺杆和突变螺杆两大类。实现变化的方法有等距变深和等深变距两种。等深变距螺杆制造比较复杂，同时因为均化后螺槽较深，搅拌混合作用较小，故较少采用。等距变深螺杆制造容易，搅拌混合作用大，所以一般采用这种结构。在注射成型中还采用一种通用螺杆，因为在注射成型中经常更换塑料品种，拆换螺杆比较频繁，费力费时。用通用螺杆并通过调节工艺条件来满足不同塑料的成型加工是可行的。通用螺杆压缩段的结构介于渐变型和突变型之间，它兼有渐变型和突变型螺杆的特点，扩大了适用范围，但对某种塑料来说，可能会降低其塑化效率和质量，增加功率消耗量。

② 螺杆头。为了适应不同塑料的加工，螺杆头的结构形式也不一样。加工高粘度的非结晶塑料时，螺杆头部前端为圆锥形，圆锥角为30°~40°左右。这种螺杆头部的锥角小，可防止熔料的停滞和分解，如图6-22a所示。加工结晶塑料时，由于熔料的粘度较低，在高压注射时，易造成回流，压力保持困难，影响实际注射量，所以，常在颈部加一止回环，预塑时，熔料顶开止回环而流向螺杆前端；注射时，因螺杆前端熔料的压力升高，使止回环后移，将流道关闭，防止回流，如图6-22b所示。通用类螺杆可用图6-22c所示的螺杆头。

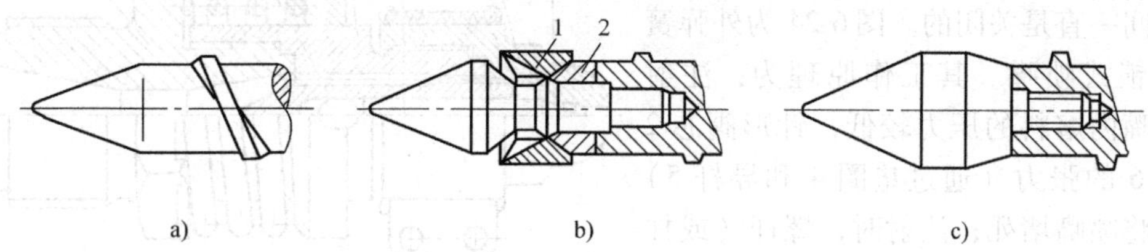

图6-22　螺杆头的结构形式

a）小锥角螺杆头　b）加止回环的螺杆头　c）通用螺杆头

1—止回环　2—垫圈

2）机筒。机筒是注射装置部件的另一重要零件，它和螺杆一起完成塑料的塑化和注射，其结构材料和挤出机机筒基本相似。由于注射成型属于间歇工作方式，因此注射机筒要有一定的储料容积，通常机筒的容积为最大注射量的4~8倍。如果机筒太长，料在机筒内受热时间过长，易导致变色和分解，影响甚至中断生产；如果机筒太小，塑料在机筒内受热时间太短，导致塑化不均匀，也会影响制品质量。

3）喷嘴。喷嘴是连接机筒与模具的部件。熔融的塑料在螺杆或柱塞的作用下以相当高的压力和速度通过喷嘴注射到模具的型腔中。目前生产上采用的喷嘴形式很多，但按其结构可分为直通式和自锁式两大类。

① 直通式喷嘴。该喷嘴是指熔料从机筒内到喷嘴孔的通道始终是敞开的。根据使用要求的不同有以下几种：

a. 通用式喷嘴。其结构如图6-23a所示。这种喷嘴结构简单，容易制造，压力损失较小。其缺点是：当喷嘴离开模具时，低粘度的熔料容易从喷嘴流出，即产生所谓的流涎现象，另外，因喷嘴上无加热装置，熔料易冷却。因此，这种形式的喷嘴主要用于熔料粘度高的塑料。

b. 延伸式喷嘴。其结构如图6-23b所示。它是通用式喷嘴的改型，结构简单，容易制造。这种形式的喷嘴由于增加了喷嘴体的长度和口径，并设有加热圈，所以，熔料不会冷却，补缩作用大，适用于高粘度厚壁制件的生产。

c. 远射程喷嘴。其结构如图 6-23c 所示。除了设有加热圈外，还扩大了喷嘴的贮料室，以防止熔料冷却。这种形式的喷嘴口径较小，射程较远，适用形状复杂的薄壁制件生产。

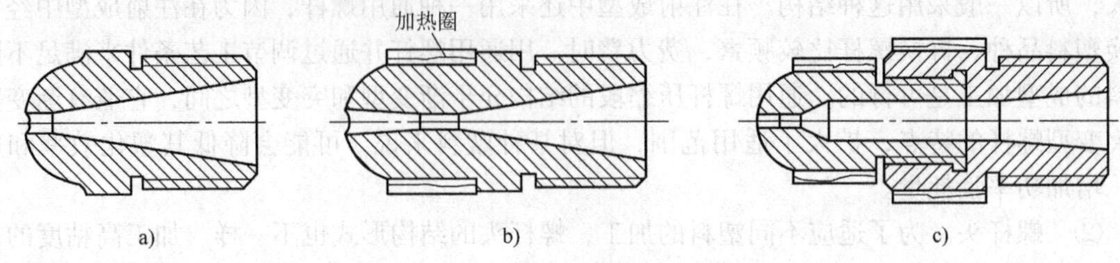

图 6-23　直通式喷嘴

a）通用式喷嘴　b）延伸式喷嘴　c）远射程喷嘴

② 自锁式喷嘴。自锁式喷嘴的喷孔，除了在注射和保压两个阶段打开外，其余时间一直是关闭的。图 6-24 为外弹簧针阀自锁式喷嘴。其工作原理为：注射前，喷嘴内熔料的压力较低，针形阀芯 2 在弹簧 6 的张力（通过垫圈 4 和导杆 5）作用下将喷嘴堵死；注射时，螺杆（或柱塞）前进，喷嘴内熔料的压力提高，作用于针形阀芯前端 D 面的压力增大，当其作用力大于弹簧张力时，针形阀芯便压缩弹簧而后退，喷孔打开，熔料便经过喷孔注入模具型腔。在保压阶段，喷孔一直保持打开状态。保压结束，螺杆后退，喷嘴内熔料的压力降低，针形阀芯在弹簧张力作用下前进，又将喷孔关闭。因此，采用自锁喷嘴可以杜绝熔料的流涎现象，这种喷嘴适用于加工粘度较低的塑料。

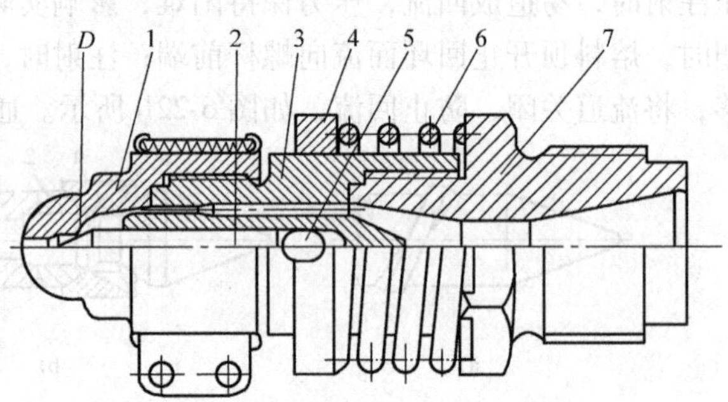

图 6-24　外弹簧针阀自锁式喷嘴

1—喷嘴头　2—针形阀芯　3—阀体　4—垫圈　5—导杆　6—弹簧　7—后体

（3）螺杆的传动装置　注射机螺杆的传动装置是在加料预塑时给螺杆提供所需扭矩和转速的工作部分。对传动装置的要求是：螺杆要有克服塑化阻力的足够扭矩和可调整的转速范围；螺杆传动要平稳可靠，低噪声，具有过载保护功能；螺杆应有背压调整装置；尽量减少无功损耗，结构力求简单。

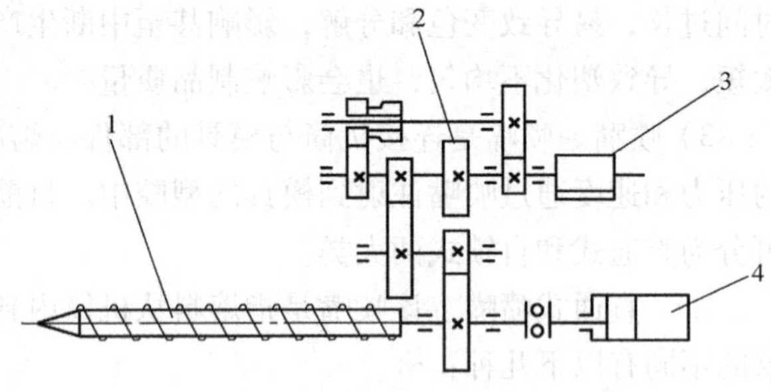

图 6-25　电动机和变速箱组成的有级调速传动

1—螺杆　2—齿轮　3—电动机　4—液压缸

螺杆的传动形式很多，按螺杆变速方式可分为有级调速和无级调速两大类。图 6-25 所示是由电动机和变速箱组成的有级调速传动装置，通过滑移齿轮换挡或调换齿轮进行变速。螺杆转速与所受扭矩成反比，当功率一定时，降低螺杆转速，便可增大螺杆的扭矩。

无级调速有两种形式：一种是用高速液压马达，经齿轮减速箱驱动螺杆，另一种是低速大扭矩液压马达直接驱动螺杆。从注射螺杆传动的要求出发，使用液压马达比较理想，因为液压马达可以无级变速，它的传动特性软、起动惯性小，可以对螺杆起保护作用。大部分注射机采用液压马达传动的理由还有：当螺杆预塑时，机器正处于冷却定型阶段，液压泵此时为无负荷状态，用液压马达可方便地取得动力来源。由于无级调速的上述长处，加上比有级调速噪声小、结构紧凑且简单，尤其是低速大扭矩液压马达直接驱动螺杆的传动方式，使结构更加简单，因此越来越多地被采用。

6.2.4　合模装置

合模装置是塑料注射机的一个重要组成部分，它的主要任务是提供足够的合模力，在注射时，使模具锁紧可靠。同时，在规定的时间内以一定的速度实现模具的启闭动作，顶出制品。它的结构和性能的好坏，不仅直接影响着加工制品的质量，同时也决定着机器生产率的高低。

1. 常见合模装置

（1）液压式合模装置　液压式合模装置是依靠液压直接锁紧模具，当液压解除后，锁模力也随之消失。它是以简单的往复运动来完成模具的启闭动作。目前，液压式合模装置主要有单缸直压式、增压式、充液式和稳压式等。

液压式合模装置虽有多种结构，但它们有一个共同的特点，即移模速度和锁模力均由工作液压泵的流量和压力以及液压缸的直径决定，在结构上均用液压缸来完成它的不同职能要求。液压式合模装置的结构比较简单，使用起来比较方便，但从模具闭合到油压升高锁紧模具需要一定时间（称之为升压时间），液压缸容积越大，油压越高，升压时间越长。

（2）液压-曲肘式合模装置　液压-曲肘式合模机构由液压系统和曲肘机构两部分组成。它是利用肘杆机构在油压作用下使合模系统产生变形而锁紧模具。其最大的特点是具有自锁作用，即当模具锁紧后，油压撤除，锁模力不会消失。其次，由于肘杆机构具有增力作用，所以可用较小的液压缸获得较大的锁模力，且其运动特性也符合开、合模的要求。常见的有单肘式、双肘式两类。

2. 调模装置

调模装置是为适应模具厚度变化而设置的，调模行程决定了模具的最大和最小厚度。对不同的合模装置，其调模装置和调模方式也不同。

（1）液压式合模装置的调模装置　液压式合模装置的动模板是直接固定在活塞杆或缸体上的。因此，动模板的行程是由合模液压缸行程决定的。调模是利用合模液压缸来实现的，调模行程包含在动模板行程内，为动模板行程的一部分。故该类合模装置一般仅规定动、定模板间的最大开距，而不明确给出调模行程。为防止合模液压缸超越工作行程，必须限制模具的最小厚度，严禁注射机在无模情况下进行合模操作。

（2）液压-曲肘式合模装置的调模装置　对于液压-曲肘式合模装置来说，调模装置也是调整锁模力的装置。因为液压-曲肘式合模装置是由固定的尺寸链组成的，调节锁模系统的变形量即可达到调整锁模力的目的。

3. 顶出装置

顶出装置的作用是准确而可靠地将制品顶出模具型腔。各种合模装置均设有顶出装置，目前，使用较多的是机械顶出装置和液压顶出装置。

机械顶出装置是利用固定的顶杆，在开模过程中顶动模具的推板（或推杆）从而顶出制品。顶出杆的长度可视模具型腔的深度和模厚通过螺纹来进行调节。这种装置结构简单，但只能在开模结束时顶出，而且模具内顶板的复位要在模具闭合时才能实现（或者要设计先复位机构）。

液压顶出装置是利用装在注射机内的小型液压缸来实现制品顶出的。它有两种形式：一种是装在注射机的合模活塞（或动模板）内，使位于动模板中心的一根或几根顶杆动作的中心顶出式；另一种是在动模板左右两侧装有两组小型液压缸的两侧顶出式。通常，中心顶出式是标准的形式。

液压顶出装置的优点是：①顶出板的动作时间（动作位置）与注射机的移模行程没有直接的关系，因此，可以使它在任意时刻动作；②顶出板的顶出力和动作速度可调，因此，即使是薄壁产品，制品也不易变形或损坏，可以顺利脱模；③顶出板可以多次反复地进行冲击动作，因此可以使制品可靠地自动脱落下来；④在注射有嵌件的产品时，因为能够使顶出板在进入合模行程之前就退回原位，所以插入嵌件比较方便，同时也缩短了成型周期。

一般小型注射机，在没有特殊要求时都使用机械顶出。对较大型的注射机，一般同时设有机械顶出和液压顶出，在使用时可按制品的结构特点来进行选择。

有的注射机上还设有气动顶出装置，即利用压缩空气，通过模具上设置的微小气孔，直接把制品从型腔中吹出。这种顶出方式特别适用于不允许有顶出痕迹的或较薄的盒形、杯形制品，但要增加气路和气源。

6.2.5 注射机的液压控制系统

为了保证注射机按预定的工艺条件（压力、速度、温度和时间）及动作程序（合模、注射、保压、预塑、冷却、开模、顶出制品）准确有效地工作，现代塑料注射机多由机械、液压和电气组成的机械化、自动化程度较高的综合控制系统组成。

注射机的液压控制系统是注射机的重要组成部分，它的工作质量，如系统工作的稳定性、可靠性、重复精度、灵敏性、节能性以及低噪声性能等都将直接影响注射制品质量、尺寸精度、注射成型周期、生产成本和维护检修工作等。

注射机液压控制系统具有如下特点：

1）注射机液压控制系统严格地按液压程序进行工作。与其他液压机械相比注射机的液压控制系统有较严格的液压控制程序，注射机的液压系统、电气系统与自动化仪表系统按照注射工艺要求组成了较完善的工作程序和循环周期。通过各液压元件液压控制系统按规定程序操纵各执行元件（工作液压缸）完成动作。

2）注射机液压控制系统在每一个注射周期里，系统的压力和流量是按工艺要求而变化的。

3）注射机的注射功率可以在超载下使用，而螺杆的塑化功率、启闭模功率都应在接近或等于额定功率的条件下使用。注射机的液压控制系统在注射时所需的功率最大，其次是保压、塑化、启闭模。虽然注射功率最大并超过平均功率，但是注射程序持续的时间很短，考虑到电动机所允许的瞬时超载特性，为了节能，可以在超负荷条件下使用电动机，使电动机的额定功率小于泵的最大输出功率而大于其平均功率。

思 考 题

1. 塑料挤出机的螺杆由几段组成？并简述对应物料在螺杆挤出中的哪几个部分。
2. 塑料注射机的组成部分有哪些？
3. 简述塑料注射机的主要技术参数。

参考文献

[1] 路勇祥. 2002 年中国机械工程学会年会论文集［C］. 北京：机械工业出版社，2002

[2] 赵呈林. 锻压设备［M］. 西安：西北工业大学出版社，1987.

[3] 徐以光. 金属成型机床市场浅析［J］. 锻压机械，1998（3）：3－7.

[4] 俞新陆. 锻压手册—锻压车间设备［M］. 北京：机械工业出版社，1993.

[5] 李培武. 塑性成型设备［M］. 北京：机械工业出版社，1995.

[6] 李永堂，等. 液压系统建模与仿真［M］. 北京：冶金工业出版社，2003.

[7] 韩提儒. 我国锻压机械 50 年的光辉历程［J］. 锻压机械，1999（6）：3－7.

[8] 阿尔坦 T，等. 现代锻造［M］. 陆学，译. 北京：国防工业出版社，1982.

[9] 马广. 冲压与塑料成型机械［M］. 济南：山东科学技术出版社，2004.

[10] 王卫卫. 金属与塑性成型设备［M］. 北京：机械工业出版社，1996.

[11] 杨晋穗，等. 板金设备的一些新动向［J］. 锻压机械，2001（4）：5－9.

[12] 秦襄陵，等. 弯曲校正机在我国的发展［J］. 锻压机械，2001（4）：9－10.

[13] 罗晴岚. 跨世纪中国锻造行业的发展方向［J］. 锻压机械，2001（5）：1－4

[14] 陶文铨，李永堂. 工程热力学［M］. 武汉：武汉理工大学出版社，2001.

[15] 高乃光. 锻锤［M］. 北京：机械工业出版社，1987.

[16] 李永堂，罗上银. 液压模锻锤［M］. 北京：机械工业出版社，1992.

[17] 朱元乾，李永堂. 液压锤设计中的几个问题［J］. 重型机械，1986（9）：28－33.

[18] 李永堂，朱元乾. 锤头对击式液压锤设计研究［J］. 太原重型机械学院学报，1987（2）：9－19.

[19] 李永堂，朱元乾. 国外对击式液压模锻锤发展近况［J］. 太原重型机械学院学报，1987（2）：78－81.

[20] 李永堂，朱元乾，液压锤开式液压系统动态特性研究［J］. 机械工程学报，1993（2）：19－23.

[21] 李永堂，等. 液压锤技术及其应用［J］. 中国机械工程，1993（3）：40－41.

[22] 李永堂，等. 对击式液压锤打击过程计算机仿真和实验研究［J］. 机械工程学报，1994（4）：86－91.

[23] 卓东风，李永堂. 25kJ 程控液压锤研制［J］. 锻压机械，1994（4）：18－21.

[24] 李永堂. 对击式液压锤运动部分动力学分析［J］，太原重型机械学院学报，1994（4）：309－315.

[25] 李永堂，6. 3kJ 液压锤液压系统数字仿真［J］. 太原重型机械学院学报，1994（1）：57－61

[26] 李永堂，等，液压锤 PLC 程序控制系统［J］. 太原重型机械学院学报，1997（3）10－12.

[27] 雷步芳，李永堂. 一种新型液压模锻锤［J］. 锻压机械，1997（6）：10－12.

[28] 李永堂，等. 我国液压模锻锤的研究、开发与展望［J］. 机械工程学报，2003（11）：6－7.

[29] 张元良，邢吉柏，张浩. 国产大吨位离合器式压力机开发及市场前景分析［J］. 锻压机械，2001（2）：15－17.

[30] 李永堂，付建华，白墅洁等. 锻压理论与设备［M］. 北京：国防工业出版社，2005.

[31] 杨宝光. 锻压机械液压传动［M］. 2 版. 北京：机械工业出版社，1996.

[32] 俞新陆，杨津光，巢克念. 液压机［M］. 北京：机械工业出版社，1990.

[33] 朱钒，张志，张道富，等. 国内外液压机技术现状及发展趋势［J］. 机床与液压，2000（1）：15－18.

[34] 俞新陆. 液压机的设计与应用［M］. 北京：机械工业出版社，2007.

[35] 陈柏金，熊晓红，黄树槐. 8MN 快速锻造液压机组及其控制系统［J］. 锻压机械，1999（1）：33－

35.

[36] 陈柏金，黄树槐，靳龙，等. 16MN快锻液压机控制系统［J］. 中国机械工程，2008（4）：990-993.

[37] 陈柏金，钟绍辉，靳龙. 基于现场控制网络的锻造液压机组控制系统［J］. 锻压技术，2001（2）：47-50.

[38] 熊晓红，陈柏金，黄树槐. 基于现场总线的锻造液压机组计算机控制系统［J］. 锻压技术，2002（1）：48-51.

[39] 夏巨谌. 塑性成形工艺及设备［M］. 北京：机械工业出版社，2001.

[40] 王卫卫. 金属与塑料成形设备［M］. 北京：机械工业出版社，1995.

[41] 章宏甲，黄谊. 液压传动［M］. 北京：机械工业出版社，1999.

[42] 范宏才. 现代锻压机械［M］. 北京：机械工业出版社，1994.

[43] 赵呈林. 锻压设备［M］. 西安：西北工业大学出版社，1987.

[44] 俞新陆，杨津光，液压机的结构与控制［M］. 北京：机械工业出版社，1989.

[45] 张承鉴. 辊锻技术［M］. 北京：机械工业出版社，1986.

[46] 中国机械工程学会锻压学会. 锻压手册：第三卷［M］. 北京：机械工业出版社，1993.

[47] 胡正寰，许协和，沙德元. 斜轧与楔横轧［M］. 北京，冶金工业出版社，1985.

[48] 张猛，胡亚民. 回转塑性成形工艺及模具［M］. 武汉：武汉工业大学出版社，1994.

[49] 陈适先，贾文铎. 强力旋压工艺与设备［M］. 北京：国防工业出版社，1986.

[50] 王成和，刘克樟. 旋压技术［M］. 北京：机械工业出版社，1986.

[51] 裴文华，张猛. 胡亚民. 摆动辗压［M］. 北京：机械工业出版社，1991.

[52] 胡亚民，何怀波. 摆动辗压工艺及模具设计［M］. 重庆：重庆大学出版社，2001.

[53] 孙恒，陈作模. 机械原理［M］. 6版. 北京：高等教育出版社，2001.

[54] 何德誉. 曲柄压力机［M］. 2版. 北京：机械工业出版社，1987.

[55] 冯少如. 塑料成型机械［M］. 西安：西北工业大学出版社，1994.

[56] 陈世煌. 塑料成型机械［M］. 北京：化学工业出版社，2006.

[57] 王卫卫. 材料成形设备［M］. 北京. 机械工业出版社，2004.

[58] 张明善. 塑料成型工艺及设备［M］. 北京：中国轻工业出版社，1998.

[59] 范有发. 冲压与塑料成型设备［M］. 北京. 机械工业出版社，2001.